Umschlaggestaltung: Werbeagentur Rypka GmbH, 8143 Dobl/Graz, www.rypka.at

Bildnachweis:
Titelbild: iStock.com/Tunatura
Fotos im Textteil: Priv. Doz. Dr. Andreas Steinwidder, DI Rudolf Grabner, DI Walter Starz, Dr. Johann Gasteiner, DI Karl Wurm, Ing. Anton Schauer, DI Rainer Wöllinger, DI Alfred Pöllinger, DI Daniel Heindl, Johann Häusler, Ing. Markus Danner BEd, Sonja Keiblinger und Manuel Winter

Bibliografische Information der Deutschen Nationalbibliothek
Die Deutsche Nationalbibliothek verzeichnet diese Publikation in der Deutschen Nationalbibliografie; detaillierte bibliografische Daten sind im Internet über http://dnb.d-nb.de abrufbar.

Hinweis: Dieses Buch wurde auf chlorfrei gebleichtem Papier gedruckt. Die zum Schutz vor Verschmutzung verwendete Einschweißfolie ist aus Polyethylen chlor- und schwefelfrei hergestellt. Diese umweltfreundliche Folie verhält sich grundwasserneutral, ist voll recyclingfähig und verbrennt in Müllverbrennungsanlagen völlig ungiftig.

Auf Wunsch senden wir Ihnen gerne kostenlos unser Verlagsverzeichnis zu:
Leopold Stocker Verlag GmbH
Hofgasse 5/Postfach 438
A-8011 Graz
Tel.: +43 (0)316/82 16 36
Fax: +43 (0)316/83 56 12
E-Mail: stocker-verlag@stocker-verlag.com
www.stocker-verlag.com

ISBN 978-3-7020-1865-8

Layout und Repro: Werbeagentur Rypka GmbH, 8143 Dobl/Graz, www.rypka.at
Druck und Bindung: Finidr, s.r.o., Tschechische Republik

INHALT

Einen Kreisel
in Bewegung setzen
als Mutprobe
am Anfang

Gertrude Maria Grossegger

VORWORT

Grünland- und Bergregionen spielen eine wichtige Rolle hinsichtlich biologischer und kultureller Vielfalt. Sie bieten wertvolle Lebensräume, Möglichkeiten für Erholung sowie Tourismus und stellen die Versorgung eines wesentlichen Teils der Bevölkerung mit Trinkwasser und wertvollen Lebensmitteln sicher. Ihre Ökosysteme reagieren in den meisten Fällen aber sehr sensibel auf ökologische Veränderungen. Im Grünland- und Berggebiet Mitteleuropas dominiert in der landwirtschaftlichen Nutzung die Rinderhaltung. Das Grundfutter wird zu mehr als 90 % von Rindern verwertet und es besteht in weiten Teilen zwischen der Milchviehhaltung und der Rindfleischerzeugung ein unmittelbarer Zusammenhang.

Die effiziente Nutzung der Grünlandressourcen wird ein zentrales Thema der Zukunft. Die zu beobachtenden raschen Veränderungen im Bereich der Energie- und Rohstoffversorgung, dem Klima, den Wasserressourcen, aber auch in der weiteren Zunahme der Weltbevölkerung werden nicht ohne Folgen bleiben. Ackerfähige Flächen werden nicht nur für die Lebensmittelbereitstellung, sondern zunehmend auch für die Energiegewinnung herangezogen. Darüber hinaus wird die weltweit stärkere Nachfrage nach Lebensmitteln, bei gleichzeitiger Ausweitung der Energieproduktion auf Ackerstandorten, die Preise für Körner und Ackerfrüchte weiter erhöhen. Es ist weiters zu erwarten, dass im Grünland- und Berggebiet der Einsatz hoher Kraftfuttermengen in der Rinderfütterung zunehmend unwirtschaftlicher wird. Strategien, welche die Abhängigkeiten von externen Hilfsmitteln mit effizienter Produktion kombinieren, werden wichtiger. Grundsätzlich stärken teure bzw. knappe Ressourcen standortangepasste Produktionssysteme. Rinder sind wie alle Wiederkäuer sehr effiziente Grundfutterverwerter. Sie können für den Menschen nicht direkt nutzbare Rohstoffe zu Lebensmitteln umwandeln. Demgegenüber ist die Verfütterung hochverdaulicher Futterkomponenten (Kraftfutter) in der Fütterung von Hühnern und Schweinen sinnvoller und wirtschaftlicher oder sie sollten gleich direkt vom Menschen konsumiert werden. In der Rinderhaltung wird daher auf die grünlandfutterbasierte Milch- und Fleischproduktion, bei Ausnutzung des Weidepotentials, wieder größeres Augenmerk zu legen sein. Auch der Konsument legt zunehmend Wert auf eine umfassend definierte hohe Qualität in der Landwirtschaft und speziell in der Tierhaltung und Fleischerzeugung. Dies wird sich zwangsläufig auf die Ausrichtung der Rindermast, Zucht, Fütterung, Haltung und Vermarktung auswirken. Hier kann die grünlandbasierte Rinderhaltung punkten!

Die Mutterkuhhaltung und Rindermast im Grünland kann und muss sich diesen angeführten Herausforderungen aktiv stellen. Die begrenzte Fütterungs- und Mastintensität bzw. die übliche Weide- bzw. Almhaltung (Mutterkühe, Almochse, Weidekalbin etc.) entsprechen in großem Ausmaß den Erwartungen der Konsumenten an eine nachhaltige Lebensmittelerzeugung. Insbesondere im Marketing liegen in diesem Bereich für den Handel, aber auch für die Produzenten beachtenswerte Chancen. Zusätzlich trägt die Rinderhaltung wesentlich zur Offenhaltung der Kulturlandschaft bei und liefert auch ernährungsphysiologisch hochwertiges Fleisch. Durch grünlandbasierte Mastverfahren können aber auch Grenzertragsstandorte, wertvolle Ökosysteme oder auch touristisch genutzte Gebiete für die Gesellschaft erhalten werden. Es bleibt zu hoffen, dass diese extensive Form der Grünlandbewirtschaftung auch zukünftig gesellschafts- und agrarpolitisch die notwendige Wertschätzung erfährt.

Das vorliegende Buch wendet sich vorwiegend an die Landwirtin und den Landwirt, welche sich mit Rindermast bzw. Mutterkuhhaltung beschäftigen bzw. einen „Neueinstieg" in diese Bewirtschaftungsform planen. Es soll aber auch der Lehre und Beratung als Nachschlagewerk dienen.

Obwohl die Mutterkuhhaltung und die Rindermast im Grünlandgebiet zu den extensiveren Formen der Grünlandbewirtschaftung zählen, müssen im Management Mindestanforderungen zur Sicherung der Gesundheit, Fruchtbarkeit, Produktqualität, Leistung und Wirtschaftlichkeit erfüllt werden. Dabei spielt die bedarfsangepasste Fütterung eine zentrale Rolle. Im Buch soll daher eine umfassende und praxisorientierte Information zur Fütterung von Wiederkäuern und im Speziellen von Mutterkühen, Jungrindern, Kälbern, Zuchtstieren, Ochsen, Kalbinnen und Maststieren (Mastbullen) gegeben werden. Es werden aber auch Fragen zur Grünlandnutzung, Futterbereitung, Haltung, Tiergesundheit, Fleischqualität, Betriebswirtschaft und Produktionstechnik behandelt. Da sich das Buch an die Praxis richtet, wird auf ein im wissenschaftlichen Bereich übliches umfangreiches Quellenverzeichnis verzichtet. Wo direkt auf wissenschaftliche Ergebnisse von Kollegen zurückgegriffen wird, erfolgt im Text die Nennung der Autoren und die Jahreszahl des Erscheinens der Arbeit.

An dieser Stelle muss erwähnt werden, dass wesentliche Teile der Grundlagen dieser Arbeit im Rahmen einer mehrjährigen Zusammenarbeit mit Kollegen aus der Wissenschaft, den Landwirtschaftskammern, der Vermarktung, der Lehre und den Mitgliedern der ÖAG-Fachgruppen „Mutterkuhhaltung und Rindermast", „Fütterung" und „Biologische Landwirtschaft" erarbeitet wurden. Den Kollegen und Fachleuten dieser Gruppen sei für den profunden Erkenntnisgewinn gedankt. Vielen Dank an Walter Starz für seine Beiträge zu Grünland- und Weidefragen. Mein besonderer Dank gilt Rudolf Grabner, Sonja Keiblinger, Karl Wurm, Walter Starz, Johann Gasteiner, Alfred Pöllinger, Anton Schauer, Rainer Wöllinger, Daniel Heindl, Johann Häusler, Markus Danner und Manuel Winter für die freundliche Bereitstellung von Bildmaterial. Schließlich danke ich den Mitarbeitern und Mitarbeiterinnen der HBLFA Raumberg-Gumpenstein für die gute Zusammenarbeit und dem Leopold Stocker Verlag für die Drucklegung.

Irdning, August 2020
Andreas Steinwidder

GRÜNLANDBASIERTE RINDERHALTUNG

Im Laufe der Jahrmillionen dauernden Evolution haben sich Rinder in den gemäßigten Klimaregionen darauf spezialisiert, grasreiches Futter als Energie- und Nährstoffquelle zu nutzen. Es war kein Zufall, dass der Mensch diese Tierart in den Hausstand genommen hat. Mit ihrem hochspezialisierten Verdauungssystem sind Rinder in der Lage, faserreiche Futtermittel für Wachstum (Fleisch) und zur Erzeugung von Milch in einem Ausmaß zu nutzen, wie wir das von keiner anderen Tierart kennen. Auch wenn der Mensch Rinder im Laufe der Geschichte durch züchterische Maßnahmen verändert hat, so ist ihre **einzigartige und evolutionär bedingte Fähigkeit, Futter vom Grünland effizient zu nutzen**, nicht verloren gegangen. Eine nachhaltige Rinderhaltung versucht dieses Potential der Rinder zu nutzen und Milch und/oder Fleisch durch die Verfütterung von Grünlandfutter zu erzeugen. Der Einsatz von Kraftfutter bzw. Ackerfutter wird so weit wie möglich reduziert.

Eine standortangepasste Grünlandnutzung sichert ausgewogene Pflanzenbestände und gute Erträge.

Bei **grünlandbasierter Tierhaltung** sind **Heu, Silage, Gras und Weidefutter** die wichtigsten Fütterungsbausteine. Daher ist die standortangepasste Grünlandnutzung von besonderer Bedeutung. Diese berücksichtigt insbesondere die Erhaltung und Förderung der Bodengesundheit und sie strebt eine nachhaltige Nutzung der Grünlandbestände an. Darauf aufbauend muss auch eine schonende Futterkonservierung und bedarfsangepasste Fütterung erreicht werden.

Im vorliegenden Buch wird besonders der Tierhaltungs- und Fütterungsbereich angesprochen. Es soll aber auch auf wichtige Aspekte der Grünland- und Weidenutzung eingegangen werden. Ausführliche Informationen dazu können Sie in weiteren Fachbüchern des Leopold Stocker Verlages erhalten:

Buchgraber, K. (2018): Zeitgemäße Grünlandbewirtschaftung. Leopold Stocker Verlag, 216 S.

Steinwidder, A. und W. Starz (2015): Gras dich fit – Weidewirtschaft erfolgreich umsetzen. Leopold Stocker Verlag, 300 S.

BODENSCHONENDE GRÜNLAND- UND WEIDENUTZUNG

Photosynthese – die Lebensbasis

Bei der Photosynthese wird Lichtenergie (Sonnenenergie) in chemische Energie umgewandelt. Mit Hilfe des Chlorophylls der Pflanzen wird aus Wasser, CO_2 und Licht lebenswichtiger Zucker gebildet. Die im Zucker gespeicherte (Sonnen-)Energie ist die Basis allen Lebens, der Kohlenstoff ist dabei das zentrale chemische Bauelement.

Pflanzen binden bei der Photosynthese Kohlenstoff der Luft und produzieren dabei neben Zucker auch lebenswichtigen Sauerstoff. Beispielsweise liefert eine Dauergrünlandfläche mit einem Futtertrag von 7.000 kg TM pro Hektar auch etwa 7.000 kg Sauerstoff in einer Vegetationsperiode. Dies entspricht auch etwa der Sauerstoffbildung von 1 ha Wald, Ackerflächen liegen zumeist etwas tiefer. Nimmt man bei normaler körperlicher Aktivität etwa 700 kg Sauerstoffbedarf für einen Menschen pro Jahr an, dann liefert 1 ha Grünland Sauerstoff, welchen zehn Personen pro Jahr über die Atmung benötigen (Buchgraber, 2018).

Nimmt man je kg TM Grünlandfutter einen Kohlenstoffgehalt von 440 g an, dann wird, bei einem Jahresertrag von 7.000 kg TM je Hektar, rein über das Futter 3.080 kg Kohlenstoff oder knapp 11,3 t CO_2 aus der Luft gebunden. Bei der oben angeführten C-Bindung ist der über die Wurzeln gebundene Kohlenstoff nicht berücksichtigt.

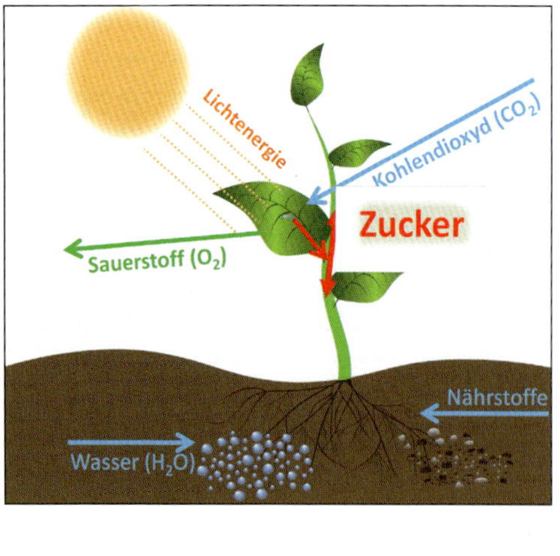

Basis allen Lebens – Pflanzen bildet mit Hilfe von Lichtenergie aus Wasser und CO_2 lebenswichtigen Zucker sowie Sauerstoff.

Kohlenstoffkreislauf und C-Speicherung im Boden

Böden zählen weltweit zu den größten Kohlenstoffspeichern (CO_2-Senken). Schätzungen gehen davon aus, dass in den Böden etwa 2.600 Milliarden Tonnen Kohlenstoff (C) gespeichert sind. Das entspricht etwa der dreifachen Menge an C wie in der Atmosphäre. Landökosysteme nehmen etwa ein Viertel des vom Menschen freigesetzten CO_2 wieder auf. Vor allem über die Wurzelbildung bzw. ständige Wurzelerneuerung kommt viel Kohlenstoff aus der Photosynthese in den Boden. **Grünlandböden** zeichnen sich durch eine **hohe Wurzelmasse** und damit **hohe C-Gehalte** aus. Auch über Wirtschaftsdünger und Pflanzenreste, welche am Feld verbleiben, wird Kohlenstoff in den Boden nachgeliefert.

Bodenleben aktivieren und Qualität erhalten

Die Bodenfruchtbarkeit wird maßgeblich von der biologischen Aktivität im Boden bestimmt. Die **biologische Aktivität** (Gesamtheit der im Boden ablaufenden biologischen Prozesse) ist **umso größer, je reichhaltiger, vielfältiger und aktiver das Bodenleben** (Gesamtheit der im Boden lebenden Organismen) ist. Um die Bodenfruchtbarkeit langfristig zu erhalten oder zu steigern, muss daher

Im Grünland muss das Bodenleben aktiviert und gefördert werden.

Verdichtete Böden sind langfristig geschädigt – das Bodenleben, die Nährstoffverfügbarkeit, die Wurzeln, der Pflanzenbestand und die Erträge leiden.

In einem gesunden, ertragreichen Boden müssen unterschiedliche Faktoren optimal zusammenspielen.

im Grünland in erster Linie das Bodenleben aktiviert und gefördert werden. Dazu sind Kenntnisse über aktivitäts- und wachstumsfördernde Lebensbedingungen für Bodenorganismen notwendig (Bohner u. Mit., 2019).

Lebendige Erde

Die Bodenbakterien und Bodenpilze benötigen ebenso wie Pflanzen und Tiere neben Wärme, Wasser, Sauerstoff und Energie auch Nährstoffe, um zu wachsen und den Boden zu beleben. Die Energie gewinnen die Bodenmikroben hauptsächlich aus dem Abbau von organischen Kohlenstoffverbindungen, welche zum Beispiel aus abgestorbenen Wurzeln und oberirdischen Pflanzenteilen, Humus und organischen Düngern stammen. Es besteht hier auch ein **Zusammenspiel** (Symbiose) **zwischen den Bodenmikroben und den Pflanzenwurzeln.** Die Pflanzenwurzeln scheiden organische Stoffe wie Zucker aus und die Bodenmikroben stellen den Pflanzen dafür lebenswichtige Nährstoffe bereit. Ein besonderes Beispiel dafür sind die Knöllchenbakterien der Leguminosen. Sie binden den Luftstickstoff und sind somit ein wertvoller Lieferant für Stickstoff im Pflanzenbau. Diese Knöllchenbakterien benötigen jedoch für ihren Stoffwechsel und das Wachstum neben Energie und optimalen Bodenbedingungen (z. B. keine Staunässe etc.) auch ausreichend Nährstoffe wie etwa Phosphor, Schwefel und Molybdän.

Humus ist Kohlenstoff- und Energiespeicher

Die organische Bodensubstanz ist eine entscheidende Größe für die Bodenqualität. Der **Humus** ist Speicher- und Puffermedium für Energie, Wasser und Nährstoffe und er wirkt auch strukturbildend. Ein aktives Bodenleben (Mikroben, Pilze etc.) nutzt die organische Masse vor allem als Energiequelle, um sich zu vermehren. Der überwiegende Teil der Biomasse bzw. Humusstoffe im Boden stammt aus der Aktivität des Bodenlebens und wird aus den Zellwänden abgestorbener Mikroben gebildet. Beim mikrobiellen Ab- und Umbau werden über die Mikroben Kohlenstoffverbindungen um- und abgebaut. Dabei schließen die Mikroben, die Bodenkleintiere und Pilze auch Nährstoffe auf, die dann in weiterer Folge von den Pflanzen aufgenommen werden können.

In Dauergrünlandböden sind der Kohlenstoffvorrat und die im Humus gebundenen Nährstoffgehalte sehr hoch. Bei regelmäßiger Grünlanderneuerung bzw. bei Wechselgrünlandnutzung oder im Ackerbau sind – je nach Umbruchhäufigkeit, Bodenbearbeitungstechnik, Fruchtfolge und Düngung – die C-Speicher bzw. der Humusgehalt zumeist tiefer. Die regelmäßige Zufuhr von Sauerstoff und Wärme begünstigt viele Bodenlebewesen und in weiterer Folge setzen diese mehr organische Verbindungen um. Werden nicht im selben Ausmaß organische Stoffe (z. B. Ernterückstände, Zwischenfrüchte, Wurzelbildung oder Wirtschaftsdünger) rückgeführt, kommt es zum sogenannten Humusabbau, der beispielsweise im intensiven Ackerbau beobachtet werden kann.

LEBENSWICHTIGE NÄHRSTOFFE

Neben Kohlenstoff (C) zählen im Boden Stickstoff (N), Phosphor (P), Schwefel (S), Kalium (K), Calcium (Ca), Magnesium (Mg), Chlor (Cl), Eisen (Fe), Mangan (Mn), Zink (Zn), Kupfer (Cu), Bor (B), Molybdän (Mo), Nickel (Ni) und Kobalt (Co) zu den essentiellen Nährstoffen. Diese müssen in einer für das Bodenleben verträglichen und verfügbaren Form sowie im richtigen Konzentrationsbereich vorliegen. Obwohl beispielsweise Zink und Kupfer essentiell sind, können sie in zu hohen Konzentrationen das Bodenleben reduzieren. In der Tierernährung kommen für die Tiere weitere essentielle Nährstoffe, wie zum Beispiel Selen, dazu. In diesem Zusammenhang muss festgehalten werden, dass die **landwirtschaftlich genutzten Böden** gegenüber den Naturökosystemen **zumeist höhere Nährstoffgehalte** aufweisen, da sie für die angestrebte Ertragsbildung gezielt gedüngt bzw. im Nährstoffvorrat aufgewertet werden. Dieses neue Gleichgewichtssystem muss zur Erzielung guter Erträge über eine ausgeglichene Kreislaufwirtschaft möglichst erhalten werden.

Durch den Verkauf von Tieren, Milch, aber auch von Futter verlassen Nährstoffe den Hof.

Nährstoffexport beachten

Über die Ernteprodukte werden kontinuierlich Nährstoffe, vorwiegend aus dem Oberboden, entzogen und Teile davon über die pflanzlichen und tierischen Produkte aus dem Betrieb exportiert. Auch beim Futterverkauf bzw. bei einer Düngerabgabe verlassen Nährstoffe den Betrieb. In der angeführten Tabelle sind Richtwerte zum Nährstoffexport über Tierabgänge bei Rindern bzw. über Milch zusammengefasst. Pro kg Lebendgewicht eines Rindes werden rund 24 g N, knapp 9 g P und 1,3 g Schwefel vom Hof exportiert. Ein Beispielsbetrieb, der jährlich 25 Ochsen mit 700 kg Lebendgewicht verkauft und diese ab 200 kg am Betrieb mästet, exportiert damit rund 300 kg Stickstoff, 108 kg Phosphor und 16 kg Schwefel pro Jahr. Wird zusätzlich auch Getreide verkauft, dann verlassen pro 1 t etwa 18 kg N, 1,7 kg P und 1,4 kg S den Betrieb. Auch beim Verkauf von Grundfutter verlassen Nährstoffe den Betrieb, pro Tonne Heu sind dies beispielsweise jeweils etwa 15–20 kg N, P und S.

Nährstoffexport über verkaufte Milch bzw. das Lebendgewicht von Rindern pro kg (Literaturübersichtsdaten nach WHITEHEAD, 2000)

Nährstoffexport pro 1 kg Milch			Nährstoffexport pro 1 kg Lebendgewicht Rind		
N	g/l	5,45	N	g/kg LG	24
P	g/l	0,95	P	g/kg LG	8,6
S	g/l	0,30	S	g/kg LG	1,3
K	g/l	1,5	K	g/kg LG	1,7
Na	g/l	0,50	Na	g/kg LG	1,4
Ca	g/l	1,15	Ca	g/kg LG	13
Mg	g/l	0,15	Mg	g/kg LG	0,34
Cl	g/l	1,1	Cl	g/kg LG	0,95
Fe	mg/l	0,40	Fe	mg/kg LG	37
Mn	mg/l	0,030	Mn	mg/kg LG	0,28
Zn	mg/l	4,0	Zn	mg/kg LG	23
Cu	mg/l	0,14	Cu	mg/kg LG	2,6
Co	mg/l	0,0007	Co	mg/kg LG	0,047
I	mg/l	0,23	I	mg/kg LG	0,32
B	mg/l	0,65	B	mg/kg LG	k. A.
Mo	mg/l	0,085	Mo	mg/kg LG	0,026
Se	mg/l	0,020	Se	mg/kg LG	0,301

Kreisläufe möglichst schließen und Verluste minimieren

Auf einem Sparbuch bleibt der Kontostand langfristig nur stabil, wenn entnommenes Kapital auch wieder durch Einlagen abgedeckt wird. Im Nährstoffkreislauf auf Flächen und Betriebsebene ist dies ähnlich. Langfristig kann nur so viel an Nährstoffen (Lebensmitteln) produziert und verkauft werden, wie auch wieder für das Bodenleben und die Pflanzen nachgeliefert werden bzw. zurückkommen. Zu beachten ist dabei aber, dass der Vorrat im Boden, die Verfügbarkeit, die Nachlieferung aus dem Unterboden, der Eintrag über die Luft und Niederschläge, die Fixierung durch das Bodenleben, aber auch die vermeidbaren und unvermeidbaren Verluste bei der Düngerlagerung und Ausbringung stark in Abhängigkeit vom Nährstoff und von den Standortbedingungen variieren können.

Auf Feldstückebene spielen auch die Bewirtschaftung und die Düngerzuteilung (abgestufte Bewirtschaftung) eine wichtige Rolle. Hoftor- und Stallbilanzen zeigen, dass bei den Mengenelementen negative Bilanzsalden möglich sind. Diese sollen bestmöglich über vielfältige organische Düngemittel (Rottemist, Komposte, Flüssigdünger, Nebenprodukte der Lebensmittelverarbeitung etc.) abgedeckt werden. Wenn notwendig, dann sind auch bodenschonende Ergänzungsdünger sinnvoll.

Bei den Spurenelementen sind die Bilanzen zumeist durch den Zukauf von Futtermitteln (Mineralstoffergänzung, Zukauffutter) gedeckt. Auch die gezielte Ausbringung von Wirtschaftsdüngern trägt im Grünland entscheidend zur Spurenelementversorgung der Böden bei. Versorgungsprobleme können auf Sand-, Moor- und kalkreichen Böden auftreten. Üblicherweise ist eine einseitige Bodenergänzungsdüngung mit einzelnen Spurenelementen jedoch nicht zielführend. Hier bewährt sich, wenn in der Fütterung fehlende Spurenelemente, wie beispielsweise Selen, gezielt ergänzt werden oder wenn möglichst vielfältig zusammengesetzte organische Düngemittel auf die Flächen ausgebracht werden.

So nicht! Wichtige Nährstoffe fehlen dann auch den Flächen.

WERT DER DÜNGER ERKENNEN

Wirtschaftsdünger und sonstige organische Dünger liefern nicht nur organische Substanz und Stoffe für die Humusbildung in den Boden zurück. Die komplexe Nährstoffzusammensetzung deckt auch viele Elemente (Mengen- und Spurenelemente) und chemische Bindungsformen der Nährstoffe sehr gut ab. Organische Dünger sind aber auch stark belebt. Damit wird die Basis für eine hohe mikrobielle Biodiversität im Boden und eine ausgewogene Versorgung des Bodenlebens gelegt. Dies ist auch die Basis für die Entwicklung gesunder Pflanzen. Wirtschafts- und organische Dünger tragen darüber hinaus auch zur Schließung von Stoffkreisläufen bei und sind damit eine der wichtigsten Betriebsressourcen! Organische Dünger entsprechen dem Prinzip der Boden- und Pflanzenernährung am besten.

Ergänzungsdünger und Bodenhilfsstoffe wie Kalk, weicherdige Rohphosphate oder auch basisch wirkende Gesteinsmehle können zur Verbesserung der Bodenqualität und Nährstoffversorgung beitragen. Das Potential dieser Ergänzungsdünger wird jedoch nur dann ausgeschöpft, wenn in der Grünlandbewirtschaftung auch die Bodenschonung und Aktivierung des Bodenlebens im Vordergrund stehen. Dies trifft auch auf die Anwendung der am Grünlandbetrieb hauptsächlich eingesetzten kohlensauren Kalke (zerriebener Kalkstein) zu. Das Calcium aus dem Kalk ist in erster Linie kein Dünger, sondern ein wichtiges Element, dass nicht nur die Fähigkeit der Böden Stoffe zu speichern optimiert, sondern auch wesentlich am Aufbau stabiler Bodenaggregate beteiligt ist. Somit sind sowohl das Calcium als auch das Bodenleben am Aufbau der wertvollen Ton-Humus-Komplexe beteiligt.

Je nach Standort, Bodentyp und Nutzungsintensität ist die **Kalkung** von landwirtschaftlichen Böden ein individuell zu beurteilender Faktor. Der optimale pH-Wert des Bodens liegt zwischen 5 und 6, da hier die wesentlichen Stoffe für das Bodenleben und die Kulturpflanzen optimal verfügbar sind. Regenwasser ist leicht sauer, was auch den pH-Wert in Böden langfristig verringert. Auch im Boden lebende Organismen und Pflanzenwurzeln scheiden organische Säuren aus, was ebenfalls zu einer natürlichen Versauerung des Bodens beiträgt. Durch Düngung mit Mist oder Kompost werden dem Boden

Basen zugeführt, was den pH-Wert-Rückgang etwas puffern kann. Je nach Standort, Boden und Nutzung ergibt sich daraus ein individuelles Intervall zur notwendigen Kalkergänzung auf Grünlandstandorten. Hier erweist sich eine Bodenanalyse als ein sehr wichtiges Instrument zur Kontrolle des pH-Werts.

Ein Düngerstoff, der in der zweiten Hälfte des 20 Jhdt. kaum mehr beachtet wurde, ist der **Schwefel**. Bedingt durch fehlende Entschwefelungsanlagen bei der Verbrennung fossiler Energieträger war der Schwefeleintrag über die Luft und den Regen früher sehr hoch (40–80 kg S pro ha), eine Ergänzungsdüngung war auch auf ertragreichen Standorten nicht notwendig. Da heute der Schwefeleintrag über Regen und „Feinpartikel" im Bereich von unter 10 kg pro ha liegt, kann z. B. auf ertragreichen und leichten, flachgründigen, humusarmen Böden ein Schwefelergänzungsbedarf bestehen.

An der HBLFA Raumberg-Gumpenstein wurde beispielsweise im Jahr 2016 und 2017 nur ein S-Eintrag über Niederschlag von 2–3 kg S pro Hektar und Jahr festgestellt. Das Element Schwefel ist jedoch ein zentraler Baustein für die Lebensprozesse im Boden und den Stoffwechsel der Kulturpflanzen. Schwefel ist nicht nur Bestandteil von Enzymen, sondern auch wichtig beim Aufbau von Eiweißen. Fehlt beispielsweise 1 kg Schwefel im Boden, so kann von den Bodenlebewesen und den Kulturpflanzen etwa 10 kg Stickstoff nicht verwertet bzw. aufgenommen werden, auch wenn dieser im Boden vorhanden wäre. Unter den Kulturpflanzen sind es gerade die wichtigen Leguminosen, die unter einem Schwefelmangel leiden können. Ein Mangel führt hier nicht nur zu einem Ertragsrückgang, sondern auch zu einer Reduzierung der Luftstickstoffbindung. Die in den Knöllchen der Leguminosenwurzeln lebenden Bakterien (Rhizobien) sind auf genügend Schwefel (und auch Phosphor) angewiesen, damit sie die Fixierung des Luftstickstoffs durchführen können. Das Beispiel „Schwefel" zeigt aber auch, dass für eine ausreichende Versorgung des Bodenlebens und der Pflanzen auch das Bodengefüge intakt sein muss. Bei Bodenverdichtungen fehlt beispielsweise die für die Bodenlebewesen notwendige Bodendurchlüftung, um ausreichend Schwefel umzusetzen.

Optimierungsmöglichkeiten im Nährstoffmanagement

Organische Düngemittel zählen zum wertvollsten Gut am Betrieb. Hofdünger müssen daher möglichst verlustarm gelagert und bodenschonend ausgebracht werden. Bei regionaler Verfügbarkeit von qualitativ hochwertigen Komposten, Nebenprodukten der Lebensmittelverarbeitung bzw. Wirtschaftsdüngern oder Einstreumaterial von Betrieben mit Nährstoffüberschüssen können zugekaufte organische Dünger auf Betriebsebene Nährstoffbilanzen ausgleichen helfen.

Leguminosen sammeln mit Hilfe der Knöllchenbakterien Luftstickstoff und tragen damit wesentlich zum Schließen der Nährstoffkreisläufe bei.

Darüber hinaus muss zukünftig auch diskutiert werden, wie die großen Nährstoffkreisläufe (Landwirtschaft ⇢ Kläranlagen der Städte) geschlossen werden können. Gerade im Hinblick auf den Phosphor und eine schadstofffreie Rückgewinnung aus organischen Abfällen braucht es eine Klärung auf technischer Seite sowie eine Möglichkeit diese Nährstoffe rückzuführen.

HINWEIS! Stickstoff

- Die Stickstoffbilanz kann wesentlich durch die am Grünland wachsenden Leguminosen und deren N-Fixierung ausgeglichen werden. Je 1 % Leguminosen im Grünland werden 2–3 kg Stickstoff pro Jahr aus der Luft gebunden!
- Über die Leguminosen fixierter Stickstoff bzw. über Kraftfutter oder organischen Dünger zugekaufter N bleibt nur dann langfristig im Betriebskreislauf, wenn konsequent verlustminimierende Maßnahmen im Düngermanagement und in der Weidehaltung umgesetzt werden.
- Durch kontinuierliche N-Mineralisierung aus organischen Düngemitteln (Wirtschaftsdünger, Kompost, Pflanzenreste, Nebenprodukte der Lebensmittelverarbeitung etc.) können kurzfristige Schwankungen in der symbiotischen N-Fixierung ausgeglichen werden.
- Durch Einsatz von organischen Düngemitteln oder auch von Mulch können „inaktive Böden“ in Gunstlagen wieder aktiviert werden.
- Nährstoffe werden jedoch nur dann optimal verwertet, wenn sie boden- und pflanzenschonend (Vegetationszeit, regelmäßig und in kleinen Gaben, möglichst vielfältige Düngerarten pro Fläche, gute Düngerverteilung auf Weiden etc.) ausgebracht werden. Auch ein dichter Pflanzenbestand und eine intensive Durchwurzelung des Bodens tragen wesentlich zur verlustarmen Nährstoffnutzung bei.
- Die Stickstoffverluste, welche im Hofkreislauf bei der Düngerlagerung und Ausbringung auftreten, können unter ungünstigen Bedingungen sogar das Ausmaß des N-Exports über die erzeugten Produkte übersteigen!

Beim abgestuften Wiesenbau werden Flächen entsprechend ihrer Standorteignung konsequent unterschiedlich intensiv genutzt und darauf abgestimmt gedüngt.

Abgestufte Grünlandnutzung

Eine abgestufte Grünlandnutzung ist unverzichtbar für Grünlandbetriebe mit geringem Nährstoffimport. Flächen, welche sich für unterschiedliche Nutzungsintensitäten eignen, werden dabei differenziert genutzt und auch abgestuft gedüngt. Damit steht für die intensiver genutzten Flächen, wo auch mehr Nährstoffe umgesetzt werden, mehr Wirtschaftsdünger zur Verfügung. Diese Flächen sind zwar üblicherweise artenärmer, liefern jedoch energie- und eiweißreiches Futter für höherleistende Tiergruppen. Extensivflächen sind artenreicher, liefern Futter für niedriger leistende Tiere und benötigen weniger Dünger. Mit dem Konzept der abgestuften Nutzung wird den unterschiedlichen Nährstoffansprüchen der Flächen Rechnung getragen und kann gleichzeitig auf Betriebsebene ein wertvoller Beitrag zur Förderung der Artenvielfalt geleistet werden.

Spatenproben, Zeigerpflanzen, Bodenuntersuchungsergebnisse sowie Düngeaufzeichnungen sind wichtige Hilfsmittel bei der abgestuften Nutzung und schlagbezogenen Düngeplanung. Aber nicht nur die Bodenbeschaffenheit, Bodenanalysen oder der Pflanzenbestand können im Grünland Auskunft über die Nährstoffversorgungssituation geben, auch aus Futteranalysen können Rückschlüsse auf etwaige Mängel gezogen werden.

Innerbetriebliche Nährstoffflüsse

Die innerbetrieblichen Nährstoffflüsse auf Gemischtbetrieben dürfen nicht dazu führen, dass systematisch die Nährstoffvorräte aus Grünlandflächen zu den Ackerflächen fließen. Eine Düngeplanung ist notwendig! Grünlandböden sind ganzjährig bewachsen und stark durchwurzelt. Dies kann daher dazu genutzt werden, Nährstoffe dort aufzuschließen (z. B. schwerlösliche P-Verbindungen) und dann für den Gesamtbetrieb über das Tier wieder „verfügbar" zu machen. Gerade Betriebe, die keine bis kaum Kraftfuttermittel zukaufen und diese auf den eigenen Flächen anbauen, müssen ihre Schlag- und Hoftorbilanzen regelmäßig gut kontrollieren und rechtzeitig reagieren.

Nährstoffverluste minimieren

Bei der Düngerlagerung, der Ausbringung, aber auch bei den Umsetzungen im Boden können beträchtliche Nährstoffverluste auftreten. Flüchtige Stoffgruppen (Stickstoff-, Kohlenstoff- und Schwefelverbindungen) sind davon zumeist stärker betroffen als Mengen- und Spurenelemente. Darüber hinaus müssen auch Nährstoffverluste auf Betriebsebene aus der „Entsorgung" organischer Abfälle aus dem Bereich Pflanzenbau und Tierhaltung reduziert werden. Durch intensive Kompostierung können beispielsweise auch Unkräuter, Futterreste, Pflegeschnitte etc. wieder in wertvollen Dünger umgewandelt werden.

Eine Verteilung des Düngers auf mehrere Gaben fördert ein stabiles Bodenleben und erhöht auch die Nährstoffverwertung. Dies ist besonders bei flüssigen Wirtschaftsdüngern ein zentraler Grundsatz. Hier reduzieren eine gute Verdünnung mit Wasser und das bodennahe Ausbringen sowie kleine Teilgaben die Verluste wesentlich. Flüssige Wirtschaftsdünger sind in der Vegetationszeit auszubringen, dann, wenn die Böden auch aktiv sind. Langsam wirkende Dünger wie Kompost oder Rottemist sind hinsichtlich Düngungszeitpunkt aus Sicht des Nährstoffumsatzes flexibler einsetzbar, hier kann auch im Herbst gedüngt und mit einer guten Wirkung im Folgejahr gerechnet werden.

Verlustarme Düngerbehandlung und Ausbringung sind wichtig.

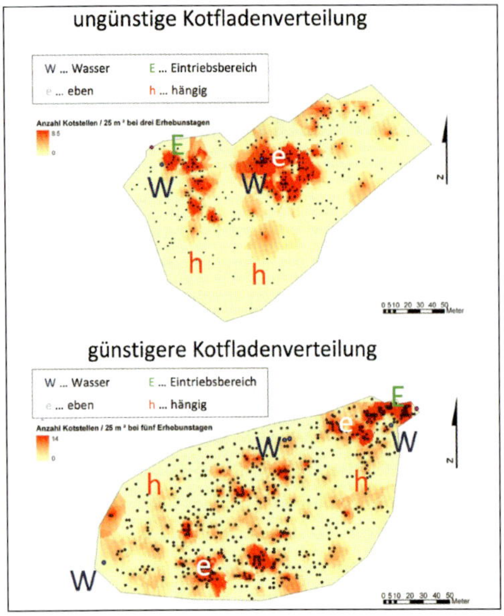

Auf der Weide die Tiere über Wasserstellen und Zäune lenken. Beispiel zu einer ungünstigen (oben) bzw. günstigeren Kotfladenverteilung (unten) auf einer Kurzrasenweide. (STEINWIDDER und STARZ, 2015)

Weidemanagement

Im Vergleich zur Stallhaltung verringern sich bei guter Weidehaltung (keine Bodenverdichtungen) die gasförmigen N-Verluste auf Betriebsebene, da die Bakterien im Kot den Harnstoff aus dem Urin nicht abbauen können. Somit kann ein gutes Weidemanagement dazu beitragen, die N-Bilanzen deutlich zu verbessern. Maßnahmen, welche auf Weideflächen zu einer guten Verteilung der Tiere und damit auch der Ausscheidungen beitragen, verbessern die Nährstoffkreisläufe auf Schlagebene. Dies kann über eine Verteilung der Wasserstellen und damit die Steuerung der Weidetiere über Koppelungen erfolgen. Überbesatz auf Weideflächen und Weidebereichen ist bestmöglich zu vermeiden. Bei einer Zusatzdüngung sind stärker frequentierte Bereiche (Liegestellen, Tränken, Flachstücke) nicht bzw. deutlich weniger zu düngen. Auch das Vermeiden von Trittschäden und Verdichtungen verbessert die Bodenfruchtbarkeit und die Nährstoffverfügbarkeit. Ein dichter Pflanzenbestand, nicht zu schwere Tiere und das zum Standort passende Weidesystem sind notwendig.

Kombination unterschiedlicher Düngerarten

Die Nährstoffzusammensetzung der Wirtschaftsdünger ist vielfältig und variiert auch deutlich zwischen den Düngerarten, den Betrieben, aber auch innerhalb des Betriebes. Wenn es gelingt, unterschiedliche Düngerarten (Kompost, Gülle, Jauche, Rottemist, Ergänzungsdünger etc.) auf einer Fläche über Jahre hinweg oder im Jahresverlauf zu kombinieren bzw. abzuwechseln, dann unterstützt dies ein vielfältiges Bodenleben. Es verringert sich damit auch das Risiko einseitiger Nährstoffüberschüsse bzw. von Mangelsituationen.

Die Düngung hat die Funktion, den **Boden aktiv zu halten**, das **Bodenleben zu fördern**. Dadurch kann sichergestellt werden, dass den Grünlandpflanzen die benötigten Nährstoffe zur Verfügung gestellt werden. Gerade die Gräser leiden im Bestand, wenn das Nährstoffangebot zu gering ist.

Durch gezielte Weideführung fallen auch die Kotfladen gut verteilt an. Diese werden umgesetzt und liefern wertvollen Dünger.

Gülleversuche zeigen es – Nährstoffverluste können durch Verdünnung mit Wasser, durch bodennahe Ausbringung, kleine Teilgaben und Düngung bei kühlen Temperaturen in der Vegetationszeit minimiert werden.

Gülle

Da Gülle viele Nährstoffe in leicht pflanzenverfügbarer Form enthält, sind häufige, aber möglichst kleine Düngergaben (10–15 m³/ha) in der Vegetationsperiode besonders wichtig. Eine Lagerung unter Luftabschluss sowie die Verdünnung mit Wasser vor der Ausbringung sind zu empfehlen. Die Düngung sollte möglichst bei kühler Temperatur und bodennahe erfolgen.

Stallmist und Kompost

Diese Düngemittel sind Bodendünger mit langsamer Nachlieferung der Nährstoffe. Betriebe, die Festmist zur Verfügung haben, stellen Mistkompost bzw. zumindest Rottemist her. Um ein Auswaschen und Ausgasen von Nährstoffen zu vermeiden, sind die Lagerstellen abzudecken. Diese Dünger werden mit 10–15 m³ je ha, am günstigsten im Herbst, mit einem Kompoststreuer ausgebracht. Gut entwickelter Kompost kann auch während der Vegetationszeit zu den Aufwüchsen sehr fein ausgebracht werden.

Jauche

Jauche enthält wenig organische Substanz und sehr viel leicht verfügbaren Stickstoff. Eine Verdünnung mit Wasser oder Regenwasser (über 3 : 1) sowie kleine Gaben sind hier besonders wichtig.

Ergänzungsdünger und Bodenhilfsstoffe

Das Potential von Ergänzungsdüngern wird dann gut ausgeschöpft, wenn in der Bewirtschaftung die Bodenschonung und Aktivierung des Bodenlebens im Vordergrund stehen. Bodenschonende und biotaugliche Ergänzungsdüngemittel mit geringem Auswaschungsrisiko sind in den meisten Fällen nicht unmittelbare Nährstoffdünger für die Kulturpflanzen, sondern müssen vom Bodenleben aufgeschlossen werden. Wenn rasch pflanzenverfügbare Dünger eingesetzt werden, dann sind kleine Teilgaben, die Düngung in der Wachstumsperiode und die Begrenzung der Einsatzmengen besonders wichtig. Diese Dünger sollten nur in geringem Ausmaß und vor allem in Kombination mit organischen Düngern eingesetzt werden. Zur Überprüfung der Wirksamkeit von Düngern können „Düngefenster“ (Nullparzellen) hilfreich sein.

NUTZUNGSANGEPASSTE PFLANZENBESTÄNDE

Jede Nutzungsintensität hat ihren Pflanzenbestand. Je extensiver die Nutzung erfolgt, desto artenreicher sind üblicherweise die Grünlandbestände. Hier können jedoch der Ertrag und die Futterqualität die Leistungen einschränken. Futter von Extensivflächen eignet sich jedoch sehr gut für niedrig- und mittelleistende Tiere. Intensiver genutzte Wiesen und Weiden liefern Futter mit hoher Verdaulichkeit. Dies hilft dabei, den Einsatz von Kraftfutter zu sparen, dadurch die Kosten zu senken und eine grundfutterbasierte, wiederkäuergerechte Fütterung zu realisieren.

Bestände richtig führen

Die Anzahl der Schnitte (oder Beweidungen) auf einer Grünlandfläche entscheidet maßgeblich darüber, in welche Richtung sich der Pflanzenbestand entwickelt. Jede Grasart reagiert unterschiedlich auf einen häufigen Schnitt. Starkwüchsige Obergräser wie das Knaulgras, der Glatthafer oder der Wiesenschwingel sind an eine intensive Nutzung nicht angepasst und werden auf der Fläche zurückgedrängt. Wird eine Grasnarbe lückig, führt dies zu zwei entscheidenden Problemen: Offener Boden im Dauergrünland ist einerseits ein Verbreitungsort für unerwünschte Arten und führt andererseits zu geringen Flächenerträgen.

INFO! Intensive Nutzung

Eine intensive Nutzung liegt dann vor, wenn Wiesen regelmäßig mehr als dreimal pro Jahr genutzt werden. Dies trifft somit auch bei 3-Schnitt-Nutzungen mit nachfolgender Herbstweide zu.

Gerade auf intensiv genutzten Flächen breiten sich in Lücken unerwünschte Gras- und Krautarten sehr schnell aus. Daher sollte der Gräserbestand auf intensiv genutzten Flächen angepasst werden. Sanierungsmaßnahmen sind auf Dauergrünlandstandorten meist nicht möglich oder nur mit hohen Kosten und einem hohen Zeitaufwand verbunden. Daher ist die Förderung einer dichten Grasnarbe immer besonders wichtig.

Grasarten, die mit einer oftmaligen Schnittnutzung oder intensiven Beweidung zurechtkommen, sind das Englische Raygras (Deutsches Weidelgras) und das Wiesenrispengras. Unter mitteleuropäischen Klimabedingungen sind es in erster Linie diese beiden Arten, die gefördert werden sollen. Einschränkend ist zu erwähnen, dass das Englische Raygras eine ungünstige Winterhärte besitzt und auf Standorte bis ca. 800 Höhenmeter (auf nach Süden exponierten Hängen auch bis auf 1.000 Höhenmeter) beschränkt ist. Es reagiert vor allem empfindlich auf eine lange geschlossene Schneedecke, weil sich Schneeschimmel bilden kann.

Soll eine Schnittwiese in eine Dauerweide umgewandelt werden, befinden sich anfäng-

Grünlandbetriebe müssen sich intensiv mit dem Pflanzenbestand beschäftigen und die wichtigsten Pflanzen kennen. Nicht alles, was grün ist, liefert auch einen Qualitätsertrag!

Bei Übersaaten muss der Pflanzenbestand lückig sein und dann das Saatgut gut an den offenen Boden angepresst werden.

lich meist noch viele horstförmig wachsende Obergräser (z. B. Knaulgras, Glatthafer oder Wiesenfuchsschwanz) in der Fläche. Hier muss der Pflanzenbestand bei der Nutzungsumstellung unbedingt durch Übersaaten begleitet werden.

Übersaaten im Dauergrünland

Übersaaten stellen eine sehr wichtige Maßnahme im Dauergrünland dar, um intensiv genutzte Bestände in die gewünschte Richtung zu lenken. Denn meistens sind die gewünschten Gräser nicht in ausreichender Menge vorhanden. Übersaaten bieten auch die Möglichkeit moderne Zuchtsorten zu verwenden, die auf gute Erträge und hohe Futterqualität selektiert wurden. Dabei ist zu beachten, dass zum Beispiel Wiesenrispengras sehr empfindlich auf eine tiefe Saat reagiert. Daher muss bei der Übersaat eine Technik verwendet werden, die das Saatgut auf den Boden ablegt. Moderne **Übersaatsstriegel** erfüllen diese Bedingung sehr gut und verfügen meist auch über eine nachlaufende Kontaktwalze, die das Saatgut fest an den Boden anpresst und so einen guten Bodenschluss herstellt.

Auf Kurzrasenweiden können begleitende Übersaaten in der Weidesaison durchgeführt werden.

Da bei Übersaaten das Saatgut auf die Bodenoberfläche fällt, muss offener Boden vorhanden sein. Ein verfilzter Grünlandbestand muss daher zuerst aufgerissen werden, um dem Saatgut einen Platz zum Keimen zu bieten. Auftretende Lücken im Bestand sollten immer möglichst sofort mit Saatgut geschlossen werden. Es ist ratsam, am Betrieb immer ein paar Kilogramm der Grasarten Englisches Raygras und Wiesenrispengras oder eine Mischung aus den beiden auf Lager zu haben. Wird das Saatgut kühl und trocken gelagert, behält es über mehrere Jahre die Keimfähigkeit.

Günstige Übersaatzeitpunkte sind regional unterschiedlich. Entscheidend sind regelmäßige Niederschläge nach der Saat. In den letzten Jahren traten beispielsweise die Niederschläge hauptsächlich in den Sommermonaten auf. Somit funktionierten Übersaaten nach dem in der Region üblichen zweiten Schnitt gut. Die letzten Übersaaten sollten jedoch Ende August bzw. Anfang September (in Gunstlagen) gemacht werden. Bei späteren Saaten ist der Entwicklungszeitraum bis zum eintretenden Winter häufig zu kurz.

Tritt der Tiere

Eine Übersaat lässt sich auch gut mit der Weide kombinieren bzw. ist eine Übersaat auf der Dauerweide sehr einfach durchzuführen. In nicht optimalen Weidebeständen verursachen die Tritte der Weidetiere offenen Boden. An diesen offenen Stellen kann ideal mit einem Feinsämereienstreuer kostengünstig übergesät werden. Die Weidetiere bleiben bei einem flächigen Weidesystem wie der Kurzrasenweide auf der Fläche und treten das Saatgut mit den Klauen an. Ebenso halten sie durch die Beweidung den Restbestand kurz und stellen damit den jungen Pflanzen ausreichend Licht zur Verfügung.

Im Rahmen einer Untersuchung am Bio-Institut der HBLFA Raumberg-Gumpenstein wurde Wiesenrispengras während einer zweijährigen Beweidungsphase übergesät (Starz und Mit., 2017). Dazu wurde eine Wiese zwei Jahre lang mit Jungvieh als Kurzrasenweide genutzt, das Saatgut oberflächlich ausgebracht und von den Tieren angetreten. Im Anschluss erfolgte wieder eine Überführung in eine 3-Schnitt-Wiese – die Ergebnisse sind in der folgenden Tabelle dargestellt. Dabei konnte der Anteil an Wiesenrispengras mit 27 Flächenprozent deutlich gegenüber dem Ausgangsbestand (11 %) erhöht werden. Durch die zweijährige Beweidung konnte aber auch das Problemgras Gemeine Rispe zurückgedrängt und der Weißklee gefördert werden. Mehr Weißklee im Bestand bedeutet nicht nur eine Verbesserung der Futterqualität, sondern bringt dem Grünlandbetrieb auch Stickstoffverbindungen in das System. Trotz Wegfall der ertragsstarken Obergräser während der zweijährigen Beweidung erreichte die übergesäte und untergrasbetonte Wiese dieselben Erträge. Durch die vielen und dichten Triebe vom Wiesenrispengras konnte so ein dichter und ertragsstarker Bestand erreicht werden. Diese dichte Grasnarbe ist auch eine Vorsorge für einen stabilen Wiesenbestand.

Für raue Lagen bzw. extensivere Standorte (z. B. Hutweiden) können artenreichere Mischungen (zusätzlich z. B. Kammgras, Straußgras, Wiesenschwingel, Timothe sowie Kräuter) sinnvoll sein.

Gezielte Übersaaten lenken den Bestand in eine gewünschte Richtung (STARZ und Mit., 2017)

Parameter	Wiese ohne Übersaat	Wiese mit Übersaat
Knaulgras	15 %	8 %
Gemeine Rispe	16 %	5 %
Wiesenrispengras	11 %	27 %
Weißklee	4 %	14 %
Trockenmasse-Ertrag	10.110 kg TM/ha	10.416 kg TM/ha
Rohprotein-Ertrag	1.335 kg TM/ha	1.475 kg TM/ha

Neuansaat und Nachsaat

Bei der **Übersaat** wird das Saatgut auf den Boden ausgebracht und anschließend angedrückt bzw. leicht eingearbeitet, während bei der **Nachsaat** die Bodenoberfläche leicht bearbeitet und das Saatgut direkt in den Boden eingebracht wird. Bei der **Neuansaat** wird der Boden stark bearbeitet (z. B. Umbruch) und dann das Saatgut ausgebracht. Diese Verfahren werden oft bei Bestandssanierungen sowie bei Engerling- oder Wühlmausbefallsflächen angewandt. Der Erfolg der Verbesserungsmaßnahme hängt wesentlich vom Saattermin und ausreichenden Niederschlägen nach der Saat ab.

Bei Neuansaaten muss im ersten Folgenutzungsjahr mit deutlich eingeschränkten Erträgen gerechnet werden. Man greift dabei auch stark auf das im Wurzelraum existierende Ökosystem ein und es erhöhen sich die Risiken für Erosion, Nährstoffauswaschung und Ertragsverluste. Weil auch die Kosten höher sind, sollten Neuansaaten in Dauergrünlandflächen nur dann angedacht werden, wenn Nach- bzw. Übersaaten keinen ausreichenden Erfolg versprechen würden.

ERNTETECHNIK UND KONSERVIERUNG

Heu und Grassilage

Ein optimal aufgebauter Pflanzenbestand ist noch keine Garantie für eine hohe Qualität im geernteten Futter. Es gilt einen gut aufgebauten Wiesenbestand auch als gutes Heu oder gute Grassilage zu ernten. Werden grundsätzliche Dinge dabei nicht beachtet, nutzt die beste und modernste Technik nichts. Sowohl in der Erntekette der Silage- als auch der Heubereitung gibt es einige kritische Punkte, die bedacht werden müssen:

- Je später eine Wiese gemäht wird, desto mehr Faserstoffe bilden die Pflanzen und desto geringer sind die Eiweiß- und Energiekonzentrationen. Daher muss qualitativ hochwertiges Grundfutter immer während des Ähren-Rispen-Schiebens gemäht werden. Eine sehr viel einfachere und sichere Nutzung des Dauergrünlandes stellt die Weide dar. Hier ist das Verschmutzungsrisiko sehr gering und die Futterqualität ist um einiges höher als auf Schnittwiesen, sofern ein optimales Weidesystem umgesetzt wird.

Würden Sie dieses Futter gerne fressen?

- Bei der Mahd des Wiesenfutters ist darauf zu achten, dass der Bestand gut abgetrocknet ist. Aus den Lücken stammende Bodenpartikel sowie Reste von festen Wirtschaftsdüngern können sich am feuchten Futter anlagern. Daher ist es auch wichtig, eine Schnitthöhe von mindestens 5 cm einzuhalten.

Der Pflanzenbestand, der Nutzungszeitpunkt, die Erntetechnik, die Konservierung sowie die Lagerung bestimmen die Futterqualität. Mit Hilfe der Sinnesprüfung (Geruch, Farbe, Struktur, Verschmutzung etc.) kann man diese abschätzen.

- Bei der Trocknung bzw. Antrocknung des Futters sollte so wenig wie möglich gekreiselt werden. Die Zinken des Kreislers führen zu einer Beschädigung bzw. zum Verlust der Blätter. Je trockener das Futter ist, desto schonender muss gearbeitet werden! Die wertvollen Futterinhaltsstoffe befinden sich in den Blättern der Gräser und Kräuter. Die Blätter sind auch die schmackhaftesten und hochverdaulichsten Teile.
- Die Zinken der Futterwerbegeräte dürfen nicht am Boden streifen, weil zum einen die Grasnarbe geschädigt wird und zum anderen Bodenpartikel auf das Futter gelangen. Futterverschmutzungen können gut am Rohasche- (XA) und Eisengehalt (Fe) ausgemacht werden. Der natürliche Rohaschegehalt bei Futter aus dem Dauergrünland liegt zwischen 80 und 100 g/kg TM (= 8–10 %). Alle Werte, die darüberliegen, zeigen eine Verschmutzung an.
- Ist das Futter einmal von der Wiese in das Lager gebracht, gilt es weitere Verlustquellen zu minimieren. Beim Silieren ist auf eine ausreichende Verdichtung zu achten. Ansonsten kommt es zu verlängerten Gärungen oder im schlimmsten Fall, bei zusätzlich verschmutztem Futter, auch zu Fehlgärungen, die eine Verringerung der Energiegehalte bedeuten. Das getrocknete Heu muss immer schonend unter Dach gebracht werden. Mechanische Belastungen führen zu Bröckelverlusten.

Weidehaltung ist bei grünlandbasierter Rindermast immer anzustreben – sie hat viele Vorteile!

Weiterführende Infos dazu finden Sie auch im Kapitel „Futtermittel für die Mutterkuhhaltung und Rindermast“.

Weide nutzen

Die Weidehaltung von Rindern ist für das Grünland- und Berggebiet von großer Bedeutung. Das Weidefutter liefert für die Landwirte und Landwirtinnen das preiswerteste Grundfutter. Darüber hinaus erhalten und pflegen die Weidetiere unsere Kulturlandschaft. Die Weidehaltung wirkt sich bei optimaler Weideführung positiv auf die Tiergesundheit aus und stärkt die Widerstandskräfte der Tiere. Weidefleisch und -milch zeichnen sich aber auch durch eine hohe Qualität aus – beispielsweise sind die Gehalte an wertvollen Fettsäuren und Vitaminen erhöht. Weidende Tiere sind auch ein wichtiges Bindeglied zwischen Produzenten und Konsumenten.

Gut geführte Weiden erreichen im Futter Energiekonzentrationen, welche knapp an Maissilage, und Eiweißgehalte (Rohprotein) von 20–25 %, die an Körnererbsen heranreichen. Auch im Ertrag können Dauerweiden rein mengenmäßig mit intensiv genutzten Schnittwiesen mithalten. Hinsichtlich Qualität schneiden Dauerweiden zumeist besser ab. So wurden in mehreren Versuchen am Bio-Instituts an der HBLFA Raumberg-Gumpenstein mehr als 2.000 kg an Eiweißerträgen je Hektar festgestellt, was etwa doppelt so hoch ist wie der Rohproteinertrag von 1 ha Bio-Sojabohnen. Weidefutter besitzt aber auch ausreichend Faserstoffe, um eine wiederkäuergerechte Fütterung sicherzustellen, solange wenig Kraftfutter zusätzlich eingesetzt wird.

Die erwähnten Erträge und Qualitäten auf Dauerweiden können aber nur dann auch voll ausgeschöpft werden, wenn Weidemanagementmaßnahmen richtig umgesetzt werden.

Da in der Umsetzung eines optimalen Weidesystems auf vielen Betrieben noch sehr viel Potential vorhanden ist, wird im Kapitel „Futtermittel in der Mutterkuhhaltung und Rindermast" ausführlich auf die Weidehaltung eingegangen.

Grünfütterung im Stall

Ist aus betrieblichen Gründen Weidehaltung nur bedingt möglich, lassen sich mit Grünfütterung Kosten sparen und Vorteile des Frischfutters nutzen. Im Vergleich zur Silierung und Heubereitung sind bei kosten- und arbeitszeiteffizienter Grünfütterung die Futterkosten um etwa 30–50 % günstiger. Grünfutter ist bei optimaler Nutzung, Ernte und Zuteilung eiweiß- und zuckerreich, enthält viele Vitamine und wertvolle Fettsäuren, kein fermentiertes Eiweiß und liegt im Energiegehalt sehr gut. Vor allem Wechselwiesen und leguminosenreiche Pflanzenbestände eignen sich gut zum Eingrasen.

WIEDERKÄUER IN DISKUSSION?!

Wiederkäuer wie Rinder, Schafe und Ziegen stehen heute in der öffentlichen Diskussion immer wieder unter Druck. Sie werden im Vergleich zu Schweinen und Geflügel als ineffizienter bezeichnet. Auch die klimaschädliche Methanbildung, hervorgerufen durch den Futteraufschluss im Pansen, wird angeführt. Es stellt sich die Frage, ob hier auf das Grünland vergessen wird.

Die wachsende Weltbevölkerung benötigt mehr Lebensmittel und mehr nachwachsende Rohstoffe. Derzeit sind etwa 800 Millionen Menschen unterernährt. Auch das Konsumverhalten ändert sich auf globaler Ebene deutlich – die Pro-Kopf-Ressourcenintensität steigt. Der Bodenverlust und der Klimawandel verschärfen die Situation und der Druck auf die landwirtschaftlich nutzbaren Flächen und die Produktionsressourcen steigen. Nicht selten wird angeführt, dass eine weitere Intensivierung nötig sei – doch diese stößt zunehmend an Grenzen. Dies zeigt sich beispielsweise im alarmierenden Rückgang an fruchtbaren Böden, dem Verlust von Vielfalt (Lebewesen, Pflanzen etc.), Problemen in der Wasser- und Trinkwasserversorgung bis hin zur schwindenden Akzeptanz der intensiven Landwirtschaft beim Konsumenten. Doch was hat das alles mit Wiederkäuern zu tun?

Weltweit sind mehr als 70 % der landwirtschaftlichen Nutzfläche Grünland. Wiederkäuer können daraus wertvolle Lebensmittel für die wachsende Weltbevölkerung bereitstellen.

Globale Flächennutzung

Wie die folgende Tabelle zeigt, entfallen nur etwa 29 % der landwirtschaftlichen Nutzfläche auf Ackerland und mehr als 70 % auf Grünland. Vom Ackerland dienen nur knapp 20 % direkt der Lebensmittelerzeugung, das entspricht nur etwa 2 % der Landfläche der Erde. Mehr als 70 % der Ackerfläche (8 % der Landfläche) wird für die Erzeugung von Futtermitteln (Nutz- und Heimtiere) verwendet.

Globale Landflächennutzung für Lebensmittel, Rohstoffe etc.

(RASCHKA u. Mit., 2012)

Landfläche	Milliarden ha	% der Landfläche		
Infrastruktur	0,2	1		
„Unland“ (Wüsten, Berge ...)	4,3	32		
Wälder	3,9	29		
Agrarfläche	5,0	37		
Summe Landfläche	13,4	100		
Agrarfläche	**Milliarden ha**	**% der Agrarfläche**	**% der Landfläche**	
Ackerfläche	1,45	29	11	
Grünlandfläche	3,55	71	26	
Summe Agrarfläche	5,00	100	37	
Ackerfläche	**Milliarden ha**	**% der Ackerfläche**	**% der Agrarfläche**	**% der Landfläche**
für Lebensmittel	0,26	18	5	2
für Futtermittel	1,03	71	21	8
für Bioenergie	0,06	4	1	0,4
für stoffliche Nutzung	0,10	7	2	1
Summe Ackerfläche	1,45	100	29	11

Effizienz weiter gedacht

Bei knapper werdenden Ressourcen gewinnt deren möglichst effizienter Einsatz an Bedeutung. Wenn Futter- bzw. Lebensmittel an Nutztiere gefüttert werden, dann ist dies immer mit „Umwandlungsverlusten“ verbunden. Einen Teil der Nährstoffe braucht das Nutztier – ohne etwas zu produzieren bzw. ohne zu wachsen – rein dafür, um die Körperfunktionen aufrecht zu erhalten. Ein Teil der Nährstoffe geht als Verlust über Kot, Harn, Abwärme bzw. Gärgase unvermeidlich verloren. Wenn lebensmitteltaugliche Produkte vorhanden sind, dann ist es bei knapp werdenden Ressourcen immer sinnvoller den Menschen direkt damit zu versorgen und nicht den verlustreicheren Umweg über das Tier zu wählen. Werden durch Nutztiere jedoch Futterquellen (bzw. Flächen) in wertvolle tierische Lebensmittel umgewandelt, dann sind diese Tiere sehr wichtig für die Versorgung der Weltbevölkerung.

Zu beachten ist dabei auch, dass die Landwirtschaft nicht nur CO_2 freisetzt, sondern über die Futterpflanzen gleichzeitig auch wieder CO_2 gebunden und Sauerstoff produziert wird. Das Methan aus der Wiederkäuerverdauung stammt überwiegend aus einem natürlichen Kohlenstoffkreislauf. Methan ist zwar in seiner Treibhausgaswirksamkeit schädlicher als CO_2, wird aber auch rascher in der Atmosphäre abgebaut (Methan ca. zwölf Jahre; CO_2 mehrere hundert Jahre). Ungünstig ist daher insbesondere, wenn durch die Verbrennung fossiler Energieträger (Verkehr, Industrie etc.) immer mehr zusätzliches CO_2 freigesetzt wird. Bei konstanten Wiederkäuerbeständen ist der Methanausstoß über Jahre gesehen konstant. In Österreich sind die Methanemissionen aus der Wiederkäuerfütterung seit 1990 sogar gesunken. Wird jedoch der Tierbestand ausgeweitet bzw. das Futter mit hohem fossilen Aufwand produziert bzw. weit transportiert, dabei Regenwald abgeholzt etc., dann steigt natürlich der die CO_2-Fußabdruck der Landwirtschaft an.

Futter ist nicht gleich Futter!

Die Effizienz der Nährstoffumwandlung vom Futter in tierische Produkte hängt entscheidend vom Futtermittel (Futterqualität, Verdaulichkeit) und auch von der Tierart und Nutzungsrichtung ab. Da die ausgewogene Eiweißversorgung (Aminosäuren) häufig der erstbegrenzende Faktor ist, wird im folgenden Abschnitt vor allem darauf Bezug genommen.

Im Mittel werden mehr als 3 kg pflanzliches Protein benötigt, um 1 kg Milchprotein mit Kühen zu produzieren. Zwischen 5 und 10 kg pflanzliches Protein sind erforderlich, um 1 kg Fleisch mit Wiederkäuern zu erzeugen. In der Geflügelmast bzw. Schweinemast und Legehühnerhaltung liegt dieser Faktor mit etwa 2,2 bzw. 3 kg Futterprotein/kg Protein im Produkt günstiger (Peyraud, 2017). Würde man hier in der Betrachtung der Effizienz enden, dann wären Wiederkäuer in jedem Fall nicht effizient und würde Mastgeflügel zu den effizientesten Nutztieren zählen. Doch welches Futter bzw. „welche Flächen“ fressen die unterschiedlichen Tierarten?

Intensive Rindermastsysteme, wo viel hochwertiges Kraftfutter eingesetzt wird, schneiden in der Lebensmitteleffizienz schlecht ab.

Lebensmittelkonkurrenz

Der Verdauungstrakt von Hühnern ist beispielsweise sehr kurz und wenig differenziert. Daher selektieren Hühner in freier Natur ihr Futter bzw. benötigt Geflügel hochverdauliche Futtermittel, um auch entsprechende Leistungen zu bringen. Hühnerfutterkomponenten wie Mais, Getreide, Soja etc. könnten teilweise auch direkt vom Menschen konsumiert werden. Geflügel ist daher ein bedeutender Lebensmittelkonkurrent und verbraucht dementsprechend „Ackerflächen“. Wenn Ackerflächen global betrachtet knapp werden, dann kommen Geflügel und Schweine unter Druck, denn auch in der Schweinehaltung werden bedeutende lebensmitteltaugliche Futterkomponenten eingesetzt. Doch wie sieht es bei Rindern, Schafen und Ziegen aus?

Wie oben dargestellt, muss in der Wiederkäuerfütterung mit relativ hohen Umwandlungsverlusten gerechnet werden – dies gilt auch bei Einsatz von hochwertigen Futtermitteln! Die sehr intensive Rindermast, wie wir sie aus den USA (*Feedlots*) kennen, schneidet daher in der Lebensmitteleffizienz schlecht ab. Diese intensiv gemästeten Tiere erhalten nur wenig Grundfutter. Es werden deutlich mehr lebensmitteltaugliche Produkte verfüttert, als am Ende über das Rindfleisch erzeugt werden – die Lebensmitteleffizienz ist negativ. Dies gilt selbst dann noch, wenn man die höhere Eiweißqualität in tierischen Produkten im Vergleich zu pflanzlichem Eiweiß berücksichtigt. Die **Milchproduktion** ist im Vergleich zur Mast von Wiederkäuern in der Futterumwandlung effizienter. Aber auch hier kommt es auf die Futtergrundlage an. Je mehr Dauergrünlandfutter oder faserreiche industrielle Nebenprodukte gefüttert werden und je weniger hochwertiges Kraftfutter benötigt wird, desto besser schneiden Milchtiere in der Lebensmitteleffizienz ab. In den letzten Jahrzehnten wurde in den Industriestaaten bei Kühen auch die Milchleistung gesteigert, was auch zu intensiveren Rationen und weniger „Grünlandfütterung“ geführt hat. Hochleistende Wiederkäuer brauchen zwar insgesamt weniger Kilogramm Futter pro kg Milch und produzieren möglicherweise auch etwas weniger klimaschädliches Methan je kg Milch, doch der Ackerflächenbedarf und globale Futtertransport steigen und die Lebensmitteleffizienz sinkt. Verschärfend kommt hinzu, dass heute teilweise Grünlandflächen weniger gut genutzt werden und gleichzeitig aber die Anzahl an Wiederkäuern steigt und damit noch mehr Nutztiere auf den „Ackerflächentopf zugreifen“.

Ganzheitliche Argumentation wichtig

In der öffentlichen Diskussion ist es wichtig darauf hinzuweisen, dass **Milch und Fleisch aus Grünlandfutter** wesentlich zur **Sicherung der globalen Lebensmittelversorgung** beitragen, denn etwa 70 % der landwirtschaftlichen Flächen sind Grünland! Eine schonende Grünlandnutzung liefert darüber hinaus auch viele wertvolle Zusatzleistungen wie Trinkwasserbereitstellung, Sauerstoffproduktion, Kohlenstoffbindung, Biodiversität und auch den Erhalt der vielfältigen Kulturlandschaft und die Besiedlung der ländlichen Regionen.

Wiederkäuer, welche sehr intensiv mit Ackerkulturen gefüttert werden, können zwar höhere Einzeltierleistungen und geringere Methanausstöße je kg Produkt produzieren. Es muss aber auch bedacht werden, dass sich gleichzeitig die Lebensmitteleffizienz deutlich verringert und auch der Verdauungstrakt in der Evolution der Tiere nicht darauf abgestimmt ist. Wiederkäuer kommen in der Kraftfuttereffizienz daher nicht an Geflügel und Schwein heran! Der Umwelt, dem Klima und der Menschheit wäre hinsichtlich Nutztierhaltung, Landwirtschaft und Ernährung wohl vor allem dann gedient, wenn im Schnitt weniger Milch und Fleisch aus sehr intensiven Systemen auf den Tisch käme und gleichzeitig der Konsum von unterschiedlichen Ackerkulturen sowie Gemüse und Obst aus nachhaltiger Produktion steigen würde. Sicherlich haben dabei auch die Produkte aus einer standortangepassten Wiederkäuerhaltung im Grünland einen besonderen Stellenwert.

HINWEIS! Nachhaltigkeit

Nachhaltigkeit muss umfassend bewertet werden. Wenn in der Grünland-Rindermast hohe und umfassende Qualitätsstandards erreicht werden, dann schneidet dieses Verfahren deutlich günstiger als die intensive Rindermast ab.

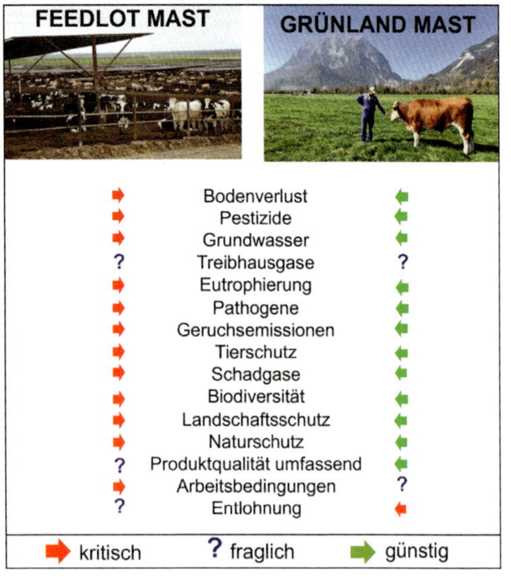

GREEN BEEF – DEN UNTERSCHIED SPÜREN, SCHMECKEN UND GENIESSEN

In der Präsentation und Vermarktung landwirtschaftlicher Produkte kann der Qualitätsrindfleisch-Sektor von der Weinbranche lernen. Die Basis müssen natürlich immer hochwertige Produkte sein! Beim Rindfleisch zählen dazu z. B. Marmorierung, Zartheit, Saftigkeit und Fleischreifung. Eine umfassende Qualität hebt sich darüber hinaus im gesamten Pflanzenbau- und Tierhaltungsbereich und auch in den Umweltwirkungen des Betriebes von der intensiven Rindermast positiv ab. Weiters braucht es in der Kommunikation zu den Konsumentinnen und Konsumenten einfache, verständliche und authentische Botschaften, welche natürlich immer auch einer entsprechenden Kontrolle standhalten können müssen.

Günstig ist es, wenn man in Gesprächen „Geschichten“ erzählen kann, die verständlich sind und nach Möglichkeit auch die Sinne der Konsumenten berühren. Die grünlandbasierte Rinderhaltung hat, wenn diese gut umgesetzt wird, viele positive Argumente welche dazu genutzt werden können:

- **Leben im natürlichen Jahreszyklus** – Wohlbefinden als Basis für beste Produkte
- **365 Tage Urlaub** – Haltung im Grünland- und Berggebiet
- **Vielfältige Kräuter und Gräser im Futter** – Voller Geschmack
- **Natürlich Weide** – Futteraufnahme wie in der freien Wildbahn
- **Frische Luft und Fitness** – Täglicher Auslauf und Bewegung tun gut, den Tieren und uns
- **Vielfalt statt Einfalt und Monotonie** – Biodiversität statt Monokulturen
- **Humusreiche Grünlandböden** – Gesunde Pflanzen, Tiere und Produkte
- **Überwiegend Grünlandfutter statt Ackerkulturen und Importsoja** – Viele wertvolle Vitamine und ungesättigte Fettsäuren im Fleisch und wenig CO_2-Ausstoß für den Transport
- **Kein Leistungsstress** – Zeit zum Reifen
- **Evolutionsvorteil der Rinder durch Graslandnutzung erhalten** – Geringe direkte Lebensmittel- und Flächenkonkurrenz zum Menschen
- **Regional statt international** – Einzigartige Produkte und kleiner ökologischer Fußabdruck
- **Grünlandbasierte Rinderhaltung** – Boden, Wasser, Region und offene Kulturlandschaft wird erhalten
- **Herkunft nachvollziehbar** – Jederzeit Kontakt zu Bauer und Bäuerin
- **Achtsam mit der Natur und den Tieren** – Mit gutem Gewissen „green beef“ genießen
- …

WIEDERKÄUERGEMÄSSE FÜTTERUNG

Wiederkäuer verfügen über ein hoch entwickeltes Vormagensystem, das die Verwertung faserreicher Futterstoffe (Grünlandfutter etc.) ermöglicht. Dies hat auch zur starken Verbreitung der Wiederkäuer beigetragen und ist auch von großer ökologischer Bedeutung. Die Kenntnis der Grundlagen der Verdauung ist eine wichtige Voraussetzung für eine optimale Herdenführung und tiergemäße Fütterung. Die Fütterung beeinflusst nicht nur die Leistung und die Futterkosten, sondern wirkt sich auch auf die Tiergesundheit, das Wohlbefinden der Rinder und die Fruchtbarkeit aus. Darüber hinaus werden auch die Produktqualität und der betriebliche und regionale Nährstoffkreislauf wesentlich beeinflusst.

URSPRÜNGLICHER LEBENSRAUM DES RINDES

Das Rind gilt als eines der bedeutsamsten Haustiere des Menschen. Charakteristisch für den Lebensraum der Stammform, des Ur oder Auerochsen (*Bos primigenius*), waren Gras- und Buschlandschaften sowie Laub- und Mischwälder, mitunter aber auch Steppen. Die Futteraufnahme erfolgte bevorzugt in der morgendlichen und abendlichen Dämmerung, tagsüber und während der Nacht zogen sich die Tiere wiederkäuend in Dickungen zurück.

Rinder sind entsprechend ihrer evolutionären Anpassung Gras- und Raufutterfresser. Ihre Kapazität, Grasbestände in Lebensmittel (Milch und Fleisch) umzuwandeln, ist im Tierreich einzigartig.

HINWEIS! Rückbesinnung

Trotz züchterischer Maßnahmen müssen wir uns immer am Ursprünglichen orientieren.

DAS NATÜRLICHE FUTTERAUFNAHMEVERHALTEN

Bei **Weidehaltung** wenden Rinder je nach Leistung, Futterangebot und Tageslänge zwischen sechs und elf Stunden für die Futteraufnahme auf. Sie fressen im Allgemeinen innerhalb von 24 Stunden in drei bis fünf Hauptperioden, vorzugsweise am frühen Morgen und Abend. Beim Weiden wird das Grünfutter von den Rindern büschelweise aufgenommen, die Pflanzen werden von der sehr beweglichen Zunge umschlungen und in das Maul gezogen. Dort wird der Bissen von den Schneidezähnen gegen die Kauplatte gepresst und abgerissen. Während des Grasens geht das Rind langsam vorwärts. In den Nachtstunden ist die Fressaktivität generell eingeschränkt, wobei vor allem im Herbst eine kurze Fressperiode um Mitternacht beobachtet werden kann. Die restliche Zeit wird für die Futtersuche, das Wiederkauen und andere Aktivitäten wie Ausruhen, Trinken, Ausscheiden sowie für Sozialkontakte aufgewendet. Je geringer das Futterangebot ist, desto mehr Zeit wird für das Weiden aufgewendet. An heißen Tagen (etwa ab 25 °C) geht die Weidefutteraufnahme in den Stunden mit der höchsten Temperatur zurück. Kühle Temperaturen beeinflussen das Weideverhalten nicht negativ. Wenn jedoch Wind in Kombination mit Regenfällen auftritt, kann es an diesen Tagen zu einem Rückgang der Weidefutteraufnahme kommen.

Mehr als 40.000 Kauschläge pro Tag

Neben dem Nährstoffbedarf des Tieres und den oben beschriebenen Einflussfaktoren hängt die tägliche Grasedauer und auch Futteraufnahme wesentlich vom Pflanzenbestand und dem Vegetationsstadium ab. Untersuchungen mit Milchkühen haben gezeigt, dass bei hochleistenden Tieren die tägliche Biss- und Kauanzahl die Grünfutteraufnahme limitieren können! Beispielsweise erreichen Kühe 45.000–75.000 Kauschläge pro Tag. Davon entfallen 30–50 % auf die Futteraufnahme und der Rest auf das Wiederkauen. Wenn etwa der Weideaufwuchs auf der Fläche (Höhe und Bestandsdichte) gering ist, sinkt die Futtermenge pro Bissen. Dies kann dazu führen, dass aufgrund der täglich begrenzten Bissfrequenz die Nährstoffaufnahme eingeschränkt ist.

Bedingt durch die leichtere Verfügbarkeit des Futters ist bei **Stallhaltung** die tägliche Fresszeit üblicherweise um 20–40 % verkürzt. Auch hier sind mehrere Hauptfressperioden festzustellen, wobei diese deutlich von den Stallarbeitszeiten abhängen. Innerhalb einer Herde läuft die Futteraufnahme überwiegend synchron ab. Durch häufigere Futtervorlage kann auch die Futteraufnahme erhöht werden. Da sich die Tiere in einem Anbindestall nicht fortbewegen, muss zur Entlastung des Skelettes der Futterbarren zumindest 10 cm über der Standfläche liegen.

Bei der Futterwahl sind der Geruchs- und Geschmackssinn bedeutend. Hier spielt

Eine regelmäßige und ausreichende Futtervorlage erhöht die Grundfutteraufnahme.

auch die Erfahrung der Tiere eine wichtige Rolle. Bestimmte intensiv riechende Pflanzen (Fenchel, Anis) bzw. süße Futtermittel (Rüben, Grünfutter etc.) werden sehr gerne aufgenommen.

Wiederkauverhalten

Beim Wiederkauen wird ein Futterballen (Bolus) „hochgewürgt" und im Maul intensiv nachzerkleinert, eingespeichelt und wieder abgeschluckt. Pro Bolus werden normalerweise 50 bis 60 Wiederkauschläge durchgeführt. Etwa 80 % der Wiederkautätigkeit erfolgt im Liegen. Bei mangelnder Strukturversorgung geht die Anzahl der Wiederkauschläge auf unter 50 Schläge pro Bolus zurück. Neben der Futterzerkleinerung ist das Wiederkauen auch für eine intensive Speichelbildung bedeutend. Bei Kraftfutterfütterung bzw. bei Einsatz von stark zerkleinertem Grundfutter (unter 1 cm) sinkt die Wiederkauzeit, was zu Verdauungsstörungen führen kann.

WICHTIG! Grundfutter

Nur Grundfutter liefert die Basis für eine wiederkäuergemäße Fütterung.

TRINKVERHALTEN

Die tägliche Wasseraufnahme hängt von der Leistung, der Rationsgestaltung und von den Klimabedingungen ab. Bei Kühen gilt als Faustregel, dass der Wasserbedarf das Vier- bis Fünffache der Tagesmilchmenge oder 5–6 l je kg TM-Aufnahme beträgt. An heißen Sommertagen kann sich diese Menge auch verdoppeln. In Abhängigkeit von der Lage der Wasserstellen nehmen Rinder ein- bis 15-mal pro Tag Wasser auf. Üblicherweise wird Wasser nach Beendigung der Futteraufnahmeperioden sowie nach der Melkung aufgenommen. In der freien Natur sind Rinder daran gewöhnt, aus Bächen oder stehenden Gewässern sauberes Wasser aufzunehmen. Das Maul wird dabei ins Wasser getaucht, die Nasenlöcher bleiben über der Wasseroberfläche. Es wird in vollen Zügen getrunken. Fluchttiere wollen nämlich in kurzer Zeit möglichst viel Wasser trinken. Bei einem durchschnittlichen Trinkvorgang nehmen beispielsweise Kühe ca. 10 l Wasser innerhalb von 30 Sekunden zu sich. Es sollen daher offene Wasseroberflächen angeboten werden. Trogtränken sind besser geeignet als Selbsttränkeschalen.

HINWEIS! Wasserversorgung

Die ständige Versorgung mit sauberem Wasser ist notwendig.

Sauberes Wasser ist wichtig!

LEISTUNGEN DES PANSENS

Was Wiederkäuer ganz entscheidend von anderen Tieren unterscheidet, ist der voluminös ausgebildete Vormagenbereich. Diese Gärkammern bieten den Kleinlebewesen (Pansenmikroben wie Bakterien, Einzeller, Pilze) im Vormagen optimale Bedingungen, um sich zu vermehren und Nährstoffe ab- bzw. aufzubauen und damit für das Tier nutzbar zu machen.

HINWEIS! Pansenflora

Wir füttern zwar das Rind, versorgen aber damit in erster Linie die Mikroben im Pansen. Das Rind selbst ernährt sich überwiegend von den Produkten dieser Kleinstlebewesen bzw. direkt von den gebildeten und im Drüsenmagen und Dünndarm verdauten Mikroben.
Die Gesundheit der Rinder und damit auch deren Wohlbefinden und Leistungsfähigkeit werden ganz entscheidend davon beeinflusst, wie sich die Rationsgestaltung auf die Vormagenverdauung auswirkt.

Von Rindern wird die Nahrung relativ rasch aufgenommen und das Futter nur mäßig zerkleinert abgeschluckt. Eine intensive Zerkleinerung wird erst durch das zeitlich versetzte Wiederkauen erreicht. In den Vormägen der Wiederkäuer wird das Futter ständig bewegt. Hier findet eine intensive mikrobielle Verdauung statt.

- Der **Pansen** (Rumen) ist in den Pansenvorhof (Schleudermagen) und zwei Pansensäcke geteilt. Im Pansen finden der mikrobielle Aufschluss des Futters und die überwiegende Aufnahme der dabei entstehenden flüchtigen Fettsäuren in das Blut statt. Die stark durchblutete Pansenwand ist dazu durch Pansenzotten vergrößert. Dies ermöglicht einen intensiven Stoffaustausch über die Schleimhaut.
- Der **Netzmagen** (Haube, Reticulum) liegt kopfwärts vom Pansen. Er kann sich faustgroß zusammenziehen und das Futter in den Pansen befördern. Zwischen dem Pansen und dem Netzmagen wird die Nahrung durch den Schleudermagen so lange hin und her geschoben, bis das Futter durch die mechanische und mikrobielle Tätigkeit ausreichend zerkleinert wurde, um in den Blättermagen zu gelangen.
- Der **Blättermagen** (Psalter, Omasum) ist kugelförmig ausgebildet und beinhaltet Gewebsblätter. Dort werden dem Futterbrei Wasser und teilweise Mineralstoffe entzogen. Beim Kalb führt eine Längsrinne (Schlundrinne) als Fortsetzung der Speiseröhre bis zur Blättermagenöffnung. Sie schließt sich reflexartig während des Saugens und leitet die Milch direkt von der Speiseröhre über den Blättermagen in den Labmagen.
- Der **Labmagen** (Abomasum) ist der eigentliche Drüsenmagen des Rindes. Er schließt an den Blättermagen an.

Der Panseninhalt setzt sich schichtförmig aus einer flüssigen Phase („Pansensee“) und einer festen Faserschicht („Pansenmatte“)

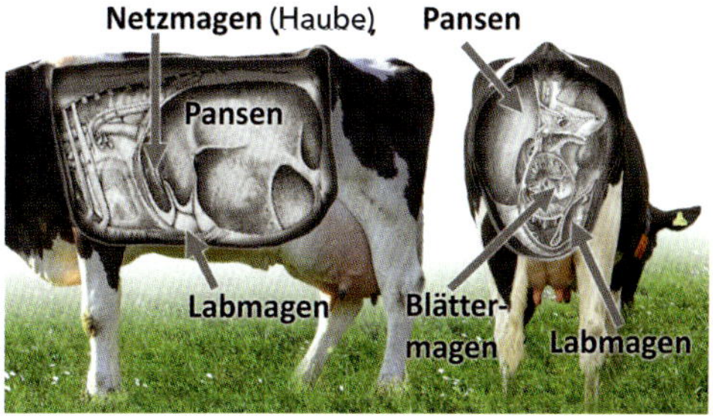

Vormagen und Labmagen des Rindes (links Längsschnitt bzw. rechts ein von hinten betrachteter Querschnitt; nach SPRANGER, 2002)

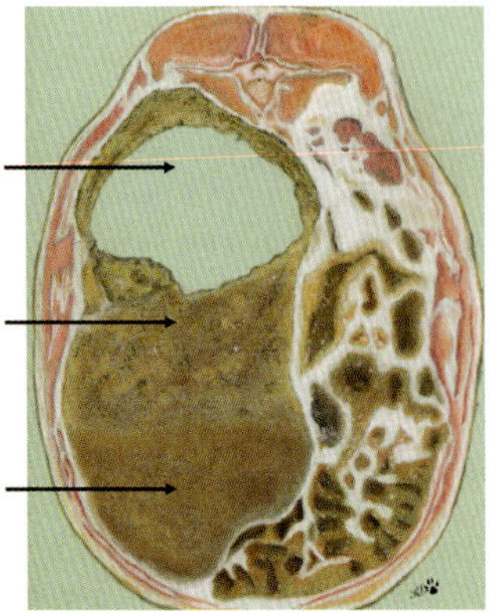

Schichtung im Pansen (nach STEINWIDDER u. WURM, 2005)

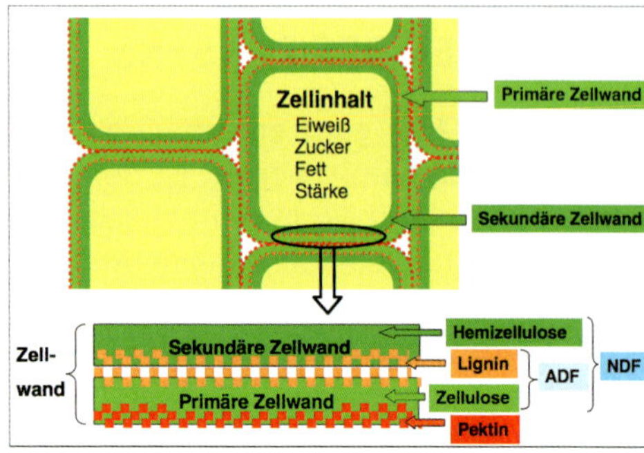

Schematische Darstellung der pflanzlichen Zelle (nach NULTSCH, 2000)

zusammen. Darüber befindet sich noch eine gasförmige Phase („Gasblase“). Im Zuge der Kau- und vor allem Wiederkautätigkeit wird sehr viel Speichel gebildet. Die Speichelbildung beträgt bei ausgewachsenen Rindern je nach Futteraufnahme und Rationsgestaltung etwa 100–180 l/Tag – teilweise wurden in Versuchen noch höhere Werte ermittelt. Der gebildete Speichel enthält pH-Wert-puffernde Substanzen (Phosphate, Bikarbonat) und trägt damit entscheidend zur Verhinderung einer Pansenübersäuerung bei. Zusätzlich gelangen über den Speichel auch stickstoffhaltige Verbindungen in den Pansen (ruminohepatischer Kreislauf).

Mikrobielle Verdauung im Pansen

Ehe man sich mit dem Einsatz unterschiedlicher Futtermittel in der Rinderfütterung beschäftigt, sollte man über die Abbaubarkeit (Fermentierbarkeit) verschiedener Nährstoffgruppen im Pansen grundsätzlich Bescheid wissen.

Der Panseninhalt besteht aus einem Gemisch aus aufgenommenem Futter, Wasser, Speichel, Mikroorganismen und deren Stoffwechselprodukten. Der gesamte Panseninhalt beträgt bis zu 15 % des Körpergewichts eines Rindes.

Die kontinuierliche Gärung, die zu einem sehr effizienten Nährstoffab- und -aufbau führt, wird begünstigt durch

- die konstante Temperatur,
- die vorhandene hohe Flüssigkeitsmenge,
- die puffernde Wirkung des Speichels,
- die ständige Bewegung des Panseninhalts,
- die häufige Futteraufnahme,
- die intensive Zerkleinerung des Futters,
- die ständige „Entfernung“ der mikrobiellen Stoffwechselprodukte durch Absorption und Gärgasabgabe.

Viele Spezialisten in einem Gleichgewicht

Im Pansen der Wiederkäuer befindet sich eine Vielzahl von Mikroben. Je Milliliter Panseninhalt sind bis zu 100 Milliarden Mikroorganismen vorhanden. Allein die Bakterienfrischmasse beträgt je nach Pansenvolumen etwa 3–7 kg. Die Zusammensetzung der Pansenmikroben wird sehr stark von der Fütterung bestimmt:

- Bei ausgeglichener Rationsgestaltung sind die grundfutterabbauenden **Bakterien** (Abbau Strukturkohlenhydrate) am bedeutendsten. Ein pH-Wert im Pansen von 6,2–6,8 (= leicht sauer) ist optimal für diese Bakteriengruppe, bei einem

Die Fütterung spiegelt sich auch in der Kotkonsistenz wider.

pH-Wert unter etwa 6,2 muss mit einem Rückgang der Grundfutterverdaulichkeit (Strukturkohlenhydratverdauung) gerechnet werden.

- Stärkeabbauende Bakterien nehmen bei kraftfutterbetonter Ration zu. Diese tolerieren auch tiefere pH-Werte (unter 6,2).
- Eiweißspaltende Bakterien bauen Rohprotein zu Eiweißbausteinen (Aminosäuren, Peptiden, Ammoniak), flüchtigen Fettsäuren, Kohlendioxid und Wasser ab.
- Daneben findet man im Pansen aber noch zucker-, fett- und milchsäureabbauende bzw. milchsäurebildende und methanbildende Bakterien.

Einzeller (Protozoen) spielen bei grundfutterbetonten Rationen eine größere Rolle und können Zucker, Stärkekörner und Pflanzenpartikel aufnehmen. Dadurch tragen sie zur Stabilisierung der Pansenverhältnisse bei. Andererseits nehmen sie aber auch Pansenbakterien (Stickstoffquelle) auf. Als Abbauprodukte entstehen kurzkettige Fettsäuren, Aminosäuren und Ammoniak. Bei tiefem pH-Wert (unter 5,5) geht die Protozoenanzahl zurück.

Pilze tragen zur Verdauung des Grundfutters bei. Wenn grundfutterreiche Rationen verfüttert werden, können die Pilze bis zu 8 % der Mikrobenmasse ausmachen. Bei kraftfutterbetonter Fütterung gehen sie jedoch zurück.

HINWEIS! Fütterung

Eine wiederkäuergemäße Fütterung fördert eine ausgeglichene und vielfältige Mikrobenentwicklung in den Vormägen.

Fütterung beeinflusst Pansenmikroben

Rationsumstellungen müssen in der Wiederkäuerfütterung langsam erfolgen, da es ansonsten zu Verdauungsstörungen, schlechterer Futter- und Nährstoffversorgung sowie Durchfällen kommt. Es müssen sich nämlich die Mikrobenzusammensetzung, aber auch die Pansenzotten an neue Futterkomponenten anpassen. Zudem sind Rinder Gewohnheitstiere. Die Rationen sollten daher nur langsam umgestellt werden und sich auch zwischen den Fütterungszeiten (morgens und abends) nicht wesentlich unterscheiden.

HINWEIS! Futterwechsel

Futterwechsel müssen immer langsam erfolgen. Neue Futterkomponenten werden dabei langsam im Rationsanteil gesteigert!

Der Pansen ist ein Gärbehälter, der kontinuierlich arbeitet. Je häufiger und gleichmäßiger Futter aufgenommen wird, desto gleichbleibender verläuft der Nährstoffabbau und -aufbau im Pansen. Nur strukturiertes Grundfutter führt zur notwendigen Ausbildung der festen Faserschicht im Pansen, zum Wiederkauen und der damit verbundenen notwendigen Speichelbildung. Mangelhafte Strukturversorgung führt zu Verdauungsstörungen. Wenn der pH-Wert des Pansens auf 5,4 bzw. darunter fällt, kommt es aber auch zu einer Schädigung der Pansenzotten bzw. Pansenwand. Dadurch können Bakterien und Toxine in das Blut eintreten. In der Folge kommt es beispielsweise zu Leberschäden und Klauenrehe – die Rinder sind generell krankheitsanfälliger.

LABMAGEN, DÜNNDARM UND DICKDARM

Erst wenn das Futter durch die Kau- und Wiederkautätigkeit sowie durch den mikrobiellen Aufschluss und die Pansenbewegungen entsprechend zerkleinert ist, kann es den Pansen über die Hauben-Psalteröffnung verlassen und gelangt über den Blättermagen in den eigentlichen Drüsenmagen. Im Drüsenmagen findet ein Großteil der enzymatischen Eiweißspaltung statt. Im Labmagen wirken Enzyme und Salzsäure. Störungen der Pansenverdauung können sich auf die Labmagenaktivität negativ auswirken. Durch starke Gasbildung kann es beispielsweise zu Labmagenverlagerungen kommen.

WICHTIG! Verdauungssystem

- **Eine gute Labmagenverdauung beruht auf einer ungestörten Pansenverdauung.**
- **Nur eine wiederkäuergemäße Fütterung (Pansenfunktion!) führt zur Anflutung eines verträglichen, nährstoff- und vitaminreichen sowie hoch verdaulichen Futterbreis in den Dünndarm.**

Vom Labmagen wird der Futterbrei in kleinen Portionen in den Zwölffingerdarm (Duodenum = erster Teil des Dünndarms) weitergeleitet. Im gesamten Dünndarm ist der Futterbrei stark flüssig (teilweise unter 3 % Trockenmasse). Die Dünndarmoberfläche ist zur Nährstoffaufnahme durch Darmzotten vergrößert. Neben der Galle gelangen verschiedene Enzyme mit Bauchspeicheldrüsensekreten bzw. Darmsekreten und Membrankomponenten der Epithelzellen zum Futterbrei des Dünndarms.

An den Zwölffingerdarm (Duodenum) schließen der Leerdarm (Jejunum) und der Hüftdarm (Ileum) an.

Der letzte Abschnitt des Verdauungstraktes (Dickdarm) umfasst den Blinddarm (Caecum), den Grimmdarm (Colon) und den Mastdarm (Rectum). Im Dickdarm findet wiederum eine mikrobielle Verdauung statt. Die wichtigste Funktion des Dickdarms ist aber die Aufnahme von Wasser und von Mineralstoffen.

NÄHRSTOFFUMSETZUNGEN BEI DER VERDAUUNG

Kohlenhydratabbau

Durch die mikrobiellen Enzyme können prinzipiell alle Kohlenhydrate (Zellulose, Hemmzellulose, Stärke, Zucker etc.) des Futters im Pansen abgebaut werden. Als Endprodukte dieses Abbaus entstehen vorwiegend die flüchtigen Fettsäuren Essigsäure, Propionsäure und Buttersäure sowie Methan (CH_4), Kohlendioxyd (CO_2) und in geringen Mengen Milchsäure und andere kurzkettige Fettsäuren. Die im Pansen gebildeten kurzkettigen Fettsäuren decken bis zu 80 % des Energiebedarfs von Rindern.

Sowohl das Verhältnis der einzelnen kurzkettigen Fettsäuren zueinander als auch die absolut gebildete Menge an Fettsäuren pro Tag sowie die Geschwindigkeit der Fettsäurebildung sind stark von der Fütterung abhängig (Tabelle).

Einfluss von Rationskomponenten auf die Fermentationsgeschwindigkeit im Pansen und die Anteile an flüchtigen Fettsäuren im Pansen

(modifiziert nach KIRCHGESSNER, 2004)

	Rationstyp		
	zellulosereich	stärkereich	zuckerreich
Fermentationsgeschwindigkeit	langsam	schnell	sehr schnell
Mikrobengehalt im Pansensaft	gering	hoch	gering
pH-Wert	6,8–6,2	6,2–5,7	unter 5,7
Essigsäureanteil	hoch	gering	gering
Propionsäureanteil	gering	hoch	hoch
Buttersäureanteil	gering	mittel	hoch

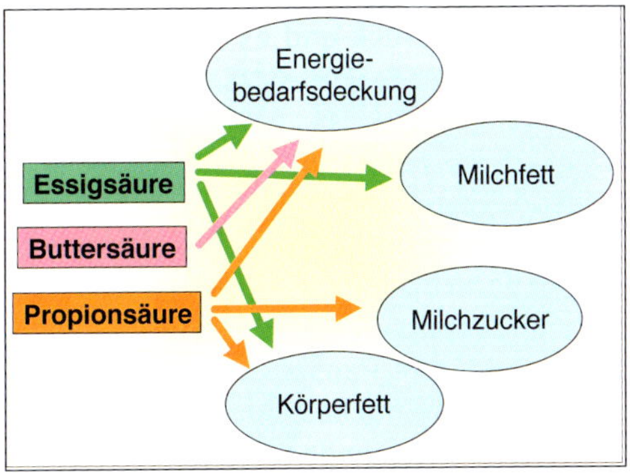

Die bedeutendsten Fettsäuren des Pansens und deren Verwertung im Stoffwechsel

Bedeutung der Fettsäuren

Der **Essigsäureanteil** kann 50–70 % von den flüchtigen Fettsäuren ausmachen. Essigsäure dominiert in grundfutterbetonten strukturreichen Rationen. Sie dient im Stoffwechsel zur Energiebedarfsdeckung, Körperfettbildung und zur Fettsäurensynthese (z. B. milchfettfördernd). Die Essigsäurebildung sinkt im Pansen dann ab, wenn die Ration eine geringe Strukturwirksamkeit aufweist. Insbesondere bei kraftfutterbetonten Rationen kann dieser Effekt auftreten. Auch hohe Fett- und Zuckergehalte in der Ration können die Essigsäurebildung vermindern. Bei sehr strukturreichen Rationen (grundfutterbetont

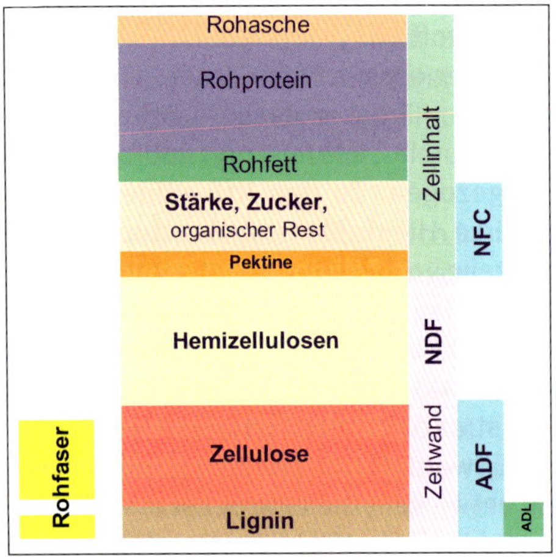

Erweiterte Nährstoffanalytik für Futtermittel

gleich zur Zellulose wird Stärke im Pansen deutlich rascher abgebaut. Die Abbaubarkeit der Stärke wird jedoch von der chemischen Struktur und der Behandlung der Futtermittel beeinflusst. So hat beispielsweise die Maisstärke eine geringere Quellfähigkeit im Pansen als die Gerstenstärke. Maisstärke wird daher langsam abgebaut – größere Stärkemengen passieren die Vormägen. Dies ist besonders bei großen Kraftfuttermengen von Bedeutung, da es beim Einsatz von schwer abbaubarer Stärke nicht so rasch zu Pansenübersäuerungen kommen kann.

Auch die Behandlung der Futtermittel hat einen Einfluss auf die Abbaugeschwindigkeit im Pansen. Je stärker die Futtermittel zerkleinert werden, desto größer wird die Oberfläche und desto rascher erfolgt der Abbau. Kraftfuttermittel dürfen deshalb nicht zu „fein“ verfüttert werden. Bei Mühlen sollte daher die Siebgröße bei den Getreidearten Gerste, Weizen, Roggen und Triticale 5–6 mm und bei Körnermais 4 mm nicht unterschreiten. Die Auswirkungen von Hitzebehandlungen sind nicht einheitlich. Je nach Verfahren und Kraftfutterart können sich die Abbaubarkeit und die Abbaurate erhöhen (schonende Erwärmung), aber auch verringern (starke Erhitzung). Feuchtmais (Maiskornsilage etc.) weist im Vergleich zu Trockenmais einen rascheren Stärkeabbau im Pansen auf.

Die stärkeabbauenden Bakterien des Pansens sind im Vergleich zu den Zelluloseabbauern toleranter gegenüber tiefen pH-Werten.

Bei der Fermentation von Stärke entsteht vorwiegend Propionsäure im Pansen. Einige stärkeabbauende Bakterien können aber auch Milchsäure produzieren. Wenn große Säuremengen (vorwiegend Propion-, aber auch Milchsäure) im Pansen von Wiederkäuern gebildet werden, dann kann es zu einer folgenschweren Pansenübersäuerung kommen. Unabhängig von der Stärkeabbaubarkeit ist daher die Einsatzmenge von Stärke zu begrenzen. Dadurch wird das Risiko einer Übersäuerung des Pansens verringert. Auch einer womöglich begrenzten enzymatischen Stärkeverdauung im Dünndarm (1 bis max. 2 kg pro Tier und Tag) wird damit Rechnung getragen.

Stärkereiche Kraftfuttermittel sowie Richtwerte für die Abbaubarkeit der Stärke im Pansen (DLG, 1997; SCHWARZ, 1995)

Futtermittel	Stärkegehalt g/kg TM	Ø Stärkeabbau im Pansen in %
Mais	694	58
Weizen	662	93
Triticale	640	92
Roggen	632	92
Gerste	600	93
Erbse	478	79
Hafer	452	92
Ackerbohne	422	78

Weidefutter ist reich an Zucker und Eiweiß. Es wird von Rindern sehr gerne gefressen.

Zucker

Zucker ist sehr energiereich und zählt zu den leicht löslichen Nährstoffen. Zucker wird im Pansen von den Mikroben vollständig und sehr rasch umgesetzt, es werden daraus vor allem Propionsäure, Buttersäure und in geringerer Menge auch Milchsäure gebildet. Die Propionsäure spielt eine zentrale Rolle im Energiestoffwechsel. Größere Mengen senken aber den pH-Wert im Pansen deutlich ab. Zu den zuckerreichen Futtermitteln zählen Melasse, melassierte Trockenschnitzel, Malzkeime, Obsttrester, Extraktionsschrote und Kleien.

Ausgewählte zuckerreiche Futtermittel (nach DLG, 1997)

Futtermittel	Zucker g je kg TM
Futterrüben (gehaltvoll)	614
Melasse	602
Obsttrester (Apfel)	229
Rapsextraktionschrot, -kuchen	139
Sojaextraktonsschrot	108
Malzkeime	105
Sonnenblumenextraktonsschrot	86
Roggen	80
Roggenkleie	80
Lupine (weiß)	73
Trockenschnitzel	68
Weizenkleie	64
Erbse	61

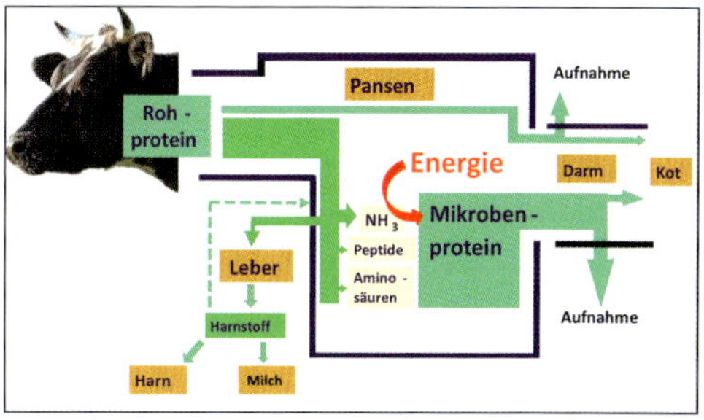

Eiweißverdauung beim Rind (schematische Darstellung)

Zuckerreiche Futtermittel sind süß und werden daher gerne gefressen. Sie sollten deshalb auch in der Kraftfuttermischung enthalten sein. Zu große Mengen können aber zu Übersäuerungen im Pansen führen. Um dem vorzubeugen, darf der Zuckergehalt je kg Gesamttrockenmasse nicht zu hoch sein (unter etwa 120 g je kg TM). Dabei ist auch der Zuckergehalt im Grundfutter von Bedeutung. Grünfutter enthält je nach Zusammensetzung und Nutzungszeitpunkt etwa 50–180 g Zucker je kg TM. Grassilagen enthalten aufgrund der Vergärung nur mehr bis zu 40 g Zucker, im Heu sind Gehalte von 40 bis über 150 g je kg TM möglich. In Maissilagen ist der Zuckergehalt sehr gering (10 g/kg TM).

Eiweißverdauung

Das Tier selbst kann eine Vielzahl der Eiweißbausteine, die sogenannten essentiellen Aminosäuren, nicht selbst aufbauen. Um Muskel- oder Milcheiweiß zu bilden, müssen Tiere im Dünndarm mit Aminosäuren versorgt werden. Bei Wiederkäuern bilden die Mikroorganismen im Pansen hochwertiges Mikrobenprotein. Dabei können auch Nicht-Eiweißstickstoffverbindungen (NPN) des Futters verwertet und daraus hochwertiges Eiweiß gebildet werden – eine weitere wichtige Besonderheit des Wiederkäuers! Daneben können Wiederkäuer, in Situationen mangelnder Eiweißversorgung für die

Pansenmikroben, diese über den Speichel bzw. die Pansenwand mit Stickstoffquellen (= wichtiger Eiweißbaustein) versorgen. Dabei werden die Stickstoffausscheidungen über den Harn deutlich reduziert.

Der im Pansen von den Mikroben nicht abgebaute Proteinanteil (UDP = *undegraded protein*; „Durchflussprotein"; „geschütztes Eiweiß") gelangt unabgebaut in den Dünndarmbereich und kann dort nach enzymatischer Verdauung in Form von Aminosäuren in den Stoffwechsel der Kuh aufgenommen werden.

Richtzahlen für den Eiweißgehalt und die mittlere Pansenbeständigkeit des Eiweißes von Futtermitteln (modifiziert nach DLG, 1997 bzw. GRUBER u. Mit., 2005)

Grundfutter	Eiweiß % der TM	Pansenbeständig UDP %
Grünfutter, früh	15–20	10
Grünfutter, spät	12–15	15
Grassilage, 1. S., früh	14–18	15
Grassilage, 1. S., spät	12–14	20
Heu, früh	14–18	20
Heu, spät	10–14	25
Maissilage, Teigreife	7–9	25
Futterrübe	7–8	20
Luzerneheu, früh	16–17	25
Luzerneheu, spät	14–16	30
Kleegrassilage, früh	16–17	15
Futterraps, grün	18–21	15

Kraftfutter	Eiweiß % der TM	Pansenbeständig UDP %
Roggen, Triticale	11, 14	15
Hafer	12	15
Ackerbohnen, Erbsen	29, 25	15
Weizen	14	20
Gerste	12	25
Weizenkleie	16	25
Kürbiskernkuchen	63	40–60
Rapskuchen	37	30
Sojabohnen, vollfett	39	20
Trockenschnitzel	10	45
Biertreber	26	45
Körnermais	11	50

HINWEIS! Eiweißbildung

Ein funktionierender Pansen sowie eine bedarfsgerechte Energieversorgung fördern die Eiweißbildung im Pansen und sind damit die wichtigste Basis für die Versorgung des Rindes.

Fettverdauung

Teilweise wird das Fett durch die Pansenmikroben verändert. Sie werden im Pansen überwiegend in Fettsäuren und Glycerin gespalten. Aus Letzterem werden im Pansen kurzkettige Fettsäuren (z. B. Essigsäure) gebildet. Die längerkettigen ungesättigten Fettsäuren werden teilweise in gesättigte Fettsäuren umgewandelt. Die Kapazität zum Fettumsatz ist im Pansen jedoch stark begrenzt. Eine hohe Fettaufnahme kann daher den Pansenstoffwechsel stören. Es würde darunter vor allem die Grundfutterverdaulichkeit leiden. Daher sind Fettgehalte in Rinderrationen über 5–6 % zu vermeiden.

Ein geringerer Anteil an Fettsäuren gelangt direkt in das Körper- bzw. Milchfett. Daher führt beispielsweise die Verfütterung von Gras, welches reicher an ungesättigten Fettsäuren als beispielsweise Kraftfutter oder konserviertes Graslandfutter ist, zu mehr ungesättigten Fettsäuren im Körper- oder Milchfett.

HINWEIS! Fettsäuren

Grundfutter- und grünfutterreiche Rationen erhöhen den Gehalt an wertvollen Fettsäuren in Milch und Fleisch.

Mineralstoffaufnahme

Die Aufnahme der Mineralstoffe erfolgt überwiegend in den Vormägen und im Dünndarm. Bei gestörter Vormagenverdauung kann es daher beispielsweise sekundär auch zu Magnesium-Mangelsituationen kommen. Bei Durchfällen muss ebenfalls mit schlechterer Mengen- und Spurenelementverwertung gerechnet werden. Die Absorbierbarkeit der Spurenelemente hängt auch von der Bindungsform ab, in welcher sie im Dünndarm vorliegen. Zusätzlich bestehen sowohl im Verdauungstrakt als auch im Stoffwechsel Wechselwirkungen zwischen Mineralstoffen, die sich positiv oder negativ auf die Absorbier- bzw. Verwertbarkeit einzelner Elemente auswirken können. Hohe Gehalte an Calcium (z. B. Futterkalk) können beispielsweise die Aufnahme von Phosphor, Magnesium und von Spurenelementen (Zink, Kupfer etc.) verringern.

Vorwiegender Bereich der Mineralstoffaufnahme

Mineralstoff	Vormägen	Dünndarm
Calcium (Ca), Phosphor (P)		x
Magnesium (Mg)	x	
Natrium (Na), Kalium (K), Chlor (Cl), Schwefel (S)		x
Eisen (Fe)	x	x
Kupfer (Cu), Mangan (Mn), Zink (Zn), Jod (J), Selen (Se)		x

WICHTIG! Mineralstoffstörungen

Verdauungsstörungen, einseitige Mineralstoffgehalte oder unausgewogene Vitaminversorgungen stören den Mineralstoffhaushalt von Rindern.

Vitaminbildung und Verdauung

Die fettlöslichen Vitamine A, D und E werden vom Tier aus dem Dünndarm aufgenommen. Eine ausreichende Versorgung über das Futter ist erforderlich. Mangelerscheinungen treten häufig bei Verfütterung einseitiger Rationen und bei Einsatz minderwertiger oder überlagerter Futtermittel auf. Vor allem am Ende der Winterfütterungen nimmt das Risiko für suboptimale Versorgungen zu. Im Gegensatz zu den fettlöslichen Vitaminen (A, D, E) können die Pansenmikroben die wasserlöslichen B-Vitamine und das Vitamin K selbst aufbauen. Vitamin C kann von fast allen Tierarten selbst aufgebaut werden.

HINWEIS! Vitaminergänzung

Bei funktionierendem Pansenstoffwechsel und ausgewogenem Nähr- und Mineralstoffangebot ist keine Ergänzung mit den wasserlöslichen Vitaminen (B-Vitamine, Vitamin K und C) erforderlich. Eine Ergänzung der Rationen mit fettlöslichen Vitaminen kann insbesondere am Ende der Winterfütterungsperiode bzw. bei Jungtieren empfohlen werden.

FUTTERQUALITÄT UND FUTTERABBAU

Die Verdaulichkeit und der Energiegehalt von Futtermitteln schwanken in einem weiten Bereich. Zusätzlich variiert aber auch die Dauer des Abbaus der fermentierbaren Nährstoffe im Pansen sehr deutlich. Je geringer die Verdaulichkeit eines Futtermittels ist, desto länger benötigt das Futter für die Fermentation im Pansen (Abbau) und für die Passage durch den Verdauungstrakt. Diese Effekte beeinflussen daher auch die mögliche Futteraufnahme (mechanische Sättigung) von Rindern.

Verdaulichkeit und Abbaugeschwindigkeit ausgewählter Futtermittel

(nach ORSKOV, 1987)

Futtermittel	Verdaulichkeit, %	Zeit für Futterabbau, Stunden
Melasse	95	0,5
Getreide	80	12–14
Grünfutter, gute Qualität	70	18–24
Klee, gute Qualität	70	12–18
Heu, schlechte Qualität	55	30–40
Stroh	40	45–55

FUTTERAUFNAHME VON RINDERN

Die Futteraufnahme von Rindern hängt von physiologischen und von physikalischen Faktoren ab. Zusätzlich beeinflusst auch die Umwelt (Fütterungstechnik, Haltung, Klima etc.) die Futteraufnahme.

- Die **„physiologische Steuerung"** der Futteraufnahme will eine möglichst ausgeglichene Energieversorgung des Organismus erreichen. Bei Energiemangel bzw. geringem Energieangebot versucht der Organismus die Futteraufnahme zu erhöhen. Bei Energieüberschuss und bereits starker Verfettung des Körpers werden negative Futteraufnahmeimpulse frei. Die Auslöser für die physiologische Steuerung der Futteraufnahme sind beispielsweise die Fettsäuren des Pansenstoffwechsels (Fettsäurenproduktion), Stoffwechselprodukte (vorwiegend im Blut) und Hormone. Bei „ausgefütterten" Tieren bzw. Tieren mit niedrigem Leistungspotential kommt häufig die physiologische Steuerung zum Tragen.
- Die **„physikalische oder mechanische Futteraufnahmesteuerung"** erfolgt über die Füllung des Verdauungstraktes (Pansen). Der Verdauungstrakt kann nur ein beschränktes Volumen an Futter aufnehmen. Die Sättigungsimpulse werden über Dehnungsrezeptoren erfasst und über das Nervensystem an das Gehirn weitergeleitet. Je geringer die Verdaulichkeit eines Futters ist, desto langsamer wird das Futter im Pansen bzw. im gesamten Verdauungstrakt abgebaut. Dadurch wird eine lang andauernde physikalische Sättigung erreicht – die Futteraufnahme wird begrenzt. Die physikalische Begrenzung der Futteraufnahme tritt vor allem bei hochleistenden Tieren auf, da hier die physiologische Sättigung oft nicht erreicht werden kann.

- Ein **rascher Futterabbau** und eine **hohe Passagerate** des Futters durch den Verdauungstrakt werden neben der Futterqualität auch durch optimale Fermentationsverhältnisse im Pansen erreicht. Nur bei langsamen Futterumstellungen können sich auch die Pansenmikroben an neue Rationsbedingungen anpassen. Ein ausgewogenes Nährstoffverhältnis in der Ration sichert eine hohe Mikrobenaktivität. Dabei ist das Energie-, Eiweiß- und Mineralstoffangebot entscheidend. Nur wenn wiederkäuergerechte Rationen gefüttert werden, können ausgewogene Pansenverhältnisse erreicht werden. Die Tiere müssen ständig fressen können. Durch häufige Futtervorlage möglichst einheitlicher und vielfältiger Rationen kann die Futteraufnahme gesteigert werden.
- **Hygienisch nicht einwandfreie Futtermittel** bzw. Komponenten, die nicht gerne aufgenommen werden, verringern die Futteraufnahme.
- **Schlechte Haltungsbedingungen, Stress bzw. ein schlechter Gesundheitsstatus** führen zu negativen Rückkoppelungen im Hinblick auf die Futteraufnahme. Hohe Umgebungstemperaturen (etwa über 25 °C), aber auch eine schlechte Luftqualität und eine schlechte Trinkwasserversorgung verringern nachweislich die Futteraufnahme bei Rindern.
- **Genetische Einflüsse bzw. Geschlechtseinflüsse** steuern über den Energiebedarf (Nährstoffansatz) die physiologische Sättigung. Daneben hat die Genetik aber auch einen Einfluss auf die physikalische Sättigung. Das Pansenvolumen und damit auch das Futteraufnahmepotential unterscheiden sich bei den einzelnen Rassen. Fleischbetonte Rassen weisen zumeist eine geringere Futteraufnahme auf als Milchrassen.
- Das **Leistungsstadium** (Säugetag, Lebendgewicht, Ausmästgrad) steuert vor allem über die physiologische Sättigung die Futteraufnahme.

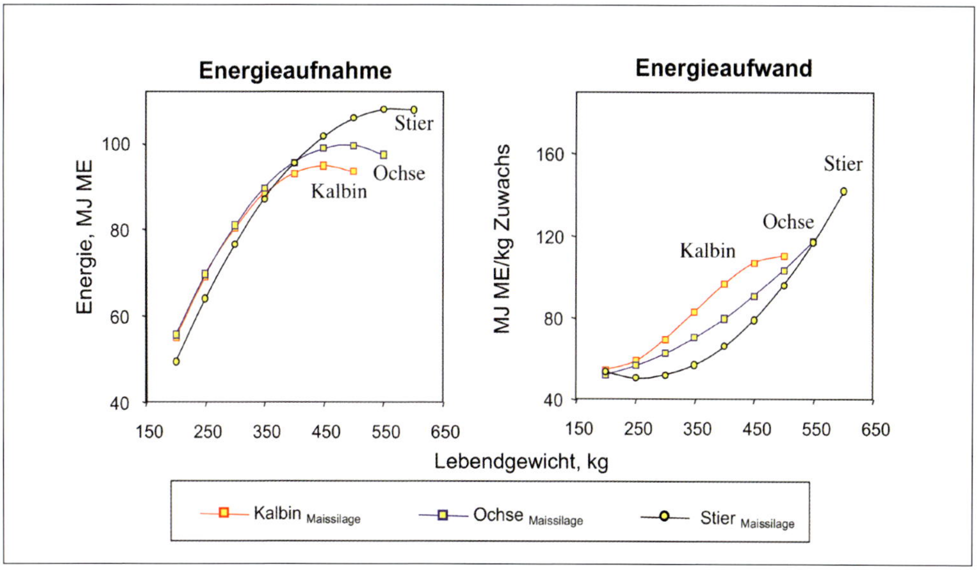

Energieaufnahme und Energieaufwand von Kalbinnen, Ochsen und Maststieren der Rasse Fleckvieh (STEINWIDDER u. Mit., 2002; Ration: Maissilage + Kraftfutter von 1,5 auf 3,5 kg TM steigend)

Als wichtigste Einflussfaktoren auf die Futteraufnahme von Mastrindern sind das Lebendgewicht, die Energiedichte der Ration, der Energiebedarf (Nährstoffansatz), das Geschlecht, der Ausmästgrad (Verfettung) und die Genetik anzusehen. Es bestehen aber auch Wechselwirkungen zwischen diesen Faktoren. Weiters beeinflussen auch die bereits oben diskutierten Faktoren (z. B. Wiederkäuergerechtheit, Umwelt etc.) die Futteraufnahme. Es kann aber auch die Verzehrrate im Anschluss an eine verhaltene Fütterung (Kompensationsphase) erhöht sein. Die Vielzahl der Einflussfaktoren auf die Futteraufnahme erklärt die große Variabilität der Ergebnisse und die Schwierigkeit der Vorhersage. Als sehr grobe Faustzahl für die Futtertrockenmasseaufnahme von Mastrindern kann 2 % vom Lebendgewicht angegeben werden, wobei dieser Wert zu Mastbeginn häufig über- und zu Mastende häufig unterschritten wird.

Orientierungswerte zur Futteraufnahme von Maststieren (MENKE, 1987)

Lebendgewicht, kg	9 MJ ME/kg TM	10 MJ ME/kg TM	11 MJ ME/kg TM	12 MJ ME/kg TM
200	4,1	4,4	4,7	5,0
400	6,8	7,3	7,8	8,3
600	8,0	8,8	9,5	10,2

Die Futteraufnahme von **Mutterkühen** hängt wesentlich vom Lebendgewicht, der Leistung (Milch, Bewegung, Fötus etc.), der Rasse, dem Säugestadium, der Futterqualität und der Rationszusammensetzung ab. Die Futteraufnahme von Fleckvieh-Mutterkühen liegt ca. zwischen 12 und 16 kg TM pro Tag.

Milchleistung, Futteraufnahme und Energieversorgung einer Fleckviehkuh bei einer Milchleistung von 3.500 kg in der Säugeperiode und Grundfutter (5,5 MJ NEL) zur freien Aufnahme

(nach GRUBER u. Mit., 2002)

	2. Säugemonat	4. Säugemonat	6. Säugemonat	8. Säugemonat
Milch, kg/Tag	15,1	13,0	10,9	9,1
Grundfutter, kg TM	12,0	12,2	12,2	12,2
Energieversorgung, MJ NEL/Tag	–14,0	–5,4	0,1	4,4

Mittlere Futteraufnahme von säugenden Fleckvieh- bzw. Angusmutterkühen vom 1. bis zum 10. Säugemonat (nach ESTERMANN, 2001)

	Fleckvieh	Angus
Ø Grundfutter, kg TM	14,0	12,3
Ø Lebendgewicht, kg	570	558
Ø Energiegehalt Grundfutter, MJ NEL	5,0	5,3

NÄHRSTOFFBEDARF VON RINDERN

Der Nährstoffbedarf von Mutterkühen und Mastrindern schwankt in einem weiten Bereich. Optimal zusammengestellte Futterrationen verbessern die Nährstoffverwertung und sichern eine gute Leistung, aber auch die Gesundheit und Fruchtbarkeit der Tiere.

Bei vertikaler Bewegung und Futtersuche erhöht sich der Energiebedarf

Energiebedarf

Der Energiebedarf setzt sich aus dem Bedarf für die Erhaltung und für die Leistung zusammen:

- Der **Erhaltungsbedarf** nimmt mit steigendem Lebendgewicht zu. Sehr hohe bzw. sehr niedrige Temperaturen, aber auch starke vertikale Bewegung (Almweiden) führen zu einer Erhöhung des Erhaltungsbedarfs.
- Der **Leistungsbedarf** entspricht jener Energiemenge, die zur Bildung von Milch, Zuwachs und dem Wachstum des ungeborenen Kalbes (Fötus) aufgewendet werden muss.

In der extensiven Rinderhaltung ist der Nährstoffbedarf für die Erhaltung sehr bedeutend, weil hier keine Hochleistungen angestrebt bzw. erreicht werden. Damit fehlt der „Verdünnungseffekt" bei hohem Erhaltungsbedarf, weil die Leistungen der Tiere begrenzt sind. Unter extensiven Bedingungen spielt daher das Gewicht der Tiere hinsichtlich Effizienz eine bedeutende Rolle.

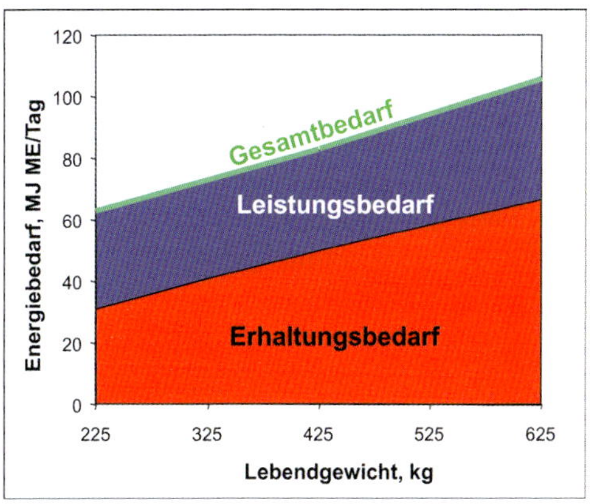

Energieerhaltungs- und Leistungsbedarf von Stieren der Rasse Fleckvieh (Tageszunahmen von 1.200 g) bei unterschiedlichem Lebendgewicht (nach GFE, 1995)

Energiebewertung

Die Beurteilung des Nährstoffbedarfs von Tieren unterschiedlicher Produktionsrichtungen (Milch, Mast etc.) erfolgt mit verschiedenen Energiemaßstäben. Da sich die Verdauungsvorgänge, aber auch die Umsetzungsverluste im Stoffwechsel zwischen den Produktionsrichtungen unterscheiden, ist ein „Vermischen" unterschiedlicher Bewertungsmaßstäbe nicht möglich.

Bruttoenergie				
Verdauliche Energie 50–80 %				Kot-Energie
Umsetzbare Energie 35–70 %		Gärgas-	Harn-	Kot-Energie
Netto Energie 30–40 %	Stoffwechsel-	Gärgas-	Harn-	Kot-Energie

Energiemaßstäbe in der Tierernährung

In der Rindermast und Rinderaufzucht wird zur Bewertung des Energiebedarfs eines Tieres bzw. des Energiegehalts des Futters auf die **Umsetzbare Energie** (ME) in MJ (Megajoule) zurückgegriffen. Die Umsetzbare Energie berücksichtigt die Energieverluste über Gärgase, Harn und Kot. Im Gegensatz zu den Kühen wird hier nicht mit einem **Netto-Energie-Maßstab** gerechnet, da die Verwertung der Energie für die Erhaltung und den Energieansatz in unterschiedlichem Ausmaß von der Energiedichte der Ration beeinflusst wird.

Energiegehalte und Energieverluste von Rinderfuttermitteln

Futtermittel	Gesamtenergie GE MJ/kg TM	Umsetzbare Energie ME MJ/kg TM	Netto-Energie-Laktation NEL MJ/kg TM	„Energieverluste“ Kot, Harn, Gärgase MJ/kg TM	Wärme MJ/kg TM
Heu	17,7	9,6	5,6	8,2	3,9
Grassilage	18,2	9,9	5,9	8,3	4,0
Maissilage	18,5	10,7	6,5	7,8	4,3
Gerste	18,6	12,8	8,1	5,7	4,8

In der Fütterung von Mutterkühen und Milchkühen erfolgt die Bewertung des Energiebedarfs bzw. des Energiegehalts eines Futtermittels über die Netto-Energie-Laktation (NEL) in MJ (Megajoule). Die Netto-Energie-Laktation entspricht jener Energiemenge in einem Futter, welche dem Tier tatsächlich zur Milchbildung zur Verfügung steht. Im NEL-System werden auch die Stoffwechselverluste (thermische Verluste) berücksichtigt.

Rindermast

In der Rindermast hängt der Leistungsbedarf direkt mit dem täglichen Nährstoffansatz zusammen. Die Tageszunahmen sind diesbezüglich relativ ungenau, da der tägliche Zuwachs unterschiedlichen Fett-, Protein- oder Wasseransatzmengen entsprechen kann. Mageres Muskelgewebe enthält etwa 80 % Wasser – dieses Wasser enthält keine Energie. Daher ist der Energiebedarf für Muskelgewebeansatz relativ gering. Im Gegensatz dazu ist der Fettansatz nahezu ohne Wasser – der Energiebedarf für den Fettansatz ist hoch. Folglich wird der Leistungsbedarf sehr stark vom tatsächlichen Fett-, Protein- und Wasseransatz beeinflusst. Daraus ergeben sich auch die teilweise beachtlichen Rassen-, Linien- und Geschlechtseinflüsse auf den Energiebedarf, d. h., bei gleichen täglichen Zunahmen und gleichem Lebendgewicht kann sich der Leistungsbedarf deutlich unterscheiden.

Täglicher Fett-, Protein- und Energieansatz von Fleckviehstieren

(GFE, 1995 bzw. KIRCHGESSNER u. Mit., 1994)

200 bis 350 kg Lebendgewicht						
Tageszunahmen, g	**1.000**	**1.100**	**1.200**	**1.300**	**1.400**	**1.500**
Fettansatz, g	164	180	196	213	229	245
Proteinansatz, g	175	193	210	228	245	263
Energieansatz, MJ	10,3	11,4	12,4	13,5	14,5	15,5
350 bis 500 kg Lebendgewicht						
Tageszunahmen, g	**800**	**900**	**1.000**	**1.100**	**1.200**	**1.300**
Fettansatz, g	141	158	176	193	211	229
Proteinansatz, g	140	156	175	192	210	228
Energieansatz, MJ	8,6	9,7	10,8	11,9	13,0	14,1
500 bis 650 kg Lebendgewicht						
Tageszunahmen, g	**700**	**800**	**900**	**1.000**	**1.100**	**-**
Fettansatz, g	144	165	186	207	227	-
Proteinansatz, g	144	165	185	206	227	-
Energieansatz, MJ	9,1	10,2	11,5	12,7	14,0	-

Täglicher Fett-, Protein- und Energieansatz von Fleckviehochsen

(GFE, 1995 bzw. KIRCHGESSNER u. Mit., 1994)

200 bis 350 kg Lebendgewicht						
Tageszunahmen, g	**700**	**800**	**900**	**1.000**	**1.100**	**1.200**
Fettansatz, g	128	146	164	182	200	218
Proteinansatz, g	132	150	169	187	205	223
Energieansatz, MJ	8,0	9,1	10,2	11,3	12,4	13,5
350 bis 500 kg Lebendgewicht						
Tageszunahmen, g	**600**	**700**	**800**	**900**	**1.000**	**1.100**
Fettansatz, g	186	218	248	279	310	341
Proteinansatz, g	98	114	130	146	162	178
Energieansatz, MJ	9,5	11,1	12,6	14,2	15,7	17,5
500 bis 650 kg Lebendgewicht						
Tageszunahmen, g	**500**	**600**	**700**	**800**	**900**	**-**
Fettansatz, g	155	186	218	248	279	-
Proteinansatz, g	81	98	114	130	146	-
Energieansatz, MJ	7,9	9,5	11,1	12,6	14,2	-

Formeln zur Berechnung des täglichen Energiebedarfs von Mastrindern der Rasse Fleckvieh bei unterschiedlichem Lebendgewicht und Zunahmeniveau[1)]

(abgeleitet nach GFE, 1995)

Maststiere:
$\text{Energie (MJ ME/Tag)} = 78{,}72 + 0{,}10844071 * (LG - 397{,}9) + 0{,}00002178 * (LG - 397{,}86)^2 + 0{,}02524918 * (TZ - 1182{,}9) - 0{,}00000715 * (TZ - 1182{,}86)^2$
Ochsen:
$\text{Energie (MJ ME/Tag)} = 76{,}56 + 0{,}11254913 * (LG - 389{,}0) - 0{,}00010462 * (LG - 389{,}0)^2 + 0{,}01882715 * (TZ - 888{,}0) + 0{,}00002994 * ((LG * TZ) - 337800)$
Mastkalbinnen:
$\text{Energie (MJ ME/Tag)} = 72{,}07 + 0{,}12250365 * (LG - 363{,}6) - 0{,}00003670 * (LG - 363{,}64)^2 + 0{,}03356150 * (TZ - 854{,}5) - 0{,}00001102 * (TZ - 854{,}55)^2$

[1)] TZ: aktuelle Tageszunahmen in g/Tag LG: aktuelles Lebendgewicht in kg

Jene Tiere, die mehr Fett pro kg Zuwachs ansetzen, benötigen auch mehr Energie pro kg Zuwachs. Weibliche Tiere setzen hormonell bedingt im Vergleich zu Ochsen und insbesondere Stieren bei deutlich niedrigerem Lebendgewicht bereits hohe Fettmengen an. Daraus resultiert der höhere Energiebedarf weiblicher Tiere pro kg Zuwachs. Zusätzlich wird die maximale Futteraufnahme von Kalbinnen bereits bei geringerem Lebendgewicht (physiologische Sättigung) erreicht. Dies erklärt die geringeren Tageszunahmen und die frühere Schlachtreife weiblicher Tiere im Vergleich zu Ochsen und vor allem Stieren.

- Zu Mastbeginn wird anteilsmäßig mehr Muskelgewebe angesetzt als zu Mastende. Unabhängig vom Erhaltungsbedarf muss daher zu Mastbeginn pro kg Zuwachs weniger Energie aufgewendet werden als zu Mastende.
- Tiere, die ein kompensatorisches Wachstum zeigen, zeichnen sich durch eine gute Futterverwertung aus. In zahlreichen Versuchen konnte nach Phasen mit schlechter Energieversorgung in den Folgemonaten eine Kompensation des Leistungsrückstandes festgestellt werden. In dieser „Aufholzeit“ werden die Nährstoffe sehr effizient verwertet. Eine Ursache dafür ist

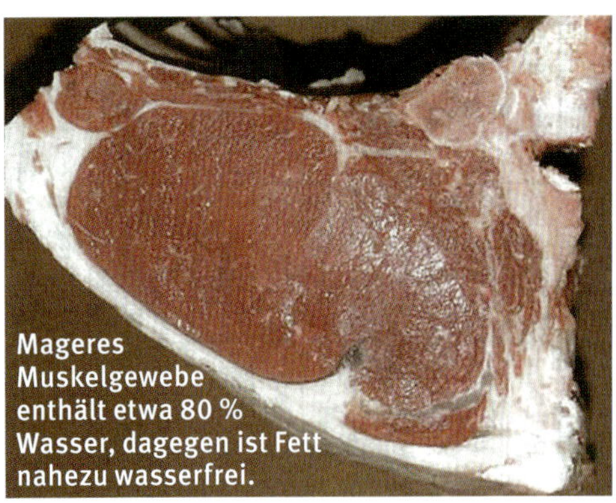

Mageres Muskelgewebe enthält etwa 80 % Wasser, dagegen ist Fett nahezu wasserfrei.

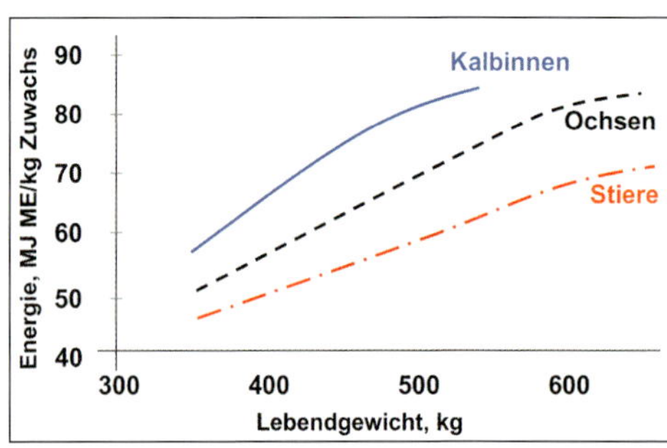

Energiebedarf von Fleckvieh-Kalbinnen, -Ochsen und -Stieren je kg Zuwachs (1.000 g Tageszunahmen, nach GFE, 1995)

der relativ geringe Fett- und hohe Muskelgewebeansatz in der Kompensationsphase. In manchen Ländern wird dies in der Rindermast auch bewusst ausgenutzt. Dabei werden Ochsen und Kalbinnen im Winter verhalten gefüttert, danach kommen sie auf die „intensive" Weide. Dadurch wird auch eine geringere und später einsetzende Verfettung erreicht. In den ersten Lebensmonaten sollte diese Methode jedoch nicht praktiziert werden. Hier kann keine Kompensation erwartet werden!

Weitere genetische und produktionstechnische Einflüsse auf den Nährstoffansatz werden auch im Kapitel „Einflussfaktoren auf die Qualität von Rindfleisch" dargestellt.

Mutterkühe

In der Fütterung von Mutterkühen muss der Energiebedarf für die Erhaltung, die Milchleistung, den Zuwachs und am Ende der Trächtigkeit auch für das Kalb im Uterus gedeckt werden. Der Zuwachs kann positiv (Lebendgewichtszunahme) oder auch negativ (Abnahme) sein. Diese vielen Faktoren erklären daher auch die sich im Laufe einer Säugeperiode deutlich ändernden Anforderungen an die Energieversorgung. Die Körpersubstanz, vor allem das Fett, ist ein gewisser „Nährstoffpuffer". Eine langfristige und starke energetische Unterversorgung verringert jedoch einerseits die Milchleistung und belastet andererseits auch den Stoffwechsel und damit die Gesundheit der Tiere. Eine deutliche energetische Überversorgung führt zur Verfettung. Daraus können sich in der Folge auch negative Auswirkungen für das Tier und das Kalb (Abkalbeverlauf, Stoffwechselbelastung, Gesundheit und Fruchtbarkeit) ergeben. Auf diese Zusammenhänge wird im Kapitel „Fütterung von Mutterkühen" ausführlich eingegangen.

Formeln zur Berechnung des täglichen Energiebedarfs von Kühen (GFE, 2001)

Erhaltungsbedarf:

Energie (MJ NEL/Tag) = 0,293 * $LG^{0,75}$ + eventuell Zuschlag für erhöhte Bewegungsaktivität etc.

- Bewegungsaktivität (Steilflächen etc.) Zuschlag: + 0 bis 15 %

Leistungsbedarf:

Energie (MJ NEL/Tag) = 3,2 * kg Milch + eventuell Trächtigkeit + eventuell Körpergewichtszunahme

- Trächtigkeit: 6–4 Wochen vor Kalben (MJ NEL/Tag) = + 12,5 MJ
- Trächtigkeit: 3 Wochen bis Kalben (MJ NEL/Tag) = + 18 MJ
- Körpergewichtszunahme (MJ NEL/kg Zuwachs) = + 25,5 MJ

Gesamtbedarf (MJ NEL/Tag) = Erhaltungsbedarf + Leistungsbedarf

Eiweißbedarf

Das fettarme Muskelgewebe und die Innereien bestehen vorwiegend aus Eiweiß und Wasser. Auch in der Milch ist der Eiweißgehalt hoch. Das Tier selbst kann eine Vielzahl von Eiweißbausteinen, die sogenannten essentiellen Aminosäuren, nicht selbst aufbauen. Um den Eiweißgehalt des Körpers zu erhöhen, um Milcheiweiß zu bilden oder um das ungeborene Kalb im Uterus zu versorgen, müssen die Tiere mit Eiweiß versorgt werden. Die Aminosäuren werden vom Tier aus dem Dünndarm aufgenommen.

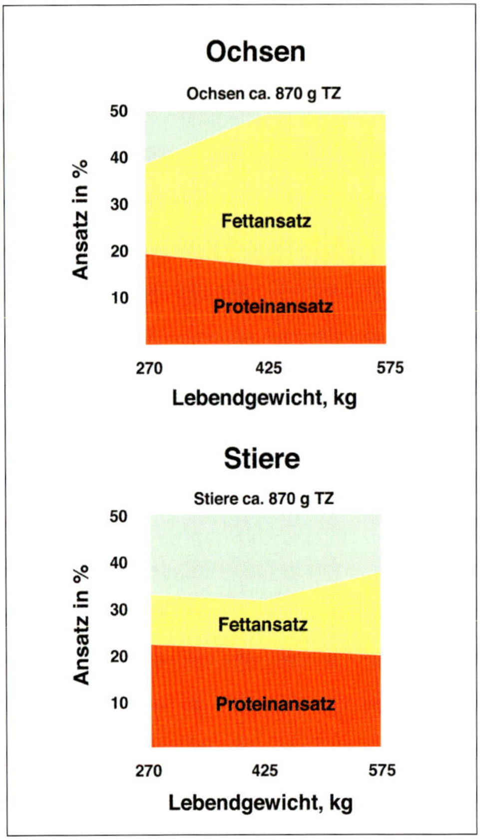

Fett- und Proteinansatz von Ochsen und Stieren der Rasse Fleckvieh (nach KIRCHGESSNER u. Mit., 1994 und SCHWARZ u. Mit., 1995)

Auch Pansenmikroben brauchen Stickstoff

Bei Wiederkäuern müssen neben dem Tier aber auch die Pansenmikroben ausreichend mit Eiweißbausteinen versorgt werden. Die Pansenmikroben benötigen für ihr Wachstum einfache Stickstoffverbindungen (Harnstoff, Ammoniak etc.), die über das Futter in Form von Rohprotein zugeführt werden müssen. Diese Stickstoffquellen werden bei ausreichender Energieversorgung der Pansenmikroben zu Mikrobenprotein umgewandelt. Bei geringem bis mittlerem Leistungsniveau und entsprechender Energieversorgung kann das Mikrobenprotein den Proteinbedarf des Tieres vollständig bzw. in großem Ausmaß decken. Sind Rinder jedoch energetisch unterversorgt oder werden sehr eiweißarme Rationen gefüttert, kann es in der Folge auch zu einem Proteinmangel kommen.

Energie- und Eiweißversorgung spielen zusammen

Da bei Wiederkäuern sowohl der Pansen als auch das Tier ausreichend mit Eiweiß versorgt werden müssen und zusätzlich auch ein Zusammenhang zwischen Energieversorgung und Eiweißbildung im Pansen besteht, müssen die Rationen ein ausgewogenes Eiweiß-/Energie-Verhältnis aufweisen.

Ein Proteinmangel kann sich für das Tier sowohl bei mangelnder Eiweißversorgung als auch bei schlechter Energieversorgung ergeben. In der Milchviehfütterung, wo ein hoher Proteinbedarf des Tieres besteht, werden daher komplexe Eiweißbewertungssysteme zur Beurteilung der Versorgung der Kuh verwendet. In der Rindermast und auch in der Mutterkuhhaltung kann jedoch üblicherweise bei Berücksichtigung des Rohprotein- und Energiegehalts der Ration eine bedarfsgerechte Versorgung des Tieres und der Pansenmikroben erreicht werden.

Mastrinder

In der Rindermast ist zu Mastbeginn ein Rohprotein-/Energie-Verhältnis (g Rohprotein/MJ Umsetzbare Energie) über 14–16 erforderlich. Junge Mastrinder haben einen hohen Eiweißansatz und daher auch einen entsprechend hohen Rohproteinbedarf. Zusätzlich kann hier das Mikrobenprotein den Eiweißbedarf des Rindes nicht vollständig decken. Mit 200 kg Lebendgewicht ist daher je kg TM eine Rohproteinkonzentration von 17–19 % in der Trockenmasse der Gesamtration notwendig. Zu Mastmitte ergibt sich eine notwendige Eiweißkonzentration von 13,5–

Eine lange energetische Unterversorgung verringert die Milchleistung und belastet den Stoffwechsel.

Junge Mastrinder haben einen hohen Eiweißansatz. Der Rohproteinbedarf ist daher auch entsprechend hoch.

14,5 % und zu Mastende von 11,5–12,5 % je kg TM. Zu Mastende kann das Rohprotein-/Energie-Verhältnis auf 10–11 sinken.

Da die Mikrobenproteinbildung wesentlich von der Energieversorgung abhängt, muss bei schlechter Energieversorgung mit einem höheren Eiweißbedarf gerechnet werden. Umgekehrt kann das Eiweißangebot bei guter Energieversorgung etwas reduziert werden – dabei muss jedoch ausreichend Stickstoff für die Pansenmikroben vorhanden sein (mindestens 10–11 % Rohprotein bzw. 8–9 % pansenabbaubares Rohproten je kg TM). Bei hohem Kraftfuttereinsatz (über 50 %) kann die Mikrobenproteinbildung leiden. In diesem Fall sind etwas eiweißreichere Rationen notwendig.

Mutterkühe

In der Mutterkuhhaltung wird als Energiemaßstab die Netto-Energie-Laktation verwendet. Hier ist ein Rohprotein-/Energie-Verhältnis (g Rohprotein/MJ Netto-Energie-Laktation) in der Gesamtration von etwa 20 erforderlich. Eine Ration mit einem Energiegehalt von 5,5 MJ NEL je kg TM sollte daher mindestens 11–12 % Rohprotein enthalten. Wenn das Rohprotein-/Energie-Verhältnis 30 : 1 (g RP/MJ NEL) überschreitet, muss mit einer zunehmenden Stoffwechselbelastung gerechnet werden und die Stickstoffverluste nehmen zu. Bei Rindern, die in dieser Phase belegt werden, muss mit einer geringeren Verbleiberate gerechnet werden.

Strukturbedarf

Durch ausreichende Strukturversorgung werden das Wiederkauen, die Speichelbildung, die Schichtung des Panseninhalts und damit auch optimale Pansenverhältnisse sichergestellt. Zur Abschätzung der Strukturversorgung werden in der Literatur unterschiedliche Parameter angeführt. Dazu zählen die Gehalte an Rohfaser, strukturierter Rohfaser, NDF, ADF oder auch der Strukturwert. Zusätzlich wird zur Beurteilung der Wiederkäuergerechtheit einer Ration aber auch der Rationsanteil an Stärke, Zucker, abbaubarer Stärke oder NFC (= Nicht-Struktur-Kohlenhydrate) bzw. die Partikellänge bestimmt. Da der Kraftfutteraufwand in der extensiven Rinderhaltung relativ gering ist, reicht vielfach die Berücksichtigung des Rohfaser- und NDF-Gehalts bei der Beurteilung der Wiederkäuergerechtheit der Ration aus.

Beispielsgehalte an Gerüstsubstanzen in Grundfuttermittel in g/kg TM im Vergleich zur Gerste (nach GRUBER u. Mit., 2018)

	Rohfaser	NDF	ADF	ADL	Zellulose	Hemizellulose
Grünfutter jung	227	428	266	28,5	237	162
Grassilage mittel	274	505	308	37,6	271	197
Heu überständig	314	571	344	45,4	299	226
Maissilage	214	454	246	30,9	215	209
Gerste	57	216	63	11,5	52	153

Je höher jedoch der Kraftfutteranteil in der Ration wird, desto bedeutender werden auch komplexere Bewertungsmaßstäbe. Solche Maßstäbe werden beispielsweise in der intensiven Milchviehhaltung angewandt (siehe Tabellenbeispiel).

Unterschiedliche Parameter zur Beurteilung der Wiederkäuergerechtheit einer Ration in der Milchviehfütterung

			Milch, kg/Tag		
			Frühlaktation	unter 30	über 30*
Rohfaser	g/kg TM	minimal	170	170	150
strukturierte Rohfaser	g/kg TM	minimal	100	100	90 (70)
NDF	g/kg TM	minimal	280	280	250
NDF aus Grundfutter	g/kg TM	minimal	210	210	190
ADF	g/kg TM	minimal	210	210	190
ADF aus Grundfutter	g/kg TM	minimal	160	160	140
NFC	g/kg TM	maximal	350	350	380
Stärke + Zucker	g/kg TM	maximal	250	250	300
unbeständige Stärke + Zucker	g/kg TM	maximal	200	200	250
Strukturwert	SW	minimal	1,10	1,10	1,15
Rohfett	g/kg TM	maximal	50	50	50
Grundfutteraufnahme	kg TM/Tag	minimal	10	10	10
Kraftfutter je Teilgabe	kg FM/Ga.	maximal	2,5	3,0	3,0
KF-Steigerung Laktationsbeginn	kg FM/Tag	maximal	0,3 (0,5)	-	-

Jungrinder benötigen Kraftfutter, aber auch ausreichend Grundfutter zur Strukturversorgung.

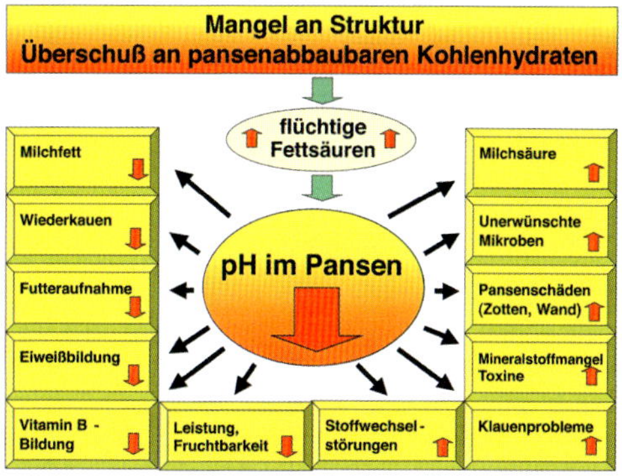

Negative Auswirkungen eines tiefen pH-Wertes auf die Gesundheit und Leistung von Rindern

Mutterkuhrationen sollten einen Rohfasergehalt von zumindest 17–18 % bzw. einen NDF-Gehalt von zumindest 30 % aufweisen. Mindestens zwei Drittel der Rohfaser bzw. NDF sollten strukturiert (aus Grundfutter) sein. Diese Forderung entspricht etwa einer Mindestmenge von 50–60 % Grundfutter in der Ration. Da die Strukturwirksamkeit der Rohfaser in jungem Grünfutter relativ gering ist, sollten hier höhere Rohfasergehalte angestrebt werden. Der Gehalt an strukturierter Rohfaser muss über 10 % betragen. Daher ist zu Weidebeginn eine langsame Futterumstellung bzw. eine Beifütterung von Heu oder angewelkter Grassilage zu empfehlen.

In der **Rindermast** werden unter intensiven Bedingungen niedrigere Mindestrohfasergehalte von 14–16 % toleriert. Aber auch hier müssen mindestens zwei Drittel der Rohfaser strukturiert (aus Grundfutter) sein. Liegt der Gehalt an strukturierter Rohfaser in der Ration unter 7–8 %, so muss mit Pansenübersäuerungen gerechnet werden. Je mehr man sich diesen niedrigen Grenzwerten nähert, desto wichtiger werden auch eine häufige Kraftfutterzuteilung, eine pansenschonende Kraftfutterzusammensetzung, eine langsame Angewöhnung an das Kraftfutter und eine hohe Grundfutteraufnahme. Auf die Beifütterung von geringen Mengen an Heu sollte hier nicht verzichtet werden.

Mineralstoffbedarf

Eine ausreichende Versorgung mit Mineralstoffen sichert die vielfältigen Stoffwechselfunktionen des Körpers, das Wachstum und die Fruchtbarkeit. Mängel und Überschüsse in der Versorgung sind aus tiergesundheitlichen, ökologischen und wirtschaftlichen Überlegungen zu vermeiden.

Die Mineralstoffe können in Mengenelemente und Spurenelemente aufgeteilt werden:

Mengenelemente

Bei der Fütterung von Rindern sind Calcium, Phosphor, Magnesium und Natrium von großer Bedeutung. Der Bedarf der Tiere an Mineralstoffen wird entscheidend vom Lebendgewicht, vom Säugestadium und der Leistung (Zuwachs etc.) beeinflusst.

Die Aufgaben des **Calciums** (Ca) liegen vor allem in der Knochenbildung, der Sicherung der Nervenfunktion und Muskelkontraktion sowie in der Enzymaktivierung. **Phosphor** (P) ist ebenfalls am Knochenaufbau beteiligt. Zusätzlich ist daher eine bedarfsgerechte Phosphorversorgung zur Sicherung des Energiestoffwechsels erforderlich. **Natrium** (Na) ist ein wichtiger Bestandteil von Körperflüssigkeiten und daher für die Nährstoffaufnahme und -ausscheidung bedeutend.

Magnesium (Mg) übt einen entscheidenden Einfluss auf die Nervenfunktion und die Muskelkontraktion aus.

Spurenelemente

In der Rinderfütterung sind bei den Spurenelementen vor allem Mangan, Zink, Kupfer und Selen von besonderer Bedeutung. Bei diesen Elementen kann in der Fütterung ein Ergänzungsbedarf bestehen. Vor allem als Bestandteile von Enzymen bzw. als Hilfsstoffe (Aktivatoren) erfüllen Spurenelemente vielfältige Aufgaben im tierischen Organismus.

Hohe **Mangangehalte** (Mn) weisen das Skelett, die Leber und die Nieren auf. Manganmangel kann zu vermindertem Zuwachs, zu schlechter Skelettausbildung und herabgesetzter Fruchtbarkeit führen. **Zink** (Zn) greift im Stoffwechsel als Enzymaktivator wesentlich in die Zellteilung ein. Bei Rindern kann sich starker Zinkmangel in Form von Hautschäden (Euter, Hinterbeine) zeigen. **Kupfermangel** (Cu) führt vor allem zu einer Verschlechterung der Pigmentierung und der Struktur von Haaren. Ein Mangel dieses Elementes kann Störungen des Nervensystems und im Skelettaufbau bewirken. Eine Ursache für das Auftreten von lebensschwachen Kälbern kann auf einen **Selenmangel** (Se) zurückzuführen sein. Hier spricht man auch von der „Weißmuskelkrankheit". Daneben kann ein diesbezüglicher Mangel auch zu Fruchtbarkeitsstörungen führen. Vor allem in der Mutterkuhhaltung treten regional gehäuft immer wieder Unterversorgungen mit Selen auf.

Eine bedarfsgerechte Mineralstoffversorgung setzt die Kenntnis des Gehaltes an Mineralstoffen in den Futtermitteln voraus. In der extensiven Rinderhaltung sind häufig keine betriebsbezogenen Analysenergebnisse der Grundfuttermittel vorhanden. Ohne diese Daten können in der Mineralstoffversorgung jedoch nur Kompromisse mit entsprechenden Sicherheitszuschlägen eingegangen werden. Aus diesem Grund sollten von den Hauptgrundfutterkomponenten regelmäßig Nähr- und Mineralstoffanalysen durchgeführt werden. Die Kraftfutterkomponenten weisen relativ konstante Mineralstoffgehalte auf. Diese können daher bei der Rationsberechnung aus Tabellenwerken entnommen werden.

Die in der Literatur angegebenen Versorgungsempfehlungen mit Mineralstoffen beinhalten üblicherweise „Sicherheitszuschläge". Diese Zuschläge sollen eine Unterversorgung mit Mineralstoffen aufgrund möglicher Schwankungen in der Verwertbarkeit der Mineralstoffe bzw. Mängel in der Abschätzung des Bedarfs der Tiere und des Angebots im Futter verhindern.

Empfehlungen zur Mengenelementversorgung von Kühen in g/Tag (GFE, 2001)

		5 kg Milch	10 kg Milch	15 kg Milch	Trocken
Calcium	g/Tag	34	50	66	34
Phosphor	g/Tag	22	32	42	22
Magnesium	g/Tag	14	18	22	16
Natrium	g/Tag	10	14	18	10

Empfehlungen zur Spurenelementkonzentration in Rationen von Kühen (GFE, 2001)

Mangan	Mn (mg/kg TM) = 50
Zink	Zn (mg/kg TM) = 50
Kupfer	Cu (mg/kg TM) = 10
Selen	Se (mg/kg TM) = 0,2

Formeln zur Berechnung der täglichen Mineralstoffversorgungsempfehlungen von Mastrindern der Rasse Fleckvieh[1)] (abgeleitet nach GFE, 1995)

Calcium:
Ca (g/Tag) = 41,9 + 0,02095631 * (LG – 406,4) – 0,00002201 * (LG – 406,43)² + 0,01835137 * (TZ – 1062,9) + 0,00000579 * (TZ – 1062,86)²
Phosphor:
P (g/Tag) = 21,1 + 0,01541868 * (LG – 406,4) - 0,00001675 * (LG – 406,43)² + 0,00916705 * (TZ – 1062,9)
Magnesium:
Mg (g/Tag) = 9,3 + 0,01078949 * (LG – 406,4) – 0,00001014 * (LG – 406,43)² + 0,00212371 * (TZ – 1062,9)

Natrium:
Na (g/Tag) = 6,6 + 0,00734516 * (LG – 406,4) - 0,00001010 * (LG – 406,43)² + 0,00192811 * (TZ – 1062,9)
Mangan:
Mn (mg/kg TM) = 40
Zink:
Zn (mg/kg TM) = 40
Kupfer:
Cu (mg/kg TM) = 8 – 10
Selen:
Se (mg/kg TM) = 0,10 – 0,15

[1)] TZ: aktuelle Tageszunahmen in g/Tag; LG: aktuelles Lebendgewicht in kg

In der **Mutterkuhhaltung** ist bei reinen **Grünlandrationen** zumeist nur eine geringe bzw. keine Calciumergänzung erforderlich. Im Gegensatz dazu kann es bei der Phosphorversorgung beim Einsatz von Grünlandfutter im fortgeschrittenen Vegetationsstadium bzw. bei Strohfütterung ohne Ergänzung zu einem Mangel kommen. Bei Natrium ist in jedem Fall eine Ergänzung über Viehsalz erforderlich. Das Grünlandfutter weist, was den Gehalt an Spurenelementen betrifft, eine große Bandbreite auf. Für eine ausreichende Spurenelementversorgung, besonders mit Selen, Zink und Kupfer, ist der Einsatz von 20–50 g einer handelsüblichen Mineralstoffmischung notwendig.

Beim Einsatz von **Maissilagen** muss berücksichtigt werden, dass diese deutlich ärmer an Calcium (2–2,5 g) sind. Der Phosphorgehalt liegt bei etwa 2–2,3 g. Auch bei Magnesium (1,4 g) und Natrium (unter 0,1 g) haben Maissilagen geringere Gehaltswerte, so dass eine entsprechend höhere Ergänzung erforderlich ist.

Im Gegensatz zu den Kühen besteht bei den **Jungrindern** immer ein Ergänzungsbedarf an Calcium. Zu Mastbeginn sind beispielsweise etwa 15–20 g Ca zusätzlich zur Milch sowie zum Grund- und Kraftfutter erforderlich. Da der Natriumgehalt der Mutterkuhmilch relativ hoch ist, ist zu Mastbeginn keine zusätzliche Ergänzung mit Viehsalz nötig. Ab ca. 250 kg Lebendgewicht (Ergänzungsbedarf: 1–2 g pro Tag) muss Natrium geringfügig beigefüttert werden.

In der **Rindermast** ist ebenfalls eine Ergänzung mit Calcium, aber auch Natrium erforderlich. Zu Mastbeginn besteht der höchste Ca-Ergänzungsbedarf. Bei Phosphor besteht zumeist kein bzw. nur ein geringer zusätzlicher Bedarf.

Die **Versorgung mit Spurenelementen** sollte über eine Grundergänzung mit einer handelsüblichen Mineralstoffmischung gedeckt werden. Daher sollte die Mineralstoffmischung auch spurenelementbetont sein. Die Mineralstoffergänzung kann über das Einmischen der Mineralstoffträger in das Kraftfutter oder individuelles händisches Zuteilen (Streuen über das Grundfutter etc.) erfolgen. Dabei können auch Mischungen von handelsüblichen Mineralstoffmischungen, Futterkalk und Viehsalz eingesetzt werden. Das freie Anbieten von Mineralstoffen in Mineralstoffschüsseln gewährleistet nicht in jedem Fall eine bedarfsgerechte Aufnahme bzw. Versorgung. Hier muss der Aufwand dem rechnerischen Bedarf zur Kontrolle regelmäßig gegenübergestellt werden. Die freie Aufnahme der Tiere entspricht nur sehr bedingt dem tatsächlichen Bedarf. Bei losem Anbieten von Viehsalz (pulverförmig zur freien Aufnahme) kann es zu überhöhter Viehsalzaufnahme (Vergiftungen) kommen.

Mineralstoffversorgungsempfehlung für Mutterkühe, Jungrinder bzw. Ochsen und Gehalt in ausgewählten Futtermitteln je kg TM (nach DLG, 1973; GFE, 2001; WIEDNER u. Mit., 1999)

	Bedarf					Gehalt				
	Mutterkuh säugend (10 kg Milch)	Mutterkuh Trockenstehend	Jungrind 250 kg LG	Ochse 200 kg LG 900 g TZ	Ochse 600 kg LG 900 g TZ	Grünlandfutter	Maissilage	Gerstenstroh	Gerste	Vollmilch
Calcium, g/kg TM	4,1	3,2	7,8	7,1	4,1	5–10	2–2,5	4,5–5,0	0,8	8,6
Phosphor, g/kg TM	2,6	2,1	4,0	3,3	2,1	2–4	2–2,3	0,6–1,0	3,9	7,2
Magnesium, g/kg TM	1,5	1,5	1,5	1,3	1,1	2–3	1,3–1,5	0,8–1,0	1,3	0,9
Natrium, g/kg TM	1,2	1,0	1,1	0,8	0,7	0,2–0,5	unter 0,1	3,5–3,9	0,32	3,2
Kupfer, mg/kg TM	10	10	10	10	10	5–10	4–5	4–6	6,1	1
Mangan, mg/kg TM	50	50	40	40	40	40–100	25–30	70–90	18	1
Selen, mg/kg TM	0,20	0,20	0,15	0,15	0,15	0,05–0,30	0,15–0,20	k. A.	0,17	0,3
Zink, mg/kg TM	50	50	40	40	40	20–50	20–25	40–50	32	41

Bedarfsgerechte Mineralstoffeigenmischungen aus einer handelsüblichen Mineralstoffmischung, Viehsalz und Futterkalk sind sehr preiswert.

Die handelsübliche Mineralstoffmischung kann in einer Mischmaschine mit Futterkalk und/oder Viehsalz einfach gemischt werden.

Vitaminbedarf

Vitamine sind organische Verbindungen, die in kleinsten Mengen lebensnotwendig sind. Je nach Tierart und Fütterungssituation ist eine Ergänzung der Ration mit Vitaminen erforderlich. Vitamine können aus ernährungsphysiologischer Sicht in fettlösliche und wasserlösliche unterteilt werden.

Wasserlösliche Vitamine

Die wasserlöslichen Vitamine werden bei Wiederkäuern in der Regel vollständig von den Pansenmikroben synthetisiert – eine **Ergänzung** ist daher **bei Tieren mit voll funktionsfähigem Pansen nicht erforderlich**. Zu den wasserlöslichen Vitaminen zählen Vitamin C und die Vitamine des B-Komplexes (Thiamin, Riboflavin, Pyridoxin, Niacin, Biotin, Pantothensäure, Folsäure, Cobalamin). Da in der Kälberaufzucht die mikrobielle Vitaminbildung eingeschränkt ist, wird hier auch eine Ergänzung mit den wasserlöslichen Vitaminen (über Kälbermineralstoffmischungen, Milchaustauscher) durchgeführt. Bei gestörten Pansenverhältnissen oder hygienisch nicht einwandfreiem Futter kann es auch bei ausgewachsenen Wiederkäuern zu Mangelsymptomen im Hinblick auf die Versorgung mit wasserlöslichen Vitaminen kommen.

Grünfutter ist karotinreich und enthält auch viel Vitamin E. Der Weidegang sorgt in der Regel für eine ausreichende Vitamin-D-Versorgung.

Fettlösliche Vitamine

Zu den fettlöslichen Vitaminen zählen Vitamin A (ß-Karotin), Vitamin D, Vitamin E und Vitamin K. Eine Ergänzung mit den Vitaminen A, D und E kann bei Wiederkäuern notwendig sein.

- **Vitamin A** kommt ausschließlich in Futtermitteln tierischer Herkunft vor – diese werden in der Rinderfütterung nicht eingesetzt. Von Bedeutung für die Versorgung ist daher das ß-Karotin, welches eine Vorstufe von Vitamin A darstellt. Karotinreich sind vor allem Grünfutter-

Vom 2.–6. Säugemonat ist eine hohe Futterqualität für eine gute Milchleistung der Mutterkuh notwendig.

In der Stiermast muss bei grünlandbetonten Rationen das Grundfutter mit relativ viel Kraftfutter ergänzt werden.

In der herkömmlichen Ochsenmast sollte im 2. Lebensjahr auf das billige Weidefutter nicht verzichtet werden.

In der Fütterung von **Mutterkühen** ergibt sich am Ende der Säugeperiode und in der Trockenstehzeit der geringste Energiebedarf. Demgegenüber ist zur Sicherung einer guten Milchleistung vom 2. bis zum 6. Säugemonat eine hohe Grundfutterqualität notwendig. Der Einsatz von Kraftfutter ist in der Fütterung von Mutterkühen zumeist nicht nötig und auch nicht wirtschaftlich.

Der Nährstoffbedarf der **Kälber bzw. Jungrinder** wird in der Mutterkuhhaltung über die Milch der Kuh und das beigefütterte Grund- und Kraftfutter gedeckt. Der relativ hohe Energiebedarf der Jungrinder erfordert eine gute Milchleistung der Kühe und eine hohe Grundfutterqualität. In diesem Fall besteht für die Kälber nur mehr ein geringer bzw. auch kein Kraftfutterbedarf.

In der herkömmlichen **Ochsenmast** muss in der Jugendphase und in der Ausmast gutes Grundfutter mit Kraftfutter (1–3 kg/Tag) kombiniert werden. Ab dem Ende des 1. Lebensjahres ist, bis zur Ausmastphase, eine extensive Fütterung ausschließlich mit Grundfutter guter Qualität möglich. Hier sollte auch auf die Weidehaltung nicht verzichtet werden. Auch in der herkömmlichen Kalbinnenmast kann diese Strategie umgesetzt werden. Wenn in der **Kalbinnenmast** eine kurze Mastdauer (Schlachtung vor 19. Lebensmonat) und eine hohe Zuwachsleistung angestrebt werden, dann muss auch hier bestes Grundfutter mit mehr Kraftfutter (2–4 kg/Tag) kombiniert werden.

In der **Stiermast** können eine hohe Schlachtkörper- und Fleischqualität und die dafür notwendigen Zunahmen nur bei hoher Energiedichte der Ration erreicht werden. Dies wird durch Einsatz von Maissilage in Kombination mit Kraftfutter erzielt. Bei grünlandbetonten Rationen muss das Grundfutter mit relativ hohen Kraftfuttermengen ergänzt werden.

Die **Rohproteinversorgung** (Eiweißversorgung) ist in der Fütterung von Mutterkühen bzw. Mastrindern auf der Basis von Grünlandfutter zumeist nicht leistungslimitierend. Eine Ausnahme stellt die Jugendphase in der Rinderaufzucht bzw. -mast dar. Auch bei maissilagebetonten Rationen bzw. Rationen mit überständigem Grundfutter und Stroh besteht ein Eiweißergänzungsbedarf.

Die **Wiederkäuergerechtheit der Ration** wird vom Kraftfutteranteil bzw. vom Gehalt an Gerüstsubstanzen in der Ration bestimmt. Ein Strukturmangel tritt in der Mutterkuhhaltung und extensiven Ochsenmast üblicherweise nicht auf. In der intensiven Rindermast können hohe Kraftfutterrationsanteile (über 50–60 % von der TM der Gesamtration) oder hohe Stärkemengen (über 30–35 %) zu Pansenübersäuerungen führen.

HINWEIS! Ergänzungsbedarf

Auch unter extensiven Produktionsbedingungen besteht bei landwirtschaftlichen Nutztieren zumeist ein **Mineralstoff- und Vitaminergänzungsbedarf.** Der Ergänzungsbedarf hängt von der Rationszusammensetzung, dem jeweiligen Gehalt der Komponenten sowie dem Gewicht und der Leistung der Tiere ab.

GRUNDFUTTER IN DER FÜTTERUNG

Ein ausgewogener Pflanzenbestand, eine auf die Nutzung abgestimmte Düngung, ein gutes Weidemanagement, die rechtzeitige Ernte und eine optimale Konservierung sind Grundvoraussetzungen für eine gute Qualität des Grundfutters.

Nutzung und Qualität

Die Qualität des Grundfutters wird neben der Zusammensetzung des Pflanzenbestandes entscheidend vom Vegetationsstadium bei der Ernte bestimmt. Dies gilt vor allem für den ersten Aufwuchs. Bei Silagen beeinflusst das Vegetationsstadium zusätzlich auch den Gärverlauf und damit die Silagequalität. Anhand des Reifestadiums der Leitpflanzen (z. B. Goldhafer, Knaulgras, Rotklee) können Grünlandbestände hinsichtlich des Vegetationsstadiums bei der Ernte und damit der Verdaulichkeit und des Energie- und Nährstoffgehaltes beurteilt werden. Dabei wird zwischen den Stadien „Schossen", „im Ähren-/Rispenschieben", „Beginn Blüte", „Mitte Blüte", „Ende Blüte" und „überständig" unterschieden. Mit fortschreitendem Vegetationsstadium nehmen die Verdaulichkeit und der Energiegehalt sowie der Rohproteingehalt (Eiweiß) und auch der Mineralstoffgehalt des Grundfutters ab. Dagegen steigt der Strukturkohlenhydratgehalt (Rohfaser-, NDF- und ADF-Gehalt) an und die Futteraufnahme der Tiere geht zurück.

Veränderungen des Nährstoffgehaltes in Abhängigkeit vom Nutzungszeitpunkt

(Grünfutter – Wirtschaftsgrünland – landesübliche Nutzung, ÖAG-Futterwerttabelle – BUCHGRABER u. Mit., 1998)

	Energie		Rohprotein	Rohfaser	Calcium	Phosphor	Magnesium	Natrium
	NEL MJ/kg TM	ME MJ/kg TM	g/kg TM	g/kg TM	g/kg TM	g/kg TM	g/kg TM	g/kg TM
1. Aufwuchs								
Schossen	6,38	10,61	206	192	8,5	3,9	2,4	0,88
Ähren-/Rispenschieben	6,12	10,25	154	225	8,0	3,3	2,6	0,52
Beginn Blüte	5,78	9,80	140	255	8,3	3,2	2,8	0,41
Mitte Blüte	5,23	9,05	122	283	9,4	3,0	2,8	0,30
Ende Blüte	5,05	8,76	102	314	7,3	2,8	2,2	0,27
überständig	4,73	8,36	91	342	6,6	2,8	1,7	0,38

	Energie		Roh-protein	Roh-faser	Calci-um	Phos-phor	Mag-nesium	Natri-um
2. + Folgeaufwüchse								
Schossen	5,82	9,86	183	191	13,1	4,3	3,9	0,51
Ähren-/Rispenschieben	5,54	9,48	163	225	11,6	3,6	3,2	0,49
Beginn Blüte	5,28	9,14	144	255	11,2	3,7	3,3	0,38
Mitte Blüte	4,89	8,61	132	283	10,9	3,8	3,0	0,47
Ende Blüte	4,73	8,41	117	310	8,0	4,0	2,5	0,30

Je früher das Grünlandfutter genutzt wird, desto höher ist die Qualität des Futters. Demgegenüber muss jedoch bei gleicher Düngung und zunehmender Nutzungshäufigkeit bei schnittgenutzten Wiesen mit einem Rückgang des Ertrages gerechnet werden. Vor allem bei Übernutzung eines Pflanzenbestandes geht der Jahresertrag deutlich zurück. Eine hohe Grundfutterqualität erfordert daher, neben einer angepassten Düngung und einem angepassten Pflanzenbestand, auch die entsprechende Flächenausstattung des Betriebes. Flächen in Gunstlagen sollten der Qualitätsfutterbereitung dienen und für jene Tiere bzw. jene Phasen verwendet werden, wo hohe Anforderungen an die Grundfutterqualität bestehen. Eine hohe Grundfutterqualität ist in der Mutterkuhhaltung in der Kälber- und Jungrinderfütterung bzw. für die Mutterkühe vom 2.–6. Säugemonat notwendig. In der herkömmlichen Ochsen- und Kalbinnenmast wird gutes Grundfutter insbesondere im 1. Lebensjahr und in der Ausmast benötigt. Stiere stellen prinzipiell hohe Anforderungen an die Grundfutterqualität.

Mit Hilfe des Reifestadiums der Leitpflanzen bzw. der Aufwuchshöhe kann die Qualität des Grünlandfutters abgeschätzt werden.

Auf Weiden ist der Pflanzenbestand einer der wesentlichen Faktoren für den Erfolg des Weidesystems. Im Grünland- und Berggebiet sind das Wiesenrispengras, das Englische Raygras und der Weißklee die wertvollen Hauptarten in den intensiver genutzten Dauerweiden. Das Wiesenrispengras und der Weißklee bilden Ausläufer und sind somit auf eine Versamung nicht unbedingt angewiesen. Das Englische Raygras ist weniger winterhart und bildet Horste mit kurzen Seitentrieben, die durch die Beweidung im Frühjahr stark gefördert werden und so einen dichten Rasen bilden. Bei der Umstellung von Schnittwiesen auf Weidenutzung muss der „neue" Weidepflanzenbestand aufgebaut werden (Übersaat etc.). Nur dadurch werden gute Erträge und ein trittfester Pflanzenbestand erzielt. Intensivweiden liefern eine hohe Grundfutterqualität (Energieniveau: beste Grassilagen bis Maissilage) und sind damit auch die Basis für gute Leistungen.

Extensivere Dauerweiden eignen sich nicht für die Ganztagsweidehaltung mit höher leistenden Tieren. Solche Flächen bieten jedoch ein ideales Futter für heranwachsende Zuchttiere oder Tiere mit geringen Leistungen. Extensive Flächen erfordern auch eine extensivere Bewirtschaftung. Dieses Futter muss getrennt gelagert werden und sollte nur in jenen Phasen zum Einsatz gelangen,

So nicht! Qualitätsrindermast im Grünlandgebiet setzt auch eine optimale Grünlandbewirtschaftung voraus. Lückige Bestände verringern den Ertrag und die Futteraufnahme – in Folge treten auch vermehrt Unkräuter auf.

wo die Anforderungen an die Nährstoffdichte der Ration geringer sind (z. B. trockene Mutterkühe, Ochsen vom 10.–20. Monat). Wenn die extensiven Flächen am Betrieb deutlich überwiegen, muss auch die Produktionsrichtung (extensive Rassen, herkömmliche Ochsenmast aus der Mutterkuhhaltung etc.) darauf abgestimmt werden.

Auf hygienisch einwandfreies Futter muss aber auch bei extensiver Bewirtschaftung immer geachtet werden! Extensive Flächen bzw. ausgewachsene Pflanzenbestände können zumeist nicht mehr als Silagen (schwer verdicht- und vergärbar) konserviert werden. Hier muss auf die Heubereitung zurückgegriffen werden.

Trockenmasse- und Energieertrag bei unterschiedlicher Schnitthäufigkeit und Düngungsintensität (Versuch HBLFA Raumberg-Gumpenstein, 650 m Seehöhe – Dauergrünland, GRUBER u. Mit., 2000)

Düngung	nur Wirtschaftsdünger (100 kg N)			Wirtschaftsdünger (100 kg N) + 100 kg N		
Nutzungshäufigkeit	**2 Schnitte**	**3 Schnitte**	**4 Schnitte**	**2 Schnitte**	**3 Schnitte**	**4 Schnitte**
Ertrag, kg TM/ha	8.296	7.650	6.207	9.000	8.459	6.812
Energiekonzentration, MJ NEL/kg TM	4,47	5,33	5,87	4,60	5,14	5,84
Energieertrag, GJ NEL/ha	37,0	40,8	36,4	41,3	43,4	39,8
Eiweißertrag, kg Rohprotein/ha	957	1.071	1.020	970	1.106	1.075

Einschätzung der Ertragslage von Wirtschaftsgrünland und Feldfutter bei angepasster Düngung und Nutzung

Nutzungsform	Ertragslage in Tonnen TM/ha		
	niedrig	mittel	hoch
Dauer- und Wechselwiese	-	-	-
1 Schnitt	2,0	3,5	-
2 Schnitte	3,5	5,0	-
3 Schnitte	5,5	7,0	8,5

Nutzungsform	Ertragslage in Tonnen TM/ha		
	niedrig	mittel	hoch
4 Schnitte	-	8,5	10,0
5 Schnitte	-	9,5	11,5
Mähweide	-	-	-
1 Schnitt + 1–2 Weidegänge	4,5	6,0	-
2 Schnitte + 1–2 Weidegänge	-	7,5	9,0
2 Schnitte + 2 oder mehr Weidegänge	-	8,5	11,0
Dauerweiden	-	-	-
Kulturweiden	5,0	7,5	11,0
Hutweiden	1,5	3,0	-
Almweiden	1,0	2,5	-
Feldfutter	-	-	-
kleebetont	6,5	8,0	12,0
gräserbetont	6,0	8,5	14,0

Grundfutterkonservierung

Ein ausgewogener Grünlandbestand und die rechtzeitige Ernte sind die Basis für eine hohe Grundfutterqualität. Durch fachgerechte Konservierung muss diese Qualität erhalten bleiben. In der Rinderhaltung liegt das Hauptgewicht der Produktionskosten in der Erzeugung und Konservierung von Grundfutter. In Österreich ist die Silierung mit mehr als 60 % das Hauptkonservierungsverfahren. Die Dürrfutterbereitung ist vor allem im Berggebiet weit verbreitet.

Erntetechnik ganz entscheidend

Zur Vermeidung von hohen Futterverschmutzungen dürfen nur abgetrocknete Pflanzenbestände in einer Schnitthöhe über 6–8 cm gemäht werden. Nur durch schonendes Zetten und Schwaden sind geringe Bröckelverluste möglich. Grundsätzlich darf das Futter am Feld nur so oft wie notwendig bzw. so wenig wie möglich „bearbeitet“ werden. Mit zunehmendem Anwelkgrad steigen die Bröckelverluste an. Das mehrmalige Kreiseln des Futters am ersten Tag fördert das Trocknen. Mit zunehmender Trockenheit steigen durch das Kreiseln aber die Feldverluste. Vor allem die hochverdaulichen, nährstoffreichen Blätter bleiben bei unsachgemäßer Ernte am Feld! Werden Mähaufbereiter eingesetzt, kann die Anwelkdauer durch den mechanischen „Aufschluss“ der Pflanzen verringert werden. Gleichzeitig sollte aber auch ein Kreiselvorgang dadurch eingespart werden können. In diesem Fall können die Feldverluste herabgesetzt werden. Wird aufbereitetes Futter verregnet bzw. sind die Flächen stark mit Erdhügeln „belastet“, kann sich der Einsatz von Mähaufbereitern auch negativ auswirken.

Konservierungsverfahren im Vergleich

Sowohl die Silagebereitung als auch die Heuernte haben ihre Vor- und Nachteile. Die Entscheidung, auf welchen Schwerpunkt man in der Grundfutterkonservierung setzt, muss daher betriebsindividuell getroffen werden. Dabei darf das Ziel, nämlich möglichst geringe Futterkosten bei entsprechender Qualität zu erreichen, nicht aus den Augen

Mangelhafte Konservierung und Lagerung machen Heu und Silagen völlig unbrauchbar für die Fütterung!

Siloballen müssen auf befestigtem Untergrund und Heu in Gebäuden gelagert werden.

verloren werden. Da die Konservierungsverluste und die Futterkosten bzw. die Kosten pro Energieeinheit des Futters bei der Silagebereitung im Durchschnitt geringer sind, nimmt der Silageeinsatz in der Fütterung von Mutterkühen und Mastrindern zu. Vor allem in Gunstlagen war und ist dieser Trend zu beobachten.

Heu in der Fütterung

Aus pansenphysiologischer Sicht sollte nach Möglichkeit nicht vollständig auf Heu verzichtet werden. Vor allem in der Kälberfütterung ist der Einsatz von gutem Heu im Kälberschlupf zu empfehlen. Für Mutterkühe empfiehlt sich eine Rationsergänzung mit Heu vor allem bei junger Weide (Frühling und Herbst). Am Ende der Säugeperiode bzw. in der Trockenstehzeit kann Heu mäßiger Verdaulichkeit (Ernte in bzw. nach der Blüte) sehr gut in die Ration eingebaut werden. Dadurch wird der Verfettung der Kühe vorgebeugt.

In der Ochsenmast ab Kalb ist in der Kälberaufzuchtphase (bis 150 kg LG) Heu bester Qualität ebenfalls das wertvollste Grundfutter. Bei älteren Tieren kann auf den Heueinsatz theoretisch verzichtet werden. Wenn extensive Flächen als Winterfutter konserviert werden, dann sollte dies nicht in Form von Silagen erfolgen. Schwer verdauliches Heu kann am ehesten im Lebendgewichtsbereich von etwa 300–500 kg als Rationsbestandteil eingesetzt werden. Als Beifutter zu junger Weide trägt Heu zur Strukturversorgung bei. In der Kalbinnen- und Stiermast ist in der Jugend ebenfalls der Einsatz von Kälberheu zu empfehlen. Danach ist Heu prinzipiell nicht mehr erforderlich.

WICHTIG! Ausschussheu

Muffiges, brandiges, gebräuntes bzw. schimmeliges, verpilztes oder stark verschmutztes Heu darf weder in extensiven Phasen noch an extensiv gehaltene Tiere verfüttert werden. Dieses Heu ist generell nicht zur Fütterung geeignet!

Eine hohe Heuqualität zeichnet sich durch olivgrüne Farbe, aromatischen Geruch, zarten Griff und hohen Blattanteil aus. Dieses Heu weist einen Rohfasergehalt unter 28 % und einen Energiegehalt über 5,4 MJ NEL/kg TM auf. Mit steigendem Stängelanteil erhöht sich der Rohfasergehalt und die Verdaulichkeit bzw. der Energiegehalt des Futters geht zurück.

Vor- und Nachteile der Heubereitung

Vorteile von Heu	Nachteile von Heu
Qualitätsheu wird von Rindern sehr gerne aufgenommen	Geringere Schlagkraft
Strukturversorgung der Wiederkäuer wird unterstützt (Wiederkauen, Speichelbildung)	Höheres Wetterrisiko
Geringere Verschmutzungsgefahr bei der Ernte und heu ist bei Vorlage am Futtertisch stabil	Qualitätsverluste durch späteren Schnittzeitpunkt
Verwendung bestehender Einrichtungen und Nutzung vorhandener Bergeräume	Höhere Verluste bei der Ernte
Ernte auf Steilflächen ist einfacher, der geringe Wassergehalt erleichtert den Transport und die Futtervorlage	Höhere Anlage- und Betriebskosten
Überständiges Futter kann nur als Heu konserviert werden	Höhere Kosten des Futters bzw. der Nährstoffeinheit

Konservierungsverluste in Abhängigkeit von Verfahren, Technik und Erntebedingungen (nach GINDL und WILHELM, 2002)

Verluste	Silage	Belüftungsheu	Bodentrocknungsheu
Masse in %	2–5	5–8	10–20
Gehalt in %	8	9	14
Gesamt in %	10–13	14–17	23–34

Silagebereitung

Unabhängig vom Silierverfahren muss eine saubere und rechtzeitige Ernte erreicht werden.

- Überständiges Futter kann nicht ausreichend verdichtet werden. Zusätzlich ist die Vergärbarkeit aufgrund des geringen Zuckergehalts schlecht. Der Rohfasergehalt von Silagen muß daher unter 30 % sein. Überständiges Futter darf nur als Heu konserviert werden!
- Silagen dürfen nicht zu hoch angewelkt werden. Der optimale Trockenmassegehalt liegt im Bereich von 30–40 %. Unter 28 % Trockenmasse treten höhere Gär- und auch Sickersaftverluste auf. Bei einer Trockenmasse über 40 % muss vermehrt mit Nacherwärmung, Verpilzung und Verschimmelung des Futters gerechnet werden.
- Nach der Ernte und Verdichtung muss der Silagebehälter rasch luftdicht verschlossen werden. Nur dadurch kann die gewünschte Milchsäurebildung und eine stabile Silage erreicht werden.
- Die Anschnittfläche des Silos muss auf die tägliche Entnahme angepasst sein (im Sommer max. 0,2 bis 0,3 m^2/GVE).
- Bei Lagerung von Silagen in warmen Stallgebäuden muss mit hohen Nährstoffverlusten gerechnet werden.

Eine gute Silage zeichnet sich durch einen aromatischen, säuerlichen Geruch aus. Der Stängelanteil ist gering und der Blattanteil hoch. Die Silage darf nicht verschmutzt sein (Erde, Mist etc.). Gute Silagen haben einen Rohfasergehalt von 24–28 % und einen Energiegehalt von etwa 5,6–6,2 MJ NEL/kg TM.

Silierverfahren im Vergleich

Die Konservierung von Grassilagen in Tief- und Hochsilos ist aus arbeitstechnischen Gründen und wegen der höheren Kosten rückläufig. Neueinsteiger in die Silagetechnik greifen daher entweder auf die Ballensilage- oder Fahrsilotechnik zurück. Bei optimaler Silagetechnik bestehen hinsichtlich der Futterqualität keine Verfahrensunterschiede.

Vor- und Nachteile der Ballensilagetechnik

Vorteile Ballensilage	Nachteile Ballensilage
Gut geeignet bei schlecht arrondierten Flächen, Kleinparzellen können gut genutzt werden	Geringere Schlagkraft
Unterschiedliche Aufwüchse können einfach gemeinsam verfüttert werden	Hoher Folienaufwand (Umweltbelastung, Kosten)
Geringes Nacherwärmungsrisiko (keine großen Anschnittflächen)	Einrichtungen für den Ballentransport und passende Lagerplätze sind erforderlich; Folienverletzungen leicht möglich
Geringe Investitionen in Baulichkeiten und Futtervorlagetechnik, der Maschinenring kann genutzt werden	Bei ungeeigneten Pressen bzw. schlechtem Pressmanagement ist die Verdichtung zu gering
Futtervorlage am Feld einfach möglich	Kurzschnittsilagepressen nicht weit verbreitet
Futterkosten können bei Kleinbetrieben mit dem Fahrsilo mithalten	Bei großen Betrieben sind die Futterkosten bei Ballensilagen zumeist höher als bei Fahrsilosilagen

Für Kleinbetriebe bzw. Betriebe mit schlechter Flächenarrondierung ist die Ballensilierung vorteilhaft. Zusätzlich sind die Investitionen in Lagerplätze, aber auch in die Futtervorlagetechnik geringer. Bei größeren Beständen fallen jedoch bei der überbetrieblichen Fahrsilobereitung zumeist geringere Futterkosten an. Unabhängig vom Verfahren ist die Ernte bei vollständiger Eigenmechanisierung die teuerste Variante der Futterkonservierung. Vor allem bei schlechter Maschinenauslastung (Kleinbetriebe) ist daher die überbetriebliche Zusammenarbeit (Maschinenring etc.) notwendig (siehe dazu auch Kapitel „Betriebswirtschaftliche Überlegungen“).

Grünmais, Maissilage und Kleegrassilage

Silomais ist heterogen zusammengesetzt. Die Maispflanze besteht einerseits aus der sehr faserreichen Hauptpflanze (Stängel + Blätter) und dem stärkereichen Kolben. Der Futterwert der Maissilage hängt wesentlich vom Kolbenanteil und der Verdaulichkeit der unterschiedlichen Pflanzenteile ab. Mit steigendem Kolbenanteil und steigender Kornreife erhöht sich der Stärkegehalt. Bei hohem Trockenmassegehalt sinken jedoch die Pansenabbaubarkeit und Verdaulichkeit sowie Konservierbarkeit der Restpflanze.

Maispflanzen sind C4-Pflanzen, welche hinsichtlich Trockenheit weniger anfällig als Grünlandbestände sind. Daher kann in trockenheitsgefährdeten Regionen der Maisanbau die Futterversorgung absichern helfen. Mais zeichnet sich bei geeigneten Anbaubedingungen auch durch hohe Flächenerträge (12–20 t TM Maissilage/ha) und entsprechend hohe Energiegehalte aus.

Sorte, Witterung und Erntezeitpunkt spielen zusammen:

- **Frühreife Sorten** beginnen frühzeitig mit dem Kolbenansatz und der Abreife, wodurch bei günstiger Witterung das Ertragspotential etwas eingeschränkter ist.

- **Spätreife Sorten** zeigen demgegenüber ein längeres Pflanzenwachstum. Bei ungünstiger Witterung besteht jedoch das Problem, dass im Herbst der Korn-, Kolben- und Stärkegehalt zu gering ist und der optimale Ernte-Trockenmassegehalt nicht erreicht wird.

Ein verspäteter Erntezeitpunkt (hoher Trockenmassegehalt), aber auch Frostschäden erhöhen den Besatz mit Hefen und Pilzen. Ein hoher Trockenmassegehalt verringert zusätzlich die Verdichtbarkeit. Das Verderbs- und Nacherwärmungsrisiko nimmt damit deutlich zu. Bei Sorten mit schnell abreifender Restpflanze ist eine zügige Ernte unbedingt erforderlich.

Vor allem um den Anteil unverdauter Körner zu verringern, wird **Silomais** bei der Ernte intensiv geschnitten (theoretische Häcksellänge 0,4–0,6 cm) und teilweise auch mit Walzen oder Kornbrechanlagen nachbehandelt. Bei trockener Ernte ist dies besonders wichtig! Aus zahlreichen Versuchen kann ein optimaler **Erntezeitunkt** bei einem **Trockenmassegehalt von etwa 35 %** abgeleitet werden. Daher muss die Sorte bzw. Sortenmischung gut auf die durchschnittlichen Standortbedingungen abgestimmt werden.

HINWEIS! Mais

- 35 % TM-Gehalt (33 bis max. 40 %) in der Gesamtpflanze
- Beginn bis Mitte Teigreife
- 55–60 % TM-Gehalt im Kolben
- Restpflanze muss noch grün sein
- Frühfrostgeschädigte Pflanzen sind jedenfalls rasch ernten.

Abschätzung des Reifestadiums und des TM-Gehaltes bei Silomais

Bezeichnung	TM-Gehalt Silomais, %	Beschreibung
Beginn der Kolbenbildung	17	Körner nicht voll ausgebildet
In der Milchreife	20	Körner ausgebildet, grün-weiß, ohne Füllung
	22	Körnerinhalt milchartig
Beginn der Teigreife	25	Körnerinhalt gelblich und zähflüssig
	30	Körnerinhalt teig- bis mehlartig
Ende der Teigreife	35	Körnerinhalt mehlartig, Korn mit Fingernagel ritzbar
	38	ausgereifte Körner, Korn mit Fingernagel kaum ritzbar

Grünmais kann an alle Wiederkäuer verfüttert werden. Junger Grünmais weist allerdings einen hohen Östrogengehalt auf, weshalb bei trächtigen Rindern keine einseitigen Grünmaisrationen verabreicht werden dürfen.

In der intensiveren Rindermast ist der Einsatz von Maissilage zu empfehlen. Die erforderlichen hohen Zuwachsleistungen können hier nur mit energiereichen Rationen erreicht werden. Die Maispflanze gehört zu den energiereichsten Grundfuttermitteln.

In der Ochsenmast ist Maissilage vor allem zu Mastbeginn und in der Ausmast ein wertvolles, energiereiches Grundfutter. In der

Mais benötigt als C4-Pflanze weniger Wasser je kg Zuwachs als Gras. Maissilage liefert ein energiereiches Futter, der Mineralstoff- und der Eiweißgehalt sind geringer.

Leguminosen sind am Grünlandbetrieb unverzichtbar. Sie liefern über die Knöllchenbakterien wertvollen Stickstoff, sind eiweiß- und blattreich und werden von Rindern gerne gefressen.

Mutterkuhhaltung sollte Maissilage nur in der Säugeperiode (2.–6. Säugemonat) bzw. in der Jungrinderfütterung in größeren Mengen angeboten werden. Bei hohem Maissilageanteil kann es zur Verfettung der Kühe kommen! Maissilage ist jedoch eiweißarm, bei steigenden Maissilageanteilen in Rationen muss daher auch mit einem zunehmenden (und teuren) Eiweißergänzungsbedarf gerechnet werden.

In Maisgrenzlagen bzw. in reinen Grünlandgebieten ist der Anbau von Silomais zumeist nicht wirtschaftlich bzw. auch nicht möglich. Eine Alternative zum Maisanbau kann hier der Anbau von Feldfutter (Kleegras, Luzernegras, Wechselgrünland etc.) sein. Damit können ebenfalls hohe Nährstoff- und Flächenerträge (8–14 t TM/ha) erzielt werden.

Leguminosen

Leguminosen zählen zu den eiweißreichen Grundfuttermitteln. Zur Gruppe der Leguminosen gehören Luzerne, Rotklee, Weißklee und zahlreiche andere Kleearten sowie Erbsen, Ackerbohnen, Süßlupinen u. a. Generell gehören sie zu den rohproteinreichsten Grünfutterpflanzen, wobei die Verdaulichkeit und damit der Futterwert nach der Blüte zumeist deutlich absinkt. Zur Silierung eignen sich Grünfutterleguminosen aufgrund ihres engen Zucker-/Protein-Verhältnisses sowie der hohen Pufferkapazität (reich an Calcium und Magnesium) relativ schlecht. Der einseitige Mineralstoffgehalt, aber auch mögliche unerwünschte Stoffgruppen (z. B. Saponine, Tannine, Isoflavone etc.) müssen bei der Verfütterung berücksichtigt werden – die Einsatzmenge ist zu begrenzen.

Luzerne wird auch als „Königin der Futterpflanzen“ bezeichnet. Wenn sie vor der Blüte geerntet wird, liegt der Rohproteingehalt zwischen 15 und 23 %. Luzerne gehört mit Gehalten von 15–20 g/kg Ca in der Trockenmasse zu den calciumreichsten Futterpflanzen. Ältere Pflanzen werden wegen des zunehmend bitteren Geschmackes bei getrennter Vorlage nicht sehr gerne aufgenommen.

Rotklee wird auch als „König der Futterpflanzen” bezeichnet. Er ist sowohl als Grünfutter als auch als Heu ein wertvolles Futter. Junger, frischer Rotklee verursacht leicht Blähungen. Daher dürfen nicht zu große Mengen verabreicht werden. Vor dem Weideaustrieb auf frische Rotkleeflächen sollten die Tiere getränkt und gut mit Raufutter versorgt werden. Die Weidedauer soll nicht mehr als eine halbe Stunde betragen. Nach einer Gewöhnungszeit kann Rotklee auch in größeren Mengen gefüttert werden. **Weißklee** ist vor allem auf Weiden und Mähweiden anzutreffen. Ein Bestandesanteil von 20–30 % ist hier durchaus erwünscht. Darüber hinaus muss jedoch mit einem deutlich erhöhten Blährisiko gerechnet werden.

Ackerbohnen werden aufgrund ihrer relativ geringen Schmackhaftigkeit meistens im Gemenge mit Wicken und Futtergetreide angebaut. Bei der Verfütterung benötigen die Tiere eine kurze Gewöhnungszeit. Silagen von Ackerbohnen sind dunkelbraun bis schwärzlich und riechen tabakähnlich. **Wicken und Erbsen** lagern leicht und werden deshalb hauptsächlich im Gemenge mit Getreide oder einer anderen Stützfrucht angebaut. Wicken können bis zur Vollblüte gefüttert werden.

Getreideganzpflanzen

Getreideganzpflanzen werden in der Fütterung vorwiegend als Silagen, aber auch grün eingesetzt. Je nach Art erreicht Getreide zwischen später Milch- und früher Teigreife der Körner ein optimales Korn-/Restpflanzen-Verhältnis. Hafer wird rein oder als Stützfrucht für Futterzwecke angebaut. Wegen des hohen Saponingehalts (Blähgefahr) sollen nicht mehr als 15 kg Frischmasse je Kuh und Tag verfüttert werden. Roggen wird bis zum Ährenschieben gerne aufgenommen. Grünroggen hat einen hohen Östrogengehalt. An trächtige Tiere sollten deshalb nicht zu hohe Mengen davon gefüttert werden. Grüngerste wird im frischen Zustand wegen der Grannen nicht gerne gefressen. Die Grüngerste kann wie alle Grüngetreidearten auch siliert werden. Das Ähren-/Stroh-Verhältnis ist in der Gerstenganzpflanzensilage viel günstiger.

Stroh kann bei Futtermangel, in der Aufzucht von Kalbinnen und bei trockenstehenden Kühen ergänzt werden.

Raps und Rübsen

Alle Raps- und Rübsenformen enthalten bis zur Blüte wenig Senfölglucoside und werden bis zur Bildung der Schoten gerne gefressen. Sie werden gerne als Zwischenfrüchte in der Fütterung eingesetzt, da sie sehr schnellwüchsig sind und viel Blattmasse bilden. Besonders Zwischenfruchtfutter der Familie der Kreuzblütler (Raps, Winterrübsen, Ölrettich, Markstammkohl, Senf, Stoppelrüben etc.) weist einen geringen Trockenmasse- und Rohfasergehalt sowie einen hohen Rohproteingehalt auf. Auch eine zu intensive Düngung mit Stickstoff bzw. Zwischenlagerung und Erwärmung des Futters kann zu einer Beeinflussung der Futterqualität durch hohe Nitrat- und Nitritgehalte (Nitritvergiftung) führen. Sie sollten daher nie alleine verfüttert werden. Am besten erreicht man dies durch die kontrollierte Stallfütterung bzw. durch stark begrenzte Weidezeiten und Sattfütterung der Tiere vor dem Austrieb. Da die Strukturwirksamkeit von Zwischenfrüchten in den meisten Fällen zu gering ist, sollte auch Heu verfüttert werden. Eine langsame Übergangsfütterung über 2 Wochen ist erforderlich.

Stroh

Unter Stroh versteht man Stängel, Halme und Blätter von Kulturpflanzen, die zum Zeitpunkt der Samen- und Körnerreife geerntet wurden. Der Futterwert von Stroh nimmt von Erbsen-, Hafer-, Gersten-, Roggen- bis hin zum Weizenstroh ab. Vor allem bei kraftfutterbetonten Mischrationen wird leicht gehäckseltes Stroh (0,5–1 kg) zur Strukturergänzung gerne eingesetzt.

Stroh hat auch seine Berechtigung bei Futtermangel, der Aufzucht von Kalbinnen und bei trockenstehenden Kühen zur Streckung der Grundfutterration. Verfettungen können dadurch verhindert werden.

Weide- und Almhaltung

Weidefutter ist das preiswerteste Grundfutter in der Rinderfütterung! Daher ist die Weidehaltung vor allem in der Mutterkuhhaltung, aber auch in der Ochsen- und herkömmlichen Kalbinnenmast aus wirtschaftlichen Gründen anzustreben. Zusätzlich ist die Weidehaltung tiergemäß und entspricht auch den Anforderungen der Konsumenten an die Rinderhaltung. Bei biologischer Wirtschaftsweise müssen Rinder Zugang zu Weiden haben, wenn es die Betriebsbedingungen erlauben.

Gute Leistungen durch richtiges Weidemanagement

Obwohl die Futterkosten auf der Weide gering sind, muss das Weidemanagement bzw. das gesamte Betriebssystem auf die Weidehaltung abgestimmt werden. Extensive Weideflächen bzw. Almen sollten nur von niedrigleistenden Tieren beweidet werden. Säugende Mutterkühe (2.–6. Säugemonat), Jungochsen und Mastkalbinnen haben höhere Anforderungen an das Weidefutterangebot und die Weidefutterqualität.

Eine hohe Futter- und Nährstoffaufnahme kann auf der Weide bei **ausreichendem Weideangebot in möglichst gleichbleibender und hoher Qualität** erreicht werden. Mit zunehmender Aufwuchshöhe geht die Verdaulichkeit des Futters und damit auch die Futter- und Nährstoffaufnahme deutlich zurück. Ausgewogene und dichte Pflanzenbestände (bis 30 % Leguminosen, 10–20 % Kräuter, über 60 % Gräser) sind anzustreben. Wenn bei Mastrindern die Leistung auf den Weiden bzw. Almen nicht entspricht, dann muss dieser Wachstumsrückstand in der anschließenden Stallperiode durch intensivere Fütterung wieder aufgeholt werden.

Das Weidefutter weist bei optimaler Weideführung und Nutzung eine hohe Verdau-

Almfutter hat einen relativ geringen Energiegehalt, zusätzlich ist der Ertrag bzw. der tägliche Zuwachs gering.

Eine ausgewogener Pflanzenbestand und rechtzeitige Beweidung führen zu hoher Futteraufnahme.

lichkeit auf. Im Vollweideprojekt der HBLFA Raumberg-Gumpenstein wurde in der Praxis im Durchschnitt ein beachtlicher Energiegehalt von 6,3–6,5 MJ NEL/kg TM festgestellt. Der Energiegehalt liegt damit im Bereich von Maissilage bzw. erreicht zu Weidebeginn nahezu energiearme Kraftfuttermischungen. Auch der Eiweißgehalt lag in den untersuchten Proben mit durchschnittlich 21 % auf sehr hohem Niveau. Zu beachten ist jedenfalls, dass junges Weidegras nicht nur energie-, sondern auch zuckerreich ist und eine geringe Strukturwirksamkeit aufweist.

Weidegras spart Eiweiß- und Energiekraftfutter

Viele Untersuchungen zeigen, dass der Eiweißgehalt der Ration einen positiven Einfluss auf die Futteraufnahme hat. Da Eiweißfuttermittel teuer sind, müssen Grünlandbetriebe die Eiweißversorgung über das Grünlandfutter optimal nutzen. Das Weidefutter ist diesbezüglich der kostengünstigste Eiweiß- und Energielieferant für Rinder und hilft Kraftfutter sparen. Entscheidend für eine hohe Weidefutterqualität sind der **Pflanzenbestand** und der **Nutzungszeitpunkt**.

Das Grundgerüst in der Weide müssen ausläufertreibende Gräser (Wiesenrispe) bzw. Gräser mit hoher Bestockungsrate (Engl. Raygras) bilden. Im Vergleich zu reinen Grasbeständen erhöht ein Kleeanteil im Grünfutter die Futteraufnahme. Auf den Weideflächen ist daher ein Kleeanteil von etwa 20 % (bis max. 30 %) anzustreben. Ein Kräuteranteil von 10–20 % wäre ideal.

Die Almhaltung leistet auch einen wichtigen Beitrag zur Offenhaltung der Kulturlandschaft.

Bei Umtriebs- bzw. Portionsweide liefern Weidebestände mit einer Aufwuchshöhe zwischen 15–20 cm hohe Nährstoffdichten. Bei der intensiven Standweide (Kurzrasenweide) sind durchgehend Aufwuchshöhen von 5–7 cm notwendig. Dieses arbeitsextensive Weidesystem eignet sich jedoch nur für günstig strukturierte Flächen (einheitlich geneigt oder eben, intensiv nutzbarer Boden und Pflanzenbestand, ausreichend Niederschläge). Weitere wichtige Punkte sind eine über die Weideperiode möglichst konstante Weidefutterqualität, die Wasserversorgung und die Möglichkeit, bei großer Hitze Schattenplätze aufsuchen zu können.

Futterangebot und -qualität auf extensiven Almen nicht überschätzen!

Die Verdaulichkeit und der Nährstoffgehalt von alpinem Grünlandfutter liegen zumeist auf niedrigem Niveau. Alpines Grünfutter weist relativ geringe Energiegehalte (4–5 MJ NEL pro kg TM) auf. Zusätzlich sind der Futterertrag und der tägliche Futterzuwachs begrenzt. Auch darunter leiden die Futter- und Nährstoffaufnahme der Rinder. Vor allem ab Ende Juli geht die Zuwachsleistung des Futters auf den Almweiden deutlich zurück. Das Weidemanagement muss daher so gestaltet werden, dass der Tierbesatz an den Futterbedarf der Tiere bzw. das Flächenausmaß an den Tierbesatz abgestimmt wird.

Durch Umtriebsalmhaltung, Reduktion des Tierbesatzes im Spätsommer, gezielte Steuerung der Abkalbungsphase im Mutterkuhbetrieb (z. B. Abkalbung im Oktober – Auf-

Ein dichter und untergrasbetonter Pflanzenbestand beugt Trittschäden vor. Bestandslücken müssen rasch mit geeignetem Saatgut eingesät werden. Auch bei der Umstellung von einer Schnittwiese auf eine Weide müssen Übersaaten erfolgen!

trieb der trockenen Kühe), Beweidung von Hochalmen im Juli – Wanderung talwärts im Spätsommer, rechtzeitigen Herbstabtrieb, Beifütterung von Heu nach dem Auftrieb und vor dem Abtrieb können auch bei Alpung gute Leistungen erreicht werden.

Regeln für die Almhaltung

- **Übergangsfütterung im Tal:** Tiere vor dem Auftrieb im Tal bereits langsam auf das Weiden umstellen.
- **Früher Auftrieb:** Wer im Frühling eine Alm früh bestößt, hat im Herbst länger eine grüne Alm. Der Pflanzenbestand wird dadurch positiv gelenkt!
- **Gunstflächen zuerst:** Die günstigen Almflächen innerhalb der Alm nach Möglichkeit zuerst nutzen.
- **Koppelung anstreben:** Durch Koppelwirtschaft, insbesondere zu Beginn der Beweidung, kann die Weide gezielt gesteuert werden, außerdem entwickelt sich der Pflanzenbestand einheitlicher und auch eine Weideruhe kann erreicht werden. In der Regel verbleiben die Tiere eine Woche in der Koppel. Wenn der Weidebestand gut abgegrast ist, wird umgetrieben.
- **Besatzdichte:** Eine hohe Bestoßungsdichte – in Anpassung an die Vegetationsentwicklung – ist anzustreben (à beste Weidepflege).
- **Extensive Flächen:** Hagere Almflächen sind für Tiere mit geringeren Leistungen vorzusehen.
- **Ungünstige Witterung:** Schneefluchtweiden oder einige Heu- oder Silageballen können bei ungünstiger Witterung wertvolle Dienste leisten.
- **Viehsalz und Wasser:** Weidetiere brauchen immer Zugang zu Wasser und Salzlecksteinen.

Welche Flächen können beweidet werden?

Werden Kälber, Jungrinder oder hochträchtige Mutterkühe geweidet, sollten die Weideflächen nicht zu weit vom Hof entfernt sein, um den Zeitbedarf für die Kontrolle der Tiere gering zu halten. Bei Mutterkuhherden bzw. Jungvieh können die Weiden durchaus weiter entfernt sein, sofern Wasserversorgung und Unterstände auf den Flächen vorhanden sind.

Grundsätzlich bestimmen die natürlichen Standortfaktoren wie Klima, Boden, Pflanzenbestand, Hangneigung etc., ob und wie eine Grünlandfläche als Weide genutzt werden kann. Für schwere Tiere (z. B. Kühe) sind je nach Gewicht, Boden und Pflanzenbestand Hangneigungen bis maximal 30–40 % und für Jungrinder bis maximal 50–60 % zur Beweidung geeignet. Unter feuchten Bedingungen ist das Weidemanagement besonders wichtig. Doch spielt ein dichter Bestand an wertvollen Weidegräsern für die Trittfestigkeit eine wesentlich größere Rolle als die Bodenverhältnisse. Ein ausgewogener Weidepflanzenbestand bildet die Basis für geringe Trittschäden und ein gutes Ertragsniveau. Zudem hat auch die Art der Weide einen großen Einfluss auf Trittschäden. So verteilen sich die Tiere bei großflächigen Standweiden relativ gleichmäßig und sind generell ruhiger im Verhalten, wodurch Trittschäden reduziert werden.

Optimalen Pflanzenbestand schaffen

Betriebe, die verstärkt auf die Weide setzen, benötigen dafür Dauerweideflächen. Diese zeichnen sich bei gutem Management durch einen sehr dichten Pflanzenbestand mit hoher Trittstabilität aus und liefern zudem hohe Erträge. Vergleichsuntersuchungen zwischen einer Schnittwiese und einer intensive Dauerweide am Bio-Institut der HBLFA Raumberg-Gumpenstein zeigten, dass die Dauerweide die gleichen Mengenerträge lieferte, jedoch gleichzeitig höhere Energie- und Eiweißerträge bereitstellte.

Umwandlung von Schnittwiesen

Soll eine Schnittwiese in eine Dauerweide umgewandelt werden, befinden sich anfänglich meist noch viele horstförmig wachsende Obergräser (z. B. Knaulgras, Glatthafer oder Wiesenfuchsschwanz) in der Fläche. Bei einer optimalen Weideführung wird der Aufwuchs von den Tieren bis auf eine Tiefe von 3–4 cm verbissen, was zu einem sehr raschen Rückgang der Horstgräser führt. Die dabei entstehenden Lücken (offener Boden) sollten von weidetauglichen Futtergräsern geschlossen werden. Nur wenn die bisherige Schnittwiese einen ausreichend hohen Anteil (über 25 %) solcher Gräser aufweist, werden die Lücken geschlossen. In vielen Fällen sind die wertvollen Weidegräser allerdings in zu geringen Anteilen in der Wiese vorhanden und so werden ohne Übersaat die entstehenden Lücken von unerwünschten Arten besiedelt. Diese Entwicklung führt in weiterer Folge zu einer Verringerung des Ertrags auf der Fläche. Dabei ist nicht die intensive Beweidung an diesem Zustand schuld, sondern das Fehlen der gewünschten Pflanzen.

In der Umstellungsphase (Mähwiese zu Dauerweide) ist es daher sehr ratsam, **begleitende Übersaaten** zu tätigen. Entscheidend für einen langfristigen Erfolg der Übersaat ist die Wahl des richtigen Saatgutes. Dabei ist das Wiesenrispengras das bedeutendste Weidegras in unseren raueren Breiten. Es bildet starke unterirdische Ausläufertriebe und trägt maßgeblich zum Aufbau einer stabilen und dichten Grasnarbe bei. In günstigeren Klimaregionen ist zusätzlich auch das Englische Raygras wichtig. Für raue Lagen bzw. bei extensiver Beweidung auf Hutweiden kann die Mischung mit Kammgras, Straußgras, Wiesenschwingel und Timothe ergänzt werden. Eine zusätzliche Saat von Weißklee ist meist nicht notwendig, da dieser mit oberirdischen Kriechtrieben auf Dauerweiden stark zunimmt. Möchten Betriebe fertige Übersaatmischungen verwenden, sind dafür im Handel Intensivweidemischungen erhältlich, die nur aus den Komponenten Wiesenrispengras, Englisches Raygras und wahlweise Weißklee bestehen.

Günstige Übersaatzeitpunkte sind regional unterschiedlich. Entscheidend sind regelmäßige Niederschläge nach der Saat. In den letzten Jahren traten beispielsweise die Niederschläge hauptsächlich in den Sommermonaten auf. Somit funktionierten Übersaaten nach dem in der Region üblichen 2. Schnitt gut. Die letzten Übersaaten sollten Ende August bzw. Anfang September (in Gunstlagen) gemacht werden. Bei späteren Saaten ist der Entwicklungszeitraum bis zum eintretenden Winter häufig zu kurz.

Neuansaat von Ackerflächen

Wird auf Ackerflächen eine Weidefläche neu angelegt, müssen für das in der Jungendentwicklung sehr konkurrenzschwache Wiesenrispengras bestmögliche Bedingungen geschaffen werden. Erfahrungen aus Bayern haben gezeigt, dass durch eine zeitlich versetzte Ansaat des Wiesenrispengrases ein dichter, ertragreicher Weidepflanzenbestand erreicht werden kann. Folgende Vorgehensweise wird hier empfohlen:

Nach der Sommerfrucht wird ein gut abgesetztes Saatbeet bereitet, ca. 15–20 kg Wiesenrispengras werden oberflächlich ausgebracht und mit einer Profilwalze angedrückt. Die Ansaat sollte keinesfalls später als Ende August vorgenommen werden, da ansonsten die Gefahr des Auswinterns der jungen Keimlinge zu groß ist. Im Frühling erfolgt dann zeitig die Übersaat mit einer Mischung aus Englischem Raygras und Weißklee (8–10 kg Englisches Raygras und 1–2 kg Weißklee). Nach einem Schröpfschnitt sollte die Fläche alsbald beweidet werden, um die Bestockung und Ausläufertriebbildung der Gräser zu fördern.

Bereits bestehendes Ackerfutter kann entweder durch einen kostenintensiveren Umbruch oder aber durch einfache Übersaat in eine Weidefläche umgewandelt werden.

Die passende Weidestrategie für meinen Betrieb

Nur eine betriebs- und standortangepasste Weidestrategie ist langfristig erfolgsversprechend. Jede Weidestrategie hat individuelle Stärken und Schwächen.

Ganztagsweide (20–24 Stunden/Tag)

Bei Ganztagsweide bleiben die Tiere praktisch den ganzen Tag auf der Weide. Bei diesem Verfahren benötigt man pro Tier die größte Weidefläche. Die Vollweidehaltung ist eine besondere Form der Ganztagsweide. Vollweidebetriebe streben eine möglichst kostengünstige Produktion und einen hohen Weidefutteranteil an der Jahresration an. Bei diesen Betrieben ist Ganztagsweidehaltung bei geringer bzw. keiner Ergänzungsfütterung und saisonaler Abkalbung üblich.

In der Rindermast dominieren im Sommer Ganztags- bzw. Vollweidestrategien.

Stunden- (2–6 Stunden/Tag) bzw. Halbtagsweide (7–10 Stunden/Tag)

Bei begrenzter Weidefläche, in Regionen mit hoher Hitze- oder Fliegenbelastung, bei erhöhtem Beobachtungsbedarf, wenn eine gezielte Ergänzungsfütterung und/oder hohe Einzeltierleistungen angestrebt werden, wird üblicherweise auf die Stunden- oder Halbtagsweidehaltung (Tagweide oder Nachtweide) zurückgegriffen. Bei Stundenweidehaltung sollten die Rinder vor allem zum Fressen und nicht zum Liegen auf der Weide sein! Damit fällt auch der größte Teil des Kotes und Harns im Stall an und die Hitze und Fliegenbelastung der Tiere ist gering. Da Rinder in den frühen Morgenstunden bzw. den frühen Abendstunden die Hauptfressaktivität zeigen, sollten sie morgens rasch für zumindest 2–3 Stunden zum Grasen auf die Weide kommen. Bei Dunkelheit, aber auch von 11:00–15:00 Uhr wird bei üblicher Weidehaltung wenig gegrast. Zwei Weidegänge täglich (morgens und abends) sind aus pansenphysiologischer Sicht günstiger als ein einmaliger Weidegang.

Stundenweidebetriebe füttern im Stall die übliche Grundfutterration weiter. Günstig ist, wenn in der Ration auch etwas Heu enthalten ist. Auch Maissilage, sofern vorhanden, hat bei Stunden- und Halbtagsweide eine gute Ergänzungswirkung. Trotz Ergänzungsfütterung sollten Rinder aber generell hungrig auf die Weide getrieben werden – Ausnahme: Weidebeginn im Frühjahr bzw. bei Blähgefahr.

HINWEIS! Kraftfutteranteil

Mit steigendem Weidefutteranteil in der Tagesration kann bzw. muss der Kraftfuttereinsatz reduziert werden. In der Weidezeit kann vor allem auf die Eiweißergänzung verzichtet werden. Je höher der Weidegrasanteil in der Ration ist, desto wichtiger wird bei Einsatz von Kraftfutter, dass dieses vermehrt langsam abbaubare Komponenten (Körnermais, Kleien, Trockenschnitzel etc.) enthält.

Weidesysteme im Vergleich

Das Weidesystem beeinflusst sowohl den Pflanzenbestand, das Ertragspotential, die jahreszeitliche Verteilung des Angebots, die Weideverluste, die Futterqualität, die Futter- und Nährstoffaufnahme als auch die tierische Leistung und den Arbeitszeitbedarf. Daher findet man in der Rinderhaltung auch eine breite Palette von extensiven bis intensiven Weideformen vor.

Eignung von Weideflächen für Produktionssysteme

Weidesystem	Produktionsverfahren
Extensive Standweide	Für trockenstehende Mutterkühe, Mutterkühe mit Kalb (Beifutterstand für Kälber), Aufzucht, Mastrinder ab 300 kg
Kurzrasenweide (intensive Standweide)	Optimal für höherleistende Tiere (säugende Mutterkühe, Rindermast), aber auch in der Aufzucht möglich – nicht geeignet auf extensiven Standorten
Umtriebsweide (Koppelweide)	Mutterkühe säugend bzw. trocken, Rindermast, Aufzucht. Hohe Leistungen werden bei kurzer Besatzdauer und Portionierung erreicht.
Portionsweide	Bei höherleistenden Tiergruppen weit verbreitet – Weideregeln beachten, da sehr sensibles System

Extensive Standweide

Bei der extensiven Standweide sind die Weideflächen in der Vegetation durchgehend bzw. über lange Perioden besetzt. Die Weidefläche ist in keine bis maximal 3 Koppeln unterteilt. Nach Möglichkeit ist zumindest einmal jährlich ein Reinigungsschnitt durchzuführen. Generell ist der Aufwand im Weidemanagement gering. Als Nachteile dieses Systems sind die großen Futterreste (30–40 %), die uneinheitliche Entwicklung des Pflanzenbestandes, das jahreszeitlich unregelmäßige Futterangebot (Menge und Qualität) und die damit verbundenen schwankenden bzw. eingeschränkten tierischen Leistungen anzuführen. Die extensive Standweide ist daher bei entsprechendem Flächenangebot **nur für die extensive Haltung von Mutterkühen** bzw. für die **extensive Mast von Rindern** zu empfehlen.

Extensive Standweide im Burgenland

Wenn möglich sollte eine Koppelung und Rotation (z. B. alle 5–7 Tage) zwischen den Koppeln angestrebt werden.

TIPP! Koppelrotation

Extensive Weiden nach Möglichkeit in Koppeln unterteilen und eine Rotation anstreben (z. B. alle 5–7 Tage). Damit verbessern sich der Pflanzenbestand und der Ertrag! Sie können damit mehr Tiere füttern. Zusätzlich den Tierbesatz im Jahresverlauf an den Futterzuwachs anpassen.

Intensivstandweide (Kurzrasenweide)

Die Intensivstandweidehaltung ist in der Weidemast, aber auch in der Mutterkuh- und Milchviehhaltung möglich. Bei Kurzrasenweidehaltung wird über die gesamte Vegetationsperiode mit hohem Weidedruck gearbeitet. Dabei wird die Weide nicht bzw. in maximal 4 Schläge unterteilt. Die Fläche ist praktisch über die gesamte Weidesaison besetzt. Wenn eine Ruhezeit vorliegt, dann dauert diese nie länger als eine Woche. Es muss so viel nachwachsen, wie die Tiere täg-

Es gibt unterschiedliche Methoden zur Aufwuchshöhenmessung. Die Ergebnisse daraus unterscheiden sich.

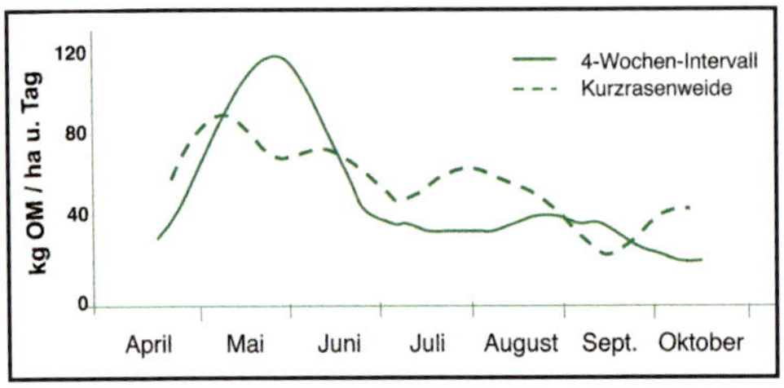

Futterzuwachs bei Kurzrasenweide im Vergleich zur Portionsweide (nach HOLMES, 1989)

Richtwerte zum Tierbesatz je ha bei Kurzrasenweidehaltung (wüchsiger Standort; Angabe in Tiere je ha)

	Weideperiode	
	Hauptwachstumsphase	Zeitiger Frühling bzw. ab Ende August
Mutterkühe (inkl. Jungrinder) – Ganztagsweide	4–5 Kühe/ha	3–1 Kühe/ha
Mutterkühe trocken – Ganztagsweide	5–7 Tiere/ha	3–1 Tiere/ha
Aufzucht-, Mastrind 400-500 kg – Ganztagsweide	8–10 Tiere/ha	5–2 Tiere/ha

Kurzrasenweide-Aufwuchshöhe im Ochsenmastversuch

Im Projekt des Bio-Instituts der HBLFA Raumberg-Gumpenstein wurden insgesamt 24 Fleckvieh-Ochsen von etwa 225–700 kg rein mit Weide- bzw. Grassilagefutter gemästet, über die gesamte Mastperiode wurde konsequent auf Kraftfutter verzichtet. Im Sommer waren die Tiere über zwei Weideperioden über sechs Monate auf Kurzrasenweiden. In der sechsmonatigen Stallfütterungsperiode erhielten sie im Laufstall nur Grassilage, zusätzlich wurde im Stall bzw. auf der Weide Viehsalz und im Stall auch eine Mineralstoffergänzung gefüttert. Mit 700 kg wurden die Tiere geschlachtet und die Schlachtkörper- und Fleischqualität umfassend geprüft.

Für die Beweidung wurden Dauergrünlandflächen mittlerer Bonität herangezogen. Der Pflanzenbestand setzte sich im Mittel aus 14 Flächenprozent Kräuter (überwiegend Kriechender Hahnenfuß), 22 % Leguminosen (überwiegend Weißklee und in geringeren Anteilen Schwedenklee) sowie 64 % Gräser zusammen. Der Flächenprozentanteil der Hauptgräserarten lag bei 31 % für Englisches Raygras und 7 % Wiesenfuchsschwanz. Weiters waren auch die weniger wertvollen Gräserarten Gemeine Rispe (8 %) sowie Rohrglanzgras und Segge mit Flächenprozentanteilen zwischen 1–5 % vertreten.

Drei Aufwuchshöhen – 5, 6,5, 8 cm

Die Kurzrasenweide wurde unterteilt und mit jeweils vier Ochsen pro Jahr in unterschiedlicher Ziel-Aufwuchshöhe (kurz: 5,0; mittel: 6,5; lang: 8,0 cm gemessen mit dem RPM-Aufwuchs-Höhenmessgerät) genutzt. Dazu wurde die Flächengröße im Jahresverlauf entsprechend angepasst. Die Nährstoffgehalte des Weidefutters lagen im Schnitt bei 10,7 MJ ME (6,4 MJ NEL) und 20 % Rohprotein.

Zwischen den Aufwuchshöhengruppen variierte der Nährstoffgehalt nur geringfügig, jedoch nahm die Homogenität der Weidenutzung im Weideverlauf bei Aufwuchshöhen über etwa 7 cm deutlich ab. Ausgewachsene Flächenbereiche mussten daher zumindest einmal pro Jahr mit einem Frontmähwerk mit Hochschnittkufen bei einer Schnitthöhe über 6,5 cm „getoppt" werden. Das abgemähte Futter verblieb dabei auf den Flächen und wurde von den Ochsen – überwiegend am Folgetag – aufgenommen. Bei einem Pflegetermin musste dieses jedoch, wegen der hohen Futterreste, in Teilbereichen abgeführt und kompostiert werden. Die in der Stallperiode eingesetzte Grassilage wies im Schnitt einen Energiegehalt von 9,8 MJ ME (5,8 MJ NEL) und einen Rohproteingehalt von 15 % auf, das Ertragsniveau lag für Bio-Bedingungen mit 7.000 kg auf gutem Niveau.

Tageszunahmen und Flächenleistung

In der **Weideperiode 1** stieg der mittlere Flächenbedarf pro Tier von 0,20 ha in Gruppe „kurz" über 0,25 ha in „mittel" auf 0,33 ha in Gruppe „lang" an (Tabelle). Die Gruppe „kurz" schnitt in den Tageszunahmen mit 726 g deutlich schlechter ab als die Gruppen „mittel" (1.055 g) und „lang" (1.119 g). In der Flächenleistung zeigten sich andere Effekte: Hier waren die Gruppenunterschiede geringer ausgeprägt und es lag die Gruppe „kurz" mit 636 kg LG-Zuwachs/ha numerisch leicht über der Gruppe „lang" mit 614 kg LG-Zuwachs/ha. Die Gruppe „mittel" erzielte mit 740 kg LG-Zuwachs pro Hektar die höchste Flächenleistung.

In der **folgenden Stallperiode 1** zeigten die Tiere der Gruppe „kurz" ein deutliches kompensatorisches Wachstum. Die Tageszunahmen lagen mit 1.014 g wesentlich über den Tieren der Gruppen „mittel" und „lang", welche im Stall tägliche Zunahmen von 841 bzw. 836 g erreichten. Auch im Futter- und Energieaufwand je kg Zuwachs schnitt die Gruppe „kurz" mit 89 MJ ME/kg Zuwachs in der Stallphase deutlich günstiger als die Vergleichsgruppen ab („mittel": 106 MJ; „lang": 111 MJ ME/kg Zuwachs).

In der **Weideperiode 2** unterschied sich die Weidedauer zwischen den Versuchsgruppen, da Ochsen, welche das angestrebte Mastendgewicht von 700 kg erreicht hatten, direkt zur Schlachtung kamen. Numerisch schnitten hier im Tageszuwachs die Ochsen der Gruppe „mittel" am besten ab. In der Flächenleistung fielen die Tiere der Gruppe „lang" mit 333 kg/ha deutlich von jenen der Vergleichsgruppen („mittel": 504 kg; „kurz": 507 kg) ab. Da vier Ochsen der Gruppe „kurz" das Mastendgewicht in der Weideperiode 2 noch nicht erreichten, mussten diese nochmals im Stall für einige Wochen mit Grassilage fertig gemästet werden.

Über den **gesamten Versuchszeitraum** betrachtet lagen, bei einer um etwa 50 Tage längeren Mastdauer in Gruppe „kurz", die Tageszunahmen mit 864 g um 86 bzw. 71 g unter jener der Gruppen „mittel" (950 g) und „lang" (935 g). Der Gesamtflächen- bzw. Weideflächenbedarf je Tier war in der Gruppe „lang" deutlich höher als in den Gruppen „kurz" und „mittel". Im Lebendgewichtszuwachs pro Hektar Futterfläche schnitten die Tiere der Gruppe „lang" deutlich schlechter als die Vergleichsgruppen ab. Der LG-Zuwachs je Hektar ging von 612 kg in Gruppe „kurz" über 606 kg in „mittel" auf 492 kg in Gruppe „lang" zurück.

Mastleistung in den Mastabschnitten, über den gesamten Versuch sowie ausgewählte Schlachtleistung (STEINWIDDER u. Mit. 2019)

Aufwuchshöhe Kurzrasenweide (cm)	Gruppen[1] kurz (5,0)		mittel (6,5)		lang (8,0)	
Weideperiode 1						
Lebendgewicht-Beginn, kg	223		221		223	
Lebendgewicht-Ende, kg	353	b	409	ab	423	a
Tageszunahmen, g	726	b	1.055	a	1.119	a
LG-Zuwachs je Hektar, kg/ha u. Jahr	636		740		614	
Stallperiode 1						
Lebendgewicht-Ende, kg	537		559		582	
Tageszunahmen, g	1 014	a	841	b	836	b
Futteraufnahme, g/kg LG	21,8	a	19,8	ab	18,4	b
Energie-Bedarf je kg Zuwachs, MJ ME/kg	89	b	106,2	a	110,5	a
LG-Zuwachs je Hektar, kg/ha u. Jahr	749	a	625	b	636	b
Weideperiode 2						
Lebendgewicht-Ende, kg	665	b	693	a	693	a
Tageszunahmen, g	806		985		873	
LG-Zuwachs je Hektar, kg/ha u. Jahr	507	a	504	a	333	b
Gesamter Versuch						
Lebendgewicht-Beginn, kg	223		221		226	
Lebendgewicht-Ende, kg	696		693		693	
Tageszunahmen, g	864		950		935	
Alter-Schlachtung, Monate	26,4	a	24,8	b	24,2	b
Gesamtflächenbedarf, ha/Tier	0,74	b	0,78	b	0,92	a
Weideflächenbedarf, ha/Tier	0,46	b	0,54	b	0,69	a
LG-Zuwachs je Hektar, kg/ha u. Jahr	612	a	606	a	492	b
Schlachtleistung						
Schlachtkörpergewicht kalt, kg	366		365		372	
Ausschlachtung kalt, %	52,0	b	53,5	ab	54,3	a
Fleischklasse, Punkte (E = 5, P = 1)	3,2		3,2		3,1	
Fettklasse, Punkte (mager = 1, fett = 5)	2,6		2,6		2,6	

[1] Unterschiedliche Hochbuchstaben weisen auf statistisch gesicherte Gruppenunterschiede hin

Gute Schlachtleistung und Fleischqualität

Vergleichbar mit den Ochsen-Arbeitskreisergebnissen entfielen in der **Schlachtleistung** alle Tiere in der EUROP-Klassifizierung in die Klassen R und U, das Mittel lag bei R+. In der Fettklasse erfüllten alle Tiere die derzeitigen Qualitätskriterien und waren in Klasse 2 oder 3 (Mittel 2,6). Bei der Wahl des Mastendgewichtes muss bei ausschließlichem Grünlandfuttereinsatz beachtet werden, dass für die Erlangung einer guten Fettabdeckung und EUROP-Klassifizierung keine zu frühe Schlachtung (zu geringes Gewicht) erfolgen darf. Die Ergebnisse des Versuchs zeigen auch, dass unter diesen Fütterungsbedingungen der Verdauungstrakt der Tiere stark ausgebildet ist und die Ausschlachtung daher im Vergleich zu intensiveren Bedingungen geringer ist. Vor allem bei den älteren Tieren der Gruppe „kurz" war dieser Effekt am stärksten ausgeprägt. Bei der Grundfuttermast von eher spätreifen Fleckviehochsen sollte daher ein Mastendgewicht von 700 kg nicht wesentlich unterschritten werden.

Bei den **Fleischqualitätsergebnissen** wurden keine wesentlichen Gruppenunterschiede festgestellt. Trotz Verzicht auf Kraftfutter schnitten alle Tiere hier sehr gut ab. Der intramuskuläre Fettgehalt lag mit 3,4 % deutlich über dem für Qualitätsrindfleisch definierten Grenzwert von 2,5–3 %. Dies führte auch zu einer guten Bewertung bei der Verkostung bzw. bei der Scherkraftmessung (Zartheit). Weiters wurde auch ein hoher Anteil an ernährungsphysiologisch erwünschten Fettsäuren im Fleisch festgestellt, was typisch für grünland- und weidefutterbasierte Fütterungssysteme ist. Im Vergleich zu intensiveren Mastverfahren muss bei weidebasierter

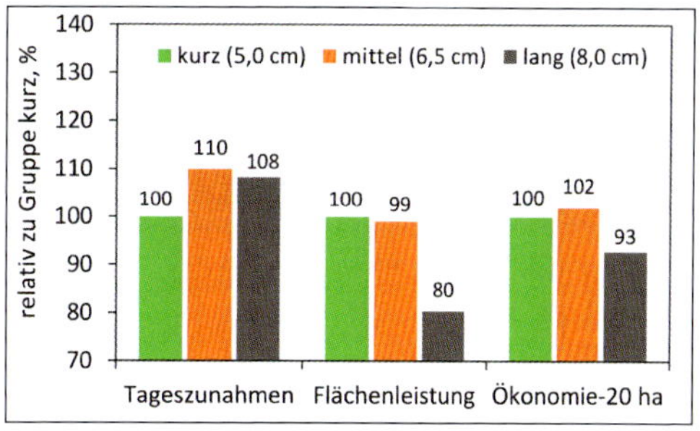

Tageszunahmen-, Flächenleistung- und Ökonomie-Ergebnisse relative zu Gruppe kurz (kurz jeweils 100 % gesetzt)

Rindermast jedoch mit einer etwas dunkleren Fleischfarbe (Bewegungsaktivität) und einem stärkeren Gelbton im Fett (Carotin im Futter) gerechnet werden.

Wirtschaftliche Aspekte

Zur Beurteilung der ökonomischen Effekte wurden die tierindividuellen Leistungsdaten des Versuchs herangezogen. Es wurden sowohl Berechnungen auf Einzeltierebene als auch für einen Betriebszweig mit 20 ha Grünland für die Ochsenmast kalkuliert. Wie die Ergebnisse in der folgenden Tabelle zeigen, schnitt sowohl bei Betrachtung auf Einzeltierebene (ohne Förderungen und Prämien) als auch auf Betriebszweigebene (inklusive Förderungen und Prämien) die Versuchsgruppe „mittel" am günstigsten ab. Die Berechnungen zeigen weiters, dass das derzeitige österreichische Förderungs- und Prämiensystem die Wirtschaftlichkeit deutlich beeinflusst. Bei Auswertung auf Betriebszweigebene und inkl. Förderungen und Prämien verlor die Gruppe „lang" und die Gruppe „kurz" gewann an Konkurrenzkraft. Verantwortlich dafür war der unterschiedliche Tierbesatz pro Hektar und damit die Höhe der tierbezogenen Prämien.

Wirtschaftliche Aspekte (Beispielsbetrieb Stand 2019 in Österreich) je Bio-Ochse bzw. für einen Betriebszweig mit 20 ha Grünland für die Bio-Ochsenmast (STEINWIDDER u. Mit. 2019)

	Gruppe		
Aufwuchshöhe (cm)	kurz (5,0)	mittel (6,5)	lang (8,0)
Pro Bio-Ochse (ohne Förderungen)			
Kosten für Jungochsen, Euro/Tier	931	922	950
Variable Futterkosten, Euro/Tier	249	232	252
Strohkosten, Euro/Tier	79	69	70
Stallplatzkosten, Euro/Tier	84	73	73
Kosten für Flächenpacht, Euro/Tier	223	235	279
Sonst. variable Kosten (Strom, Wasser, Gesundheit...), Euro/Tier	90	90	90
Erlös für Schlachtkörper, Euro/Stück	1.752	1.762	1.817
Differenzbetrag, Euro/Tier	**95**	**139**	**103**
20 ha Betriebszweig Ochsenmast			
Mastdauer, Jahre	1,51	1,37	1,36
Grünland-Flächenbedarf je Masttag, m^2	13,5	15,7	18,7
Grünland-Flächenbedarf je Tier und Jahr, ha	0,49	0,57	0,68
Tierbestand bei 20 ha, N	40,5	34,9	29,2
Verkaufsfähige Tiere pro Jahr bei 20 ha, Anzahl	27,0	25,8	21,6
Differenzbetrag (ohne Förderung + Prämien) **bei 20 ha, Euro**	**2.568**	**3.590**	**2.225**
Förderungen und Prämien ***(20 ha bzw. jeweilige Tieranzahl)***			
Flächenprämie bei 20 ha, Euro	5.820	5.820	5.820
Ausgleichszulage (110 EP) bei 20 ha, Euro	3.890	3.890	3.890
Bio-Prämie bei 20 ha, Euro	4.500	4.500	4.500
Tierschutz-Weideprämie, Euro	1.347	1.161	973
Tierschutz-Stallhaltungsprämie, Euro	2.938	2.534	2.123
Summe Förderungen bei 20 ha, Euro	**18.495**	**17.905**	**17.306**
Differenzbetrag + Förderungen bei 20 ha, Euro	**21.063**	**21.495**	**19.531**

Fazit

Der Versuch zeigt, dass auch bei der Weidemast hohe Einzeltierleistungen (Tageszunahmen) nicht automatisch zu hoher Flächenleistung (kg LG-Zuwachs/ha) führen. Über den gesamten Versuchszeitraum betrachtet wurden die höchsten Flächenleistungen in den Versuchsgruppen „kurz“ und „mittel“ und die höchsten täglichen Einzeltierzunahmen in den Gruppen „mittel“ und „lang“ festgestellt. Extensive Phasen können von gesunden Ochsen und bei ausreichendem Futterangebot später teilweise kompensiert werden. Mit zunehmender Aufwuchshöhe nahmen im Versuch die Homogenität des Pflanzenbestandes ab und damit die Notwendigkeit von Weidepflegemaßnahmen (Futterverluste) zu. Die Ergebnisse zur Schlachtkörper- und Fleischqualität zeigen, dass auch bei Verzicht auf eine Kraftfutterergänzung sehr gute Produktqualitäten erreicht werden können. Entscheidend ist diesbezüglich jedoch, dass das Mastendgewicht bzw. der Schlachttermin auf die Schlachtreife der Tiere bestmöglich abgestimmt wird.

Im Vergleich zu intensiveren Mastverfahren muss bei weidebasierter Rindermast mit einer etwas dunkleren Fleischfarbe, einem stärkeren Gelbton im Fett sowie einer geringeren Ausschlachtung gerechnet werden. Der Anteil an ernährungsphysiologisch erwünschten Fettsäuren ist demgegenüber höher. Unter den derzeitigen wirtschaftlichen Rahmenbedingungen schnitt die Gruppe „mittel“ betriebswirtschaftlich am günstigsten ab, wobei tieranzahlbezogene Prämien bei Weidehaltung Systeme mit hoher Flächenleistung begünstigen.

Aus den Versuchsergebnissen kann bei Kurzrasenweidemast eine Aufwuchshöhe von etwa 6,5 cm (gemessen mit dem Aufwuchshöhenmessgerät) empfohlen werden. Betriebe, die eine hohe Flächenproduktivität anstreben, sollten die Weide etwas darunter und Betriebe, welche hohe Einzeltierleistungen erreichen wollen, etwas darüber führen. Mit steigender Wuchshöhe muss jedoch mit mehr Futterverlusten und Weidepflegebedarf gerechnet werden.

Umtriebsweide (Koppelweide)

Die gesamte Weidefläche wird bei Umtriebsweidehaltung in Koppeln unterteilt, von denen eine Koppel nach der anderen von den Masttieren oder Mutterkühen während einer Besatzzeit von etwa drei bis maximal sieben bis zehn Tagen (Bestoßungsdauer je nach Produktionsverfahren und Leistungszielen) beweidet wird. Bei kurzen Besatzzeiten bzw. Portionierung der Fläche innerhalb der Koppel kann eine hohe und gleichmäßige Futterqualität, Futteraufnahme und damit eine höhere Leistung erreicht werden. Damit ist auch sichergestellt, dass der schmackhafte Blätter-Neuaustrieb nicht gleich wieder von den Rindern gefressen wird. So werden die Pflanzen geschont!

Die tief abgeweideten Koppeln (Restaufwuchshöhe 5 cm) werden nach einer Ruhephase bei einer neuerlichen Weidefutteraufwuchshöhe von 15–20 cm wieder bestoßen oder können auch zur Mahd herangezogen werden (siehe Abbildung). Dazwischen wird die Weidefläche konsequent nicht beweidet (= Ruhephase). Entsprechend dem Graszuwachs variiert die Weideruhedauer zwischen drei und acht Wochen. Es werden daher unterschiedliche Koppelanzahlen im Jahresverlauf benötigt. Im Frühling kann ein Überweiden aller Koppeln und ein langsamer Einstieg in das Koppelsystem empfohlen werden (gleitender Umstieg von Kurzrasenweide auf Koppelweide). Damit soll erreicht werden, dass auch in der letzten Koppel die Grasaufwuchshöhe beim Bestoßen unter 20 cm liegt.

In der Hauptwachstumsphase sind in diesem Fall vier bis sechs Koppeln und im Herbst acht bis zwölf Koppeln erforderlich. Häufig werden im Herbst die Zäune zwischen den Koppeln geöffnet und die Gesamtfläche überweidet. Hohe Restfuttermengen sollten nach Möglichkeit nach der Beweidungsphase durch einen tiefen Reinigungsschnitt entfernt werden.

WICHTIG! Blährisiko

Zu beachten ist, dass beim Koppelsystem das Blährisiko im Vergleich zur Kurzrasenweide erhöht ist. Gefährlich sind die ersten zwei Beweidungstage.

Die Umtriebsweidehaltung verlangt zumindest fünf Koppeln, die möglichst nebeneinanderliegen. Vom ersten Aufwuchs werden etwa 2/3 der Fläche und vom zweiten Aufwuchs etwa 1/3 der Fläche als Winterfutter geerntet. Im Spätsommer und Herbst werden die gesamten Koppelflächen beweidet.

Die optimale Grashöhe vor dem Bestoßen einer neuen Koppel liegt bei 15 bis maximal 20 cm. Wenn diese darüberliegt, sollte portioniert werden. Die Grasaufwuchshöhe nach dem Verlassen sollte unter 6 cm sein!

Beispiel 1							
Koppel 1	Koppel 2	Koppel 3	Koppel 4	Koppel 5	Koppel 6	Koppel 7	Koppel 8
Frühjahrsüberweidung							
1. Aufwuchs							
Weide	Weide	Weide	Mahd	Mahd	Mahd	Mahd	Mahd
2. Aufwuchs							
Weide	Weide	Weide	Weide	Weide	Weide	Mahd	Mahd
3. Aufwuchs							
Weide	Weide	Weide	Weide	Weide	Weide	Weide	Weide

Beispiel 2							
Koppel 1	Koppel 2	Koppel 3	Koppel 4	Koppel 5	Koppel 6	Koppel 7	Koppel 8
Frühjahrsüberweidung							
1. Aufwuchs							
Weide	Weide	Weide	Mahd	Mahd	Mahd	Mahd	Mahd
2. Aufwuchs							
Mahd	Mahd	Mahd	Weide	Weide	Weide	Weide	Weide
3. Aufwuchs							
Weide	Weide	Weide	Weide	Weide	Weide	Weide	Weide

Beispiele für Umtriebsweidesysteme

Richtwerte zur notwendigen Koppelanzahl je nach Beweidungsdauer einer Koppel

	Beweidungsdauer je Koppel	
	6-tägig	10-tägig
Hauptwachstumsphase	3–5 Koppeln	2–3 Koppeln
Ab Ende August	5–8 Koppeln	3–5 Koppeln

Richtwerte zur notwendigen Koppelgröße für zehn Tiere je nach Beweidungsdauer pro Koppel (ha je zehn Tiere der jeweiligen Kategorie)

	Beweidungsdauer je Koppel	
	6-tägig	10-tägig
10 Mutterkühe (inkl. Jungrinder) – Ganztagsweide	0,5 ha	1 ha
10 Mutterkuhe trocken – Ganztagsweide	0,4 ha	0,7 ha
10 Aufzucht- oder Mastrinder (400–500 kg) – Ganztagsweide	0,3 ha	0,6 ha

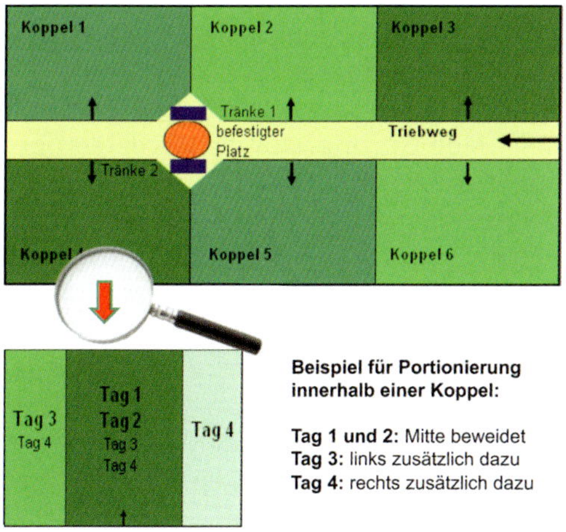

Beispiel für Portionierung innerhalb einer Koppel

Portionsweide (intensive Umtriebsweide)

Der Aufwand an Arbeitszeit und Material ist bei diesem Weideverfahren sehr hoch. Jeden Tag wird den Tieren innerhalb des Schlages zur bisherigen Weidefläche eine neue zusätzliche Weidefläche angeboten. Die Portionsweidehaltung ist nur bei gutem Management sehr leistungsfähig und für Tiere mit hohen Leistungen zu empfehlen.

TIPP! Portionsweide

- Eine bereits abgeweidete Fläche wird nach spätestens vier Tagen nicht mehr überweidet/betreten (Ruhephase)!
- Auch hier sollte die Aufwuchshöhe des Grases bei 15 bis maximal 25 cm liegen!
- Bei Regenperioden sollte aufgrund der Trittschäden nach Möglichkeit auf Portionsweide verzichtet werden.
- Bei Portionsweidehaltung sind die Kühe deutlich unruhiger.

Die Portionsweidehaltung ist bei uns weit verbreitet, wird aber oft sehr schlecht umgesetzt. Abgeweidete Flächen werden über viele Tage überweidet/betreten (Konsequenzen: keine Ruhephase; ständig älter werdendes Futter; Triebwegbildung hin zur letzten Tagesportion, hohe Trittbelastung am Beweidungstag; unruhige Herde). Die Folgen davon haben auch dazu geführt, dass die Weidehaltung über viele Jahre an Bedeutung verloren hat.

Wenn die Umtriebsweidehaltung mit fünf bis acht Koppeln durchgeführt wird, dann kann ein gutes Futterangebot erreicht werden.

Wenn Schnittflächen beweidet werden, dann sollte speziell im Herbst auf die Portionsweide verzichtet werden. Das Risiko für Trittschäden ist hier besonders hoch.

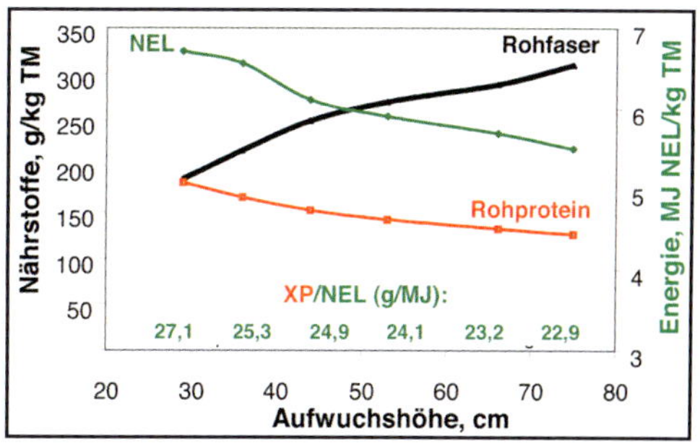

Zusammenhang von Aufwuchshöhe und Nährstoffgehalt des Grünfutters (nach RESCH, 2001)

Weiden, wenn es trocken ist

Die Höhe des Weidepflanzenbestandes beeinflusst Bodenbeschattung, Taubildung, Windgeschwindigkeit, Mikroklima und Wurzelwachstum. Untersuchungen am Bio-Institut der HBLFA Raumberg-Gumpenstein zeigen, dass intensiv genutzte Weidebestände noch immer über eine sehr hohe Wurzelmasse verfügen. Der hauptsächliche Wurzelraum befindet sich jedoch in den oberen 5 cm Boden.

Die **Kurzrasenweide oder intensive Standweide** wird bei einer Aufwuchshöhe zwischen 5 und 7 cm geführt. Dadurch wird ein ungleichmäßiges Grasen vermieden. Wenn aus betrieblichen Gründen trotz Trockenheitsgefährdung die Kurzrasenweide umgesetzt wird, dann sollte in warmen, trockenen Phasen ein etwas höherer Pflanzenbestand und eine Koppelung der Weidefläche in vier bis sechs Koppeln angestrebt werden.

Koppel- und Portionsweiden sollten sowohl beim Auftrieb als auch beim Abtrieb nicht zu kurz geführt werden. Damit geht zwar die Futterqualität und aktuelle Futternutzung zurück, es werden aber auch eine bessere Beschattung, geringere Austrocknung, bessere Wurzelausbildung und eine längere Ruhephase erreicht.

In trockenheitsgefährdeten Perioden sollte der Pflanzenbestand auch bei Kurzrasenweide nicht zu tief geführt werden.

Beim **Mob Grazing** wird die Weide erst bei hoher Wuchshöhe bzw. zu einem späteren Vegetationszeitpunkt mit sehr hohem Tierbesatz genutzt. Am Beweidungstag wird der Pflanzenbestand nur kurzzeitig für wenige Stunden intensiv bestoßen und danach bald abgezäunt. Auch durch die höhere Restaufwuchshöhe (über 7 cm) ist der Boden nach der Beweidung stärker vor der Sonne geschützt. Hinsichtlich Pflanzenarten setzt man bei diesem Verfahren auch vermehrt auf Tiefwurzler. Betriebe im Ackerbaugebiet beweiden mit diesem System oft auch leguminosenbetonte Fruchtfolgeflächen mit eher extensiv geführten Rinderherden. Hier stehen dann oft der Humusaufbau und die Düngerrücklieferung über die Rinder im Vordergrund.

Ursprünglich kommt Mob Grazing aus Afrika (Südafrika, Zimbabwe), wo man sich die

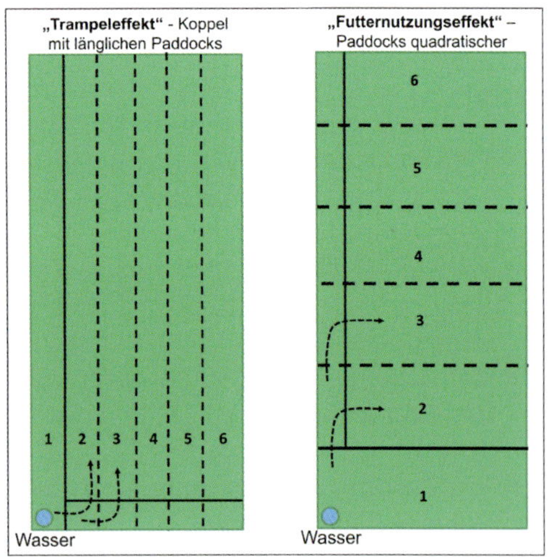

Mehrmals täglich wird ein neuer Streifen freigegeben, die Paddock-Form innerhalb der Koppel führt zu unterschiedlichen Effekten auf der Mob Grazing Fläche.

riesigen, umherziehenden Wildtierherden als Vorbild genommen hat. Diese Herden (auch Bisonherden in Nordamerika) versucht man mit extrem hohen Besatzdichten und kurzer Nutzungsdauer nachzuahmen. Meist spricht man von Mob Grazing ab einer Besatzdichte von 100.000 lbs/acre (= 111 t/ha) – jedoch nur für wenige Stunden durch mehrmaliges Umtreiben. Es ist eine Weidestrategie, die verwendet werden kann, um Humus aufzubauen (Trampeleffekt) bzw. um Unkraut, Büsche zurückzudrängen und effizienter zu weiden. Die Besatzdichten und Rastzeiten sind variabel und sollten auch immer an den Standort angepasst werden (Winter, 2019).

Je nach Weideflächen-Layout können beim Mob Grazing unterschiedliche Ziele verfolgt werden, z. B.:

- Weiden ohne Futterselektion effizienter zu nutzen (hohe Besatzdichten);
- Flächen gleichmäßig zu düngen (hohe Besatzdichten);
- mit einem Trampeleffekt Humusaufbau zu betreiben (Herdeneffekt);
- Weiden auf Trockenheit vorzubereiten (Rastzeit, Aufwuchshöhe);
- Unkraut/Büsche zurückzudrängen (Herdeneffekt).

Dabei entscheidet das verwendete Layout der abgezäunten Futterflächen, wie sich die Tiere verhalten und welche Ziele erreicht werden können. Lange und schmale Futterflächen führen eher zu einem Trampeleffekt, während quadratische Flächen eher zu gleichmäßiger Beweidung führen und kombiniert mit der hohen Besatzdichte die Futterselektion und -verschwendung auf ein Minimum reduziert werden kann. Im Fokus steht dabei allerdings immer die Pflanzenphysiologie. Erst bei hoher Wuchshöhe bzw. späterem Vegetationszeitpunkt (über 20 cm) wird beweidet, somit steht den Weidepflanzen mehr Zeit für das Wurzelwachstum zur Verfügung und ein entstehendes Mikroklima hilft Wasser zu sparen. Um den höheren Aufwuchs auch gut nützen zu können, bestoßen Weidetiere in sehr hohen Besatzdichten den Bestand intensiv, aber nur kurzzeitig für wenige Stunden. Danach wird bald abgezäunt, um den Wiederaufwuchs zu schonen (oft schon am selben Tag, spätestens nach drei Tagen). Die höhere Restaufwuchshöhe (über 7 cm) hilft dem Aufwuchs ebenfalls, da der Boden nach der Beweidung stärker vor der Sonne geschützt ist. Erneut beweidet wird erst wieder, wenn genügend Rastzeit (entsprechende Wuchshöhe je nach Pflanzenbestand) eingehalten wurde. Die Besatzdichten und Rastzeiten sind variabel und müssen auch immer an das Pflanzenwachstum und den Standort angepasst werden (Winter, 2019).

Mob Grazing ist eine Weidestrategie, die sich mit folgenden Punkten erklären lässt:

- Sehr hohe Besatzdichte
- Herdeneffekt/Herdenverhalten
- Kurze Beweidungsdauer
- Längere Rastzeit
- Hoher Aufwuchs

Beim Mob Grazing wird die Weide erst bei hoher Wuchshöhe, mit sehr hohem Tierbesatz und nur kurzzeitig für wenige Stunden intensiv bestoßen, danach wird bald abgezäunt und besteht Ruhe für den Pflanzenbestand (Sunnybrae Acres-Familie Dennis in Wawota, Saskatchewan, Kanada; Fotoquelle WINTER, 2019)

Erfahrungsgemäß reicht auch der Selengehalt im Futter in manchen Grünlandgebieten nicht zur Bedarfsdeckung aus. Insbesondere auf feuchten Standorten mit geringem pH-Wert und/oder auf humusreichen (Moor-) Böden weist das Grünlandfutter oft geringe Selengehalte auf. Vor allem in Mutterkuhbetrieben sollte daher der Selengehalt im Mineralfutter mindestens 30–50 mg/kg betragen. Besonders wichtig ist eine ausreichende Selenversorgung in den letzten beiden Trächtigkeitsmonaten.

TIPP! Lecksteine

Salzlecksteine und Minerallecksteine werden am besten in der Nähe der Wasserstellen angebracht und vor Regen geschützt.

Herbstweide

Die Futterqualität intensiv nutzbarer Weidestandorte ist auch im Herbst noch gut. Das Weidefutter weist aber im Herbst eine geringe Strukturwirksamkeit auf und der Eiweißgehalt ist hoch. Eine Ergänzung mit Heu, Silage oder qualitativ gutem Futterstroh (extensive Produktionsverfahren) ist im Spätherbst zu empfehlen und verbessert auch die Futterumstellung auf die Winterration. Von Frösten bzw. von Reif geschädigtes Weidefutter wird von den Tieren nicht gerne aufgenommen, zusätzlich kann dieses Futter bei hastiger Futteraufnahme (z. B. nach dem Austrieb) zu Verdauungsstörungen und Blähungen führen. Der Futterbestand sollte in einer Höhe von etwa 5 cm (Fausthöhe) in den Winter gehen. Auf Parzellen, die im Frühling zeitig bestoßen werden, sollte im Herbst das Weiden früher eingestellt werden.

TIPP! Schonendes Weiden

Boden- und pflanzenschonendes Weiden ist im Herbst besonders wichtig – auf Portionsweidehaltung daher nach Möglichkeit verzichten.

Tiergesundheit – vorbeugende Weidemaßnahmen

Blähungen

Bei Weidehaltung kann es zu Blähungen kommen. Zur schaumigen Gärung führen vor allem Pflanzeninhaltsstoffe aus frischem Raps, Luzerne, Rotklee, Fallobst oder üppigem Grünfutter. Die schaumige Gärung tritt dann ein, wenn rohfaserarme und stark wasserhaltige Futtermittel bei der Aufnahme nicht genügend eingespeichelt werden. Besonders gefährlich sind Kleeweiden vor der Blüte. Folgende Faktoren erhöhen das Weideblährisiko:

- Ein unvorbereiteter Weidebeginn im Frühling
- Ein hoher Kleeanteil im Weidebestand (über etwa 30 %)
- Hoher Zucker- und Eiweißgehalt in jungem Futter
- Bestoßung frischer Weiden
- Weidephasen nach Trockenperioden und folgendem intensiven Graswachstum
- Tage, an denen die Rinder hastig fressen (späterer Austrieb, neue Koppel), zeitlich begrenztes Weiden
- Bei Koppel- und Portionsweide höheres Risiko als bei Kurzrasenweide
- Frostiges Futter

Je mehr der oben angeführten Faktoren zusammenfallen, desto höher wird das Blährisiko! Daher gilt es, durch verschiedene Maßnahmen (Umstellung des Weidesystems, Heufütterung im Stall, höherer Gräseranteil in der Weide etc.) das Blährisiko auf ein Mi-

Bei Weidehaltung kann es zu Blähungen kommen. Zur schaumigen Gärung führen vor allem Pflanzeninhaltsstoffe aus frischem Raps, Luzerne, Klee, Fallobst oder üppigem Grünfutter.

Tagsüber muss den Tieren ein schattiger Weideunterstand (Stall, Unterstand oder auch Busch- und Randzonen von Wäldern) angeboten werden.

nimum zu reduzieren. Zusätzlich kann in kritischen Zeiten durch den vorbeugenden Einsatz von Heu oder Anti-Blähmitteln das Blährisiko verringert werden.

Schattenplätze

Rinder fühlen sich bei sehr hohen Umgebungstemperaturen und direkter Sonnenbestrahlung nicht wohl. Hitze und hohe Luftfeuchtigkeit veranlassen die Tiere, Weideperioden vermehrt in die Morgen- und Abendstunden zu verlegen. Tagsüber muss den Tieren ein schattiger Weideunterstand (Stall, Unterstand oder auch Busch- und Randzonen von Wäldern) angeboten werden.

Fliegenbelastung verursacht Stress

In den Sommermonaten ist vor allem in den Mittagsstunden mit einer hohen Fliegenbelastung zu rechnen. Dadurch kommt es zu mehr Unruhe auf der Weide. Die Tiere fressen und liegen weniger und sind einem erhöhten Stress ausgesetzt. Auf hofnahen Flächen kann die Einstallung der Tiere bei großer Hitze und Fliegenbelastung während der Mittagsstunden hilfreich sein. Bei massiver Belastung können Fliegenschutzpräparate („pour on" bzw. „Ohrclips") zusätzlich eine Entlastung für das Tier schaffen – Bio-Einsatzbeschränkungen und die Wirkungsdauer sind zu beachten.

Im Stall kann eine kostengünstige Berieselung mit feinsten Wassertropfen für Abkühlung und weniger Stress durch Fliegen (auch bei der Melkarbeit) sorgen. Zu beachten ist dabei jedoch, dass mit steigender Luftfeuchtigkeit das Hitzestresspotential (THI) zunimmt. In Untersuchungen am Bio-Institut der HBLFA Raumberg-Gumpenstein zeigten biotaugliche Aufsprühmischungen (Wasser/Pflanzenextrakte/Lauge) zwar keine vollständige Fliegenreduktion, aber doch deutlich weniger Fliegenbelastung (30–50 %).

Parasiten und Blutharnen

Um eine hohe Parasitenbelastung zu vermeiden, ist es zuerst einmal wichtig, einen Überbesatz zu vermeiden (Durchschnittsbestand nicht über 2 GVE/ha und Jahr). Weiters sollen künstliche Tränken angelegt werden. Speziell um den Befall mit Leberegeln zu unterbinden, ist es notwendig, dass Feuchtstellen und Tümpel im Umkreis von 2 m ausgezäunt werden. Ein Wechsel zwischen Schnitt- und Mähnutzung ist hinsichtlich des Parasitendrucks günstiger. Wenn Jungtiere älteren Tieren auf Weideflächen folgen, nimmt das Parasitenrisiko zu. Jungtiere sollten daher nach Möglichkeit im Frühling nicht auf Herbstweideflächen kommen.

Schlechte Leistungen, struppiges Haarkleid, blutige Durchfälle, Nasenausfluss,

Husten und Lungenentzündungen können von Parasiten ausgelöst werden. Eine Kontrolle des Parasitenbefalls der Weidetiere zur Erhaltung der Tiergesundheit ist unabdingbar. Es ist sinnvoll, in regelmäßigen Abständen Kotproben auf ausgeschiedene Eier zu untersuchen. Bei hohem Infektionsdruck kann es notwendig sein, einen langfristigen Behandlungsplan zusammen mit dem Hoftierarzt zu erstellen.

Besonderes Augenmerk ist auf den Befall mit **Lungenwürmern** zu legen (beginnt mit vermehrtem Husten und beschleunigter Atmung). Tiere, die sich schon einmal infiziert haben, bilden eine Immunität aus, die aber nur durch Aufnahme von einer geringen Anzahl von Lungenwürmern weiter aufrechterhalten wird. Empfängliche Milchrinder dagegen erkranken hochakut, sodass eine Behandlung notwendig ist. Die Ausheilung dauert sehr lange. Eine feuchtwarme Witterung und feuchte Weiden begünstigen den Lungenwurmbefall.

Die **Babesien**, die das Blutharnen verursachen, werden durch Zecken übertragen. Zur Erkrankung kann es kommen, wenn Jungtiere über einem Alter von neun Monaten von infizierten Zecken befallen werden. Jungtiere bis zu einem Alter von neun Monaten sind durch eine Jugendresistenz vor der Erkrankung geschützt. Die ausgebildete Immunität schützt sie in den folgenden Lebensjahren. In bekannten Babesiengebieten ist die wichtigste Maßnahme das Fernhalten empfänglicher Tiere von den Zeckenhabitaten (Ränder von Weiden) bzw. das Weiden bereits der Jungrinder (zur Immunitätsausbildung).

Klauenpflege

Gesunde Klauen sind die Voraussetzung, dass auf der Weide ausreichend Futter aufgenommen werden kann. Drei bis vier Wochen vor Weidebeginn sollten die Klauen der Rinder überprüft und bei Bedarf einer funktionellen Klauenpflege unterzogen werden.

Zaunbau, Triebwege und Wasserversorgung

Elektrozäune sind preiswert und einfach auf- und abzubauen. Sie haben sich bei Koppelweiden durchgesetzt, werden aber auch bei Standweiden erfolgreich eingesetzt. Der Elektrozaun funktioniert nur, weil Rinder „schlau" sind. Sobald die abschreckenden Stromschläge beim Berühren des Zauns einmal erlebt wurden, respektieren die Tiere den Zaun als Grenze und vermeiden jeden weiteren Kontakt. Dieses Verhalten muss von den Tieren aber erlernt werden, am besten bereits als junges Kalb. Aber auch erwachsende Rinder können an den Elektrozaun gewöhnt werden. Der erste Weideaustrieb sollte im Frühling auf sehr gut eingezäunte und möglichst große Flächen erfolgen.

Der Stromkreislauf eines Elektrozauns wird durch den Kontakt mit dem Tier geschlossen, deshalb müssen Elektrozäune nicht ringförmig geschlossen errichtet werden, sondern können auch beliebig enden.

Wenn Rinder noch keinen Elektrozaun kennen, ist es wichtig, ihnen Zeit dafür zu geben. Am besten funktioniert das in einem fix eingezäunten Bereich (Auslauf etc.) mit einem gut sichtbaren Elektroband.

TIPP! Erdung

Eine häufige Fehlerquelle bei E-Zäunen ist die mangelhafte Erdung. Sie sollte ausreichend dimensioniert und tief im (feuchten) Boden verankert sein, damit der Strom durch das Erdreich zurückfließen kann.

Fangstände und Verladeeinrichtungen

Bei stallfernen Weiden sind Fang- und Verladeeinrichtungen von Vorteil. Je nach Notwendigkeit kann der Fangstand auch als Behandlungsstand verwendet werden.

Rinder werden, je extensiver sie gehalten werden, auch natürlicher in ihrem Verhalten. Das heißt, sie reagieren auf jede Einengung und Einschränkung ihrer Freiheit mit Panik und Fluchtverhalten. Fang- oder Verladeeinrichtungen müssen daher massiv ausgeführt sein. Wie Wildtiere aufwachsende Kälber verhalten sich auch im weiteren Leben so. Deshalb sind die Betreuung und die Beobachtung der Tiere besonders wichtig. Verladerampen sind ebenfalls notwendig, um den Transport von Rindern möglichst stressfrei für Tier und Mensch zu gestalten.

Wasserversorgung ist wichtig

Weidetiere müssen ständig Zugang zu sauberem Wasser haben. Wassermangel oder verschmutztes Wasser führen zu einer schlechteren Futteraufnahme, erhöhen den Stress der Tiere und belasten den Stoffwechsel sowie die Tiergesundheit. So wurden bei einer Praxiserhebung in Deutschland erhöhte Zellzahlen auf Weidebetrieben festgestellt, wenn eine nicht ausreichende Wasserversorgung (oder Wasserqualität) bzw. ein zu großer Abstand zwischen Liegeflächen und Tränkestellen gegeben war.

Richtwerte für den Wasserbedarf auf der Weide (l pro Tier und Tag)

	Durchschnitt	Maximalwert
Mutterkühe	50	100–120
Kalbinnen über 1 Jahr	25	70

Je höher die Leistung, desto kürzere Wege zur Wasserstelle sind anzustreben. Sehr wichtig ist eine **ausreichende Anzahl von Tränkern** (zumindest zwei) bzw. eine entsprechende Länge des Troges mit einem hohen Wasser-

Wasserversorgung – Der Schlauch wird flachgründig mit Hilfe des „Maulwurf-Pflugs“ eingelegt.

zufluss. Bei zu wenigen Tränkemöglichkeiten nehmen rangniedrige Tiere zu geringe Wassermengen auf! **Wassertemperaturen unter 15 °C** sind anzustreben. Hohe Temperaturen im Sommer liefern Schadkeimen beste Wachstumsbedingungen. Das macht eine häufige Erneuerung des Tränkewassers (Fässer) bzw. Reinigung der Tränken im Abstand von ein bis zwei Tagen notwendig. Verschmutztes Wasser darf nicht angeboten werden. Auch feuchte Tränkestellen erhöhen das Parasiten- und Krankheitsrisiko.

Günstige Versorgungseinrichtungen stellen einfache Trinkwasserringleitungen, Quellfassungen, Weidebrunnen sowie Wasserfässer mit Tränkebecken dar. Weidepumpen müssen ausreichend dimensioniert sein, um längere Wartezeiten an der Tränke zu vermeiden. Um Boden- und Narbenschäden sowie Morastbildung im stark frequentierten Tränkebereich zu vermeiden, sollten die Versorgungseinrichtungen versetzbar sein oder wasserdurchlässig befestigt werden.

TIPP! Verteilung der Tränken

Durch strategisches Anbringen der Tränkestellen kann die Kot- und Harnverteilung gelenkt werden. Mehrere Tränkestellen an den Eckpunkten (und nicht unbedingt an der Weideeintriebsstelle) sind günstig. Damit zieht man insbesondere bei Standweiden (Kurzrasenweide) die Kühe auseinander.

Leitfaden für den Einstieg in die Weide

Wer einmal mit der professionellen Weidehaltung begonnen hat, will ihre Vorteile nicht mehr missen. Neueinsteiger in die Weide müssen jedoch gezielt vorgehen! Die folgende Checkliste soll den Einstieg erleichtern, sie fasst wichtige Ansatzpunkte und Tipps zum Weideeinstieg zusammen.

Maßnahmen	Wichtige Punkte
1. Flächeneignung prüfen	Boden, Steilheit, Wasserbedingungen, Erreichbarkeit etc.
2. Weidepflanzenbestand prüfen/aufbauen	Wiesenrispe, Engl. Raygras, Weißklee, Lücken etc.; Übersaat, Neuansaat
3. Weidestrategie festlegen	Stundenweide, Halbtagsweide, Ganztagsweide, Vollweide
4. Weidesystem auswählen	Kurzrasenweide, Koppelweide, Portionsweide, Standweide; Mob Grazing, Dauerweide, Mähweide
5. Weidetechnik zeitgerecht planen und umsetzen	Zaunbau, Wasser, Schattenplätze, Triebwege, Weidemelkstand, Verladeeinrichtungen etc.
6. Tiere auf Weide vorbereiten	Fütterung; Verhalten – Angewöhnung an Zaun etc.
7. Fütterungsstrategie fixieren	Ergänzungsfütterung, Grundfutter, Kraftfutter, Mineralstoffe
8. Weideführung, Düngung und Weidepflege beachten	Steuerung des Weidesystems; Düngung der Weiden; Weidepflege
9. Tiergesundheitsaspekte bei Weide beachten	Blähungen, Parasiten, Hitze, Euterpflege, Lästlinge
10. Verknüpfung mit Vermarktungsstrategien	Zusatzerlöse, Zusatznutzen, Direktvermarktung; Weidetiere als Werbeträger

Grünfütterung im Stall

Ist aus betrieblichen Gründen Weidehaltung nur bedingt möglich, lassen sich mit Grünfütterung Kosten sparen und Vorteile des Frischfutters nutzen. Im Vergleich zur Silierung und Heubereitung sind bei kosten- und arbeitszeiteffizienter Grünfütterung die Futterkosten um etwa 30–50 % günstiger. Grünfutter ist bei optimaler Nutzung, Ernte und Zuteilung darüber hinaus ebenfalls eiweiß- und zuckerreich, enthält viele Vitamine und wertvolle Fettsäuren, kein fermentiertes Eiweiß und liegt im Energiegehalt sehr gut.

Vor allem Wechselwiesen und leguminosenreiche Pflanzenbestände eignen sich gut zum Eingrasen. Diese erhöhen die Schmackhaftigkeit und durch die Luftstickstoffbindung über die Knöllchenbakterien die Nährstoffbilanz am Betrieb positiv. Darüber hinaus sind Leguminosen wegen ihrer Pfahlwurzeln auch trockenheitstoleranter als Gräser. Bei der Grünfütterung treten auch keine Bröckelverluste auf. Dies betrifft insbesondere Leguminosen, Heubetriebe füttern daher oft die leguminosenreichen Kulturen grün. Im Vergleich zur Weidehaltung sind bei Grünfütterung zwar die Futterkosten je kg TM um etwa 60–90 % höher, dafür können auch Betriebe mit eingeschränkten arrondierten Flächen die Vorteile der Frischfütterung nutzen.

Sauber arbeiten

Grundsätzlich muss auf eine möglichst saubere Ernte geachtet werden. Verschmutztes Grünfutter erhöht das Durchfallrisiko. Wichtig ist, dass ein nicht zu tiefer Schnitt (über 6–8 cm) und eine möglichst nicht zu tief kratzende Futteraufnahme erfolgt. Bei Regenperioden stellt sowohl die Vermeidung von Futterverschmutzungen als auch von Bodenverdichtungen eine große Herausforderung dar. Teilweise mähen Betriebe in Starkregenphasen besser befahrbare Ausweichflächen bei hoher Mähwerkeinstellung, reduzieren an diesen Tagen gleichzeitig die Grünfuttererntemenge und legen mehr Ergänzungsfutter vor.

Da für das Eingrasen je nach Betriebssituation täglich zwischen 15 und 45 Minuten aufgewendet werden müssen, ist eine effiziente, saubere, aber gleichzeitig nicht zu schwere Erntetechnik anzustreben. Frontmähwerk-Ladewagenkombinationen sind weit verbreitet, Fingermähwerke bringen das sauberste Grünfutter.

Grünfutter ist feucht

Da Grünfutter zu 75–85 % aus Wasser besteht, muss viel Gewicht bewegt werden. Daher sollten die Vorlage und eventuell auch das Nachschieben am Futtertisch so gelöst werden,

Im Vergleich zur Silierung und Heubereitung sind bei kosten- und arbeitszeiteffizienter Grünfütterung die Futterkosten um etwa 30–50 % günstiger.

Grünfutter besteht zu 75–85 % aus Wasser. Daher sollten die Vorlage und eventuell auch das Nachschieben am Futtertisch so gelöst werden, dass möglichst wenig Handarbeit anfällt.

dass möglichst wenig Handarbeit anfällt. Das Futter ist auch sehr voluminös, sodass bei hohen Grünfutterrationsanteilen eine einmalige Vorlage für die Rinder nicht ausreicht.

Die Erwärmung von Grünfutter bei der Vorlage ist ungünstig, da sie zu Energieverlusten führt und auch die Verdauung negativ beeinflussen kann. Daher sollte das Grünfutter bald abgeladen, nach Möglichkeit ausgebreitet und möglichst kühl gelagert werden.

Grundsätzlich kann Grünfutter auch über Mischrationen vorgelegt werden. Dabei ist die Reihenfolge des Einmischens wichtig. Grünfutter wird als letzte Komponente in den (Vertikal-)Mischer gegeben, danach wird die Ration nur mehr kurz gemischt. Maissilage und Grünfutter lassen sich gut kombinieren.

Im Vergleich zur Weide-Grünfutteraufnahme fressen hungrige Tiere im Stall Grünfutter oft sehr hastig und größere Mengen in kurzer Zeit. Dadurch kann es zu unerwünschten stärkeren Schwankungen im Pansenstoffwechsel kommen, denn Grünfutter ist zuckerreich und weniger strukturwirksam. Wenn Rinder vor der Grünfütterung bereits einen Teil des Ergänzungsgrundfutters erhalten, sind sie ruhiger. Bei Laufställen ist auf ausreichende Fressplätze zu achten.

Kraftfutter anpassen

Hohe Grünfutteranteile in der Ration schließen aufgrund des Zuckergehalts und der geringeren Strukturwirksamkeit den Einsatz hoher Kraftfuttermengen aus. Generell sollte bei hohen Grünfuttergaben und Kraftfuttereinsatz vermehrt auf pansenschonende Komponenten wie Mais, Kleie oder Trockenschnitzel geachtet werden.

Auf Qualität achten

Eine besondere Kunst ist es, die Qualität des Grünfutters über Wochen hinweg durch geschickte Flächennutzung möglichst konstant zu halten. Sehr kurz geerntetes Grünfutter (unter 15 cm) wird zwar gerne gefressen, ist aber vor allem bei hohen Einsatzmengen und hastiger Aufnahme für den Pansen oft belastend. Aufwuchshöhen über 30–35 cm sind demgegenüber für höherleistende Tiere aufgrund des fortgeschrittenen Vegetationsstadiums nur mehr bedingt geeignet. Vorübergehend könnte man durch eine höhere Schnittführung etwas gegensteuern. Eine Ergänzung der Ration mit Natrium (Viehsalz) von zumindest 15–30 g pro Tier und Tag ist auch bei Grünfütterung notwendig. Im Frühjahr kann bei raschem Wachstum eine magnesiumreiche Mineralstoffmischung notwendig sein. In den letzten zwei bis drei Wochen vor der Abkalbung sollte nicht zu viel Grünfutter vorgelegt werden, denn die hohen Kalium- und Calciumgehalte erhöhen das Milchfieberrisiko. Zur Vermeidung von Parasitenbelastungen sollte in der Düngung der Grünfutterflächen auf Frischmist verzichtet werden.

Langsam Ration wechseln

Vielfältige, aber möglichst konstante Rationen über längere Zeiträume erhöhen die Futteraufnahme. Zu Beginn der Grünfütterung muss daher dessen Anteil an der Ration über mehrere Tage langsam gesteigert werden. Wenn die Rinder auf Grünfutter umgestellt sind, dann sollte die Grünfütterung über die Sommerperiode möglichst gleichmäßig beibehalten und im Herbst wieder langsam reduziert werden.

Erfolgreich grün füttern

- **Rasche Futterwechsel verursachen Pansenprobleme:** Zu Beginn der Vegetationszeit Grasanteil in der Futterration langsam steigern; bei längeren Schlechtwetterphasen wenn möglich weiter eingrasen.
- **Gras hat einen hohen Zucker- und Eiweißanteil:** Kraftfutter während des Eingrasens reduzieren.

- **Gras möglichst frisch verfüttern:** Futtererwärmung führt zu Energieverlust und belastet die Verdauung, Gras bis zum Verfüttern möglichst kühl lagern. Beim Lagern etwas ausbreiten, damit es nicht erwärmt.
- **Auf richtige Aufwuchshöhe achten:** Zu kurzes Gras wird zu schnell gefressen, zu langes Gras eignet sich nicht für höherleistende Tiere.
- **Ruhiges Fressen ermöglichen:** Hastiges Fressen wirkt sich negativ auf die Verdauung aus. Bei Laufstallhaltung sollte jedes Tier einen eigenen Fressplatz haben, damit es genügend Zeit zum Fressen hat. Vor der Grünfütterung bereits etwas Heu oder Silage geben.
- **Viehsalz und Mineralstoffmischung nicht vergessen.**
- **Bei Futterwerbung auf Hygiene achten, verschmutztes Futter führt zu Durchfall:** Nur sauberes Gras füttern, nicht zu tief mähen, Rottemist statt Festmist ausbringen, Kothaufen verreiben und lückige Bestände nachsäen.
- **Beim Eingrasen keine zu schweren Maschinen verwenden:** Sie verletzten bei feuchter Witterung die Grasnarbe und führen zu Bodenverdichtungen.

Qualitätsrindfleisch ohne bzw. mit wenig Kraftfutter

Kraftfutter zählt zu den teuersten Futterkomponenten und wird von Wiederkäuern im Vergleich zu Hühnern und Schweinen – oder der direkten Verwendung durch den Menschen – auch nicht sehr effizient verwertet. Es ist zu erwarten, dass zukünftig Ackerflächen knapp werden (Bevölkerungsanstieg, Klimawandel, Energieflächen etc.) und Kraftfutter weiterhin hochpreisig bleibt. Es ist daher nicht nur ökologisch, sondern auch ökonomisch sinnvoll, mit möglichst wenig hochwertigem Kraftfutter auszukommen. Demgegenüber ist der Einsatz von strukturkohlenhydratreichen Kraftfutterkomponenten bei Wiederkäuern durchaus sinnvoll.

In der Rindfleischerzeugung stellt vor allem die ausreichende Fetteinlagerung in das Muskelgewebe, bei nicht zu hohem Schlachtalter, unter extensiveren Fütterungsbedingungen eine große Herausforderung dar. Um dies zu erreichen, müssen im „Gesamtsystem" mehrere wichtige Faktoren gut aufeinander abgestimmt werden:

- Eine wichtige Basis, den Kraftfutteraufwand zu minimieren, stellt die Fütterung der Tiere mit qualitativ hochwertigem Grundfutter in ausreichender Menge dar.
- Wenn Kraftfutter eingesetzt wird, dann sollte dies nur in Phasen erfolgen, wo auch eine hohe Effizienz gegeben ist. Dies ist in der Jugend, in der Ausmast und nach extensiven Fütterungsphasen gegeben.
- Darüber hinaus muss unter extensiveren Fütterungsbedingungen zur Erzielung einer hohen Rindfleischqualität („Qualität im engeren Sinn" wie Zartheit, Saftigkeit etc.) die Rasse/Kreuzung/Linie optimal auf die Futtergrundlage abgestimmt werden. Je extensiver die Bedingungen sind, desto bedeutender werden frühreife Rassen oder Kreuzungen mit diesen Rassen. Weiters muss auch das Mastendgewicht optimal auf die Schlachtreife (Fettabdeckung etc.) abgestimmt werden.
- In der Mutterkuhhaltung sollte kein Kraftfutter an die Kühe gefüttert werden. Versuche zeigen, dass bei saisonaler Abkalbung, gutem Milchleistungspotential der Kühe bzw. hoher Grundfutterqualität auch säugende Jungrinder kein bzw. nur sehr wenig Kraftfutter benötigen.
- Hinsichtlich der Kategorie (Geschlecht) stellt der Maststier die höchsten und der Ochse und insbesondere die Kalbin die geringsten Ansprüche an die Intensität der Fütterung.

- Darüber hinaus ist das Produktionsverfahren (Jungrind, Einsteller, Ochse, Kalbin) auch auf die Betriebs- und Vermarktungsgegebenheiten abzustimmen.

Herausforderungen ergeben sich in diesem Zusammenhang nicht nur für die Landwirte, sondern auch für die Vermarkter. Veränderungen in der Schlachtkörperzusammensetzung (Teilstückgröße, Klassifizierung) und in Bereichen sogenannter Fleischqualitätsparameter (Farbe von Fleisch und Fett etc.) sind bei verstärktem Einsatz von frühreiferen Rassen/Kreuzungen zu erwarten.

Beispiel zur Ochsenmast ohne Kraftfutter

In einem Forschungsprojekt der HBLFA Raumberg-Gumpenstein wurde im Bio-Institut geprüft, ob in der gesamten Ochsenmast auch vollständig auf Kraftfutter verzichtet werden kann (STEINWIDDER u. Mit., 2019). Im Projekt wurden insgesamt 24 Fleckviehochsen von 225–700 kg gemästet. Im Sommer waren die Tiere über zwei Weideperioden über sechs Monate auf Kurzrasenweiden. In der sechsmonatigen Stallfütterungsperiode erhielten sie im Laufstall nur Grassilage, zusätzlich wurde im Stall bzw. auf der Weide Viehsalz und im Stall auch eine Mineralstoffergänzung gefüttert. Mit 700 kg wurden die Tiere geschlachtet und die Schlachtkörper- und Fleischqualität umfassend geprüft. Für die Beweidung wurden Dauergrünlandflächen mittlerer Bonität herangezogen, welche in den Vorversuchsjahren als Schnittflächen (dreimal jährlich) mit Herbstbeweidung genutzt wurden. Der Bodentyp des Versuchsstandortes war ein Niedermoor, welches durch Drainagen entwässert wird. Bei trockenen Bedingungen können diese Böden Wasser speichern, bei feuchten tritt stellenweise Vernässung auf. Der Pflanzenbestand setzte sich im Mittel aus 14 Flächenprozent Kräuter (überwiegend Kriechender Hahnenfuß), 22 % Leguminosen (überwiegend Weißklee und in geringeren Anteilen Schwedenklee) sowie 64 % Gräser zusammen. Der Flächenprozentanteil der Hauptgräserarten lag bei 31 % für Englisches Raygras und 7 % Wiesenfuchsschwanz. Weiters waren auch die weniger wertvollen Gräserarten Gemeine Rispe (8 %) sowie Rohrglanzgras und Segge mit Flächenprozentanteilen zwischen 1–5 % vertreten. Die Kurzrasenweide wurde unterteilt und mit jeweils vier Ochsen in unterschiedlicher Aufwuchshöhe (5,0, 6,5 bzw. 8,0 cm gemessen mit dem RPM-Aufwuchshöhenmessgerät) genutzt, im Mittel über alle Gruppen lag diese bei 6,5 cm. Die Nährstoffgehalte des jung genutzten Weidefutters lag im Schnitt mit 10,7 MJ ME (6,4 MJ NEL) und 20 % Rohprotein über dem der Grassilage. Diese wies im Schnitt einen Energiegehalt von 9,8 MJ ME (5,8 MJ NEL) und einen Rohproteingehalt von 15 % auf, das Ertragsniveau lag für Bio-Bedingungen mit 7.000 kg auf gutem Niveau.

Mastleistungsergebnisse

Die mittlere Besatzstärke lag in der ersten Weideperiode bei vier Ochsen pro Hektar. In der zweiten Weideperiode (größere Ochsen) waren es drei Ochsen je Hektar, wobei hier einige Tiere bereits in der Weidesaison zur Schlachtung kamen. Demgegenüber erreichten vier Tiere das Mastendgewicht noch nicht und wurden daher für einige Wochen ein zweites Mal im Herbst aufgestallt. Im Durchschnitt erreichten die Ochsen mit einem Alter von 25,5 Monaten das angestrebte Mastendgewicht von 700 kg. Die Tageszunahmen lagen im Schnitt bei 916 g und die Flächenleistung lag bei 570 kg pro Hektar. Das Tageszunahmen-Niveau lag damit sogar leicht über jenem der Ochsen-Arbeitskreisbetriebe in Österreich. In der ersten Weideperiode (225–400 kg LG) wurden die höchsten Tageszunahmen mit 967 g erreicht.

Die Flächenleistung war bei den Jungochsen (1. Weide- und Stallperiode) mit rund 665 kg am besten. Vor allem der steigende Erhaltungsbedarf reduzierte im Mastverlauf die Tageszunahmen und Flächenleistung.

Schlachtleistung auf gutem Niveau

Vergleichbar mit den Arbeitskreisergebnissen entfielen alle Tiere in der EUROP-Klassifizierung auf die Klassen R und U, das Mittel lag bei R+. In der Fettklasse erfüllten alle Tiere die derzeitigen Qualitätskriterien und entfielen auf die Klassen 2 und 3 (Mittel 2,6). Bei der Wahl des Mastendgewichtes muss bei ausschließlichem Grünlandfuttereinsatz beachtet werden, dass für die Erlangung einer guten Fettabdeckung keine zu frühe Schlachtung (zu geringes Gewicht) erfolgen darf. Die Ergebnisse des Versuchs zeigen auch, dass unter diesen Fütterungsbedingungen der Verdauungstrakt der Tiere stark ausgebildet ist und die Ausschlachtung daher im Vergleich zu intensiveren Bedingungen mit 53,3 % (52–54,3 %) geringer ist. Bei der Grundfuttermast von eher spätreifen Fleckviehochsen sollte daher ein Mastendgewicht von 700 kg nicht wesentlich unterschritten werden.

Ausgewählte Ergebnisse des Ochsenversuchs

Ø 24 Ochsen		
Mastleistung – Gesamtversuch (225 bis 700 kg LG)		
Tageszunahmen ges. Versuch	916	g/Tag
Flächenleistung ges. Versuch	570	kg LG/Hektar
Weideperiode 1		
Tageszunahmen	967	g/Tag
Flächenleistung	663	kg LG/Hektar
Stallperiode 1		
Tageszunahmen	897	g/Tag
Flächenleistung	670	kg LG/Hektar
Weideperiode 2		
Tageszunahmen	888	g/Tag
Flächenleistung	448	kg LG/Hektar
Schlachtleistung		
Schlachtkörpergewicht	368	kg
Fleischklasse	R+	EUROP
Fettklasse	2,6	Punkte
Fleischqualität (langer Rückenmuskel)		
Intramuskulärer Fettgehalt	3,4	%
Scherkraft Grillproben	2,7	kg Force
Mehrfach ungesättigte Fettsäuren	7,7	g/100 g FS
Omega-3-Fettsäuren	2,9	g/100 g FS
CLA-Fettsäuren	0,83	g/100 g FS

Fleisch mit besonderer Qualität

Marmorierung ist für den Geschmack, die Zartheit und die Saftigkeit wichtig! Für eine gute Fleischqualität wird ein **intramuskulärer Fettgehalt über 2,5 % im Rückenmuskel** angestrebt. Obwohl Fleckvieh hier in manchen Untersuchungen den Grenzwert nur knapp erreichte, lagen die Ochsen im Gumpensteiner Versuch mit 3,4 % sehr gut. Dies führte auch zu einer guten Bewertung bei der Verkostung bzw. bei der Scherkraftmessung. Weiters wurde auch ein hoher Anteil an ernährungsphysiologisch erwünschten Fettsäuren im Fleisch festgestellt (Omega-3-Fettsäuren: 2,9 g/100 g Fettsäuren; CLA: 0,83 g/100 g Fettsäuren). Im Vergleich zu intensiveren Mastverfahren muss bei weidebasierter Rindermast jedoch mit einer etwas dunkleren Fleischfarbe und einem stärkeren Gelbton im Fett gerechnet werden. Ursachen dafür liegen in der verstärkten Bewegungsaktivität sowie der Futterzusammensetzung. Grünland- und Weidefutter enthalten beispielsweise viele Vitamine und auch Carotin, letzteres kann den Gelbton im Fett erhöhen. Die Ergebnisse zeigen, dass auch bei reiner Grünlandmast mit Ochsen gute Mast-, Schlachtleistungs- und Fleischqualitätsergebnisse erzielt werden können. Besonders wichtig ist, dass auf **gutes Weidemanagement** Wert gelegt wird. In der Stallperiode muss gutes Grundfutter zur freien Aufnahme angeboten werden und tiergemäße Haltungsbedingungen sowie schonende Futterumstellungen sind wichtig. Weiters müssen auch das Mastendgewicht bzw. der Schlachttermin auf die Schlachtreife der Tiere bestmöglich abgestimmt werden. Grünlandbasierte Rindermast leistet einen besonders wertvollen Beitrag zur Kulturlandschaftserhaltung und Versorgung der steigenden Weltbevölkerung mit wertvollen Lebensmitteln.

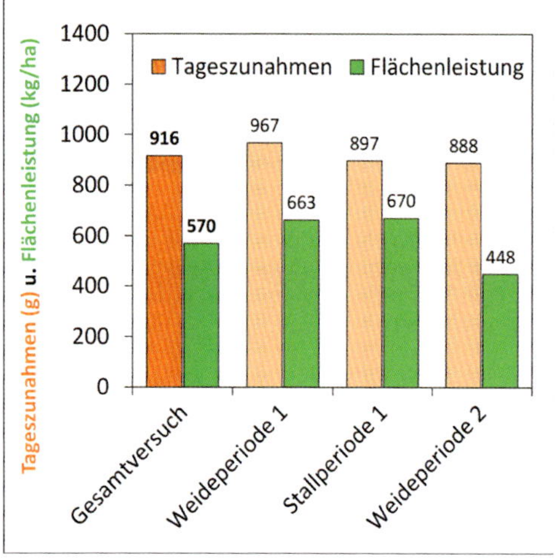

Tageszunahmen und Flächenleistung in den Versuchsabschnitten (STEINWIDDER u. Mit. 2019)

KRAFTFUTTER IN DER FÜTTERUNG

Kraftfuttermittel werden bei angestrebten hohen Leistungen **zur Deckung des Energie- und Eiweißbedarfs** eingesetzt. Vorwiegend werden Getreide, Körnermais, Leguminosen, Ölsaaten und deren Verarbeitungsprodukte verfüttert. Daneben sind aber auch Wurzeln und Knollen (Kartoffeln, Futterrüben etc.) und vor allem deren Verarbeitungsprodukte, wie Trockenschnitzel, Melasse etc., aufgrund ihrer pansenphysiologischen Wirkung zu den Kraftfuttermitteln zu zählen.

Jedes dieser Futtermittel ist unterschiedlich zusammengesetzt – der Einsatzbereich muss darauf abgestimmt werden. Konkrete Empfehlungen zur Kraftfutterzusammensetzung werden daher bei den Fütterungshinweisen der jeweiligen Produktionsrichtungen gegeben. Prinzipiell sollte das Kraftfutter aber **grob geschrotet** bzw. **gequetscht oder pelletiert** und **möglichst frisch** angeboten werden. Teures Kraftfutter rechnet sich in der extensiven Rinderhaltung nicht. Kraftfutter wird vorwiegend **zur Erhöhung der Energieversorgung** eingesetzt. Komponenten mit relativ geringem Energiegehalt (Kleien, Trockenschnitzel etc.) sind hinsichtlich Preiswürdigkeit zu prüfen.

Eiweißkomponenten sind teuer – diese dürfen daher nur bei Eiweißergänzungsbedarf (Jugendphase, hoher Maissilageanteil) verfüttert werden. Sind Eiweißkomponenten erforderlich, dann sollte vorwiegend auf heimische Komponenten zurückgegriffen werden (z. B. Rapskuchen, Erbsen, Ackerbohnen, Trockenschlempen etc.). Bio-Betriebe dürfen keine Extraktionsschrote verfüttern, da hier bei der Ölextraktion Lösungsmittel eingesetzt werden.

Kraftfutterkomponenten

Wurzeln, Knollen, fleischige Früchte

Kartoffel

Der Trockenmassegehalt von Kartoffeln schwankt zwischen 18–26 %. Der Rohproteingehalt ist mit etwa 2 % je kg Frischmasse bzw. 10 % je kg TM gering, wobei davon etwa 50 % auf NPN-Verbindungen (Amide) entfallen. Der Stärkegehalt liegt in Futterkartoffeln bei 65–80 % je kg TM. Die Energie ist mit 8,4 MJ NEL/kg TM ähnlich hoch wie im Körnermais und liegt vorrangig als Stärke in relativ pansenstabiler Form vor. Da die Fermentation im Pansen langsam erfolgt, werden nur geringe pH-Schwankungen verursacht. Rohe Kartoffeln weisen im Pansen eine Stärkeabbaubarkeit von etwa 30 % auf. Der Gehalt an Solanin liegt zwischen 100–500 mg/kg TM. In Kartoffelkeimen kommen 2.000–4.000 mg/kg TM vor. Obwohl Rinder aufgrund der Pansenfermentation eine geringere Solaninempfindlichkeit aufweisen,

An ausgewachsene Rinder können bis zu etwa 15 kg rohe oder gedämpfte saubere Kartoffeln verfüttert werden. Es dürfen keine gekeimten bzw. grünen Kartoffeln verfüttert werden.

dürfen auch an sie keine gekeimten bzw. grünen Kartoffeln verfüttert werden. Diese können entzündliche Reaktionen im Verdauungstrakt sowie Lähmungen (Atmung und motorisches Zentrum) auslösen.

An ausgewachsene Rinder können bis zu etwa 15 kg rohe oder gedämpfte Kartoffeln verfüttert werden. Diese müssen vor der Verfütterung gut gereinigt werden. Da die Kartoffeln keinen nennenswerten Anteil an Rohfaser besitzen, ist bei höheren Gaben Augenmerk auf die Strukturversorgung (Beifütterung von Heu oder Stroh) zu legen. Rohe Kartoffeln sollten wegen der Gefahr der Schlundverstopfung vor der Fütterung zerkleinert werden.

Futterrüben

Der TM-Gehalt von Rübensorten ist ein wichtiges Merkmal für die Abschätzung des Futterwertes. Massenrüben weisen einen Trockenmassegehalt von etwa 10 % auf, Futterrüben und Gehaltsrüben liegen mit ca. 13 bzw. 15 % TM deutlich darüber. Zuckerrüben haben mit 22–25 % den höchsten Trockenmassegehalt. Rüben enthalten geringe Rohproteinmengen (6–10 %), der Zuckergehalt ist hingegen mit 55–70 % sehr hoch. Sie enthalten keine Stärke. Wiederkäuer können hohe Mengen an Rüben aufnehmen. Eine unbegrenzte Fütterung ist aber aus diätetischen und hygienischen Gründen nicht zu empfehlen. Je höher der Zuckergehalt, desto geringer muss die tägliche Futtermenge sein.

An ausgewachsene Rinder können täglich 10–30 kg gefüttert werden. Ohne entsprechende Raufutterergänzung kann es bei Verfütterung von hohen Mengen an Rüben zu Pansenacidosen kommen. Neben den Beta-Rüben werden teilweise auch Kohl- und Stoppelrüben verfüttert. Diese rübenartigen Wurzeln sind mit 9–12 % TM sehr wasserreich, ein hoher Anteil der Trockenmasse entfällt auf Zucker. Das Rohprotein besteht zu über 50 % aus Nichtproteinstickstoffverbindungen (NPN). Bei starker N-Düngung kommt es zu einer Nitratanreicherung. An Rinder können täglich bis zu 20 kg gefüttert werden. Einen besseren Futterwert weisen im Vergleich dazu Karotten (Mohrrüben) auf. Diese enthalten auch sehr viel Karotin.

Getreide

Unter Getreide werden die Körner von Gerste, Hafer, Roggen, Weizen, Triticale, Mais und Hirse zusammengefasst. Die ausgereiften Körner weisen hohe Stärkegehalte und relativ geringe Zucker- (2–7 %) und auch geringe Rohproteingehalte (9–15 % in der TM) auf. Auch der Rohfaser- und Mineralstoffgehalt ist relativ gering.

Getreide ist stärkereich, der Eiweißgehalt liegt je nach Getreideart zwischen 9 und 15 %.

Die Stärkeabbaubarkeit im Pansen unterscheidet sich aufgrund der Stärkestruktur wesentlich zwischen den Getreidearten. Eine hohe Stärkeabbaubarkeit weisen Weizen, Gerste, Triticale, Roggen und Hafer auf, hingegen besitzt die Stärke von Maiskörnern und von Hirse eine hohe Pansenbeständigkeit.

Weizen

Weizen ist mit etwa 8,5 MJ NEL/kg TM ein sehr energiereiches Futtermittel mit einem Stärkegehalt von etwa 66 % je kg TM. Die Weizenstärke wird nach der Verfütterung im Pansen relativ rasch und nahezu vollständig abgebaut. Daher sollte bei hohen Kraftfuttermengen oder bei Rationen im Grenzbereich der Wiederkäuergerechtheit der Weizenanteil im Kraftfutter begrenzt werden. Weizen hat den höchsten Rohproteingehalt aller Getreidearten mit bis zu 15 % in der TM.

Roggen

Roggen ist in seiner Zusammensetzung dem Weizen ähnlich. Der Stärkegehalt beträgt etwa 63 %, wobei diese mit ca. 15 % nur eine geringe Pansenbeständigkeit aufweist. Im Vergleich zu Gerste und Weizen ist der Zuckergehalt in Roggen etwa doppelt so hoch (knapp 7 % pro kg TM). Roggen sollte nach der Ernte über mindestens zwei Wochen abgelagert werden. Aufgrund der hohen Gehalte an Pentosanen und Glucanen sollte in der Kälberfütterung auf Roggen verzichtet werden (Durchfall, Darmkolik). Beimengungen von Mutterkorn und Kornrade können bei allen Tieren zu schweren Schädigungen führen.

Triticale

Triticale ist ein Kreuzungsprodukt aus Weizen und Roggen. In der Fütterung kann Triticale wie Weizen und Roggen eingesetzt werden. Bei Wiederkäuern mit funktionierendem Vormagensystem bestehen grundsätzlich keine Einsatzbeschränkungen.

Gerste

Gerste ist für Wiederkäuer ein sehr geeignetes und energiereiches Kraftfutter. Der Rohfasergehalt ist mit knapp 6 % etwa doppelt so hoch wie in Weizen, der Energiegehalt liegt bei 8,1 MJ NEL je kg TM. Die Stärke (etwa 60 %) weist eine geringe Pansenbeständigkeit auf.

Hafer

Hafer ist die nährstoffärmste Getreideart. Aufgrund des Spelzenanteils liegt der Rohfasergehalt mit 11–12 % je kg TM deutlich über und der Stärkegehalt mit 45 % deutlich unter dem der anderen Getreidearten. Hafer enthält Schleimstoffe, auf diese und die relativ hohen Gehalte an essentiellen Fettsäuren sowie Vitamin E und Antioxidantien dürfte die diätetische Wirkung des Hafers zurückzuführen sein. Frischer Hafer kann jedoch Durchfälle und Koliken verursachen, deshalb muss er vor der Verfütterung unbedingt über mindestens zwei Wochen gelagert werden. Vor allem bei Hafer muss auf die Futterhygiene geachtet werden. Kraftfutter für Milchkühe und Besamungsstiere kann bis 20 % Hafer enthalten.

Mais

Den Hauptbestandteil des Maiskorns bildet die Stärke (70 %). Im Vergleich zu den oben angeführten Getreidearten weist die Maisstärke in getrockneten Maiskörnern aufgrund der geringeren Quellfähigkeit mit 40–45 % eine hohe Abbaubeständigkeit im Pansen auf. Daher wird Körnermais zu den pansenschonenden Kraftfutterkomponenten gezählt. In Maiskornsilagen ist demgegenüber die Stärkeabbaubeständigkeit mit etwa 20–30 % geringer. Der Rohfettgehalt in Mais liegt zwischen 4 und 5 %, der Rohproteingehalt ist mit 10 % je kg TM gering.

Mit steigendem Kraftfutteranteil sollte zunehmend Körnermais im Kraftfutter eingesetzt werden. Zu hohe Mengen können jedoch zu einem zu hohen Angebot an beständiger Stärke im Dünndarm bzw. zu einer zu geringen Energiefreisetzung im Pansen führen.

Hirse

In Österreich werden vorwiegend die Sorten Sorghum und Milokorn eingesetzt. Die Körner sind klein und hart. Hirse weist wie Mais eine hohe Pansenbeständigkeit der Stärke auf.

Reis

Reis wird nahezu ausschließlich als Nebenprodukt der Lebensmittelverarbeitung als Futtermittel verwendet. Entspelzter oder polierter Reis ist rohfaserärmer als unbehandelter. Daher hängt der Nährstoffgehalt von Reisprodukten wesentlich von der vorangegangenen Verarbeitung ab. Bearbeitete Reiskörner sind hinsichtlich Futterwert mit dem Mais vergleichbar.

Buchweizen

Buchweizen zählt als Knöterichgewächs nicht zu den Getreidearten. Vor allem im Rahmen der biologischen Wirtschaftsweise

Hirse gewinnt in Maisregionen als Fruchtfolgeglied an Bedeutung. Die Körner sind stärkereich, klein und hart.

wird zunehmend (entschälter) Buchweizen in der Fütterung von Schweinen und Geflügel eingesetzt. Ungeschälte Buchweizenkörner sind von einer harten und auch für Wiederkäuer schwer verdaulichen Schale umgeben. Das entschälte Korn ist ein energiereiches Futtermittel mit einem Rohproteingehalt von 14–15 % und sehr ausgewogenem Aminosäuremuster.

Körnerleguminosen

In der Fütterung werden vorrangig Sojabohnen, Erbsen, Ackerbohnen und Süßlupinen eingesetzt.

Sojabohnen

Sojabohnen enthalten je kg TM etwa 40 % Rohprotein und sind mit 20 % je kg TM auch reich an Rohfett. Aufgrund des Fettgehaltes ist das Verderbsrisiko bei gemahlenen Sojabohnen relativ hoch. Sojabohnen sind eine sehr energiereiche Kraftfutterkomponente (über 9,5 MJ NEL/kg TM) mit einer hohen Proteinqualität (Aminosäurezusammensetzung). Rohe Sojabohnen enthalten Substanzen (Trypsininhibitoren), welche die Eiweißverdauung bei Schweinen, Hühnern, aber auch Kälbern einschränken können. Daher werden sie vor der Verfütterung üblicherweise hitzebehandelt. Dadurch werden die unerwünschten Substanzen abgebaut und es verringert sich zusätzlich auch die Proteinabbaubarkeit im Pansen. In der Rinderfütterung können aber auch rohe Sojabohnen eingesetzt werden. Je nach Rationszusammensetzung können bis 50 % Sojabohnen im Eiweißkraftfutter bzw. bis etwa 1 kg pro Tier und Tag an ausgewachsene Rinder gefüttert werden.

Ackerbohne

Der Rohproteingehalt liegt je nach Sorte zwischen 25 und 30 %, der Rohfasergehalt beträgt 7–10 % je kg TM. Ackerbohnen enthalten aber auch hohe Mengen an Stärke (40 %), wobei diese eine relativ hohe Abbaubarkeit im Pansen aufweist (ca. 80 %). Auch die Abbaubarkeit des Proteins im Pansen ist mit ca. 85 % sehr hoch. Der Gehalt an Bitter- und Gerbstoffen kann bei Jungtieren zu Akzeptanz- und Verdauungsproblemen führen.

Erbsen

Die Erbsen enthalten etwa 20–25 % Rohprotein mit einer hohen Abbaubarkeit im Pansen (ca. 85 %). Aufgrund des geringen Rohfaser- und hohen Stärkegehalts (über 45 %) sind Erbsen sehr energiereich. Im Vergleich zu

Sojabohnen sind eiweiß- und fettreich, an ausgewachsene Rinder können pro Tag auch bis zu 1 kg rohe Sojabohnen gefüttert werden.

In Ackerbohnen liegt der Eiweißgehalt je nach Sorte zwischen 25 und 30 %. Vor allem bei Jungtieren ist die Einsatzmenge wegen Bitter- und Gerbstoffen zu begrenzen.

Ackerbohnen ist der Gehalt an Bitterstoffen in Erbsen geringer. Je nach Rationszusammensetzung können bis zu 25 % Erbsen im Eiweißkraftfutter empfohlen werden.

Süßlupinen

Süßlupinen enthalten je nach Sorte 40–45 % Rohprotein und etwa 6–10 % Rohfett bzw. 5 % Stärke. Lupinen sind relativ reich an Gerüstsubstanzen. Die Proteinabbaubarkeit im Pansen ist hoch. Süßlupinen können je nach Ration mit einem Anteil bis zu 25 % im Eiweißkraftfutter eingesetzt werden.

Fettreiche Samen

Zu den fettreichen Samen, die in der Fütterung von Bedeutung sind, können neben den Sojabohnen (siehe oben) auch Rapssamen, Leinsamen und Sonnenblumensamen gezählt werden. Ölreiche Samen sind sowohl Energie- als auch Proteinträger.

Leinsamen

Der Gehalt an Rohprotein liegt zwischen 20 und 25 % je kg TM. Von besonderer Bedeutung sind die in der Schale angereicherten Schleimstoffe. Der Rohfettgehalt liegt zwischen 30–35 %. Aufgrund des hohen Ölgehaltes wirken Leinsamen leicht abführend und „reinigen“ dadurch den Verdauungstrakt. Leinsamen werden daher gerne in der Behandlung von (Jung-)Tieren mit Verdauungsstörungen eingesetzt. Leinsamenschleim wird durch Aufkochen von Leinsamen in Wasser hergestellt (1/8 l Leinsamen auf 1 l Wasser).

Die Preiswürdigkeit von Eiweißkomponenten hängt wesentlich vom Eiweißgehalt ab.

Rapssamen

Rapssamen enthalten mit etwa 44 % sehr viel Rohfett, der Rohproteingehalt liegt bei etwa 22 %. Der Energiegehalt ist mit mehr als 10,5 MJ NEL/kg TM sehr hoch. Vollfette erucasäurefreie und glucosinolatarme Rapssamen („00“-Sorten) können in Anteilen von bis zu 5 % in Rinderrationen eingesetzt werden. Höhere Mengen können aufgrund des hohen Rohfettgehaltes zu einer verringerten Pansenverdaulichkeit der Strukturkohlenhydrate führen.

Sonnenblumensamen

Ungeschälte Sonnenblumensamen weisen einen sehr hohen Gehalt an schwer- bzw. unverdaulichen Strukturkohlenhydraten auf, der Rohfasergehalt liegt bei 17 %. Der Rohfettgehalt liegt mit knapp 50 % auf hohem Niveau. Ungeschälte Sonnenblumensamen werden nur vereinzelt verfüttert. Teilweise oder vollständig entschälte Samen werden zur Ölgewinnung herangezogen, die dabei anfallenden Kuchen und Extraktionsschrote sind wichtige Eiweißfuttermittel in der Rinderfütterung.

Pflanzliche Futtermittel aus industrieller Verarbeitung

Bei der Verarbeitung von stärke-, öl- und zuckerhaltigen pflanzlichen Rohstoffen in Stärkefabriken, Brennereien, Brauereien, Müllereien, Ölmühlen und Zuckerfabriken fallen bedeutende Futtermittel wie Pülpen, Maiskleber, Malzkeime, Biertreber, Bierhefen, Schlempen, Kleien, Extraktionsschrote, eiweißreiche Kuchen und Press- sowie Trockenschnitzel an.

Kartoffelpülpe

Kartoffelpülpe ist ein Nebenprodukt der Stärkegewinnung. Sie enthält nach dem Abpressen etwa 18–25 % Trockenmasse, der Energiegehalt ist mit etwa 7,5 MJ NEL/kg TM etwas geringer als in Kartoffeln. Da bei der Verarbeitung der überwiegende Teil der Stärke entzogen wird, ist die Pülpe reich an Zellwandkohlenhydraten. Der Rohproteingehalt liegt bei etwa 7 % in der Trockenmasse. Von „Kartoffeleiweißpülpe" spricht man, wenn vom anfallenden Kartoffelfruchtwasser das koagulierbare Kartoffeleiweiß abgetrennt und das nichtkoagulierbare Eiweiß wieder der Pülpe beigemischt wird – der Rohproteingehalt steigt dann auf etwa 27 % an.

Die maximale Einsatzhöhe von Kartoffelpülpe liegt bei etwa 10 kg Frischmasse pro ausgewachsenes Rind und Tag. Trotz des Rohfaseranteiles von etwa 21 % ist eine Ergänzung mit strukturwirksamer Rohfaser wichtig. Abgepresste Kartoffelpülpe kann siliert gelagert werden.

Futtermehle und Kleien

Futtermehle weisen etwa gleiche Energie-, aber höhere Eiweißgehalte als das Ausgangsgetreide auf. Demgegenüber setzen sich Kleien vorwiegend aus den Schalen und zu einem geringeren Anteil aus dem Mehlkörper des Ausgangsgetreides zusammen. Schälkleie fällt beim Spitzen und Schälen des Kornes an, wird aber meist mit der Kleie vermischt. In Kleien ist der Gehalt an Vitaminen des B-Komplexes, an Vitamin E und an Mineralstoffen (Phosphor) hoch. Die Rohproteingehalte der Kleien liegen zwischen 12 und 16 %, der Rohfasergehalt ist mit 8–15 % deutlich über dem Gehalt im

Biertreber enthält Spelzen, Schalen, Fette, Stärkereste und etwa 25 % Eiweiß je kg TM. Frische Biertreber werden am kostengünstigsten über eine saubere Silierung konserviert.

Ausgangsgetreide. Der mittlere Energiegehalt liegt bei etwa 6 MJ NEL/kg TM. Bezogen auf den Energiegehalt sind die Kleien meist teurer als Getreide. Aufgrund ihrer Bekömmlichkeit werden Kleien aber sehr gerne in das Kraftfutter eingemischt.

Getreideverarbeitung – Stärkeherstellung

Bei der Stärkeherstellung aus Weizen und vorwiegend Mais fallen Quellwasser, Keime, Quellstärke und Mais- oder Weizenkleberfutter an. Da die anfallenden Futtermittel relativ strukturkohlenhydratreich sind, werden sie zum Großteil über die Rinder verwertet. Die Rückstände der Stärkeindustrie weisen im Vergleich zum Ausgangsprodukt auch eine Anreicherung an Rohprotein und Rohfett auf. Alle Nebenprodukte besitzen einen hohen Futterwert in der Rinderfütterung.

Maisprodukte

Frische Maispülpe („Corn gluten feed") weist etwa 16 % Trockenmasse auf; wenn diese zusätzlich abgepresst wird, dann steigt der TM-Gehalt auf etwa 25 % an. Bei der Verarbeitung des Maises zu Stärke fallen die **Maiskeime** an, der Rohproteingehalt schwankt zwischen 12 und 23 % je kg TM. Da der Rohfettgehalt mit 17–36 % sehr hoch ist, kann daraus auch Maisöl gewonnen werden, der Rückstand wird als Maiskeimkuchen bzw. -extraktionsschrot bezeichnet. Unter **Quellstärke** versteht man eine auf Walzentrocknern thermisch behandelte und weitestgehend verkleisterte Stärke mit hohem Quellvermögen. Quellstärke wird in Milchaustauschfutter bis zu 10 % eingesetzt. **Maiskleberfutter** fällt durch Mischen von Maisschalen, Maispülpe und unterschiedlichen Kleberanteilen an, weshalb der Rohproteingehalt zwischen 20 und 50 % schwanken kann. Die Pansenstabilität (UDP) liegt bei 25 %, der Rohfaseranteil beträgt 5–9 %. Der Energiegehalt liegt bei etwa 7,8 MJ-NEL pro kg TM. Im Vergleich dazu ist Maiskleber mit 60–70 % Rohprotein ein sehr eiweißreiches Futtermittel mit einer hohen Pansenstabilität (50 % UDP). Zu beachten ist jedoch das einseitige Aminosäurenmuster (lysinarm). Der Energiegehalt ist mit über 9 MJ NEL pro kg TM sehr hoch.

Biertreber

Bei Bietreber handelt es sich um den unlöslichen Rückstand des Malzes (gekeimtes Braugetreide) nach dem Maischprozess. Er enthält Spelzen, Schalen, Fette, Stärkereste und etwa 25 % Rohprotein je kg TM. Das Biertrebereiweiß zeichnet sich durch seine hohe Pansenstabilität (etwa 45 % UDP) aus. Der Energiegehalt liegt bei etwa 6,4 MJ NEL/kg TM, der Gehalt an Strukturkohlenhydraten ist hoch. Biertreber eignen sich zum Ausgleich eiweißarmer Futterrationen. Der größte Anteil an Biertrebern wird frisch oder siliert verfüttert. Mehr als 6 kg Frischmasse sollten jedoch pro ausgewachsenes Rind und Tag nicht verfüttert werden. Der Einsatz getrockneter Biertreber ist in der Praxis aufgrund der Trocknungskosten nur begrenzt als Mischungskomponente üblich. Im Futterwert sind getrocknete Biertreber mit Weizenkleie vergleichbar und auch ähnlich einsetzbar. Sie können in Anteilen von 25–35 % in Kraftfuttermischungen enthalten sein.

Malzkeime

Malzkeime sind die Wurzelkeimlinge der Braugerste, die beim Darren des Malzes von den Körnern abfallen bzw. abgetrennt werden. Der Rohproteingehalt der Malzkeime liegt mit etwa 30 % relativ hoch und der Energiegehalt mit 6,2 MJ NEL/kg TM im mittleren Bereich. Da bis zur Hälfte des Rohproteins in Form von NPN (Nicht-Protein-Stickstoff) vorliegt, ist auch der Anteil an pansenunabbaubarem Protein (UDP) mit maximal 25 % relativ gering. Die Energie ist in den Malzkeimen vorrangig in Form von Zucker sowie Strukturkohlenhydraten enthalten. Der Rohfasergehalt ist mit 15 % relativ hoch. Malzkeime werden in Anteilen bis zu 10 % dem Kraftfutter beigemischt, pro ausgewachsenem Rind und Tag sollte nicht mehr als 1 kg verfüttert werden.

Schlempen

Bei der Alkoholherstellung aus stärkehaltigen Produkten (Mais, Weizen, Triticale, Kartoffeln etc.) fallen in den Brennereien Schlempen an. In der Nährstoffzusammensetzung weichen die Schlempen erheblich vom Ausgangsmaterial ab. Durch die Vergärung der Stärke zu Alkohol kommt es im Rückstand zu einer Anreicherung an Strukturkohlenhydraten, Rohfett, Rohprotein und Mineralstoffen. Die Pansenbeständigkeit des Rohproteins ist hoch. Der in der Maische vorhandene Stickstoff wird weitestgehend in Hefeprotein umgewandelt. Durch die Hefen werden auch Vitamine und Wuchsstoffe gebildet. Frische Schlempe enthält nur etwa 5 % Trockenmasse. Getrocknete Schlempen enthalten je nach Ausgangsrohstoff 8–15 % Rohfett und 23–30 % Rohprotein je kg TM mit einer hohen Pansenbeständigkeit.

Rapsextraktionsschrot/-kuchen

In Rapsextraktionsschrot beträgt der Rohproteingehalt etwa 38 %, der Rohfasergehalt liegt zwischen 12–14 % und der Energiegehalt bei 7,3 MJ NEL je kg TM. Im Vergleich zum Extraktionsschrot ist in Rapskuchen der Rohfettgehalt (ca. 10 % statt 2 %) und damit auch der Energiegehalt höher (8,0 statt 7,3 MJ NEL). Positiv hervorzuheben ist der hohe Anteil an schwefelhaltigen Aminosäuren (Methionin) in Rapsprodukten.

Sonnenblumenextraktionsschrot, -kuchen bzw. -expeller

Der Nährstoffgehalt der Verarbeitungsprodukte von Sonnenblumen schwankt sehr stark in Abhängigkeit vom Entschälungsgrad der Samen. Für die Qualitätsbeurteilung der Sonnenblumenprodukte ist daher die Kenntnis des Rohnährstoffgehaltes (Rohfasergehalt!) besonders wichtig. Sonnenblumenextraktionsschrot österreichischer Herkunft weist etwa 40 % Rohprotein und bei 22 % Rohfaser einen Energiegehalt von 6 MJ NEL je kg TM auf.

Groß sind die Schwankungen im Nährstoffgehalt in Sonnenblumenkuchen und -expellern. Der Rohproteingehalt schwankt zwischen 25 und 40 % und der Rohfasergehalt zwischen 15 und 35 %. Sonnenblumenextraktionsschrot bzw. -kuchen und -expeller werden von Rindern gern gefressen und können als Eiweißalternative problemlos bis zu etwa 25 % dem Kraftfutter beigemischt werden.

Kürbiskernkuchen

Kürbiskernkuchen fällt bei der Kürbiskernölgewinnung an. Je nach Pressverfahren liegt der Fettgehalt bei 10–15 %. Kürbiskernkuchen weist einen hohen Rohproteingehalt von 55–65 % mit einer relativ hohen Pansenbeständigkeit (UDP über 35 %) auf. Der Rohfasergehalt ist im Vergleich zu anderen Pressrückständen aus der Ölgewinnung mit 5–10 % gering. Zu beachten ist der hohe Phosphorgehalt von etwa 22 g je kg TM. In der Praxis werden, unter Beachtung des hohen Phosphorgehalts und des Eiweißbedarfs, Mengen von 1,5 kg je Tier und Tag mit Erfolg eingesetzt.

Sojaextraktionsschrot

Bei der Gewinnung von Sojaöl aus Sojabohnen mittels Extraktionsmitteln fällt Sojaextraktionsschrot an. Es wird nach der Extraktion hydrothermisch auf 100–110 °C oder durch Toastung auf 140 °C erhitzt. Durch die Wärmebehandlungen werden der Antitrypsinfaktor und das Ferment Urease abgebaut, wodurch der Futterwert, insbesondere für Schweine, Geflügel, aber auch Kälber, verbessert wird. Der Rohproteingehalt erreicht im Sojaschrot etwa 45–52 % in der Trockenmasse.

Es ist HP-Sojaextraktionsschrot bzw. 48er Sojaextraktionsschrot im Handel. Futtermittelrechtlich ist eine separate Eiweißdeklaration erforderlich. Das Eiweiß ist hochwertig und kann bei allen Tierarten eingesetzt werden. Der UDP-Anteil liegt bei 30 %. Der Rohfasergehalt ist mit 3–8 % niedrig, infolge der guten Verdaulichkeit ist Sojaextraktionsschrot auch ein sehr energiereiches Futtermittel. Es kann als Ausgleich proteinarmen Rationen problemlos beigemischt werden. Wird das Öl der Sojabohnen nicht extrahiert, sondern nur abgepresst, dann fällt als Rückstand Sojakuchen an, welcher auch auf Bio-Betrieben verwendet werden kann.

Es ist auch üblich, in Mischfuttermitteln Sojabohnenschalen einzusetzen. Diese weisen einen hohen Gehalt an gut abbaubaren Strukturkohlenhydraten auf. Gute Qualitäten haben bei einem Rohfasergehalt von 38–40 % in der TM einen Energiegehalt von 6,5–6,7 MJ NEL/kg TM. In Sojaschalen liegt der Rohproteingehalt bei 13 % je kg TM.

Leinsamenkuchen/-expeller

Leinsamen enthalten etwa 35–37 % Fett je kg TM und werden als Samen nur zu diätetischen Zwecken in der Fütterung eingesetzt. Anwendung in der Fütterung finden aber vor allem die bei der Ölgewinnung anfallenden Leinextraktionsschrote (ca. 3 % Restfett) bzw. Leinkuchen (über 8 % Restfett). Die Leinsamennachprodukte sind eiweißreiche Futtermittel mit 35–40 % Rohprotein und einem Anteil von etwa 30 % pansenstabilem Rohprotein. Der Rohfasergehalt liegt bei etwa 10 %, der Energiegehalt in Abhängigkeit vom Restfettanteil bei ca. 7,5 MJ NEL je kg TM. Leinsamennebenprodukte sind relativ teuer und werden daher nur als Diätfuttermittel bzw. bevorzugt im Kälberfutter eingesetzt. Ihr Vorteil liegt in der positiven Wirkung auf die Tiergesundheit. Sie enthalten etwa 5 % Schleimstoffe, die günstig auf die Magen- und Darmschleimhäute wirken. Auch der Anteil an ungesättigten Fettsäuren ist hoch.

Press- und Trockenschnitzel

Nassschnitzel (Diffusions- oder Steffenschnitzel) enthalten nur etwa 10 % Trockenmasse. Durch Pressen wird der Trockenmassegehalt auf etwa 20–25 % erhöht. Da Pressschnitzel sehr rasch verderben, ist eine umgehende Konservierung durch Silierung oder Trocknung erforderlich. In den Handel gelangen vorwiegend Trockenschnitzel, welche etwa 7,6 MJ NEL und 11 % Rohprotein je kg TM enthalten. Da diese sehr viele Strukturkohlenhydrate (NDF) enthalten, zählen Trockenschnitzel zu den pansenschonenden Kraftfutterkomponenten. Sie enthalten keine Stärke, der Zuckergehalt schwankt je nach Melassierungsgrad zwischen 5 und 10 %. Trockenschnitzel sind reich an Calcium (knapp 10 g/kg TM) und Natrium (über 2 g/kg TM), sie sind dagegen relativ arm an Phosphor (1,1 g/kg TM). Das Einweichen der Trockenschnitzel vor der Fütterung in Wasser ist für die Verdauung grundsätzlich nicht notwendig, kann aber die Futteraufnahme positiv beeinflussen. Melassierte Trockenschnitzel sind in der Fütterung wie Trockenschnitzel einsetzbar.

Melasse

Melasse hat einen Trockenmassegehalt von etwa 75 % und einen Zuckergehalt von rund 60 % in der Trockenmasse. Sie ist zähflüssig und hat eine dunkelbraune Farbe. Je nach Ausgangsmaterial wird zwischen Rüben- und Zuckerrohrmelasse unterschieden. Melasse enthält keine Rohfaser, aber noch etwa 10–15 % Rohprotein. In der Fütterung wird sie häufig als Geschmacksverbesserer eingesetzt. Bei Futtermangel wird zum Beispiel Stroh gerne mit Melasse besprüht, um die Schmackhaftigkeit der Ersatzfuttermischung zu verbessern. Wegen des hohen Zuckergehalts dürfen an ausgewachsene Rinder nicht mehr als 1 kg pro Tag verfüttert werden. Zur Vermeidung von Pansenstörungen darf der Gehalt an Zucker plus Stärke 30 % der Gesamtration nicht überschreiten. In fast allen Rindermischfuttermitteln ist Melasse in geringen Anteilen enthalten. Sie sollte kühl gelagert werden (Gärungsgefahr). Durch Vermischen mit Wasser kann sie vor der Anwendung flüssiger gemacht werden.

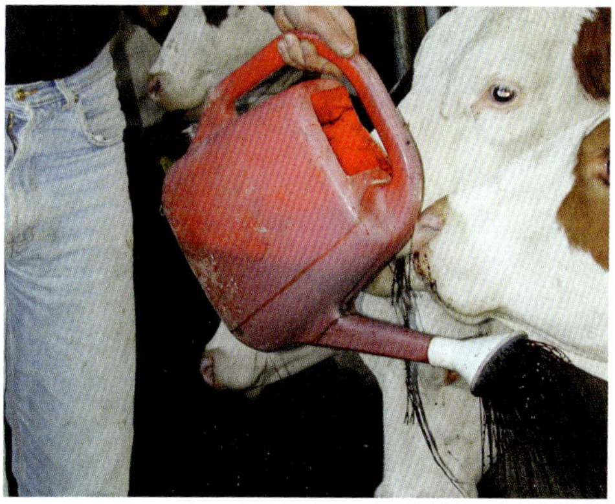

Bei Futtermangel wird Stroh gerne mit Melasse besprüht, um die Schmackhaftigkeit der Ersatzfuttermischung zu verbessern.

Mineralstoff- und Vitaminergänzung

Die Ergänzung der Ration mit Mineralstoffen und Vitaminen kann entweder durch Einmischen in das Kraftfutter oder durch möglichst gezielte händische Vorlage (z. B. Streuen über das Grundfutter etc.) erfolgen. Werden Mineralstoffe zur freien Aufnahme über Lecksteine, Mineralstoffschüsseln etc. angeboten, dann ist eine Kontrolle der Bedarfsdeckung (z. B. der Bedarf pro Woche wird dem Verbrauch pro Woche gegenübergestellt) notwendig. Viehsalz sollte keinesfalls lose (pulverförmig) zur freien Aufnahme angeboten werden.

Viehsalz wird über Lecksteine bzw. Mineralstoffmischungen ergänzt. Üblicherweise reichen 20–50 g pro Tag aus, eine deutliche Überversorgung ist zu vermeiden.

Die Mineralstoffversorgung erfolgt in der extensiven Rinderhaltung zumeist über die Verabreichung einer Grundmenge (40–80 g) einer passenden handelsüblichen Mineralstoffmischung (Leckmasse oder gekörnt). Damit wird auch der Vitaminbedarf gedeckt. Zusätzlich kann diese Mischung dann nach Bedarf mit weiteren Mineralstoffträgern (z. B. Viehsalz, Futterkalk) ergänzt werden.

Häufig eingesetzte Mineraleinzelfuttermittel

Viehsalz zählt wohl zu den bekanntesten Mineralfuttermitteln. Es wird aus Steinsalz hergestellt. Durch einen Farbzusatz (Eisenoxid) wird es vergällt. Es sollte in keiner Ration fehlen. Viehsalz enthält 39 % Natrium. Zum Teil wird dem Viehsalz auch Jod zugesetzt. Nachdem im alpinen Gebiet häufig ein Jodmangel herrscht, ist der Einsatz von jodiertem Viehsalz zweckmäßig. Die Tagesmenge an Viehsalz muss sich am Natriumgehalt der Gesamtration orientieren. Üblicherweise reichen 20–50 g am Tag aus. Eine deutliche Überversorgung ist zu vermeiden.

Kohlensaurer Futterkalk enthält 36–38 % Calcium. Er wird aus Algen- und Muschelkalk hergestellt und bietet eine sehr kostengünstige Möglichkeit, calciumarme Rationen zu ergänzen. Dazu zählen besonders Rationen mit hohem Silomaisanteil. Die maximalen Tagesmengen sollten aber 50–100 g nicht überschreiten. Bei reinen Grünlandrationen besteht bei ausgewachsenen Rindern zumeist kein Ca-Ergänzungsbedarf.

Phosphorsaurer Futterkalk wird bei phosphor- und calciumarmen Rationen eingesetzt. Er enthält 17–22 % Phosphor und 23–28 % Calcium. Er darf nicht aus Knochen hergestellt werden. Laut Futtermittelrecht ist der Einsatz von Dicalcium- und Tricalciumphosphat bei Wiederkäuern nicht gestattet.

Puffernde Mineralfuttermittel

Besonders bei Rationen mit geringem Strukturgehalt bzw. hohem Anteil an leicht verdaulichen Kohlenhydraten kann es im Pansen zu niedrigen pH-Werten kommen. Mit dem Einsatz von puffernden Substanzen wird dem pH-Wert-Abfall im Pansen gegengesteuert. Verwendet werden dazu hauptsächlich Natriumbikarbonat und Magnesiumoxid. Diese Produkte werden in Mengen von 50–100 g je Tier eingesetzt bzw. in Anteilen von 1 % ins Kraftfutter gemischt.

Die puffernde Wirkung ist nachweisbar, zum Teil sind aber die Einsatzmengen zu gering, um deutliche Effekte zu erzielen. Teilweise tritt die puffernde Wirkung eines mit Natriumbikarbonat versetzten Kraftfutters in der Praxis auch nicht synchron mit dem verzögerten Kohlenhydratabbau (1–3 Stunden) auf.

STRATEGIEN BEI GRUNDFUTTERMANGEL

Klimaschwankungen erhöhen das Risiko für Grundfuttermangel. Dieser kann für betroffene Betriebe existenzbedrohend sein. Durch rechtzeitiges Festlegen von sinnvollen Fütterungsstrategien können negativen Effekte, zumindest teilweise, abgeschwächt werden.

Prinzipiell bestehen folgende Möglichkeiten:

- Erhöhung des Kraftfuttereinsatzes
- Einsatz von energiearmem Grundfutter
- Zwischenfrüchte und Ganzpflanzensilagen verwenden
- Zukauf von Grundfuttermitteln
- Verringerung des Tierbestandes

Erhöhung des Kraftfuttereinsatzes

Durch die Steigerung des Kraftfutterangebots kann der Grundfutterbedarf deutlich reduziert werden. In Situationen mit geringem Grundfutterangebot können Kraftfuttermittel bzw. industrielle Nebenprodukte kostengünstige Nährstoffquellen darstellen. Dabei muss jedoch beachtet werden, dass Wiederkäuer Spezialisten für die Verwertung von faserreichen Futtermitteln (Grundfutter) sind. Die Ration muss daher ein Mindestmaß an strukturiertem Grundfutter aufweisen. In der Rinderration sollte daher generell ein Grundfutteranteil von 50 % der Gesamt-Trockenmasseaufnahme nicht wesentlich unterschritten werden. Nur bei bester Fütterungstechnik (TMR, Kraftfutter über Transponder etc.) kann eventuell dieser Grenzwert um 5 bis maximal 10 % verringert werden. Bei freiem Angebot von Kraftfutter ist das Risiko einer zu großen Aufnahme sehr hoch. Das Kraftfutter muss daher gezielt (rationiert) und Grundfutter zur freien Aufnahme angeboten werden. Dies ist vor allem dann von größter Bedeutung, wenn die Qualität des Grundfutters gering ist. Bei Futtermangel wird häufig energiearmes Grundfutter (überständiges Heu, Stroh) eingesetzt.

Kraftfutter schonend einsetzen!

Je höher der Kraftfutteranteil in der Ration wird, desto wichtiger wird die mehrmals tägliche Vorlage. Pro Teilgabe dürfen nicht mehr als 1–2 kg Kraftfutter (max. 3 kg bei ausgewachsenen Rindern) gefüttert werden. Zusätzlich sollten Kraftfutterkomponenten vermehrt in die Ration eingebaut werden, die den Pansen durch rasche Nährstofffreisetzung nicht zu stark belasten. Dazu zählen beispielsweise Körnermais, Trockenschnitzel, Weizenkleie, Biertreber und Pressschnitzelsilagen.

In der folgenden Tabelle sind Richtwerte zum maximal möglichen Kraftfutteranteil in der Ration angegeben. Bei schlechter Grundfutteraufnahme sind diese Kraftfutteranteile zu reduzieren!

Richtwerte zum maximalen Kraftfuttereinsatz sowie zur notwendigen Energie- und Eiweißkonzentration der Gesamtration bei Grundfuttermangel

	mind. Grundfutter kg TM	max. Kraftfutter kg TM	Energie MJ NEL/kg TM	Eiweiß g/kg TM
Mutterkühe				
2 Wochen vor Abkalbung	5	4	6,6–7,0	140–160
10 kg Milch	6–7	6	5,4–5,7	100–120
Jungrinder				
100 kg Gewicht	frei bis 1,5	1	über 6,5	150
250 kg Gewicht	3	3	5,6–6,0	110–120
400 kg Gewicht	4	4	5,3–5,6	110
550 kg Gewicht	4,5	4,5	5,1–5,5	110

Häufig werden Grundfuttermittel durch Kombinationen von Stroh und Kraftfutter ausgetauscht. In der folgenden Tabelle sind Beispiele für Ersatzfuttermischungen für Heu, Grassilage und Maissilage angeführt. Diese beinhalten vergleichbare Energie-, Rohprotein- und Rohfaserwerte wie das entsprechende Grundfutter. Zu berücksichtigen ist jedoch die geringere Schmackhaftigkeit dieser Ersatzfuttermischungen – die Gesamtfutteraufnahme kann darunter leiden. Daher muss der Anteil in der Gesamtration je nach Nutzungsrichtung und Leistung begrenzt werden. Durch Zulage von Melasse (Nebenprodukt der Zuckerherstellung) und das Einmischen von Stroh in das restliche Grundfutter kann die Schmackhaftigkeit des Strohs etwas verbessert werden.

Beispiele für Ersatzfuttermischungen (nach WURM, 2001)

Ersatzmischungen für 100 kg Heu, 2. Aufwuchs, Mitte Blüte			
40 kg Biertrebersilage	20 kg Gerste	25 kg Trockenschnitzel	40 kg Fertigfutter*
20 kg Gerste	25 kg Rapsextr.-Schrot	20 kg Rapsextr.-Schrot	60 kg Stroh
15 kg Rapsextr.-Schrot	55 kg Stroh	55 kg Stroh	-
65 kg Stroh	-	-	-

Ersatzmischungen für 100 kg Grassilage, 35 % TM, 2. Aufwuchs, Mitte Blüte			
15 kg Biertrebersilage	9 kg Gerste	9 kg Trockenschnitzel	13 kg Fertigfutter*
8 kg Gerste	10 kg Rapsextr.-Schrot	11 kg Rapsextr.-Schrot	6 kg Rapsextr.-Schrot
8 kg Rapsextr.-Schrot	20 kg Stroh	20 kg Stroh	19 kg Stroh
20 kg Stroh	-	-	-

Ersatzmischungen für 100 kg Maissilage, 30 % TM, Teigreife, mittlerer Kolbenanteil			
20 kg Körnermais	72 kg Zuckerrüben	23 kg Trockenschnitzel	22 kg Fertigfutter**
14 kg Stroh	3 kg Rapsextr.-Schrot	10 kg Stroh	11 kg Stroh
	13 kg Stroh		

* Fertigfutter mit 7 MJ NEL und 180 g Rohprotein; ** Fertigfutter mit 6,8 MJ NEL und 120 g Rohprotein
Anstelle von Rapsextraktionsschrot kann auch entsprechend Sonnenblumen- oder Sojaextraktionsschrot verwendet werden

Einsatz von energiearmem Grundfutter

Der Energiegehalt von Stroh bzw. spät geerntetem Grünlandfutter ist mit 3,5–4,5 MJ NEL je kg TM sehr gering (siehe Tabelle). Je höher der Anteil dieser Komponenten in der Ration ist, desto schlechter wird die Schmackhaftigkeit und Futteraufnahme und damit auch die Nährstoffversorgung.

Mutterkühe haben in den ersten 150 Laktationstagen sowie in den letzten zwei bis drei Wochen vor der Abkalbung höhere Ansprüche an die Grundfutterversorgung. Bei Jungrindern und in der Rindermast sollte nach Möglichkeit nur hochwertiges Grundfutter eingesetzt werden. Wenn anstelle von energiereichen Mais- und Grassilagen andere Grundfutterkomponenten verfüttert werden (Ganzpflanzensilage, Kleegras, Zwischenfrüchte etc.), dann muss auch der Kraftfutteranteil erhöht werden. Generell sollte in der Rindermast eher eine Intensivierung (höherer Kraftfuttereinsatz) angestrebt werden.

Nährstoffgehalt ausgewählter Grundfuttermittel (je kg TM)

	Energie NEL, MJ	Rohprotein g	Rohfaser g
Grassilage (früher Schnitt)	6,0	146	270
Grassilage (mittel)	5,7	130	280
Grassilage (später Schnitt)	5,1	114	310
Heu (früher Schnitt)	5,8	133	265
Heu (mittel)	5,3	120	300
Heu (später Schnitt)	4,5	102	323
Maissilage (Teigreife, Kolbenanteil hoch)	6,4	81	198
Roggenganzpflanzensilage (Beginn Blüte)	5,9	105	351
Gerstenganzpflanzensilage (Ende Blüte)	5,6	99	335
Futterraps (in der Blüte)	6,3	172	202
Luzerne (Rohfaser unter 26 %, künstl. getr.)	5,5	180	230
Gerstenstroh	3,8	40	442
Haferstroh	3,7	35	440
Roggenstroh	3,3	37	472
Weizenstroh	3,5	37	429

Ganzpflanzensilagen und Zwischenfrüchte

Zwischenfrüchte wie Raps und Rübsen, aber auch Ganzpflanzensilagen der Getreidearten können in Anteilen bis zu 50 % der Grundfutterration eingesetzt werden. Gut geeignet ist auch Wintergetreide bei rechtzeitiger Ernte im Frühjahr. Auf saubere und rechtzeitige Ernte, sorgfältige Silierung sowie langsame Futterumstellung und ausreichende Strukturergänzung (Zwischenfrüchte) muss geachtet werden.

Zukauf von Grundfutter

Von den Grundfutterkomponenten werden vorwiegend Heu und Maissilage und in geringeren Mengen auch Grassilagen und getrocknete Luzerneprodukte zugekauft. Wenn die Qualität des Grundfutters entspricht und auch die Lagerung einwandfrei erfolgt, ist der Einsatz aus Sicht der Rinderfütterung unproblematisch. Es muss jedoch in jedem Fall auch die Preiswürdigkeit der Komponenten geprüft werden! Natürlich ist in der Rationsgestaltung neben den Kosten auch die Wiederkäuergerechtheit der Rationen (siehe dazu oben – Kraftfutterobergrenzen) im Auge zu behalten!

Qualität und Trockenmassegehalt entscheiden

Die Preiswürdigkeit von Futtermitteln hängt entscheidend von der Qualität (Erntezeitpunkt, Kolbenanteil etc.), dem Nährstoffgehalt und bei Silagen bzw. feuchten Futtermitteln (Rüben, Biertreber, Pülpen etc.) auch wesentlich vom Trockenmassegehalt ab. Je höher der Wassergehalt, desto geringer ist der Nährstoffgehalt je kg Futter – der Ankaufspreis muss mit sinkender Trockenmasse zurückgehen! Ein objektiver Preisvergleich ist nur bei bekannter Qualität und bekanntem Trockenmassegehalt möglich.

Die genaueste Aussage über die Futterkosten liefern in jedem Fall Berechnungen zu den Gesamtrationskosten.

Verringerung des Tierbestandes

Bei Futterknappheit ist auch an die zeitgerechte Verringerung des Tierbestandes zu denken. Dabei sollten Reduktionen vor allem in jenen Produktionsbereichen durchgeführt werden, wo die Wirtschaftlichkeit je eingesetztem Produktionsfaktor (Futter, Arbeitszeit, Stallplatz etc.) am geringsten ist. Zusätzlich muss eine spürbare Verringerung des Grundfutterbedarfs damit verbunden sein. So zeigen zum Beispiel betriebswirtschaftliche Berechnungen, dass der Gewinnanteil in der Kalbinnenaufzucht im Durchschnitt der Betriebe gering ist. Auch leistungsschwache Milchkühe bzw. Milchkühe mit zu erwartender langer Trockenstehzeit rechnen sich sehr schlecht. Extensiv aufgemästete Rinder benötigen im Vergleich zu intensiv gemästeten Rindern um 50–100 % mehr Futter.

HINWEIS! Futterplanung

- Rasch einen groben Futterplan für die nächsten acht Monate erstellen.
- Effekte von Rationsumstellungen und Tierverkäufen auf die Futterbilanz prüfen.
- Kosten von Zukauffutter und von Rationen prüfen.
- Vorausschauend und rasch handeln.

TIPP! Mögliche Maßnahmen in der Rationsgestaltungtigste in Kürze

- Kühe mit hoher Leistung und Jungrinder im ersten Jahr sollten mit höheren Kraftfuttermengen versorgt werden. Der Pansen darf dabei aber nicht überlastet werden.
- Hochwertiges Grundfutter erhalten vorrangig die hochleistenden Tiere (Säugeperiode) sowie die Kälber.
- Rinder mit geringem Nährstoffbedarf (altmelkende und trockenstehende Kühe, Jungvieh im zweiten Lebensjahr, Mutterkühe) erhalten anstelle von Heu bzw. Grassilage auch Stroh in Kombination mit Kraftfutter.
- In der Rindermast kann durch Erhöhung des Kraftfutteranteils (bis zu 55 % der Ration bzw. 3,5–5 kg je nach Futteraufnahme) Grundfutter gespart werden.
- Beim Futtermittelzukauf müssen die Qualität des Futters und auch der Trockenmassegehalt berücksichtigt werden (Preiswürdigkeit!).
- Futterrationsberechnungen sind eine Voraussetzung für die bedarfsgerechte Ergänzung mit Energie, Eiweiß, Struktur und Mineralstoffen.

FUTTERMITTEL RICHTIG KOMBINIEREN

Durch die richtige Kombination von Futtermitteln und eine bedarfsgerechte Nährstoffversorgung kann die Futterverwertung verbessert werden. Dadurch können aber auch Probleme in der Futteraufnahme verhindert werden.

- Prinzipiell müssen in der Wiederkäuerfütterung Änderungen in der Rationszusammensetzung langsam durchgeführt werden. Die Mikroben des Pansens benötigen mehrere Tage bis Wochen zur Anpassung an neue Futterkomponenten bzw. ein geändertes Nährstoffangebot. Verdauungsstörungen und Durchfälle können daher durch langsame Futterwechsel vermieden werden!
- Die Rationen sollen sich auch zwischen den Fütterungszeiten (morgens und abends) nicht wesentlich unterscheiden.
- Wiederkäuer müssen ständig die Möglichkeit zur Futteraufnahme haben. Nur dadurch kann eine möglichst gleichmäßige Versorgung der Pansenmikroben im „Gärbehälter“ erreicht werden.
- Je häufiger das Futter vorgelegt wird, desto höher sind die Futter- und Nährstoffaufnahmen.
- Werden hohe Mengen an strukturarmen Futterkomponenten mit hohem Stärke- oder Zuckergehalt (Kraftfutter) eingesetzt, so muss dieses Futter auf mehrere Teilgaben (max. 1,5–2 kg pro Teilgabe) verteilt werden. Eine weitere Möglichkeit stellt das Einmischen von Kraftfutter in das Grundfutter (Mischration) dar.
- Nur wenn in der Gesamtration das Verhältnis von Energie zu Protein abgestimmt ist, kann eine optimale Pansenfermentation und damit Nährstoffversorgung des Rindes erreicht werden. Eine Voraussetzung dafür stellt natürlich auch die Versorgung der Pansenmikroben mit weiteren lebensnotwendigen Nährstoffen (z. B. Spurenelemente) dar.
- Wiederkäuer benötigen aber auch eine ausreichende Versorgung mit Strukturfutter (Grundfutter). Nur strukturierte Rationen führen zur notwendigen Ausbildung der festen Faserschicht im Pansen, zum Wiederkauen und der damit verbundenen notwendigen Speichelbildung. Der Speichel weist einen alkalischen pH-Wert auf. Kühe

können beispielsweise pro Tag 100–300 l puffernden Speichel bilden. Werden sehr strukturarme Rationen (z. B. Rohfasergehalt unter 16 %) gefüttert, muss mit einem niedrigen pH-Wert (unter 6,2) im Pansen und negativen Auswirkungen auf die Verdauungsvorgänge gerechnet werden. Fällt der pH-Wert des Pansens auf etwa 5,4 bzw. darunter, kommt es auch zu einer Schädigung der Pansenzotten bzw. Pansenwand. Es können Endotoxine und über die geschädigte Pansenschleimhaut auch Bakterien in das Blut eintreten. In der Folge kann es zu Leberschäden und Klauenproblemen kommen. Strukturmangel kann aber auch eine Ursache für gegenseitiges Belecken von Rindern darstellen. Ein eindeutiger Grenzwert für den maximalen Kraftfutteranteil in der Ration kann aufgrund der vielen Einflussgrößen auf den pH-Wert des Pansens nicht gegeben werden. Prinzipiell muss mit steigendem Futterniveau (Futteraufnahme) mit einem stärkeren Rückgang des pH-Wertes gerechnet werden. Je gleichmäßiger bzw. häufiger rasch abbaubare Futtermittel im Tagesverlauf gefüttert werden, desto geringer wird das Risiko von Pansenübersäuerungen. Prinzipiell sollten Kraftfuttermittel nur so wenig wie notwendig zerkleinert werden. Bei Grundfuttermitteln können negative Effekte der Zerkleinerung auf die Strukturwirksamkeit der Ration erst bei einer theoretischen Schnittlänge unter 1 cm erwartet werden. Rationen mit ausschließlich Maissilage als Grundfutter (theoretische Schnittlänge 4–8 mm) dürfen daher auch in der Rindermast nicht mit hohen Kraftfuttermengen (max. 50 %) kombiniert werden.

WOZU CHEMISCHE FUTTERANALYSEN?

Aus wirtschaftlichen und tiergesundheitlichen Gründen ist ein leistungsgerechter Einsatz von Futtermitteln notwendig. Die Kenntnis des Futterwertes ist dafür eine Grundvoraussetzung. Der Wert eines Futtermittels kann über Tabellenwerke, subjektive Beurteilung oder objektive (chemische) Analysen abgeschätzt werden. Tabellenwerke eignen sich vor allem für Kraftfuttermittel. Bei Grundfutter sollten sowohl subjektive als auch analytische Methoden zur Qualitätsbeurteilung herangezogen werden. Die subjektive Qualitätsbeurteilung sollte vom Landwirt regelmäßig durchgeführt werden. Dabei werden der Geruch, die Struktur und die Farbe des Futters beurteilt. Die analytischen Methoden ergänzen diese Beurteilung und sind eine wichtige Voraussetzung für die EDV-gestützte Rationsberechnung.

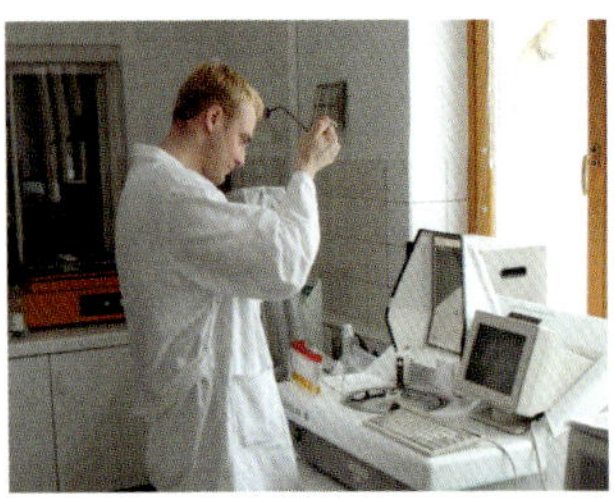

Vor allem bei Grundfutter und industriellen Nebenprodukten sollten sowohl subjektive als auch analytische Methoden zur Qualitätsbeurteilung herangezogen werden.

Welche chemischen Untersuchungen sind zu empfehlen?

- **Nährstoffanalysen** (Weender Analyse) auf den Gehalt von Trockenmasse, Rohprotein, Rohfett, Rohfaser, Rohasche und Energie ermöglichen die Einschätzung der Futterqualität und dienen als Grundlage für Rationsberechnungen. Diese Analysen sollten vor allem für die Hauptgrundfuttermittel regelmäßig durchgeführt werden. In der Milchviehfütterung werden zusätzlich zur Rohfaserbestimmung auch die Strukturkohlenhydrate (NDF, ADF, ADL) analysiert. Diese bilden den Zellulose-, Hemizellulose- bzw. Ligningehalt in Futtermitteln aufgrund der verbesserten Analytik genauer ab.
- **Mengen- und Spurenelementanalysen** ermöglichen die Durchführung exakter Mineralstoffbilanzen. Dies ist die Voraussetzung für eine leistungs-, umweltgerechte und wirtschaftliche Mineralstoffergänzung. Eine Analyse der Mineralstoffe ist primär für Grundfuttermittel zu empfehlen, da hier große Schwankungen auftreten.
- Die **Untersuchung der Gärqualität** lässt Rückschlüsse auf den Silierverlauf, die Futterakzeptanz bzw. die Futtereignung zu.
- **Mikrobiologische Untersuchungen** sind dann zu empfehlen, wenn aufgrund von Aussehen und Geruch ein Verdacht auf futterhygienische Mängel (Schimmel- oder Hefepilze) besteht.

Was sagen die chemischen Ergebnisse aus?

- Der **Trockenmassegehalt** (T, TM bzw. TS) dient bei Grassilagen zur Beurteilung des Anwelkgrades. Anzustreben ist ein Trockenmassegehalt von 30–40 %. Geringe Trockenmassegehalte (unter 30 %) erhöhen die Silierverluste. Zu hohe Trockenmassegehalte (über 40–45 %) erhöhen das Risiko von Schimmelbildung und Nacherwärmungen. Bei Maissilagen dient der Trockenmassegehalt zur Beurteilung des Reifegrades der Pflanzen, optimal ist ein Wert zwischen 28 und 35 %. Trockenmassewerte über 35 % bewirken eine Abnahme der Nährstoffverdaulichkeit und erhöhen das Futterhygienerisiko. Heu ist erst über einem Trockenmassegehalt von 86 % ohne Belüftung lagerfähig.
- Der **Rohproteingehalt** (RP bzw. XP) von Grünlandfutter schwankt je nach Nutzungsintensität und Pflanzenbestand in einem weiten Bereich von 100–200 g je kg TM. Früher Schnitt und hoher Leguminosenanteil erhöhen den Rohproteingehalt. Silomais weist konstantere Werte zwischen 70 und 90 g auf. Das **nutzbare Rohprotein** (nXP) ist ein errechneter Wert, der vor allem zur Abschätzung der Eiweißversorgung von Milchkühen dient. Die **ruminale N-Bilanz** (RNB) gibt Aufschluss über die Stickstoffversorgung der Pansenmikroben. Auch dieser Wert wird in der Milchviehfütterung zur Beurteilung der Gesamtration verwendet.
- **Rohfett** (RFE bzw. XL) spielt in der Grundfutterbewertung nur eine untergeordnete Rolle. In der Gesamtration sollte der Rohfettgehalt unter 5 % liegen.
- Der **Rohfasergehalt** (RFA bzw. XF) lässt bei Grünlandfutter wertvolle Rückschlüsse auf den Nutzungszeitpunkt und die Verdaulichkeit des Futters zu. Zeitgerecht geerntete Grassilagen weisen einen Rohfasergehalt von 24–26 % (max. 28 %) auf.
- Die **Gerüstsubstanzen-Analytik** (NDF, ADF, ADL) ermöglicht eine exaktere Differenzierung zwischen Zellulose, Hemizellulose und Lignin im Futter. NDF (neutral detergent fiber) setzt sich aus den Gerüstsubstanzen Zellulose, Hemizellulose und Lignin zusammen, ADF (acid detergent

fiber) enthält im Wesentlichen Zellulose und Lignin und ADL (acid detergent lignin) beschreibt den Ligningehalt.

- Der **Rohaschegehalt** (RA bzw. XA) ist ein Parameter zur Beurteilung der Sauberkeit der Grundfutterernte. Er sollte 100 g je kg TM nicht überschreiten!
- Der Gehalt an **Stickstofffreien Extraktstoffen** (NfE bzw. XX) wird errechnet. Die NfE bestehen im Wesentlichen aus Stärke und Zucker.
- Die **Verdaulichkeit der organischen Masse** (DOM) liegt bei Grundfutter zwischen 50 (überständiges Heu) und 75 % (ausgezeichnete Maissilage). Eine hohe Verdaulichkeit führt auch zu hohen Energiegehalten und hoher Futteraufnahme.
- Die Bewertung des **Energiegehaltes von Rinderfutter** erfolgt nach zwei Maßstäben: In der Rindermast wird dabei auf die Umsetzbare Energie (ME) und in der Milchviehfütterung auf die Netto-Energie-Laktation (NEL) zurückgegriffen. Grassilagen mittlerer Qualität weisen einen NEL-Gehalt von 5,7 MJ je kg TM auf. Bei Maissilagen liegt der NEL-Gehalt je nach Reifestadium und Kornanteil zwischen 5,9 und 6,6 MJ NEL. Im Kraftfutter liegt die Energiekonzentration je nach Zusammensetzung zwischen 7,2 und 8,4 MJ NEL/kg TM.
- Die Gehalte an **Mineralstoffen und Spurenelementen** der Grundfutterkomponenten werden von vielen Faktoren (Pflanzenbestand, Nutzungszeitpunkt, Düngung, Boden, Niederschläge etc.) beeinflusst. Die Ergebnisse der Untersuchung ermöglichen Berechnungen zur bedarfsgerechten Ergänzung der Rationen mit Mengen- und Spurenelementen. Bei Grünlandfutter muss mit fortschreitendem Nutzungszeitpunkt mit einem Rückgang des Calcium-, Phosphor-, Mangan-, Zink- und Kupfergehalts gerechnet werden.
- Die Untersuchung der **Gärqualität** stellt insebs. bei Grassilagen eine sinnvolle Ergänzung zur Nährstoffuntersuchung dar. Gut vergorene Grassilagen sollten bei einem Trockenmassegehalt von 35–40 % zumindest 20 g **Milchsäure** je kg Frischmasse enthalten. Zumindest 75–80 % des Gesamtsäuregehalts sollten auf Milchsäure entfallen. Der **Essigsäuregehalt** sollte bei 4–9 g je kg Frischmasse bzw. 15–20 % des Gesamtsäuregehaltes liegen. Die **Buttersäure** ist eine unerwünschte Gärsäure! Hohe Buttersäuregehalte findet man häufig bei verschmutzten bzw. feuchten Silagen. Gute Silagen weisen keine bzw. weniger als 1 g Buttersäure je kg Frischmasse auf. Die **Gesamtsäure** stellt die Summe aus Milch-, Essig- und Buttersäure dar. Grassilagen mit einem Trockenmassegehalt von 35–40 % sollten zumindest 25 g Gesamtsäure je kg Frischmasse aufweisen. Hohes Anwelken verringert die Gärsäurebildung. Die Konservierung hochangewelkter Silagen beruht nicht primär auf einer starken Absäuerung, sondern auf den sich dabei ergebenden osmotischen Druckverhältnissen. Dabei muss jedoch mit höheren Atmungs- und Gärverlusten sowie mit einem Verlust von löslichen Kohlenhydraten (CO_2- und Wärmeproduktion) gerechnet werden. Hochangewelkte Silagen (über 45 % TM) neigen zur Verschimmelung! Bei diesen Silagen ist der **pH-Wert** zumeist auch sehr hoch (über 5,0). Silagen mit einem Trockenmassegehalt von 35–40 % sollten einen pH-Wert unter 4,5 aufweisen. Der **Ammoniak-N-Anteil** ist ein Maß für die Eiweißzersetzung bei der Silierung. Gute Gärqualitäten weisen Ammoniak-N-Anteile am Gesamtstickstoff unter 5–10 % auf. Wird eine Gärqualitätsuntersuchung durchgeführt, so wird dann auf den Befunden auch eine **Punktebewertung** der Silagen von 1–100 bzw. eine Benotung von 5–1 durchgeführt.

FUTTERWERTTABELLEN FÜR WIEDERKÄUER

In den folgenden Tabellen wird ein Überblick über den Nährstoffgehalt von Grundfutter- und Kraftfuttermitteln je kg TM gegeben. Die Daten dazu wurden aus Tabellenwerken entnommen (ÖAG-Futterwerttabelle – Buchgraber u. Mit., 1998; DLG-Futterwerttabelle für Wiederkäuer, 1997; DLG-Futterwerttabelle – Mineralstoffgehalte in Futtermitteln, 1973; WURM, 2002). Der Gehalt an strukturierter Rohfaser wurde entsprechend den Angaben von Menke (1987) ermittelt. Um eine feinere Abstufung der angegebenen Strukturkoeffizienten zu erreichen, wurden diese mit Hilfe von Gleichungen, unter Berücksichtigung des Gehaltes an Rohfaser und der Trockenmasse, berechnet.

Bei der Interpretation der Ergebnisse muss beachtet werden, dass die Inhaltsstoffe von Grundfuttermitteln und auch manchen industriellen Nebenprodukten stark schwanken können. Nur eigene Futteranalysen können hier sicheren Aufschluss über den tatsächlichen Trockenmasse- und Nährstoffgehalt geben. Die Umrechnung des angegebenen Nährstoffgehaltes in der Trockenmasse auf die Frischmasse kann mit folgender Formel erfolgen:

Nährstoffgehalt je kg Frischmasse = Nährstoffgehalt (in g/kg TM) x Trockenmasse (g/kg)/1000

Futtermittel	Trockenmasse TM g	1 kg Trockenmasse enthält: Rohfaser RFA g	Strukturierte Rohfaser struk. RFA g	Rohprotein RP g	Nutzbares Rohprotein nXP g	Ruminale N-Bilanz RNB g	Netto-Energie-Laktation NEL MJ	Umsetzbare Energie ME MJ	Calcium Ca g	Phosphor P g
Grünfutter										
Wiese, grasreich, 4 bis 6 Nutzungen/Jahr, 1. Aufwuchs										
Schossen	192	200	77	169	136	5	6,59	10,92	8,0	4,0
Ähren-/Rispenschieben	194	229	107	184	128	9	6,06	10,22	7,9	4,1
Beginn Blüte	182	255	137	161	131	5	6,08	10,24	7,7	3,1
2. u. Folgeaufwuchs										
Schossen	190	193	70	204	129	12	6,09	10,20	11,8	3,5
Ähren-/Rispenschieben	173	227	102	203	122	13	5,45	9,32	10,7	4,2
Beginn Blüte	189	253	135	175	120	9	5,34	9,17	12,4	4,0

Futtermittel	Trockenmasse TM g	1 kg Trockenmasse enthält: Rohfaser RFA g	Strukturierte Rohfaser struk. RFA g	Rohprotein RP g	Nutzbares Rohprotein nXP g	Ruminale N-Bilanz RNB g	Netto-Energie-Laktation NEL MJ	Umsetzbare Energie ME MJ	Calcium Ca g	Phosphor P g
Wiese, Mischbestand, 4 bis 6 Nutzungen/Jahr, 1. Aufwuchs										
Schossen	153	185	59	193	139	9	6,72	11,10	8,7	4,0
Ähren-/Rispenschieben	163	223	97	169	133	6	6,40	10,66	8,4	3,1
Beginn Blüte	162	253	132	152	133	3	6,22	10,43	8,4	2,4
2. u. Folgeaufwuchs										
Schossen	176	186	62	182	128	9	6,09	10,22	11,1	4,4
Ähren-/Rispenschieben	166	223	97	172	127	7	5,75	9,75	12,4	4,6
Beginn Blüte	185	252	133	157	125	5	5,71	9,69	10,8	4,2
Wiese, grasreich, 2 bis 3 Nutzungen/Jahr, 1. Aufwuchs										
Beginn Blüte	210	257	143	127	124	0	5,74	9,72	8,2	2,4
Mitte Blüte	223	287	185	108	118	-2	5,44	9,31	7,4	2,3
Ende Blüte	225	315	228	111	114	0	5,17	8,94	6,8	2,7
2. u. Folgeaufwuchs										
Ähren-/Rispenschieben	198	227	105	159	114	7	4,93	8,71	9,8	2,5
Beginn Blüte	223	258	146	138	112	4	4,85	8,61	9,3	2,4
Mitte Blüte	212	283	178	137	107	5	4,52	8,17	8,6	2,9
Wiese, Mischbestand, 2 bis 3 Nutzungen/Jahr, 1. Aufwuchs										
Schossen	165	192	66	206	137	11	6,38	10,61	8,5	3,9
Ähren-/Rispenschieben	191	225	102	154	132	4	6,12	10,25	8,0	3,3
Beginn Blüte	193	255	138	140	126	2	5,78	9,80	8,3	3,2
Mitte Blüte	219	283	179	122	116	1	5,23	9,05	9,4	3,0
2. u. Folgeaufwuchs										
Schossen	207	191	70	183	128	9	5,82	9,86	13,1	4,3
Ähren-/Rispenschieben	202	225	104	163	123	6	5,54	9,48	11,6	3,6
Beginn Blüte	213	255	141	144	118	4	5,28	9,14	11,2	3,7
Mitte Blüte	230	283	180	132	112	3	4,89	8,61	10,9	3,8
Feldfutterbau										
1. Aufwuchs										
Rotkleegras	156	283	171	158	124	5	5,70	9,65	8,0	3,6
Feldfutter	223	321	237	123	117	1	5,29	9,14	9,5	3,6

Futtermittel	Trockenmasse TM g	1 kg Trockenmasse enthält Rohfaser RFA g	Strukturierte Rohfaser struk. RFA g	Rohprotein RP g	Nutzbares Rohprotein nXP g	Ruminale N-Bilanz RNB g	Netto-Energie-Laktation NEL MJ	Umsetzbare Energie ME MJ	Calcium Ca g	Phosphor P g
Luzerne	204	237	118	241	131	18	5,94	10,00	13,4	4,7
Luzernengras	204	271	160	204	129	12	5,88	9,94	8,4	4,0
2. u. Folgeaufwuchs										
Rotkleegras	156	259	139	168	121	8	5,46	9,29	8,5	3,9
Feldfutter	174	284	175	154	114	6	4,98	8,75	11,7	4,3
Luzerne	210	260	147	224	124	16	5,56	9,44	13,1	3,8
Luzernengras	207	271	161	206	125	13	5,61	9,54	12,6	3,9
Extensivgrünland, 2 - Schnittflächen, 1. Aufwuchs										
Beginn Blüte	250	264	157	112	107	1	4,65	8,26	9,9	2,6
Mitte Blüte	250	281	180	103	110	-1	4,76	8,40	9,3	3,0
Ende Blüte	253	316	232	91	109	-3	4,83	8,50	7,9	2,7
1 - Schnittflächen										
Mitte Blüte	285	287	192	128	102	4	4,05	7,45	9,6	2,5
Ende Blüte	330	321	249	90	86	1	3,19	6,26	8,6	2,6
Sonstige Grünfuttermittel										
Ackerbohen, Ende der Blüte	170	330	247	158	117	7	4,93	8,60	-	-
Ackerbohen, Gelbreife	300	274	176	171	133	6	5,68	9,67	-	-
Hafer, volles Rispenschieben	190	260	144	133	142	-1	6,57	10,83	-	-
Hafer, Mitte bis Ende Blüte	250	341	274	98	122	-4	5,44	9,27	-	-
Raps (Futterraps), vor der Blüte	110	133	17	194	157	6	7,00	11,30	-	-
Raps (Futterraps), Ende der Blüte	130	253	128	180	130	8	6,15	10,23	-	-
Roggen, volles Ährenschieben	170	288	180	147	142	1	6,51	10,79	-	-
Roggen, Mitte bis Ende der Blüte	230	376	336	114	123	0	5,49	9,39	-	-
Zuckerrübenblätter, sauber	160	108	0	159	141	3	6,47	10,48	-	-
Zuckerrübenblätter, verschmutzt	170	111	0	161	131	5	5,84	9,49	-	-

Futtermittel	Trockenmasse TM g	1 kg Trockenmasse enthält Rohfaser RFA g	Strukturierte Rohfaser struk. RFA g	Rohprotein RP g	Nutzbares Rohprotein nXP g	Ruminale N-Bilanz RNB g	Netto-Energie-Laktation NEL MJ	Umsetzbare Energie ME MJ	Calcium Ca g	Phosphor P g
Wirtschaftsgrünland, landesübliche Nutzung, 1. Aufwuchs										
Ähren-/Rispen-schieben	350	231	129	159	126	4	5,78	9,82	8,6	3,6
Beginn Blüte	341	258	160	146	124	3	5,73	9,73	8,5	3,3
Mitte Blüte	349	285	197	136	122	2	5,58	9,54	8,6	3,3
Ende Blüte	356	312	238	126	120	1	5,46	9,38	8,3	3,1
überständig	325	350	296	117	110	0	4,86	8,62	7,2	3,0
2. u. Folgeaufwuchs										
Schossen	350	195	92	182	129	8	5,90	9,98	10,6	3,5
Ähren-/Rispen-schieben	415	229	135	161	124	5	5,69	9,66	9,1	3,2
Beginn Blüte	352	255	158	149	121	4	5,49	9,42	8,6	3,2
Mitte Blüte	366	284	198	144	119	4	5,37	9,21	8,3	3,3
Ende Blüte	336	310	232	136	115	3	5,12	8,92	9,4	3,3
überständig	370	343	289	121	112	1	5,02	8,70	9,0	3,4
Rotkleegras, 1. Aufwuchs										
Ähren-/Rispen-schieben	322	232	127	169	132	6	6,25	10,32	9,3	3,3
Beginn Blüte	356	255	158	166	133	5	6,29	10,43	9,5	3,4
Mitte Blüte	343	287	199	146	130	3	6,12	10,22	8,0	3,1
Ende Blüte	335	314	238	143	126	3	5,85	9,83	8,4	3,3
überständig	321	351	298	125	120	1	5,56	9,44	7,1	3,1
2. u. Folgeaufwuchs										
Ähren-/Rispen-schieben	361	226	125	177	130	8	6,04	10,08	10,6	3,3
Beginn Blüte	429	255	168	176	123	9	5,58	9,46	10,8	3,7
Mitte Blüte	389	286	203	164	115	8	5,09	8,78	9,7	3,3
Ende Blüte	349	312	237	153	106	8	4,60	8,06	9,2	3,4
überständig	328	349	295	137	93	7	3,85	6,92	8,7	3,4
Feldfutter - Silage, 1. Aufwuchs										
Rotklee	305	279	184	169	119	8	5,36	9,14	11,9	3,2
Rotkleegras	335	304	223	144	127	3	5,93	9,94	8,2	3,2
Luzerne	387	294	215	183	110	12	5,00	8,62	14,1	3,5
Luzernengras	350	301	220	167	119	8	5,36	9,15	11,3	3,5

Futtermittel	Trockenmasse TM g	Rohfaser RFA g	Strukturierte Rohfaser struk. RFA g	Rohprotein RP g	Nutzbares Rohprotein nXP g	Ruminale N-Bilanz RNB g	Netto-Energie-Laktation NEL MJ	Umsetzbare Energie ME MJ	Calcium Ca g	Phosphor P g
		1 kg Trockenmasse enthält								
Landsberger Gemenge	280	307	221	140	123	3	5,75	9,68	8,5	3,5
2. u. Folgeaufwuchs										
Rotklee	353	283	195	171	114	9	5,05	8,71	12,7	2,9
Rotkleegras	379	287	204	162	113	8	5,03	8,67	9,8	3,4
Luzerne	423	307	238	186	110	12	4,77	8,29	15,4	3,0
Luzernengras	425	296	222	182	122	9	5,55	9,42	12,1	3,3
Ganzpflanzensilagen										
Hafer - GPS	273	339	272	108	113	1	4,77	8,26	10,7	4,0
Gerste - GPS	345	280	190	102	113	-2	5,08	8,77	4,6	3,0
Roggen - GPS	244	328	251	131	104	4	5,81	9,76	5,7	3,9
Weizen - GPS	392	285	202	92	112	-3	5,21	8,95	2,9	2,6
Silomais										
Milchreife, niedriger Kolbenanteil	219	273	162	85	122	−6	5,73	9,71	2,6	2,3
Milchreife, mittlerer Kolbenanteil	226	237	133	86	126	−6	6,00	10,07	2,4	2,2
Milchreife, hoher Kolbenanteil	229	209	112	85	128	−7	6,22	10,37	2,3	2,3
Teigreife, niedriger Kolbenanteil	269	246	140	82	124	−7	5,97	10,05	2,6	2,2
Teigreife, mittlerer Kolbenanteil	275	216	117	81	127	−7	6,19	10,34	2,4	2,2
Teigreife, hoher Kolbenanteil	286	191	99	84	131	−7	6,40	10,62	2,3	2,2
Gelbreife, niedriger Kolbenanteil	337	237	133	81	125	−7	6,07	10,14	2,7	2,1
Gelbreife, mittlerer Kolbenanteil	333	206	109	80	128	−8	6,29	10,48	2,4	2,2
Gelbreife, hoher Kolbenanteil	346	180	91	82	131	−8	6,48	10,72	2,6	2,4
Sonstige Silagen										
Ackerbohne, Gelbreife	300	302	216	180	135	7	5,75	9,76	-	-
Biertrebersilage	260	193	0	249	185	10	6,66	11,22	2,3	5,7
Maiskornsilage CCM	600	52	0	105	159	−9	8,08	12,89	0,4	3,2

Futtermittel	Trockenmasse TM g	1 kg Trockenmasse enthält Rohfaser RFA g	Strukturierte Rohfaser struk. RFA g	Rohprotein RP g	Nutzbares Rohprotein nXP g	Ruminale N-Bilanz RNB g	Netto-Energie-Laktation NEL MJ	Umsetzbare Energie ME MJ	Calcium Ca g	Phosphor P g
Raps, in der Blüte	130	202	71	172	138	5	6,29	10,37	-	-
Raps, Ende der Blüte	140	264	143	168	125	7	5,56	9,38	-	-
Zuckerrübenblätter, sauber	160	159	39	149	130	3	5,86	9,71	-	-
Zuckerrübenblätter, verschmutzt	180	141	29	137	115	4	5,10	8,47	-	-
Raufutter										
Dauerwiese, Heu u. Grummet, Bodentrocknung, 1. Aufwuchs										
Ähren-/Rispen-schieben	887	226	226	135	135	0	5,65	10,42	10,5	3,2
Beginn Blüte	894	259	259	111	120	−1	5,33	9,17	8,4	3,0
Mitte Blüte	893	287	287	107	117	−1	5,17	8,82	6,9	2,5
Ende Blüte	875	315	315	101	114	−2	4,92	8,57	6,4	2,4
überständig	879	347	347	90	110	−3	4,74	8,39	5,5	2,2
2. u. Folgeaufwuchs										
Ähren-/Rispen-schieben	897	229	229	142	128	2	5,60	9,79	11,0	3,4
Beginn Blüte	881	257	257	137	122	3	5,39	9,27	8,5	3,1
Mitte Blüte	875	284	284	126	118	1	5,19	9,00	7,4	2,9
Ende Blüte	877	312	312	112	115	−1	5,09	8,85	6,8	2,8
überständig	873	343	343	100	112	−2	4,89	8,66	5,8	2,7
Belüftungstrocknung, 1. Aufwuchs										
Ähren-/Rispen-schieben	925	232	232	127	130	0	6,03	10,11	-	-
Beginn Blüte	890	259	259	134	125	1	5,67	9,59	7,3	3,8
Mitte Blüte	877	288	288	113	118	−1	5,17	8,89	7,1	2,8
Ende Blüte	871	315	315	106	115	−1	5,00	8,65	6,4	2,6
überständig	863	344	344	94	110	−3	4,79	8,34	6,0	2,2
2. u. Folgeaufwuchs										
Ähren-/Rispen-schieben	901	229	229	132	125	1	5,69	9,63	7,9	3,3
Beginn Blüte	886	256	256	131	120	2	5,35	9,15	7,6	3,3
Mitte Blüte	868	285	285	124	121	0	5,41	9,24	7,8	3,1
Ende Blüte	872	312	312	116	118	0	5,31	9,09	7,0	2,7

Futtermittel	Trockenmasse TM g	1 kg Trockenmasse enthält Rohfaser RFA g	Strukturierte Rohfaser struk. RFA g	Rohprotein RP g	Nutzbares Rohprotein nXP g	Ruminale N-Bilanz RNB g	Netto-Energie-Laktation NEL MJ	Umsetzbare Energie ME MJ	Calcium Ca g	Phosphor P g
Feldfutterbau, Heu u. Grummet, 1. Aufwuchs										
Rotklee	886	309	309	135	122	2	5,27	9,05	9,9	2,3
Rotkleegras	903	336	336	102	111	–1	5,25	9,08	5,0	2,5
Luzerne	890	356	356	172	71	16	4,80	8,35	11,2	2,6
Luzernengras	873	363	363	179	105	12	4,06	7,24	10,3	3,6
2. u. Folgeaufwuchs										
Rotklee	886	324	324	145	105	6	4,26	7,55	10,4	2,8
Rotkleegras	902	303	303	131	108	4	5,04	8,66	6,1	2,9
Luzerne	899	351	351	165	103	10	4,35	7,68	11,1	2,9
Luzernengras	899	301	301	147	115	5	4,83	8,40	9,1	2,8
Sonstige Raufuttermittel										
Gerste, Stroh	860	442	442	39	82	–7	3,76	6,80	4,0	1,4
Hafer, Stroh	860	440	440	35	80	–7	3,73	6,74	4,1	1,4
Weizen, Stroh	860	429	429	37	76	–6	3,50	6,37	3,1	0,8
Grünmehl										
Luzernengrünmehl, junge Pfl.	900	222	67	218	184	5	5,67	9,61	18,0	3,0
Luzernengrünmehl, ältere Pfl.	900	289	87	188	168	3	4,95	8,57	19,0	2,5
Wurzeln und Knollen										
Futterrüben, gehaltvoll, sauber	150	64	0	77	149	–12	7,57	11,96	2,7	2,0
Futterrüben, Massenrübe, sauber	120	69	0	89	150	–10	7,60	11,96	2,7	2,7
Zuckerrübe, sauber	230	54	0	62	152	–14	8,01	12,56	2,2	1,3
Kartoffel, roh	220	27	0	96	162	–11	8,44	13,08	0,9	2,3
Kartoffel, gedämpft	220	29	0	98	150	–8	7,56	11,99	0,9	2,6
Getreide u. Hülsenfrüchte										
Ackerbohne	880	89	0	298	195	17	8,61	13,62	1,6	4,6
Erbsen	880	67	0	251	187	10	8,53	13,48	0,9	4,8
Gerste	880	52	0	119	165	–7	8,16	12,93	0,9	3,9
Hafer	880	116	0	121	140	–3	6,97	11,48	1,2	3,4
Mais	880	26	0	106	164	–9	8,39	13,29	0,5	3,3
Roggen	880	27	0	112	167	–9	8,49	13,31	0,9	3,3

Futtermittel	Trockenmasse TM g	1 kg Trockenmasse enthält: Rohfaser RFA g	Strukturierte Rohfaser struk. RFA g	Rohprotein RP g	Nutzbares Rohprotein nXP g	Ruminale N-Bilanz RNB g	Netto-Energie-Laktation NEL MJ	Umsetzbare Energie ME MJ	Calcium Ca g	Phosphor P g
Sojabohen, behandelt	880	62	0	398	189	33	9,90	15,88	2,9	7,1
Triticale	880	28	0	145	170	–4	8,32	13,13	0,6	5,4
Weizen	880	29	0	138	172	–5	8,51	13,37	0,9	3,7
Industrielle Nebenerzeugnisse										
Hefe, Bier, getrocknet	900	25	0	521	324	32	7,61	12,40	2,4	16,0
Malzkeime	920	110	0	284	179	17	6,17	10,36	2,4	7,8
Melasse, zuckerreich	770	0	0	136	158	–3	7,88	12,29	5,3	0,3
Obsttrester, Apfel, getrocknet	920	223	0	61	114	–8	6,04	10,21	-	-
Roggenkleie	880	83	0	163	143	3	6,42	10,67	1,7	9,6
Trockenschnitzel	900	205	0	99	152	–8	7,43	11,93	10,0	1,0
Weizenkleie	880	134	0	160	143	3	5,86	9,92	1,7	13,0
Maisglutenfutter (Starprot)	940	67	0	314	281	5	8,4	14,0	1,1	8,3
Rückstände der Ölgewinnung										
Kürbiskernkuchen	943	60	0	589	339	40	8,00	13,30	1,0	22,0
Leinkuchen, 8 – 12 % Fett	910	100	0	357	224	21	7,92	12,98	4,2	10,0
Rapskuchen	900	128	0	370	217	25	7,99	13,06	6,5	10,1
Rapsextraktionsschrot	880	131	0	399	239	26	3,30	12,01	6,8	13,5
Sojaextraktionsschrot, 44	880	67	0	510	293	35	8,63	13,75	3,1	7,1
Sojaextraktionsschrot, HP	890	39	0	548	305	39	8,59	13,73	3,2	7,6
Sonnenblumenextraktionsschrot	880	181	0	432	228	29	6,82	11,36	5,7	13,6
Tierische Futtermittel										
Magermilch, frisch	85	0	0	368	179	30	8,96	13,94	15,1	11,6
Molke, süß, frisch	60	0	0	135			8,2	13,7	6,4	6,4
Vollmilch	140	0	0	264	128	22	12,47	19,31	9,0	7,5

EINFLUSSFAKTOREN AUF DIE QUALITÄT VON RINDFLEISCH

Der Begriff „Qualität“ muss sehr umfassend definiert werden. Neben den herkömmlich messbaren Qualitätskriterien, wie etwa Schlachtleistung, Produktsicherheit, Hygiene, Kocheigenschaften, Zartheit und Geschmack, müssen auch weitere Anforderungen sowie Erwartungen der Kunden an das Produkt in der Erzeugung und Vermarktung von Lebensmitteln verstärkt berücksichtigt werden. Zu diesen Kriterien zählen beispielsweise die Haltungs- und Fütterungsbedingungen, die Herkunft der Tiere und der „Umgang“ mit ihnen während der Mast bis zur Schlachtung. Zusätzlich erwartet sich der Konsument von Qualitätsrindfleisch, dass dieses in gleichbleibender, sicherer und geprüfter Qualität auch kontinuierlich am Markt verfügbar ist. Bio-Betriebe müssen wertere Qualitätskriterien (Weidehaltung, Stallmaße, Bio-Fütterung, Einschränkungen bei den Behandlungen etc.) erfüllen.

Die Färbung des Fleisches ist altersabhängig – die Fettfarbe wird von der Fütterung in den letzten Mastmonaten stark beeinflusst.

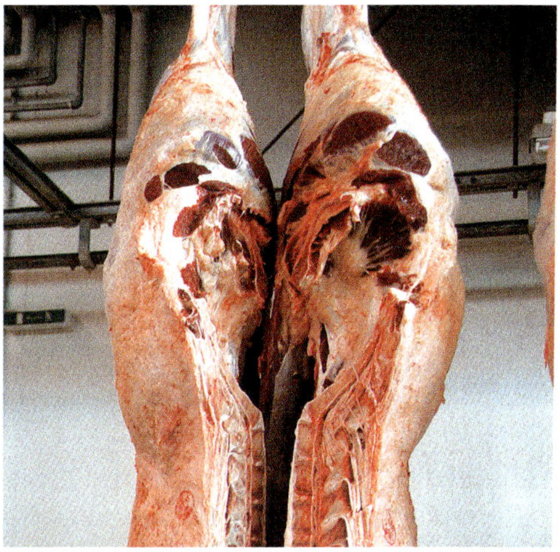

Unter Schlachtkörperqualität versteht man die Ausformung und Zusammensetzung des Schlachtkörpers – diese wird mit dem EUROP-System beurteilt.

PRODUKTIONSTECHNIK UND SCHLACHTKÖRPER- SOWIE FLEISCHQUALITÄT

Die Einflussfaktoren der Produktionstechnik auf die Schlachtkörper- und Fleischqualität lassen sich in vier Bereiche unterteilen:

- **Genetische Einflüsse**: Rasse, Geschlecht, Linie, individuelle Veranlagung
- **Mastbedingungen:** Mastendgewicht, Schlachtalter, Mastintensität, Haltung und Gesundheit
- **Behandlung der Tiere vor der Schlachtung:** Transportbedingungen, Fütterung und Wasserversorgung, Aufenthalt am Schlachthof
- **Behandlung der Schlachtkörper und des Fleisches nach der Schlachtung**: Kühlung, Reifung, Lagerung

Was wird unter Schlachtkörper- und Fleischqualität verstanden?

Schlachtkörperqualität

Die **Schlachtkörperqualität** ist für den Verarbeitungsbetrieb, aber auch den Handel und den Konsumenten bedeutend. Die Schlachtkörperqualität beschreibt die Zusammensetzung und Ausformung des Schlachtkörpers. In Europa wird dazu auf die gesetzlich vorgeschriebene Schlachtkörperklassifizierung zurückgegriffen. Dabei werden die Fleischigkeits- und Fettgewebsklasse (EUROP), die Kategorie, das Alter und die Herkunft erfasst.

Die **Fleischigkeitsbeurteilung** nach dem EUROP-System (E = vorzüglich ... P = gering) beschreibt indirekt den Ausmästgrad, das Fleisch-/Knochen-Verhältnis und die Proportion der Teilstücke am Schlachtkörper zueinander.

Die **Fettgewebsklasse** (1 = sehr gering ... 5 = sehr stark) ergibt sich aus der Beurteilung der Dicke der Fettschicht auf dem Schlachtkörper und der Fettmenge in der Brusthöhle. Die Fettgewebsklasse beschreibt indirekt den Ausmästgrad, das Fleisch-/Fett-Verhältnis und die Einlagerung von Fett in das Muskelgewebe. Eine zu geringe Fettgewebsklasse (1, 2) deutet auf einen schlechten Ausmästgrad, wenig intramuskuläre Fetteinlagerung und eine damit verbundene schlechte Fleischqualität hin. Eine hohe Fettklasse führt in der Verarbeitung zu hohen Fettabschnittsverlusten, aber auch zu Problemen in der Vermarktung von Teilstücken.

Das **Alter** der Tiere bei der Schlachtung beeinflusst wesentlich den Genusswert (Zartheit, Saftigkeit etc.) von Rindfleisch. Neben den oben angeführten Merkmalen werden je nach Vermarktungspartner auch noch die Fettfarbe, Teilstückgröße, Marmorierung etc. in die Preisbildung einbezogen.

Fleischqualität – Genusswert

Die **Fleischqualität** kann als Summe aller sensorischen, ernährungsphysiologischen, hygienischen/toxikologischen und verarbeitungstechnischen Eigenschaften des Fleisches verstanden werden. Da die gesicherte Produktion eine Grundvoraussetzung darstellt, wird in den folgenden Ausführungen nur auf den Genusswert näher eingegangen.

Der **Genusswert** von Rindfleisch wird wesentlich von der Konsistenz, Zartheit, Saftigkeit, dem Aroma, Geschmack, der Marmorierung und der Farbe bestimmt. Umfangreiche Untersuchungen zeigen, dass für eine gute Beurteilung der Rindfleischqualität neben dem Alter der Tiere bei der Schlachtung vor allem die Fetteinlagerung im Muskelfleisch (Marmorierung) eine wesentliche Rolle spielt.

Der Genusswert von Rindfleisch wird wesentlich von der Konsistenz, Zartheit, Saftigkeit, dem Aroma, Geschmack, der Marmorierung und der Farbe bestimmt.

Kennzahlen für eine hohe Fleischqualität (nach AUGUSTINI u. FRICKH, 2002)

Merkmal	Maßeinheit	Wert
Schlachtkörper		
Fettklasse	Punkte	2–4
Fettgewebeanteil am SK	%	10–15
Nierentalganteil am SK	%	1,5–3,0 (3,5)
Fleischigkeitsklasse	EUROP	E, U, R
Reifedauer (+2 °C)	Tage	über 14
pH-Wert		
pH 45 min nach Schlachtung	-	über 5,8
pH 24 Stunden nach Schlachtung	-	5,6–6,0
pH 36–48 Stunden nach Schlachtung	-	5,4–5,8
Fetteinlagerung im Muskel		
Marmorierung	Punkte	3–4
Intramuskulärer Fettgehalt	%	2,5–4,5
Zartheit – Rückenmuskel		
Scherkraft für annehmbare Zartheit	kg (N)	unter 4 (unter 39,2)
Scherkraft für außergewöhnliche Zartheit	kg (N)	unter 3,5 (unter 34,3)
Sensorik		
Annehmbare Saftigkeit	Punkte (1–6)	über 3
Annehmbare Zartheit	Punkte (1–6)	über 3
Annehmbares Aroma	Punkte (1–6)	über 3
Gesamteindruck	Punktesumme	12 und darüber
Farbe (Spektralphotometer 45/0)		
L10*-Helligkeit	-	34–40
a10*-Rotton	-	10 und darüber
Wasserbindungsvermögen		
Tropfsaftverlust nach 3-tägiger Lagerung	%	2,5–3,0
Grillverlust	%	22 und darunter

- Die **Geschmacksstoffe** des Fleisches sind fettlöslich. Eine gute Beurteilung der Fleischqualität erfordert eine Fetteinlagerung von zumindest 2,5 % (besser über 3,0 %) im Muskelgewebe. Dieser Wert sollte nicht über 5 % ansteigen, da dann eine zu starke Verfettung des Schlachtkörpers bzw. von Teilstücken auftritt. Die Schlachtkörper der sogenannten „blauen Ritter“ weisen eine zu geringe Fettabdeckung und damit auch eine mangelhafte Fetteinlagerung im Muskelfleisch auf. Die Fleischqualität leidet darunter. Gut marmoriertes Fleisch wird hinsichtlich

Geschmack, Zartheit und Saftigkeit, aber auch Fleischfarbe besser beurteilt.

- Das **Alter der Tiere** bei der Schlachtung hat einen Einfluss auf die Muskelfaserausbildung (Feinheit), die Löslichkeit des Bindegewebes, die Zartheit, das Aroma und den Geschmack. Mit zunehmendem Schlachtalter gewinnt das Rindfleisch an typischem Geschmack, es verliert jedoch an Zartheit und teilweise auch an Saftigkeit. Der Rückgang der Zartheit und Saftigkeit mit steigendem Alter ist bei Stieren deutlich stärker als bei gezielt gemästeten Ochsen und Kalbinnen ausgeprägt. Durch entsprechende Fleischreifung kann die Qualität von Rindfleisch (wertvolle Teilstücke) deutlich verbessert werden. Vor allem unter extensiven Mastbedingungen (Ochsen- und Kalbinnenmast, Kuhausmast etc.) ist dies wichtig.
- In der **Vermarktung von Frischfleisch** verbindet der Konsument mit hellem, typisch kirschrotem Rindfleisch Frische, Zartheit und Geschmack. Die Färbung des Fleisches ist stark altersabhängig. Mit zunehmendem Alter wird Rindfleisch dunkler. Bei grünlandfutterreichen Rationen in den letzten zwei bis drei Monaten vor der Schlachtung muss mit einem höheren Gelbton im Fettgewebe gerechnet werden.
- Die **Tierbehandlung** vor der Schlachtung, die Schlachtung, die Verarbeitung und die Reifung beeinflussen ebenfalls den Genusswert wesentlich.

Das **Fettsäuremuster** im Rindfleisch wird neben dem Geschlecht, der Rasse, dem Schlachtgewicht, dem Alter, der Herkunft der Fettprobe (Muskel etc.) und dem intramuskulären Fettgehalt wesentlich von der Rationszusammensetzung und der Fütterung in den letzten Monaten vor der Schlachtung bestimmt. Bei grünland- und weidebasierter Mast kann, im Vergleich zu intensiveren Mastverfahren (z. B. Maissilage und Kraftfutter), mit höheren Anteilen ernährungsphysiologisch wertvoller Fettsäuren (mehrfach ungesättigte Fettsäuren, CLA- und Omega-3-Fettsäuren) gerechnet werden. Diesbezüglich muss aber auch beachtet werden, dass für eine Verbesserung der Fettsäurenversorgung des Menschen die gesamte „Ernährungspyramide" beachtet werden muss. Der gezielte Rindfleischkonsum kann dazu nur einen begrenzten Beitrag (etwa 5–25 % des Tagesbedarfs) leisten.

Grünland- und weidebasierte Mast führt zu hohen Anteilen ernährungsphysiologisch wertvoller Fettsäuren (CLA- und Omega3-Fettsäuren) im Fett.

GENETISCHE HERKUNFT

Das genetische Potential ist die Ausgangsbasis für die Schlachtkörper- und Fleischqualität. Alle anderen Faktoren (Fütterungsintensität, Mastalter etc.) müssen darauf aufbauen bzw. müssen darauf abgestimmt werden. Der Betrieb hat bei der Auswahl der

Genetik bzw. im Rahmen der Kreuzungszucht die Möglichkeit, die genetische Ausgangsbasis zu beeinflussen. Bevor eine Rasse, ein Stier oder eine Kreuzung ausgewählt wird, müssen das Produktionsziel und die angestrebte Vermarktung festgelegt werden. Dabei spielen die Betriebsbedingungen und die Futtergrundlage eine wesentliche Rolle.

Weltweit dominiert in der Rindfleischerzeugung die „Kreuzungszucht". In der Mutterkuhhaltung werden hier zumeist Kreuzungskühe (in der Regel Milchrasse x leichtkalbende Kuh englischer Rasse) mit mittel- bis großrahmigen Fleischrassen als Besamungs- oder Deckstieren belegt.

Einfluss der Rasse

Die Betriebsbedingungen und das Produktionsziel geben in der Rindermast die Rasse bzw. Kreuzungsvariante vor! Die Einteilung der Rinderrassen kann in Fleischrasse, Zweinutzungsrind und Milchrasse erfolgen.

Milchbetonte Rassen verfetten früher und stärker als großrahmige Mastrassen.

Großrahmige Mastrassen und deren Kreuzungen müssen intensiver und auf ein höheres Mastendgewicht gemästet werden.

Milchbetonte Rassen zeigen in der Mast eine etwas stärkere und frühzeitigere Verfettung als Zweinutzungsrinder und mastbetonte Fleischrassen. Durch die stärkere Verfettung ist der Futteraufwand pro kg Lebendgewichtszunahme erhöht. Für den Fettansatz muss im Vergleich zum Muskelgewebeansatz deutlich mehr Energie aufgewendet werden. Der Schlachtkörper milchbetonter Tiere weist einen geringeren Muskelfleischanteil und ein engeres Fleisch-/Knochen-Verhältnis auf. Auch der Anteil an wertvollen Teilstücken am Schlachtkörper sowie die Größe der wertvollen Teilstücke sind geringer. Die Ausschlachtung und die Klassifizierungsergebnisse (EUROP) liegen ebenfalls zurück. Kälber von milchbetonten Rassen gehen daher vorwiegend in die Kälbermast. Obwohl auch hier die oben beschriebenen genetischen Unterschiede zu fleischbetonten Rassen oder Zweinutzungsrassen bestehen, können die günstigeren Preise der Kälber die Nachteile in der Mast kompensieren. Die gezielte Ausmast männlicher Tiere bzw. kastrierter Tiere milchbetonter Rassen ist mengenmäßig von untergeordneter Bedeutung. Einzelbetrieblich kann die Ausmast milchbetonter Tiere betriebswirtschaftlich dann sinnvoll sein, wenn ein regionaler Absatz zu guten Konditionen möglich ist.

Leistung von Fleckvieh- bzw. Holstein-Friesian-Stieren bei intensiver Mast ab etwa 180 kg (VELIK und TERLER, 2019)

	Fleckvieh	Holstein Friesian
Mastendgewicht, kg	717	659
Mastdauer, Monate	12,3	13,5
Schlachtalter, Monate	17,4	18,6
Tageszunahmen-Versuchszeitraum, g	1.427	1.193
Futteraufnahme, kg TM	8,7	8,0
Futteraufwand, kg TM/kg LG-Zuwachs	6,5	7,6
Schlachtkörpergewicht (kalt), kg	405	351
Ausschlachtung, %	56,5	53,3
Fleischklasse, Punkte (E = 1, P = 5)	1,9 (U)	4,0 (O)
Fettklasse, Punkte (1–5; 5 = fett)	2,9	2,7
Fleischqualität		
Intramuskulärer Fettgehalt, %	1,9	2,4
Scherkraft Grillproben, kg	3,8	3,0
Verkostung, Punkte (1–6, 6 = beste)	3,8	4,2

Innerhalb der **Fleischrassen** gibt es ausgeprägte Unterschiede in der Schlachtkörper- und Fleischzusammensetzung. Aus diesem Grund ist innerhalb der Fleischrassen eine Unterscheidung zwischen einerseits großrahmigen, spätreifen Rassen und andererseits kleinrahmigen, frühreifen Rassen erforderlich. Eine weitere Gruppe stellen daneben die genügsamen Robustrassen dar.

Kleinrahmige Mastrassen (Aberdeen Angus, Deutsch Angus, Hereford etc.) sind frühreif und zeigen bei geringerem Lebendgewicht bereits eine intensive Fetteinlagerung in den Schlachtkörper und das Fleisch. Diese frühere und intensivere Fetteinlagerung führt auch unter extensiven Fütterungsbedingungen zu einer sehr hohen Fleischqualität (Aroma, Geschmack, Saftigkeit). Die durchgehend intensive Mast auf hohe Mastendgewichte ist aufgrund der damit verbundenen hohen und frühen Fetteinlagerung nicht wirtschaftlich bzw. am Markt nicht erwünscht.

Großrahmige Fleischrassen (Charolais, Blonde d'Aquitaine etc.) zeigen in der Mast

Die frühere und intensive Fetteinlagerung bei Angus-Rindern führt auch unter extensiven Fütterungsbedingungen zu einer sehr hohen Fleischqualität.

einen hohen Eiweißansatz und weisen ein gutes genetisches Zunahmepotential auf. Die Fetteinlagerung in den Schlachtkörper ist geringer als bei kleinrahmigen Mastrassen. Weiters setzt sie erst bei hohem Lebendgewicht intensiver ein. Zur Erzielung einer guten Fettabdeckung des Schlachtkörpers und der damit für eine gute Fleischqualität verbundenen notwendigen Fetteinlagerung in das Fleisch (Marmorierung) müssen großrahmige Rassen intensiv und auf höheres Mastendgewicht gemästet werden. Unter extensiven Bedingungen kann keine gute Schlachtkörper- und Fleischqualität erreicht werden.

Robustrassen wie Hochlandrinder, Galloway, Luing etc. eignen sich gut für die Nutzung von extensiven Standorten. Für die intensive Mast sind diese Rassen nicht geeignet. Die Mastdauer liegt aufgrund der genetischen Veranlagung über der der großrahmigen Tiere. Der Absatz von Zuchtvieh und Fleisch ist als Spezialität nahezu ausschließlich vom Betriebsführer zu organisieren.

Zweinutzungsrassen (z. B. Fleckvieh, Pinzgauer) liegen hinsichtlich ihrer genetischen Eigenschaften zwischen milchbetonten und fleischbetonten Tieren. Es muss aber mit einer größeren Variabilität der Mast- und Schlachtleistungsergebnisse gerechnet werden. Mit zunehmender Zucht auf Milchleistung geht die Schlachtkörperqualität (Klassifizierung, Fetteinlagerung) zurück.

Leistung von Fleckvieh- bzw. Braunvieh-Stieren bei hoher (3 kg KF bzw. 11,3 MJ ME/kg TM) bzw. sehr hoher TMR-Fütterungsintensität (3,4 kg KF bzw. 11,8 MJ ME/kg TM in) und Mast auf hohes Endgewicht (ETTLE u. Mit. 2018)

Rasse	Fleckvieh	Fleckvieh	Braunvieh	Braunvieh
Fütterungsintensität	Norm	Hoch	Norm	Hoch
Anfangsgewicht, kg	243	240	226	227
Mastendgewicht, kg	798	815	765	777
Tageszunahmen, g	1.704	1.773	1.615	1.643
Futteraufnahme, kg TM	9,8	9,5	9,4	9,5
Futteraufwand, kg TM/kg LG-Zuw.	5,7	5,4	5,8	5,8
Energieaufwand, MJ ME/kg LG-Zuw.	66	64	68	69
Schlachtkörpergewicht, kg	445	458	411	421
Ausschlachtung, %	58,0	58,9	56,6	56,9
Fleischklasse, Punkte (E = 1, P = 5)	2,3	2,2	3,6	3,5
Fettklasse, Punkte (1–5; 5 = fett)	3,4	3,1	3,6	3,5
Fleischqualität				
Intramuskulärer Fettgehalt, %	3,4	3,6	3,6	4,3
Scherkraft Grillproben, kg	4,8	4,5	4,8	4,5

Regionale Rinderrassen und Rinderherkünfte: Heimische und erhaltungswürdige Rassen (Grauvieh, original Pinzgauer etc.) können – bei entsprechenden Mastbedin-

Hochlandrinder eignen sich gut für die Nutzung von extensiven Standorten. Die Vermarktung der Tiere ist selbst zu organisieren.

gungen – mit guten Fleischqualitäten punkten. Auf internationaler Ebene zeichnen sich Wagyu-Rinder (japanische Rinderrassen, Schwerpunktregion Kobe) durch einen sehr hohen intramuskulären Fettgehalt und beste Marmorierung aus. Es muss jedoch im Vergleich zu herkömmlichen Mastrassen (bei gleichen Fütterungsbedingungen) mit geringeren Tageszunahmen und höherem Futteraufwand pro kg Zuwachs gerechnet werden. Auch sind die Preise für Zuchttiere sehr hoch, weshalb die Produkte dieser Rasse vor allem hochpreisig abgesetzt werden müssen (Spitzengastronomie).

Schlachtleistungsergebnisse von reinrassigen Schlachttieren bzw. von Kreuzungstieren in Österreich (ZuchtData, 2018)

Rasse bzw. Kreuzung	Zunahme g/Tag	Nettozunahme g/Tag	Ausschlachtung %	Handelsklasse (E = 5 ... P = 1)	E + U %
Fleckvieh (FV)	1.165	715	57,2	3,6	64,8
Braunvieh (BV)	1.032	602	55,1	2,6	2,5
Holstein Friesian (HF)	988	572	53,6	1,9	0,3
Pinzgauer (PI)	1.038	602	54,5	2,9	10,4
Murbodner	1.052	659	58,4	3,8	73,6
Charolais (CH)	1.143	730	59,6	4,1	91,6
Limousin (LI)	1.068	704	62,8	4,4	96,3
FV x CH	1.206	758	58,7	4,0	86,3
FV x LI	1.143	723	59,4	3,9	86,3
FV x WB[1]	1.135	741	60,6	4,3	94,3
BV x FV	1.127	673	56,5	3,3	34,0
BV x WB	1.115	707	59,8	3,9	81,0

[1] WB: Weiß-Blaue Belgier

Gebrauchskreuzungen

Durch Kreuzung von Zweinutzungsrassen oder Milchrassen mit Fleischrassen können die Mastleistung und vor allem die Schlachtkörperqualität und in der Mutterkuhhaltung auch die Fruchtbarkeitsergebnisse zum Teil verbessert werden. Viele Markenprogramme forcieren Gebrauchskreuzungen und empfehlen bestimmte Kreuzungen und Rassen, um mehr Einheitlichkeit und Gleichmäßigkeit in der Mast- und Schlachtleistung zu erzielen. Die Landwirtinnen und Landwirte können dadurch auch den positiven Heterosiseffekt (Nachkommen liegen über dem

Mittel der Eltern) nutzen. Daher ist die Kreuzung als Weg zur Qualitätsverbesserung weit verbreitet. Mengenmäßig ist mit einer weiteren Zunahme an Kreuzungstieren zu rechnen (Ausweitung der Mutterkuhhaltung; Gewichtung der Milchleistung in der Milchviehzucht). Welche Kreuzung man in der Rindermast durchführt bzw. einsetzt, wird von der Futtergrundlage, dem Angebot von Kreuzungskälbern am Markt und den Absatzchancen bestimmt. Jede Fleischrasse weist ihre individuellen Stärken, aber auch Schwächen auf. Es muss auch berücksichtigt werden, dass es innerhalb einer Rasse genetische Linien gibt, welche hinsichtlich ihrer Eigenschaften deutlich differieren (z. B. spätreife bzw. frühreifere Limousin-Typen).

- Bei guten Futterbedingungen sind mastbetonte, großrahmige Rassen als Kreuzungspartner zu empfehlen. Eine intensive Ausmast ist hier jedenfalls notwendig.
- Als Einsteller für die Ausmast werden Kreuzungen mit spätreifen Rassen bzw. Linien bevorzugt.
- Sind vorwiegend extensive Bedingungen gegeben, kann eine gute Schlachtkörper- und Fleischqualität nur mit frühreiferen, kleinrahmigeren Tieren erreicht werden. In diesen Fällen müssen aber entsprechende Absatzwege (Direktvermarktung etc.) vorhanden sein.
- In der Mutterkuhhaltung zur Jungrindfleischerzeugung werden vorwiegend Kreuzungen mit frühreiferen Rassen bzw. Linien durchgeführt.
- Robustrassen werden in der Gebrauchskreuzung praktisch nicht eingesetzt.

Fleischrinderrassen und deren Eigenschaften für die Gebrauchskreuzung[1)]

(GRABNER u. STEINWIDDER, 2002)

Rahmen	Rasse	Mastleistung	Ausschlachtung	Nötige Mastintensität	Leichtkalbigkeit
Großrahmig	Charolais	++	++	++	o
	Blonde d'Aquitaine	++	++	+	o
	Weiß-Blaue Belgier	+	++	++	–
	Piemonteser	+	++	++	++
	Fleckvieh	+	+	+	o
	Gelbvieh	+	+	+	o
	Limousin	+	++	+	+
	Pinzgauer	o	+	+	+
	Deutsch Angus	+	+	o	+
	Aberdeen Angus	o	+	o	++
Kleinrahmig	Luing	–	+	o	++
	Galloway	–	o	–	++
	Highland	–	o	–	++

[1)] Bewertung: ++ = hoch, + = überdurchschnittlich, o = durchschnittlich, – = gering

Bewertet ist die Eignung in der Gebrauchskreuzung mit milchbetonten Mutterrassen. Luing, Galloway und Hochlandrinder werden in der Gebrauchskreuzung nicht eingesetzt.

Kreuzungen mit fleischbetonten, großrahmigen, spätreifen Rassen

Die Schwächen von milchbetonten Tieren liegen in der Mast insbesondere in der starken und frühzeitigen Verfettung sowie in der geringeren Fleischigkeit der Schlachtkörper. Durch Kreuzung mit großrahmigen, fleischbetonten Mastrassen werden diese Merkmale am effektivsten verbessert. Großrahmige Rassen sind spätreifer – die Fetteinlagerung in den Schlachtkörper beginnt erst bei höherem Gewicht. Es müssen dazu aber gute Mast- und Futterbedingungen gegeben sein. Vor allem der gezielten Ausmast (Fettabdeckung) kommt große Bedeutung zu. Großrahmige Kreuzungspartner liefern oft größere und schwerere Kälber, daher ist hier besonders auf das Zuchtwertmerkmal Kalbeverlauf zu achten. Diese Kälber zeigen nach der Geburt teilweise auch eine etwas geringere Vitalität (Zeit bis zum ersten Aufstehen und Milchtrinken) als Kälber von mittelrahmigen Rassen bzw. von Robustrassen. Zu den wichtigsten in Österreich im Einsatz befindlichen großrahmigen Fleischrinderrassen können Charolais, Blonde d'Aquitaine und Weiß-Blaue Belgier sowie auf Fleischleistung gezüchtete Tiere der Rassen Fleckvieh (FV-M) und Gelbvieh gezählt werden. Auch innerhalb der Rassen Limousin und Piemonteser sind spätreifere, großrahmige Typen vorhanden.

Viele Markenprogramme forcieren Gebrauchskreuzungen und empfehlen bestimmte Kreuzungen und Rassen, um mehr Einheitlichkeit und Gleichmäßigkeit in der Mast- und Schlachtleistung zu erzielen.

Kreuzungen mit mittel- und kleinrahmigen, frühreifen Rassen

Wenn die Kreuzungstiere extensiv aufgemästet werden sollen, dann können auch Kreuzungstiere von mittel- bis kleinrahmigen Rassen eingesetzt werden. In der Direktvermarktung spielen diese Kreuzungen eine Rolle, da damit unter extensiven Bedingungen eine sehr gute Fleischqualität erzeugt werden kann.

Einfluss von Kreuzungsvarianten auf die Mast- und Schlachtleistung von Stieren mit Fleckvieh als Mutterrasse (KÖGEL u. Mit., 2001)

		Versuch 1				Versuch 2		Versuch 3		Versuch 4	
		FV	FV x CH	FV x BLO	FV x LI	FV	FV x PI	FV	FV x DA	FV	FV x WB
Mastalter	Tage	466	498	499	465	463	503	512	430	477	509
Mastendgewicht	kg	611	674	638	602	597	620	637	553	609	603
Tageszunahmen	g	1.253	1.275	1.209	1.220	1.217	1.158	1.174	1.233	1.250	1.201
Energieaufwand	MJ ME/ kg Zu.	62,7	60,7	60,9	60,1	62,7	60,6	62,7	62,7	62,7	60,6
Schlachtausbeute	%	59,0	61,7	62,4	61,6	58,1	62,5	58,6	59,2	58,8	62,6
Fleischigkeit	5–1 (5 = E)	3,4	4,2	4,1	4,3	3,4	3,9	3,5	3,3	3,3	4,4
Fettklasse	1–5	2,9	2,7	2,4	2,7	2,9	2,3	2,97	3,2	2,6	2,2

FV = Fleckvieh Mutter x Fleckvieh Vater; FV x CH = Fleckvieh Mutter x Charolais Vater; FV x BLO = Fleckvieh x Blonde d'Aquitaine; FV x LI = Fleckvieh x Limousin; FV x PI = Fleckvieh x Piemonteser; FV x DA = Fleckvieh x Deutsch Angus; FV x WB = Fleckvieh x Weiß-Blaue Belgier

Im Vergleich zum reinen Fleckvieh konnte mit den Kreuzungspartnern Charolais, Blonde d'Aquitaine, Piemonteser und Weiß-Blaue Belgier die Schlachtausbeute und Fleischigkeit (EUROP-Klassifizierung) der Stiere deutlich verbessert werden (siehe Tabelle). In den Untersuchungen von KÖGL u. Mit. (2001) lagen die Tageszunahmen der Kreuzungen mit Charolais tendenziell über dem Fleckvieh. Der Energieaufwand je kg Zuwachs war tendenziell beim Fleckvieh, aber auch bei der Kreuzung mit Deutsch Angus am höchsten (= schlechter). Die Deutsch-Angus-Kreuzungen zeigten in der Stiermast eine schlechtere EUROP-Klassifizierung und waren trotz früherer Schlachtung bereits stärker verfettet.

In einem weiteren Kreuzungsversuch mit Braunvieh als Mutterrasse zeigte sich ebenfalls die Überlegenheit der großrahmigen Rassen als Kreuzungspartner, wenn die Kreuzungstiere in der Stiermast eingesetzt wurden (siehe Tabelle). Für Braunvieh können daher vor allem Kreuzungen mit den großrahmigen und fleischbetonten Rassen Charolais,

Blonde d'Aquitaine, Weiß-Blaue Belgier und großrahmige Piemonteser-Linien empfohlen werden. Diese Kreuzungen eignen sich auch für die Ochsen- und Kalbinnenmast.

Aktuelle Mastversuchsergebnisse an der HBLFA Raumberg-Gumpenstein zeigen, dass milchbetonte Rassen durchaus gute Mastleistungen und auch eine gute Fleischqualität erzielen. Im Futteraufwand und in der Schlachtkörperqualität liegen sie jedoch hinter Zweinutzungs- und Mastrassen zurück.

Mast- und Schlachtleistung von Stieren im Kreuzungsversuch mit Braunvieh als Mutterrasse (KÖGEL u. Mit., 1989)

		BV	BV x FV	BV x BLO	BV x LI	Bv x PI
Mastendgewicht	kg	606	636	617	571	589
Tageszunahmen	g	1.149	1.209	1.172	1.077	1.114
Schlachtausbeute	% warm	55,5	56,4	58,8	58,3	59,1
Fleischigkeit	5–1 (5 = E)	3,0	3,5	3,9	3,7	3,7
Fettklasse	1–5	3,2	3,0	2,9	3,1	2,8
Abkalbeverlauf	Tierarzt-Hilfe %	1,5	1,5	1,5	1,2	-

BV = Braunvieh *Mutter* x Braunvieh *Vater*; BV x FV = Braunvieh *Mutter* x Fleckvieh *Vater*; BV x BLO = Braunvieh x Blonde d' Aquitaine; BV x LI = Braunvieh x Limousin; BV x PI = Braunvieh x Piemonteser

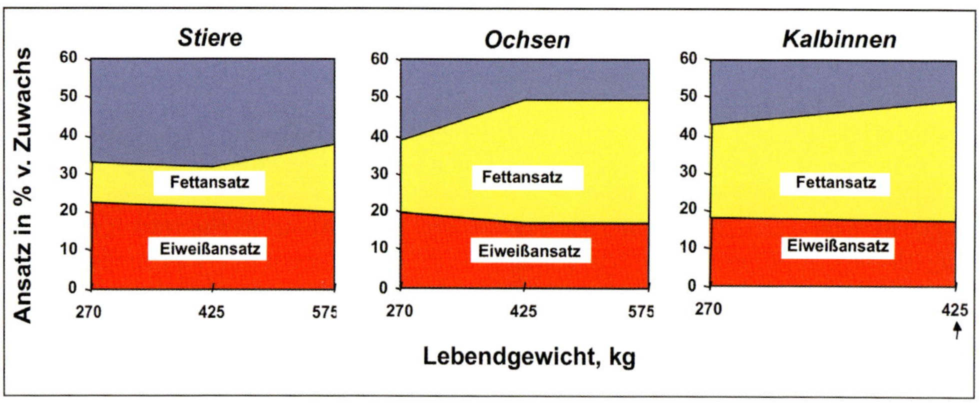

Relativer Fett- und Eiweißansatz von Stieren, Ochsen und Kalbinnen der Rasse Fleckvieh unter extensiven Bedingungen (nach KIRCHGESSNER u. Mit., 1994; SCHWARZ u. Mit., 1995)

GESCHLECHT

Das Geschlecht beeinflusst sowohl die Mastleistung als auch die Schlachtleistung und Fleischqualität:

- Jungstiere weisen im Vergleich zu Kalbinnen und Ochsen eine geringere und erst bei höherem Lebendgewicht einsetzende Fetteinlagerung in den Schlachtkörper auf.
- Weibliche Tiere sind frühreifer als Ochsen und Stiere.
- Jungstiere erzielen eine höhere Ausschlachtung und einen höheren Anteil an wertvollen Teilstücken am Schlachtkörper.

Um bei Stieren eine gute Fleischqualität (optimale Fettabdeckung des Schlachtkörpers und Fetteinlagerung in das Fleisch) zu erreichen, muss eine intensive Mast durchgeführt werden. Bei Kalbinnen und Ochsen kann im Gegensatz zur Stiermast auch bei geringer Fütterungsintensität und höherem Mastalter eine hohe Fleischqualität erzielt werden.

Ochsen sind frühreifer als Stiere und setzen damit früher und stärker Fett an. Dies begünstigt die Fleischqualität unter Grünlandbedingungen.

Schlachtleistung und Fleischqualität von Jungstieren (hohe Fütterungsintensität), Ochsen und Kalbinnen (beide niedrige Fütterungsintensität) der Rasse Fleckvieh (STEINWIDDER u. Mit., 2002 und FRICKH u. Mit., 2002)

		Jungstiere	Ochsen	Kalbinnen
Alter	Monate	14,4	17,8	17,3
Mastendgewicht	kg	637	586	522
Tageszunahmen	g	1.519	1.003	918
Ausschlachtung	%	57,1	54,4	54,0
Fleischigkeit – EUROP	E = 5 Punkte, P = 1 Punkte	3,1	2,1	2,6
Fettgewebsklasse – EUROP	Punkte	2,0	2,1	2,6
Innereienfettanteil	% v. Schlachtkörper	3,4	4,1	7,4
Marmorierung	1 = gering, 4 = stark	2,2	2,8	3,1
Fettgehalt – Rückenmuskel	%	2,1	3,3	4,9
Geschmack	1 = gering, 6 = sehr gut	4,1	4,2	4,5
Saftigkeit	1 = gering, 6 = sehr gut	4,5	4,3	4,8
Zartheit	1 = gering, 6 = sehr gut	3,5	4,0	4,5
Scherkraft	kg	3,6	3,6	2,8

Leistungen von Jungstieren, Ochsen und Kalbinnen der Rasse Fleckvieh bei hoher Fütterungsintensität (VELIK u. Mit., 2018)

		Kalbinnen	Ochsen	Stiere
Alter Beginn	Tage	150	113	114
Anfangsgewicht	kg	190	157	156
Mastendgewicht	kg	560	656	745
Mastdauer	Tage	329	359	406
Tageszunahmen	g	1.127	1.398	1.454
Schlachtkörpergewicht	kg kalt	294	338	408
Ausschlachtung	%	52,51	51,5	54,8
Fleischigkeit – EUROP	E = 5 Punkte, P = 1 Punkte	3,5	3,3	3,6
Fettgewebsklasse – EUROP	Punkte	2,7	2,7	2,2
Innereienfettanteil	% v. Mastendgewicht	2,3	3,1	2,5
Fettgehalt – Rückenmuskel	%	2,9	3,3	2,2
Geschmack	1 = gering, 6 = sehr gut	4,7	4,8	4,1
Saftigkeit	1 = gering, 6 = sehr gut	4,1	4,5	3,7
Zartheit	1 = gering, 6 = sehr gut	4,4	4,8	3,4
Scherkraft gegrillt	kg	3,7	3,2	4,5

PRODUKTIONSVERFAHREN

Das Produktionsverfahren ist von der Fütterungsintensität, dem Mastendgewicht und dem Schlachtalter gekennzeichnet.

- Die Entwicklung der Knochen, des Muskel- und des Fettgewebes läuft mit unterschiedlicher Intensität in Abhängigkeit vom Lebendgewicht ab.
- Die Knochen haben während der Entwicklung des Fötus und in den ersten Lebensmonaten ihre höchste Wachstumsintensität.
- Danach folgt die Muskulatur (Eiweißansatz), und erst daran anschließend erreicht die Fettgewebsbildung ihren Höhepunkt.

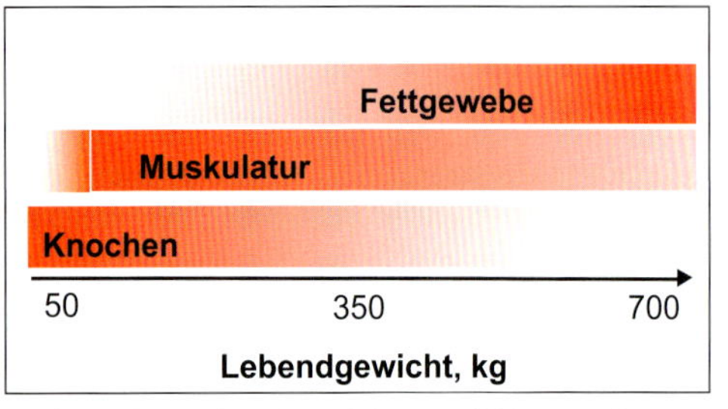

Einfluss des Lebendgewichtes auf die Gewebsentwicklung (Beispiel – großrahmige Fleischrasse)

Die Rasse (Reifetyp), das Geschlecht und die Fütterungsintensität beeinflussen den Verlauf des Wachstums der Gewebe und den Zeitpunkt des jeweiligen maximalen Zuwachses. Eine hohe Fütterungsintensität oder der Einsatz von frühreifen Rassen bzw. Linien führt zu einem frühzeitigen Erreichen des Wachstumshöhepunktes des Muskel- und auch des Fettgewebes. In gleicher Weise unterscheiden sich auch weibliche Tiere (frühreifer) von männlichen Tieren (spätreifer). Wenn Phasen mit hoher Nährstoffversorgung auf Phasen mit geringer Versorgung folgen (kompensatorisches Wachstum), dann wird insgesamt der Fettansatz verzögert und auch etwas verringert.

Einfluss der Fütterungsintensität, der Rasse und des Geschlechts auf den Fettansatz

	Fütterungsintensität		Rasse		Geschlecht			Kompensatorisches Wachstum	
	hoch	niedrig	frühreif	spätreif	Kalbin	Ochse	Stier	nein	ja
Fettansatz	früh	spät	früh	spät	sehr früh	früh	spät	früh	spät

Aufgrund der unterschiedlichen Gewebsentwicklung verbessert sich im Wachstumsverlauf das Fleisch-/Knochen-Verhältnis geringfügig. Deutlich enger wird hingegen das Fleisch-/Fett-Verhältnis.

Fettverteilung im Schlachtkörper

Entsprechend dem Fettansatz läuft auch die Fetteinlagerung in die unterschiedlichen Bereiche des Schlachtkörpers mit unterschiedlicher Intensität in Abhängigkeit vom Lebendgewicht ab. Bei geringem Lebendgewicht werden vorwiegend die Fettreserven zwischen den Muskeln (intermuskuläres Fett) und unter der Haut (subkutanes Fett) gebildet. Die für die Geschmackseigenschaften des Fleisches notwendige Fetteinlagerung in das Muskelgewebe (intramuskuläres Fett) setzt relativ spät ein. Eine hohe Fütterungsintensität, die Mast weiblicher Tiere oder der Einsatz frühreifer Rassen verlagert die Fettgewebsbildung in einen früheren Lebensab-

Einfluss der Fütterungsintensität1) und des Geschlechts auf die Tageszunahmen (STEINWIDDER u. Mit., 2002)

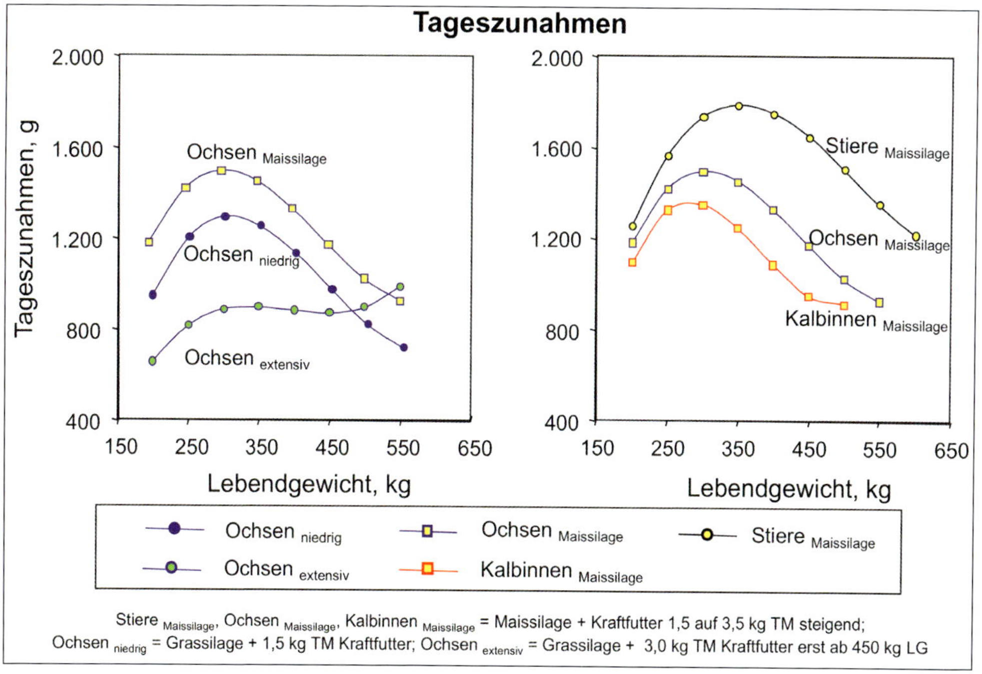

schnitt. Dadurch wird auch die erwünschte Fetteinlagerung in das Muskelgewebe früher erreicht. Hinsichtlich der intramuskulären Fetteinlagerung (Marmorierung) bestehen deutliche Rassen- und Linienunterschiede.

Fleischqualität in Abhängigkeit vom intramuskulären Fettgehalt

(TEMISAN und AUGUSTINI, 1987)[1)]

Fettgehalt %	Tiere	Saftigkeit	Zartheit	Aroma/Geschmack
unter 2	73	4,00	3,96	4,11
2–3	103	3,98	3,92	4,12
3–4	75	4,13	4,06	4,34
4–5	39	4,35	4,41	4,52

[1)] Punktebewertung: 1 = gering, 6 = sehr gut

Einfluss des Alters auf die Zartheit, Scherkraft, Löslichkeit des Kollagens und die Fleischfarbe des langen Rückenmuskels von FV-Jungstieren (AUGUSTINI, 1987)

Alter Monate	Zartheit Punkte	Scherkraft kg	lösliches Kollagen %	Gesamtpigmente mg/100 g	Helligkeit L	Rotton a+
14	3,9	4,26	20,0	7,6	34,4	13,0
18	3,7	5,09	18,2	15,0	32,6	14,8
24	3,6	4,99	11,2	21,2	28,8	15,4

Einfluss des Haltungssystems und der Gesundheit

Der Gesundheitsstatus der Tiere beeinflusst Futter- und Nährstoffverwertung, die Zunahmen, den Nährstoffansatz, die Schlachtreife und damit direkt und indirekt auch die Schlachtleistung und Fleischqualität. Tiergemäße Haltungsbedingungen tragen zum Wohlbefinden der Tiere bei. Dadurch können gute Leistungen erreicht und das Krankheitsrisiko vermindert werden. Bei Weidehaltung muss, im Vergleich zur Stallhaltung, mit einer etwas dunkleren Fleischfarbe und gelberem Fett gerechnet werden. Wenn extensive Weidebedingungen vorliegen, muss zum Erreichen einer guten Fettabdeckung ein etwas höheres Mastendgewicht angestrebt werden.

Einfluss von Schlachtalter, Mastendgewicht und Fütterungsintensität

Der Einfluss des Schlachtalters auf die Schlachtkörperzusammensetzung und die Fleischqualität kann nicht unabhängig von der Fütterungsintensität, dem Geschlecht und der Rasse bzw. Kreuzung gesehen werden:

- Mit zunehmender Fütterungsintensität nimmt die Fetteinlagerung in den Schlachtkörper zu. Der Zeitpunkt der Schlachtreife (ausreichende Fettabdeckung und Muskelgewebebildung) wird daher bei geringerem Mastendgewicht erreicht.
- Die Höhe der Fütterungsintensität bestimmt, innerhalb der biologischen Grenzen, auch die täglichen Zunahmen und in Verbindung mit dem Eiweiß- und Fettansatz den Zeitpunkt, zu dem das ge-

wünschte Mastendgewicht erreicht wird. Daher hat die Fütterungsintensität auch indirekt über das Alter einen Einfluss auf die Fleischqualität.

- Generell ist das Fleisch jüngerer Tiere im Vergleich zu Alttieren zarter. Mit fortschreitendem Lebensalter nehmen die Löslichkeit des Bindegewebes ab und die Muskelfaserstärke zu. Diese Effekte sind bei männlichen Tieren stärker ausgeprägt als bei Ochsen und Kalbinnen bzw. Kühen. Mit steigendem Fettgehalt im Muskelgewebe wird Rindfleisch zarter, saftiger und aromatischer beurteilt. Gleichzeitig steigen aber auch die Fettabschnitte bei der Schlachtkörperzurichtung an. Je älter die Tiere bei der Schlachtung sind, desto intensiver wird der Rotton des Fleisches. Die vom Konsumenten beim Kauf von Frischfleisch gewünschte helle, typisch kirschrote Fleischfarbe wird daher eher mit jungen Rindern erreicht. Bei gleichem Schlachtalter und steigendem Fettgehalt im Muskelgewebe ist das Rindfleisch heller. Kuhfleisch – von gut abgedeckten und gut marmorierten wertvollen Teilstücken – wird nach entsprechend langer Reifung zunehmend auch bei uns als besondere Qualität geschätzt.
- Werden Rinder vor dem Erreichen der Schlachtreife geschlachtet („blaue Ritter"), dann entspricht weder die Schlachtkörperqualität (Klassifizierung, Teilstückzusammensetzung etc.) noch die Fleischqualität (Aroma, Zartheit etc.).
- Wird ein über dem Optimum liegendes Mastendgewicht mit einer niedrigen Fütterungsintensität erreicht, dann sind die Tiere bei der Schlachtung alt und haben eine zu niedrige intramuskuläre Fetteinlagerung.
- Bei extensiven Mastbedingungen kann nur mit frühreifen Rassen (Angus etc.) eine gute Fleischqualität bei geringem Schlachtalter erreicht werden.
- Werden intensiv gemästete Tiere zu spät geschlachtet, entspricht der Schlachtkörper aufgrund zu starker Verfettung (verringerte Ausschlachtung, enges Fleisch-/Fett-Verhältnis, Teilstückzusammensetzung, viele Abschnitte etc.) nicht mehr den Anforderungen des Schlachtbetriebes, Vermarkters und Kunden.
- Die Schlachtreife ist dann gegeben, wenn die Tiere eine Fetteinlagerung in das Muskelgewebe von zumindest 2,5 % (bis 4 %) aufweisen. Das Fleisch ist dann zumeist auch gut marmoriert. Der Fettgewebeanteil am Schlachtkörper liegt dann bei 10–15 %. Wie Ergebnisse von STEINWIDDER u. Mit. (2019) in der Fleckvieh-Weideochsenmast ohne Kraftfutterergänzung zeigen, muss bei Verzicht auf eine Kraftfutterergänzung (ab 225 kg Lebendgewicht) mit keinen negativen Auswirkungen auf die Schlachtkörper- und Fleischqualität gerechnet werden. Entscheidend ist diesbezüglich jedoch, dass das Mastendgewicht auf die Fütterungsintensität abgestimmt ist. Diskontinuierlich bzw. restriktiv gemästete Tiere weisen nämlich im Vergleich zu durchgehend intensiv gemästeten Tieren bei gleichem Lebendgewicht einen geringeren Verfettungsgrad auf und müssen daher, zur Erzielung der Schlachtreife, auf höhere Mastendgewichte (im Versuch knapp 700 kg bei Fleckvieh-Weideochsen) gemästet werden.

Das Beispiel „Qualitäts-Altkuh-Steak" zeigt, dass bei passender Genetik, guter Fettabdeckung der Schlachtkörper, bester Marmorierung der ausgewählten Teilstücke und bei richtiger und langer Fleischreifung eine außergewöhnliche Rindfleischqualität für Rindfleischkenner geliefert werden kann. In den letzten Jahrzehnten war dieses Wissen nur in Steak-Nationen in Übersee sowie in Spanien und Frankreich vorhanden, heute boomt es auch bei uns!

Behandlung vor der Schlachtung

Durch optimale Produktionsbedingungen wird die Basis für eine gute Fleischqualität gelegt. Die Vorbereitung der Tiere auf die Schlachtung, der Transport zur Schlachtung und die Bedingungen am Schlachthof können die Fleischqualität ebenfalls nachhaltig beeinflussen.

In der Rindfleischproduktion ist bei Qualitätsabweichungen die Schwarzfleischigkeit von gewisser Bedeutung (DCB – dark-cutting-beef). Darunter versteht man Rindfleisch, bei dem der pH-Wert in den ersten Tagen nach der Schlachtung nicht ausreichend abfällt (Ziel: 5,4–5,8). Dieses Fleisch ist dunkler und die Essqualität sowie die Haltbarkeit sind herabgesetzt. Die Ursache für das Auftreten von DCB liegt im Kohlenhydratstoffwechsel im Muskel. Durch Mangel an Glykogen (= Kohlenhydrat) kommt es nach der Schlachtung zu einer verminderten Milchsäurebildung – der pH-Wert fällt nicht stark genug ab. Vor allem Stress, schwere Muskelarbeit, lange Transportwege zur Schlachtung bzw. lange Wartezeiten vor der Schlachtung, Wasserentzug und mehrtägige Nüchterung können zu Glykogenmangel führen.

Es dürfen nur gut ausgemästete Tiere zur Schlachtung kommen. Qualitätsabweichungen treten oftmals bei schlechtem Ernährungszustand der Rinder auf. Weiters ist darauf zu achten, dass der Umgang mit den Tieren speziell vor der Schlachtung ruhig erfolgt. Es sind geeignete Treibwege und Verladeeinrichtungen notwendig. Tiere von unterschiedlichen Boxen sollten in den letzten Tagen vor der Schlachtung nicht zusammengruppiert werden. Die Wasserversorgung muss immer sichergestellt sein. Die letzte Fütterung sollte nicht unmittelbar vor dem Transport erfolgen. Zum Transport müssen die Tiere schonend und buchtenweise verladen werden. Eine möglichst kurze Fahrtdauer und schonende Fahrweise sind erforderlich. Am Schlachthof sind Tiere aus Laufstall- bzw. Weidehaltung möglichst rasch zu schlachten. Wenn die Tiere längere Wartezeiten am Schlachthof haben, dann dürfen unterschiedliche Herkünfte nicht gemischt werden. Am günstigsten wäre die Aufstallung in Einzelboxen. Tiere aus der Anbindehaltung dürfen nicht in Sammelbuchten kommen. Bei hohen Außentemperaturen ist eine gute Belüftung erforderlich. Ein schonender Umgang mit den Tieren ist notwendig. In der Direktvermarktung von Qualitätsrindfleisch gewinnen die Hofschlachtung, Weideschlachtung bzw. der fahrende Weideschlachthof wieder an Bedeutung.

Kühlung nach der Schlachtung und Fleischreifung

Durch die **Kühlung nach der Schlachtung** sollen eine rasche Keimvermehrung und damit der Verderb des Fleisches verhindert werden. Andererseits kann sich daraus ein Konflikt mit der Erhaltung der Essqualität ergeben. Bei einer sehr schnellen Kühlung vor dem Eintritt der Totenstarre (Temperaturen unter 10 °C) kann es zur Kältekontraktion kommen: Diese löst sich auch bei der Reifung nicht mehr. Das Fleisch ist zäh und hat auch ein geringes Safthaltevermögen. Zur Vermeidung wird der Schlachtkörper daher in den ersten zehn Stunden langsam und nicht unter 10 °C gekühlt.

Für die Erzeugung von Qualitätsrindfleisch ist im Anschluss daran zusätzlich eine **optimale Reifung** des Fleisches erforderlich. Erst durch die Reifung wird das Muskelgewebe zu einem zarten und aromatischen Fleisch. Bei der Reifung spielt die Reifetemperatur – neben dem Geschlecht, der Rasse, der Verfettung und der Lagerungsart – die bedeutendste Rolle. Mit steigender Temperatur erhöhen sich die Reifegeschwindigkeit und die Intensität. Um den gleichen Reifungseffekt zu erzielen, muss Rindfleisch bei einer

Temperatur von 0 °C zehn Tage lang gereift werden, bei 10 °C nur vier Tage. Andererseits kann das Verderbsrisiko bei hohen Temperaturen steigen. Bei der Fleischreifung müssen daher die richtigen technologischen Maßnahmen angewandt werden.

Eine Abstimmung der Temperatur und Lagerdauer auf das Verfahren (Reifung als Hälfte; in Teilstücken; als einzelne Muskeln; mit bzw. ohne Vakuumverpackung; im eigenen Saft („wet aged") in Lagerbehältern oder Vakuumbeuteln; trockene Lagerung („dry aged"; „dry aged im Fettmantel" etc.) ist erforderlich. „Wet-aged"-Rindfleisch durchläuft eine zehn- bis 40-tägige Nassreifung, wobei der Gewichtsverlust bei etwa 5 % liegt. „Dry-aged"-Teilstücke werden über mehrere Wochen (wertvolle Teile von Altkühen zumindest drei bis acht Wochen) trocken gereift. Das Fleisch wird dabei sehr mürb, die Farbe des Fleisches dunkelroter und der Geschmack intensiviert sich. Da das Gewicht der Teilstücke bei der Lagerung deutlich (15–30 %) sinkt und auch der Anschnitt bei „Dry-aged"-Rindfleisch entfernt werden muss, ist eine höherpreisige Vermarktung notwendig.

Einfluss der Reifungsdauer auf die Zartheit (AUGUSTINI u. FRICKH, 2002)

Geschlecht	**Zartheit**[1] 2 Tage nach Schlachtung	**Zartheit**[1] 14 Tage nach Schlachtung
Jungstier	1,9	3,8
Ochse	2,7	4,3
Kalbin	2,7	4,4

[1] Punkte von 1–6; 6 = sehr zart

WEITERE QUALITÄTSKRITERIEN

Die Herausforderung, welcher sich die Rindermast und die Vermarktung zukünftig noch verstärkt stellen müssen, ist die ganzheitliche Betrachtung des Begriffes „Qualität". Dabei spielen die Erwartungen des Konsumenten an die Haltungsbedingungen, den Futtereinsatz und den Umgang mit den Tieren in der Mast bis zur Schlachtung eine zentrale Rolle. Nachvollziehbare und kontrollierbare bzw. gesicherte Standards, beispielsweise in der Tierhaltung, Fütterung, Herkunft, Vermarktung und im Marketing, sind dazu erforderlich. Im Grünland- und Berggebiet setzen viele Betriebe auf die biologische Wirtschaftsweise. Nur Qualitätsprogramme, die alle Ebenen (Mäster, Vermarkter bzw. Erzeugergemeinschaften, Verarbeiter, Handel, Kontrollstellen, Konsumenten) mit einbinden, können langfristig ihre Position am Markt halten.

Jeder nutztierhaltende Betrieb sollte seine Produktionsbedingungen so wählen, dass er jederzeit die Stalltür für interessierte Konsumenten öffnen kann. Der direkte Kontakt zwischen Produzenten und Konsumenten und die „offene Stalltür" sind wesentliche Faktoren, die Vertrauen und eine gute Kundenbindung schaffen. Dabei sollten auch die neuen Medien kreativ genutzt werden. Das Beispiel „Qualitätswein- und Obstbau" zeigt auch, wie wichtig es ist, das der Bauer bzw. die Bäuerin „gute Geschichten" zum Hof, zur Produktion und zum Produkt erzählen kann. Dabei geht es vorrangig nicht immer um Fachwissen, sondern oft um das authentische und plastische Erklärenkönnen der natürlichen Zusammenhänge. Selbstverständlich muss sich dabei das Gesagte auch mit dem am Hof Umgesetzten decken.

GESUNDHEITSVORSORGE UND ERKRANKUNGEN

Zur Gesundheitsvorsorge bzw. über Erkrankungen von Rindern liegt umfangreiche Fachliteratur vor. Im folgenden Abschnitt sollen wichtige Problembereiche in der dafür notwendigen Kürze angeführt werden.

Wesentliche Teile dieses Abschnitts wurden aus Arbeiten und Empfehlungen von Dipl. Tierarzt Dr. Johann Gasteiner (HBLFA Raumberg-Gumpenstein) übernommen.

MUTTERKÜHE

Zu den wesentlichsten Erkrankungen von Mutterkühen zählen Schwergeburten, Nachgeburtsverhalten, Fruchtbarkeitsstörungen, Euterentzündungen, Klauenprobleme, Stoffwechselstörungen und Parasitenbefall. Das Erkennen von Krankheitsanzeichen setzt eine regelmäßige Kontrolle der Herde und Beobachtung der Tiere voraus.

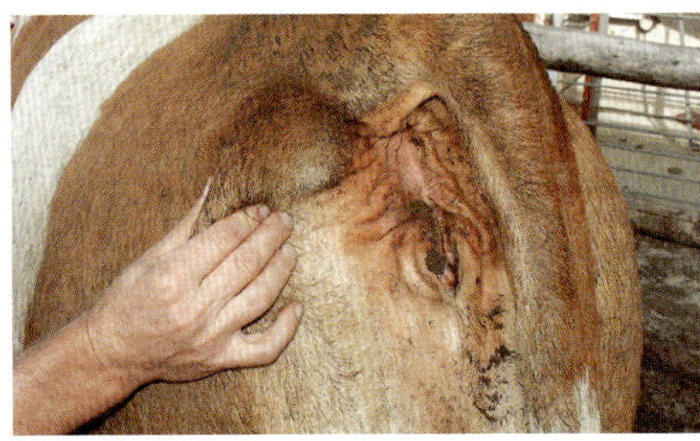

Verfettung führt zu Schwergeburten – auch die Kälberverluste steigen dadurch an.

Geburtskomplikationen

Geburtsproblemen muss durch gezielte Auswahl der Genetik (Rasse, Vater) vorgebeugt werden. Kühe dürfen nicht verfettet zur Abkalbung kommen. Es sind optimale Haltungsbedingungen (Abkalbebox) vor und nach der Abkalbung erforderlich. Obwohl in der Mehrzahl der Abkalbungen keine Geburtshilfe erforderlich ist, sollten die Kühe bei der Geburt beobachtet werden können.

Nachgeburtsverhalten

Das Nichtabgehen der Nachgeburt ist eine der häufigsten Ursachen für Fruchtbarkeitsprobleme. Wenn die Nachgeburt nicht innerhalb von zwölf Stunden vollständig abgeht, ist eine tierärztliche Behandlung der Tiere erforderlich. Im Mutterkuhbetrieb ist die Kontrolle des Abgehens der Nachgeburt oft nur schwer möglich. Es muss vor allem auf Nachgeburtsteile geachtet werden, die aus der Scheide hängen.

Fruchtbarkeitsstörungen

Schlechte Fruchtbarkeitsergebnisse treten häufig aufgrund mangelhafter Brunstbeobachtung, Fütterung, Haltung und Gesundheit

Die Dauer der Brunst ist bei Mutterkühen oft nur kurz.

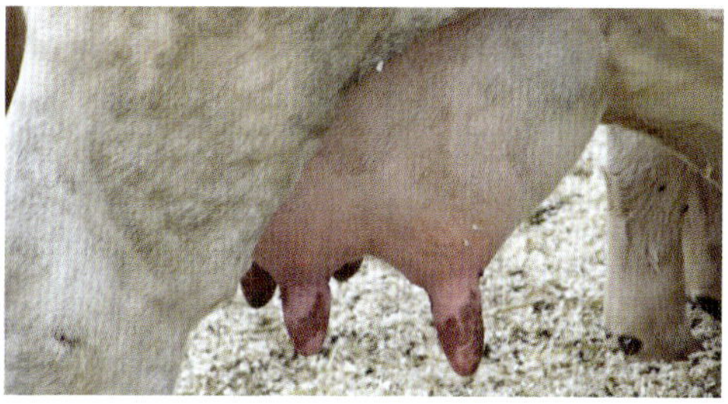

Schwellungen bzw. asymmetrische Euter weisen auf Entzündungen hin.

auf. Vor allem bei der künstlichen Besamung ist eine gezielte Brunstbeobachtung erforderlich. Da die Brunst der Mutterkühe oft nur kurze Zeit dauert und die Brunstzeichen teilweise schwach sind, kann die Brunst leicht übersehen werden. Daher wird in Betrieben mit mehr als zehn bis 15 Mutterkühen zumeist ein Deckstier gehalten. Anzustreben ist die Belegung bei der zweiten Brunst nach der Geburt. Danach geht in der Praxis die Brunstintensität der Kühe bzw. der Besamungserfolg zurück. Diese Kühe werden verspätet (130. bis 150. Säugetag) trächtig, wodurch es zu langen Trockenstehzeiten (Verfettungsrisiko!) kommt. Auch in der Mutterkuhhaltung macht sich die routinemäßige Trächtigkeitskontrolle bezahlt!

Euterentzündungen

Die Euter der Kühe sind regelmäßig zu kontrollieren. Schwellungen bzw. asymmetrische Euter weisen auf Entzündungen hin. Bei fieberhaften Euterentzündungen ist rasch der Tierarzt zu verständigen. Bei milchbetonten Kühen, schlechten Haltungsbedingungen und geringer Tierbeobachtung werden häufiger Euterentzündungen beobachtet.

Klauenerkrankungen

Klauenerkrankungen, die auf Stoffwechselstörungen zurückgeführt werden können (Klauenrehe), sind in der Mutterkuhhaltung seltener als bei Milchkühen. Schlechte Hal-

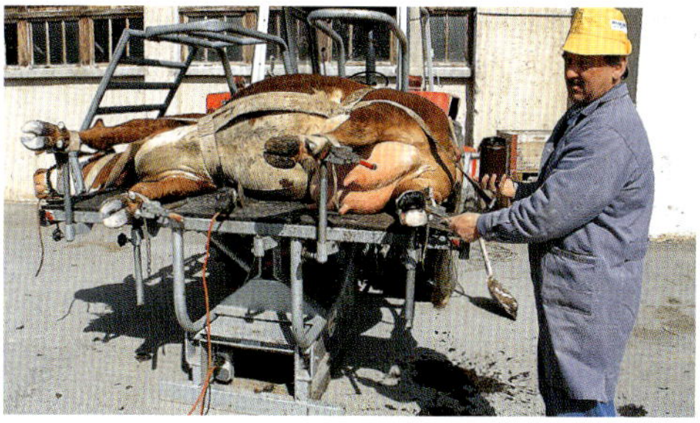

Die regelmäßige Klauenpflege ist notwendig.

tungsbedingungen oder mangelnde Klauenpflege führen aber auch bei Mutterkühen zu Klauenerkrankungen. Infektionen im Bereich des Zwischenklauenspaltes bzw. des gesamten Fußes (Lahmheit, Schwellungen) erfordern ein rasches Einschreiten des Tierarztes, um die Ausbreitung der Infektion auf weitere Bereiche zu verhindern. Möglichst saubere und trockene Haltungsbedingungen, aber auch die regelmäßige funktionelle Klauenpflege sind ein wichtiger Beitrag zur Klauengesundheit.

Stoffwechselstörungen

Milchfieber (Störung des Calcium- und/oder Phosphor-Mineralstoffhaushalts), Ketose (Störung des Energiestoffwechsels) oder Tetanie (Magnesiumstoffwechsel) sind in der Mutterkuhhaltung seltener anzutreffen als im Milchviehbetrieb. Ketosegefährdet sind milchbetonte Mutterkühe bzw. Mutterkühe, die mehrere Kälber säugen (Zwillinge, Ammenkuh, „Milchräuber"). Wenn am Betrieb gehäuft Milchfieber bzw. Tetanie auftritt, muss die Mineralstoffversorgung geprüft werden.

Parasiten

Nicht nur Jungtiere, sondern auch ausgewachsene Rinder können unter Parasitenbefall leiden. Die Tiere magern in der Folge stark ab und erbringen eine schlechte Milchleistung. Eine Parasitenbehandlung ist in Problembetrieben in Abstimmung mit dem Tierarzt erforderlich. Bei Tieren in Weidehaltung ist der Infektionsdruck durch Parasiten immer erhöht.

KÄLBER

Junges Kalb

Bereits Fehler in der Ernährung des Muttertiers können zu Verdauungsstörungen bei Kälbern führen. Die Haltung und die Fütterung des Muttertiers beeinflussen die Schutzwirkung des Kolostrums. Die Muttertiere dürfen daher nicht unmittelbar vor der Abkalbung zugekauft werden, da sich ansonsten keine stallspezifischen Immunstoffe bilden können. Das „Durchsäugen" bzw. „Durchmelken" der Kühe verringert die Menge und Qualität des Kolostrums! Auch eine zu knappe Nährstoffversorgung (sehr extensive Fütterung) kann die Kolostrumbildung negativ beeinflussen. Zusätzlich kann auch eine unausgewogene Versorgung des Muttertiers mit Mineralstoffen und Vitaminen zu einer schlechten Entwicklung der Kälber führen. Beispielsweise kann mangelnde Selenversorgung des trächtigen Rindes zur Geburt lebensschwacher Kälber führen. Kühe und Kalbinnen, die verfettet zur Abkalbung kommen, zeigen vermehrt Schwergeburten. Darunter leidet auch die Vitalität der Kälber.

Unmittelbar **nach der Geburt** benötigen die Kälber eine **frühzeitige Energiezufuhr über das Kolostrum** und eine „energiesparende", trockene und vor Zugluft geschützte Umgebung. Ein gut eingestreuter und genügend großer Abkalbebereich ist erforderlich. Nur Robustrassen haben diesbezüglich etwas geringere Ansprüche.

- Mängel bei der Versorgung mit Kolostrum, Milch bzw. Milchaustauscher können zu empfindlichen Kälberausfällen führen. Dies wird beispielsweise durch unregelmäßige Fütterungszeiten, falsche Futtermengen und Dosierungen, unzureichende Anmischqualität (Dosierung, Klumpenbildung, Temperatur, Sauberkeit) sowie die fehlende Qualität der Tränke verursacht. Durch Stress, Überfütterung, schlechte Tränketechnik und das Entmischen der Tränke kann es zum „Abschlucken" von Milch in den Pansen kommen. Die dabei entstehenden Abbauprodukte stören die Verdauung im Dünn- und Dickdarm.
- Der Darm des Kalbes ist ein empfindliches Ökosystem. Er muss in den ersten Lebenswochen eine ausreichende Chance zur Ausreifung erhalten. Wenn diese Möglichkeit fehlt, kommt es verstärkt zu Durchfällen. Diese schwächen den gesamten Organismus – in der Folge nehmen auch andere Erkrankungen (Lungenentzündungen, Parasiten etc.) zu.

Aufzuchtkalb

Beim Aufzuchtkalb wird eine frühe Angewöhnung an das Kraftfutter angestrebt. Durch überhöhte Kraftfutteraufnahme kann es aber zur Störung des Pansenstoffwechsels kommen. Der unreife Pansen reagiert sehr empfindlich auf Übersäuerungen und es sind auch leichter Fehlgärungen möglich.

Mit Beginn des Wiederkauens ist daher eine ausreichende Aufnahme von Grundfutter (Heu) unumgänglich. Rationsumstellungen müssen in der Kälberaufzucht behutsam und langsam erfolgen. Die Wasserversorgung muss sichergestellt sein. Transport-, Fütterungs- oder Haltungsstress, aber auch der Stress bei Umstallungen können zur Beeinflussung der Enzymausschüttung und damit zu Verdauungsstörungen und Durchfällen führen. Neben Bakterien (z. B. *Escherichia coli*) können auch Viren Durchfälle auslösen.

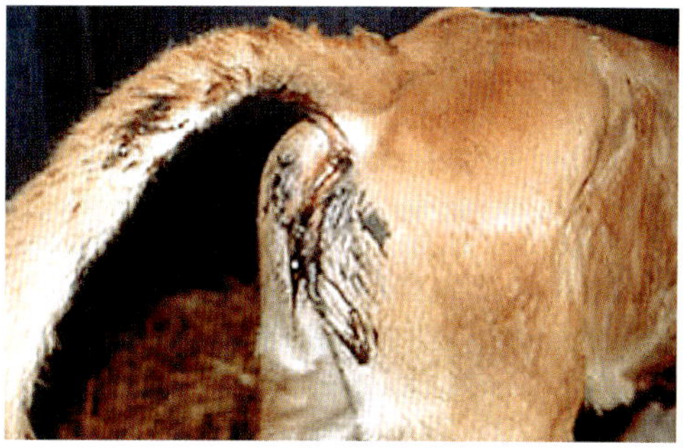

Kälberdurchfälle treten oft im ersten Lebensmonat auf.

Durchfälle

Kälberdurchfälle treten zumeist in den ersten zwei bis vier Lebenswochen auf. Die Mehrzahl der Durchfälle ist infektiös bedingt. Als Erreger von Kälberdurchfällen können sowohl Viren als auch Bakterien und Parasiten als Einzel- oder Mischinfektion eine Rolle spielen. Mängel bei der Geburtshygiene, der Kontrolle der Kolostrums- bzw. Milchaufnahme, der Kälberhaltungsbedingungen, der Eutergesundheit und bei der Tierbeobachtung sind häufig für den Ausbruch von Durchfällen verantwortlich. Die **rechtzeitige, ausreichende und nachhaltige Versorgung mit Biestmilch** ist nach wie vor der **wichtigste Faktor zur Verhütung von infektionsbedingten Kälberkrankheiten**. Ein sauberer, heller und zugluftfreier Kälberschlupf sowie ein eigener Futterbereich für Kälber sind notwendig. In Betrieben mit dem Bestandsproblem „Kälberdurchfall" hat sich die Muttertierimpfung sehr gut bewährt. Dazu sind zwei Impfungen pro Muttertier erforderlich, die nur von einem Tierarzt durchgeführt werden dürfen. Im Falle einer bestandsweisen Häufung von Durchfallerkrankungen sowie bei Kälbern mit Trinkschwäche bei gleichzeitig bestehendem Durchfall ist in jedem Fall möglichst rasch ein Tierarzt beizuziehen.

Bereits bei den ersten Durchfallanzeichen muss rasch gehandelt werden. Jede Veränderung von Farbe und Geruch des Kälberkotes muss als Alarmsignal verstanden werden. Bei noch nicht von der Milch abgesetzten Kälbern müssen zusätzlich zur Milch Elektrolyt- und Diättränken angeboten werden. Die Milch darf nicht abgesetzt werden, da die Kälber bei Durchfällen einen hohen Flüssigkeitsbedarf haben. Bei der Ergänzung der Tränke mit Elektrolyttränken sollte der Abstand zur Milchgabe zumindest zwei Stunden betragen. Die Elektrolyttränke muss genau nach Firmenempfehlung erfolgen. Elektrolyttränken können aber auch selbst hergestellt werden.

HINWEIS! Elektrolytlösungen

- **Ersatzlösung A:** 35 g Kochsalz + 25 g Natriumhydrogenkarbonat + 15 g Kaliumchlorid + 200 g Traubenzucker + 10 l Wasser
- **Ersatzlösung B:** 40 g Kochsalz + 30 g Kaliumhydrogenkarbonat + 20 g Natriumpropionat + 200 g Traubenzucker + 10 l Wasser

Die angeführten Salze und der Traubenzucker sind über Apotheken, Drogerien bzw. den Tierarzt rezeptfrei erhältlich. Solange die Kälber die Tränke freiwillig aufnehmen, ist die frequente Tränkegabe die Methode der Wahl. Ansonsten ist rasche tierärztliche Hilfe notwendig. Zusätzlich zur Elektrolytgabe können Tees, Abkochungen von Leinsamen, Tierkohle und handelsübliche stopfende oder verdauungsstabilisierende Präparate eingesetzt werden.

Maßnahmen bei akutem Durchfall bei noch nicht abgesetzten Kälbern:

- Morgen: 1,5–2 l Milch
- Vormittag: 1–1,5 l Elektolytgetränk
- Mittag: 1,5–2 l Milch
- Nachmittag: 1–1,5 l Elektolytgetränk
- Abend: 1,5–2 l Milch
- Später Abend: 1–1,5 l Elektolytgetränk

Durchfälle bei älteren Kälbern oder Absetzern sind oftmals umstellungsbedingte Verdauungsstörungen. Durch diese kommt es im Darm zu einer Vermehrung von Durchfallerregern. In der gesamten Kälberaufzucht müssen daher abrupte Futterumstellungen vermieden werden. Auch hier zielt die Behandlung auf den Ausgleich des Flüssigkeits- und des Nährstoffverlustes ab. Ein Einsatz von Elektrolyttränken (siehe oben) ist erforderlich. Zusätzlich müssen der Kraftfutteranteil reduziert und die Versorgung mit Heu und Wasser sichergestellt werden. Im Falle einer bestandsweiten Häufung von Durchfallerkrankungen sowie Kälbern mit Trinkschwäche, bei gleichzeitig bestehendem Durchfall, ist rasch ein Tierarzt beizuziehen. Hochgradig erkrankte Kälber können nur durch tierärztliche Behandlung (Infusionen) gerettet werden. Eine Untersuchung auf Krankheitserreger (Kokzidien etc.) ist anzuraten.

Einstellen – Kälberzukauf

Zur Sicherung der Kälbergesundheit sind nach dem Zukauf eine optimale tiergemäße Quarantänehaltung und eine ausgewogene Fütterung notwendig. Die Kälberherkunft (von welchen und wie vielen Betrieben), der Gesundheitszustand der Kälber sowie die Haltung der Tiere auf dem Herkunftsbetrieb spielen eine entscheidende Rolle. Tiergemäße Kälberaufzucht- und Mastbedingungen sowie ein optimales Betriebsmanagement können die Ausfälle und Kosten für Tierbehandlungen am effizientesten nachhaltig reduzieren! Ein vorbeugender Einsatz von Antibiotika ist zu vermeiden bzw. in Bio-Betrieben verboten. Behandlungen (Parasiten etc.) müssen betriebsspezifisch mit dem Hoftierarzt abgeklärt werden. Beim Einstellen von Mutterkuhjungrindern in die Ausmast wird eine Kotuntersuchung und bei Bedarf eine Entwurmung empfohlen.

JUNGRINDER UND MASTRINDER

In einer Schweizer Studie wurden Krankheitsursachen von Mutterkuh-Jungrindern untersucht (Busato u. Mit., 1997). Dabei zeigte sich, dass von 1.416 lebend geborenen Kälbern 87 Jungrinder vor dem Absetzen verendet sind bzw. notgeschlachtet wurden. Die überwiegenden Ursachen für das Verenden waren Erkrankungen der Atemwege (49 % der abgegangenen Jungrinder). 16 % der Abgänge waren auf Erkrankungen des Verdauungstraktes zurückzuführen. In dieser

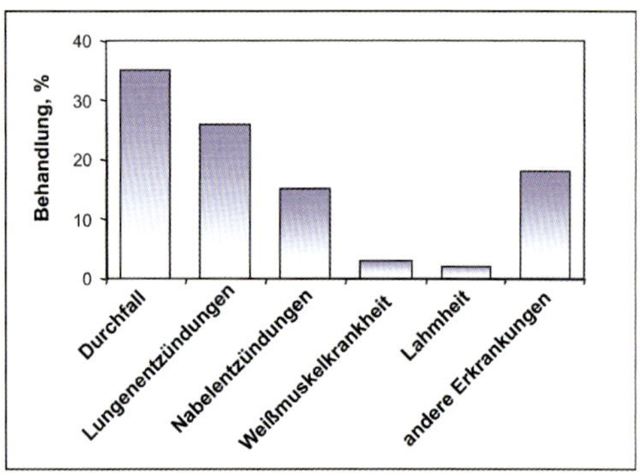

Tierärztliche Behandlungsarten bei Jungrindern (BUSATO u. Mit., 1997)

Lungenschäden führen häufig zu Abgängen.

Untersuchung konnte weiters gezeigt werden, dass Durchfälle, Lungenentzündungen und Nabelentzündungen am häufigsten zu tierärztlichen Behandlungen führten (siehe Abbildung).

Erkrankungen des Atmungstraktes

Atemwegserkrankungen sind zumeist auf virale und bakterielle Infektionen zurückzuführen. Auf die ersten Anzeichen von Grippe bzw. viralen Atemwegserkrankungen muss rasch reagiert werden. Mangelhafte Fütterung und Nährstoffversorgung, vor allem aber schlechte Haltungsbedingungen (Luft, Licht) können direkt und indirekt das Risiko für Atemwegserkrankungen erhöhen.

Durchfall

Ausführungen dazu finden Sie im Abschnitt „Kälber" (siehe oben).

Pansenübersäuerung

Wenn in der Rindermast kraftfutterreich gefüttert wird, dann steht die Pansenübersäuerung (Acidose) bei den fütterungsbedingten Gesundheitsstörungen an vorderster Stelle. Eine ausgewogene Strukturversorgung ist notwendig (siehe „Grundlagen der Rinderfütterung").

Pansenalkalose

Zu Pansenalkalose (pH-Wert des Pansens anhaltend über 7,2) kann es in der Rindermast bei überhöhtem Einsatz von Futterharnstoff bzw. bei sehr eiweißreichen Rationen kommen. In der Folge kann Pansenfäulnis auftreten.

Blähungen

Bei Mastrindern, die strukturarm ernährt werden, kann es zur Pansenübersäuerung und sekundär auch zu Pansenblähungen kommen. Auch bei unvorbereiteter und hoher Kleeaufnahme treten Blähungen auf. Man unterscheidet zwischen schaumiger Blähung oder vergrößerter Gasblase. Bei Blähungen auf der Weide trifft man häufiger auf eine schaumige Gärung. Folgende Faktoren erhöhen das **Weideblährisiko**:

- Ein unvorbereiteter Weidebeginn im Frühling
- Ein hoher Kleeanteil im Weidebestand (über etwa 30 %)
- Hoher Zucker- und Eiweißgehalt in jungem Futter
- Bestoßung frischer Weiden
- Tage, an denen die Tiere hastig fressen (späterer Austrieb, neue Koppel)
- Bei Koppel- und Portionsweide höheres Risiko als bei Kurzrasenweide
- Tiere kommen nüchtern mit Heißhunger auf die Weide
- Frostiges Futter
- Aufnahme von warmem, „gärigem" Futter im Stall
- Eventuell nach warmen Nächten bzw. an warm-windigen Tagen

Wenn mehrere Punkte gemeinsam auftreten, besteht größte Blähgefahr!

Nabelentzündungen

Eine Nabeldesinfektion nach der Geburt ist anzustreben. Zusätzlich ist in den ersten

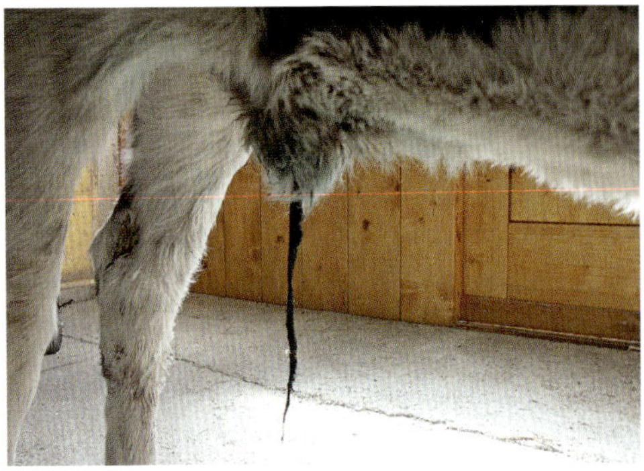

Eine Nabeldesinfektion ist nach der Geburt anzustreben.

zwei Wochen die regelmäßige Kontrolle des Nabels (verdickt, schmerzhaft?) notwendig. Der Nabel ist eine bedeutende Eintrittspforte für Krankheitserreger (Kälberlähme und Lungenentzündungen).

Selen- und/oder Vitamin-E-Mangel

Diese Erkrankung tritt vor allem in Mutterkuhbetrieben auf. Sie kann durch ausreichende Versorgung der Kuh bzw. des neugeborenen Kalbes mit Selen und Vitamin E verhindert werden (siehe Abschnitt „Fütterung der Mutterkuh“).

Parasiten

In der Mutterkuhhaltung werden Jung- und Alttiere gemeinsam gehalten. Daher besteht für das Jungvieh ein sehr hoher Parasitendruck. Parasitenbefall verringert die Futteraufnahme, führt zu Verdauungs- und Stoffwechselstörungen, Stress, schränkt das Wohlbefinden und die Leistung drastisch ein und kann zu schweren Gesundheitsproblemen bis hin zu Totalausfällen führen.

HINWEIS! Parasitenbelastung

Grundsätzlich kann davon ausgegangen werden, dass jedes Rind Träger von Parasiten ist. Ob es nun bei Einzeltieren oder ganzen Beständen zu Krankheitserscheinungen kommt, hängt von einer ganzen Reihe von Umweltfaktoren (Haltung, Fütterung, Stress etc.) ab.

Wenn Jungrinder in eine stark von Parasiten verseuchte Umwelt kommen, muss mit gravierenden Infektionen gerechnet werden. Je höher die Wirtsdichte je Flächeneinheit ist (hohe Belegzahlen auf der Weide und im Stall), desto stärker wird die Verseuchung mit Parasiten (Entwicklungs- und Dauerstadien). Vor allem Kälber und Jungrinder, die an einer Grundkrankheit (z. B. Vitamin- und Spurenelementmangel, Infektionen) leiden oder besonderem Stress ausgesetzt sind, sind auch vermehrt für Parasitenbefall gefährdet. Natürlich fördern auch schlechte Umweltbedingungen (feuchte, dunkle Stallungen, Feuchtstellen auf Weiden etc.) das vermehrte Auftreten von Parasiten bzw. sind sie die Voraussetzung für die Existenz von Zwischenwirten einiger Parasiten. Zusätzlich kann es auch bei unfachmännischem Einsatz von Antiparasitika zu Resistenzbildungen bei den Parasiten kommen.

Hautpilzerkrankungen sind auch auf den Menschen übertragbar.

Die wichtigsten Parasiten des Rindes

Kokzidien

Diese spielen als Durchfallerreger eine wichtige Rolle. Die Symptome bei der oftmals als Bestandsproblem auftretenden Kokzidiose der Kälber sind hochgradiger Durchfall, wobei dem Kot Blut, Schleim und Schleimhautfetzen beigemengt sein können. Erkrankte Tiere bleiben in ihrer Entwicklung zurück, es kann auch zu Todesfällen kommen.

Rundwürmer des Magen-Darm-Traktes

Diese schädigen zumeist Jungrinder. Das Krankheitsbild ist geprägt von Durchfällen, stumpfem und langem Haarkleid, schlechtem Ernährungszustand und Kümmern. In ausgeprägten Fällen sind hochgradige Schwellungen (Ödeme) im Zwischenkiefer- und Halsbereich, Festliegen und sogar Todesfälle zu verzeichnen.

Lungenwürmer

Diese Parasiten verlegen und schädigen die unteren Atemwege, wodurch es zu einer vermehrten Flüssigkeitsansammlung in der Lunge kommt. Eine erhöhte Atemfrequenz, angestrengte Atmung sowie ständiger, zumeist feuchter Husten, aber auch Abmagerung und stumpfes, langes Haarkleid sind die auffälligsten Anzeichen dieser parasitären Bronchitis. Dadurch kann es zu schwer verlaufenden und bisweilen tödlichen Lungenentzündungen kommen. Auch bei einer erfolgreichen Behandlung bleibt das Lungengewebe geschädigt, was zu Kümmern und vermehrter Anfälligkeit gegenüber Lungenerkrankungen führt.

Kleiner und Großer Leberegel

Die Leberegelerkrankung ist eine häufige chronische Erkrankung. Während Jungegel die Leberzellen zerstören, leben die erwachsenen Egel in den Gallengängen der Leber. Die beim Wirtstier ausgelösten Abwehrreaktionen führen zur Verkalkung der Gallengänge und zu Leberfunktionsstörungen. Die typischen Krankheitssymptome, welche vor allem beim Befall mit dem Großen Leberegel auftreten, sind verminderte Fresslust, Abmagerung, Fieberanfälle, bei Kühen Milchleistungsabfall, Durchfall, Abmagerung sowie Blutarmut und Gelbsucht. Bei dieser als Fasziolose bezeichneten Erkrankung können auch Todesfälle auftreten. Die durch die Leberegel verursachten Leberschäden sind großteils bleibend.

Milben

Verschiedene Milbenarten (Saug-, Grab- und Nagemilben) führen zum Teil zu hochgradigen Hautveränderungen wie Haarausfall, starkem Juckreiz, Wundscheuern, starker Krusten-, Borken- und Faltenbildung. Bakterielle Sekundärinfektionen können das Krankheitsbild verschlimmern.

Rinderläuse

Diese parasitieren auf der Haut der Rinder und sind Blutsauger. An der Stichstelle kommt es zu Juckreiz, was zu Unruhe und ständigem Scheuern der betroffenen Tiere führt. An den befallenen Stellen (insbesondere Hals, Widerrist) können sich Ekzeme, Krusten und Borken bilden. Massiver Lausbefall bei Kälbern kann zu hochgradiger Blutarmut führen.

Rinderhaarlinge

Haarlinge leben von Rinderhaaren, Hautschuppen und Hautdrüsensekreten, was zu einer ständigen, juckreizbedingten Beunruhigung bei den befallenen Tieren und damit zum Scheuern führt. Eine Massenvermehrung von Haarlingen wird im Allgemeinen nur bei geschwächten und kranken Tieren beobachtet.

Große Dasselfliege

Nachdem diese hummelähnliche Fliege ihre Eier an der Hautoberfläche gelegt hat, schlüpfen die Larven und bohren sich durch die Rinderhaut. Nach Überwinterung im Bereich des Wirbelkanales bilden die Larven unter der Rückenhaut Abszesse mit jeweils einem Atemloch.

Hautpilzerkrankungen

Die besonders langwierige Hautpilzerkrankung (Glatzflechte, Zitterer, Trichophytie) tritt zumeist bei Jungrindern auf. Zur Einschleppung in den Bestand kommt es durch Zukauf von infizierten Tieren. Der Erreger, hauptsächlich *Trichophyton verrucosum* ist auch auf den Menschen und andere Haustiere übertragbar. Die Infektion erfolgt über Pilzsporen und infiziertes Hautmaterial, Hauptinfektionsweg ist der direkte Kontakt. Weitere Infektionsquellen sind infizierte Stallungen, Putzzeuge, Scheuerbürsten etc., aber auch Läuse, Haarlinge und Fliegen kommen als Überträger in Betracht. Im Sommer und bei Weidehaltung ist der Infektionsdruck bedeutend geringer.

In Haaren und Hautschuppen eingebettete Pilzsporen bleiben bis zu zehn Jahre infektiös. Dies kann die Erklärung für immer wiederkehrende Infektionen sein. Eine fast explosionsartige Vermehrung von Hautpilzerkrankungen ist bei gleichzeitig geschwächtem Immunsystem der Tiere zu bemerken. Bedeutende auslösende Faktoren sind Stress und Überbelegung, Mangel an Nährstoffen, Vitaminen und Spurenelementen, Infektionskrankheiten und ungünstige Haltungsbedingungen (feucht, warm, dunkel).

Parasitenvorbeuge und Bekämpfung

Für eine effektive Parasitenbekämpfung ist ein Tierarzt zuzuziehen. Nicht jedes „Wurmmittel" wirkt gegen jeden Parasiten. Die Voraussetzung für eine wirksame Parasitenbekämpfung sind eine Untersuchung eventuell erkrankter Tiere sowie eine parasitologische Kotuntersuchung (bzw. Hautgeschabsel) eines repräsentativen Anteiles der Tiere im Bestand (GASTEINER, 2001). Bio-Betriebe dürfen eine Parasitenbehandlung nur im Anschluss an Untersuchungen an erkrankten Tieren (Kot etc.) einsetzen.

Weiters sind auch die Weideführung und das Weidemanagement zu beurteilen und zu überdenken. Es muss Wasser von Trinkwasserqualität in hygienischer Form angeboten werden (Selbsttränker, sauberer Brunnen). Mögliche Infektionsketten sollten, in Kenntnis der „Problem"-Parasiten des jeweiligen Betriebes und unter Bedachtnahme der Entwicklungszyklen dieser Schmarotzer, unterbrochen werden. Beim Auftrieb von Tieren auf eine Gemeinschaftsalm oder -weide ist auf eine einheitliche Entwurmung aller aufgetriebenen Rinder zu achten. Der richtige Zeitpunkt der Parasitenbekämpfung bestimmt ebenfalls wesentlich den Erfolg der gesetzten Maßnahmen. Eine eventuelle vorbeugende Entwurmung sollte vor dem Weideauftrieb und zum Zeitpunkt der Einstellung im Herbst durchgeführt werden. Bei unfachmännischer Anwendung von Antiparasitika, wie etwa falscher Dosierung, falschem Behandlungszeitpunkt oder -häufigkeit, ist mit einem vermehrten Auftreten von resistenten Parasiten zu rechnen – diverse Medikamente wirken nicht mehr. Nach Anwendung von Antiparasitika sind die gesetzlich vorgeschriebenen Wartezeiten für Fleisch und Innereien sowie für Milch strikt einzuhalten.

Bekämpfung der Glatzflechte

Unter die Vorkehrungen fallen alle Maßnahmen zur Optimierung der Umweltbedingungen, also von Haltung, Stallung, Fütterung und Stallklima. Durch regelmäßige und intensive Tierbeobachtung können verschiedene Erkrankungen und Störungen frühzeitig erkannt werden, so auch die Glatzflechte.

Zukauftiere sollten frei von der Erkrankung sein und auch im Sinne der Vermeidung anderer Infektionskrankheiten für zwei Wochen in einem separaten Stallteil, von der übrigen Herde abgetrennt, aufgestallt werden.

Gegen die Glatzflechte sind zugelassene, sehr wirksame Impfstoffe auf dem Markt und können vom Tierarzt zur Vorbeugung, aber auch zur Beschleunigung des Heilungsverlaufes eingesetzt werden. Dazu ist eine zweimalige Impfung aller ansteckungsgefährdeten und erkrankten Rinder im Abstand von 14 Tagen nötig, eine jährliche Auffrischung der Impfung wird empfohlen. Die Impfung kann jedoch nur in Kombination mit Verbesserungen der Haltungsbedingungen (hell, trocken, kühl) dauerhaft erfolgreich sein.

Auch das Anbringen von Entkeimungslampen (UV-Licht) kann vorbeugend positiv wirken.

Neben dem Einsatz von Impfstoffen zur Beschleunigung der Abheilung können Lokalbehandlungen mit Fungizidpräparaten durchgeführt werden. Erkrankte Tiere sollten von noch gesunden Tieren abgesondert werden. Ohne Behandlung dauert die Erkrankung bei komplikationslosem Verlauf etwa 150 Tage, nach der Durchseuchung des Bestandes ist jedoch mit immer wiederkehrenden Erkrankungsfällen, vorwiegend bei Jungtieren, zu rechnen. Bis zum Abheilen der Veränderungen und Nachwachsen der Haare muss selbst bei intensiver Therapie mit wenigstens vier bis fünf Wochen gerechnet werden.

BESAUGEN BEI RINDERN

Das Besaugen bei Aufzuchtrindern und Kühen stellt eine erworbene Untugend dar und kann bestandsweise gehäuft auftreten. Üblicherweise wird das Euter bzw. bei Jungtieren die Euteranlage, bei männlichen Tieren auch das Präputium oder der Hodensack, besaugt. Saugende Kalbinnen und Kühe waren bereits als Kälber Sauger, weshalb in der Aufzucht der Kälber die Ursachen zur Entstehung dieser Verhaltensstörung zu suchen sind.

Eine aufklappbare Kälberüberdachung, Heusäcke und Spielmaterial werden im luftigen Laufstall von den Kälbern gerne angenommen.

Einflussfaktoren auf das Euterbesaugen bei Aufzuchtrindern

- Bei reinen Milchrassen nimmt das Risiko von euterbesaugenden Rindern ab. Bei Fleckviehrindern dürfte ein höherer Anteil an Saugern vorliegen. Bei typischen Mutterkuhrassen lassen sich die Kühe zumeist nur vom eigenen Kalb besaugen.
- Neben diesem genetischen Aspekt müssen aber auch betriebsindividuelle Faktoren beachtet werden, da zumeist auch die Management- und Haltungsbedingungen vom Nutzungstyp und damit von der jeweiligen Rasse abhängig sind. Bei Jungrindern ohne Kontaktmöglichkeit zur Außenwelt sowie ohne Auslauf oder Weidegang ist das Risiko des Euterbesaugens um das Dreifache erhöht. Ein Haltungssystem, welches die Verhaltensansprüche von Kälbern erfüllt, kann auch die Häufig-

keit des Besaugens absenken. Der Bewegungsbedarf, das Erkundungs-, Spiel- und Sozialverhalten der Kälber müssen ausreichend und dauerhaft befriedigt werden, da eine reizarme Umwelt zum Entstehen von Verhaltensstörungen führen kann.

- Obwohl vermutet wird, dass die Art der Tränkeverabreichung (mit/ohne Saugvorrichtung) sowie die Gruppenhaltung von Kälbern das Risiko des Auftretens von Besaugen erhöhen, konnten in den Untersuchungen von Keil und Audige (1999) keine derartigen Zusammenhänge festgestellt werden. Bei nur täglich zweimaliger Tränkegabe ist jedoch mit einem höheren Risiko bzgl. gegenseitigen Besaugens zu rechnen als bei höherer Tränkefrequenz. Beim Einsatz eines Tränkeautomaten mit Tränke ad libitum (jedoch vorgegebene Maximalmenge pro Zeiteinheit) kann das Auftreten von Saugern vermindert werden. Da das Problem des Besaugens aber auch in Betrieben mit Tränkeautomaten auftritt, stellt diese Maßnahme kein Patentrezept dar. Da der Saugtrieb der Kälber nach der Tränke noch einige Minuten anhält, sollten die Kälber nach der Tränkeaufnahme noch für etwa zehn bis 15 Minuten einzeln eingesperrt bleiben.
- Der Saugtrieb von Kälbern ist unmittelbar nach dem Absetzen der Tränke naturgemäß am größten und deshalb kommt es speziell in dieser Phase gehäuft zu einem gegenseitigen Besaugen im Sinne einer Ersatzhandlung. Keil und Audige (1999) stellten in ihren Untersuchungen fest, dass die Zusammensetzung der angebotenen Ration sowie die Dauer der Verfügbarkeit des Futters insbesondere während der Umstellungsphase auf reine Wiederkäuerfütterung eine entscheidende Rolle bei der Entstehung des Besaugens haben. In den untersuchten Problembeständen erhielten die Rinder nach dem Absetzen eine Ration mit geringem Kraftfutteranteil und einem hohen Anteil an Maissilage. Dadurch konnten die Tiere nur noch geringe Mengen an Raufutter (Heu) aufnehmen. Der Mangel an strukturwirksamer Rohfaser führte bei diesen Tieren zu kürzeren Fress- und Wiederkauzeiten und damit zu Beschäftigungsmangel. Bei teilweisem Ersatz der Maissilage durch Kraftfutter sowie zusätzlicher Fütterung von Raufutter (Heu) guter Qualität zur freien Aufnahme werden wiederkäuergerechte Rationsverhältnisse geschaffen, die sich in längeren Fress- und Wiederkauzeiten widerspiegeln.
- Neben der Dauer der Verfügbarkeit des Futters (Ad-libidum-Fütterung vermindert das Risiko von Besaugen) konnte auch ein Zusammenhang zwischen Besaugen und Energiedefizit festgestellt werden. Je weniger der Energiegehalt des angebotenen Futters den Bedürfnissen entwöhnter Rinder entspricht (Energiemangel), desto häufiger tritt Euterbesaugen auf. Der Energiebedarf der abgesetzten Kälber sollte deshalb besser durch Kraftfutter und weniger durch Maissilage gedeckt werden.
- Mineralstoff-, Spurenelement- und Vitaminversorgung: Absetzkälber benötigen eine calcium- und spurenelementbetonte Mineralstoffergänzung mit nur geringem Phosphorgehalt. Es empfiehlt sich das Einmischen einer calciumbetonten Mineralstoffmischung (3–5 %) in das Kälberkraftfutter bzw. die gesonderte Gabe von 50–60 g. Dadurch ist auch der Bedarf an Spurenelementen und Vitaminen gedeckt.

Praktische Empfehlungen zur Verhinderung des Euterbesaugens

- Regelmäßige Auslaufmöglichkeit für Kälber schaffen
- Haltungsumwelt optimieren (Beschäftigungsmaterial, keine Zugluft, Platzangebot, Stroh …)

- Vermeidung einer geringen täglichen Tränkefrequenz
- Bei begrenzter Milchgabe sollten alle Kälber gleichzeitig Milch trinken können.
- Die Milchmenge je Mahlzeit darf nicht zu groß sein, damit die Kälber früh beginnen, festes Futter aufzunehmen. Eine Mindestmilchmenge pro Teilgabe von ca. 1,5 kg ist aber für eine physiologische Sättigung notwendig.
- Eine Steigerung der Tränkefrequenz (dreimal täglich) wirkt günstig. In jedem Fall müssen die Tränkezeiten sehr genau eingehalten werden, um unnötigen Stress zu verhindern.
- Muttergebundene Aufzucht oder die Verabreichung von angesäuerter Milch vermindert die Motivation zu gegenseitigem Besaugen.
- Kälber nach dem Tränken noch für die Dauer von zehn bis 15 Minuten einzeln einsperren, bis deren Saugtrieb nachgelassen hat.
- Raufutter zur freien Aufnahme für Kälber (ab der zweiten Lebenswoche) und Jungrinder
- Gewöhnung der Milchkälber an Kraftfutter ab der zweiten Lebenswoche
- Zugabe von Traubenzucker zur Tränke (1–2 g/l), um einen raschen Anstieg des Blutzuckerspiegels zu erreichen – in Studien konnte dadurch ein Rückgang des Saugtriebs festgestellt werden.
- Ein Energiedefizit ist insbesondere in der Umstellungszeit zu vermeiden.
- Nach der Tränke müssen die Kälber Ergänzungsfutter aufnehmen können. Grundsätzlich muss immer Grundfutter zur Sättigung angeboten werden.
- Zum Zeitpunkt des Absetzens müssen die Kälber ausreichende Mengen an Grund- und Kraftfutter aufnehmen (Kälberaufzucht!).
- Nach dem Absetzen müssen die Kälber ausreichend Energie aufnehmen können. Das heißt, sie müssen sehr gutes Grundfutter und auch Kraftfutter bekommen. Die Kraftfuttermenge nach dem Absetzen sollte rund 1–1,5 kg pro Tag betragen. Auch in der Gruppenhaltung muss eine ungestörte Ergänzungsfutteraufnahme möglich sein.
- Zu viel Maissilage in Kombination mit Kraftfutter nach dem Absetzen senkt die Heu- oder Grassilageaufnahme und verringert dadurch die Strukturversorgung. Das gegenseitige Besaugen als Ersatzhandlung kann dadurch zunehmen.
- Bei Tränkeautomaten muss ein verschließbarer Fressstand vorhanden sein, in dem die Kälber ungestört saugen können. Die Tränkemenge sollte pro Mahlzeit nicht unter 1,5 l Milch betragen, damit eine gewisse Sättigung eintritt.
- Das Anbringen von Saugattrappen und Heunetzen ist günstig.
- Das Absetzen von der Milch darf nicht zeitlich mit einer Umstallung bzw. einer totalen Futterumstellung zusammenfallen.
- Die Kälber müssen ausreichend mit Mineralstoffen, Spurenelementen und Vitaminen versorgt werden. Dazu sind calciumreiche Mineralfuttermittel in einer Höhe von 30–50 g je Tag notwendig. Salzlecksteine führen zu einer Beschäftigung der Tiere. Die Lecksteine können an einer Kette pendelnd aufgehängt werden und befriedigen den Spieltrieb der Kälber.
- Als Energiefuttermittel für Jungtiere sollte vermehrt Kraftfutter und weniger Maissilage eingesetzt werden.
- Den Kälbern muss sauberes Wasser zur freien Aufnahme zur Verfügung stehen.
- Positiv wirkt sich ein Haltungssystem aus, bei dem die Kälber ihre Umgebung erkunden können. Offenfrontställe bzw. ein Auslauf verbessern nicht nur die Luftqualität, die Kälber können auch ihren Erkundungstrieb besser ausleben und zeigen damit weniger Interesse, Artgenossen zu

besaugen. Gruppeniglus mit Außenbucht senken das Saugrisiko gegenüber Einraumbuchten. Reizarme Haltung erhöht das Saugrisiko, ausreichend Stroh reduziert es.

- Regelmäßige Beobachtungen durchführen (günstig nach der Abendfütterung), dies gewährleistet eine frühzeitige Erkennung von Saugern. Saugschutzvorrichtungen für Sauger, nach Möglichkeit Sauger isolieren oder Anbindehaltung des betreffenden Tieres.
- Es wird auch berichtet, dass durch Trennung weiblicher und männlicher Kälber das Besaugen zurückging.

Die Häufigkeit des Besaugens kann durch Erfüllung dieser einfachen Forderungen nach wiederkäuergerechter Fütterung, Versorgung und Haltung entscheidend gesenkt werden. Da Verhaltensstörungen in den meisten Fällen durch eine Mehrzahl von einwirkenden Faktoren über eine längere Zeitspanne hinweg erworben wurden, ist auch bei Abstellen der Ursachen nicht mit einer schlagartigen Besserung zu rechnen. Problemtiere sollten rasch aus Gruppen entfernt werden, da weitere Tiere das unerwünschte Saugverhalten „lernen" können.

BAULICHE ANFORDERUNGEN

Zu baulichen Anforderungen, die auch in der extensiven Rinderhaltung Gültigkeit haben, liegen wertvolle Informationen im Buch „Stallbau für die Rinderhaltung" des Leopold Stocker Verlages von E. Ofner-Schröck, V. Lenz und W. Breininger vor. Auch aus der Landtechnik Schriftenreihe 227 des ÖKL „Stallbau für die Biotierhaltung". Rinder. 3. Auflage, 2017 können viele Infos entnommen werden. In diesem Zusammenhang ist zu beachten, dass es hinsichtlich der baulichen Vorschriften bedeutende Länderunterschiede gibt und dass sich die Auflagen zwischen konventionell und biologisch wirtschaftenden Betrieben teilweise unterscheiden. Aktuelle Informationen können Sie von den zuständigen Referenteninnen und Referenten der Landeslandwirtschaftskammern (Bauberatung) bzw. von den Bio-Beratern erhalten. Diese können sowohl über die aktuellen gesetzlichen Bestimmungen sowie über praktische Beispiele von Baumaßnahmen im Mutterkuhbereich wie auch in der Rindermast Auskunft geben. Im vorliegenden Buch werden grundsätzliche Fragen zu baulichen Anforderungen sowie Fragen zur Gestaltung des Fressbereichs und der Tränken behandelt.

Grundsätzlich gelten folgende **Überlegungen bei baulichen Maßnahmen**:

- Die Berücksichtigung der Bedürfnisse der Tiere im Stallbau und in der Haltungstechnik trägt zum Wohlbefinden, der Leistung, aber auch der Gesundheit und Nutzungsdauer bei. Damit werden aber auch die Erwartungen der Konsumenten an das Produkt bzw. die Haltungsbedingungen in großem Ausmaß erfüllt.
- Vor jeder Investition muss ausreichend Zeit für das Einholen von Informationen vorhanden sein (Berater, Praktiker, Besichtigungen, Literatur, gesetzliche Bestimmungen etc.).
- Hohe Investitionen in Gebäude und Einrichtungen rechnen sich in der extensiven Rinderhaltung nicht. Die Gebäude und deren Einrichtungen werden überdies nicht das ganze Jahr vollständig genutzt.
- Bei Adaptierungen oder Neubaumaßnahmen sollten auch konventionell wirtschaftende Betriebe nach Möglichkeit die „Bio-Richtlinien" einhalten. Dadurch wird einerseits ein tiergemäßes Haltungssystem errichtet, andererseits wird auch ein eventueller Umstieg in die biologische Wirtschaftsweise jederzeit ermöglicht.
- Zukünftige mögliche Erweiterungen der Stallfläche bzw. eine mögliche zusätzliche Produktionsrichtung (z. B. Mutterkuhhaltung mit Ausmast der Rinder am eigenen Betrieb) müssen bei Baumaßnahmen einbezogen werden.
- Bei baulichen Maßnahmen müssen Tier und Mensch im Zentrum der Überlegungen stehen.

1) Offenfrontställe eignen sich sehr gut für die Mutterkuhhaltung und Rindermast. 2) Fixiereinrichtung zur Tierbehandlung. 3) Eine Futterraufe ist im befestigten Auslauf anzustreben. 4) Die ständige Versorgung mit Trinkwasser ist entscheidend. 5) Transportabler Weideunterstand 6) Eine Wiege- und Verladeeinrichtung ist einzuplanen. 7) Hohe Investitionen in Gebäude und Einrichtungen rechnen sich in der extensiven Rinderhaltung nicht. 8) Möglichkeiten zur Gruppenbildung sind anzustreben.

FRESSPLATZ

Die Anzahl der notwendigen Fressplätze muss sich nach dem Fütterungssystem richten. Nur wenn die Rinder ständig Zutritt zu Futter guter Qualität haben, kann das Tier-/Fressplatz-Verhältnis von 1 : 1 abweichen. Wenn Vorratsfütterung oder Selbstfütterung durchgeführt wird, können zwei (bis max. 2,5) Tiere je Fressplatz gehalten werden. Bei zeitlich oder mengenmäßig beschränkter Fütterung muss für jedes Tier (Mutterkuh, Mastrind) ein Fressplatz angestrebt werden.

Wenn in der Rindermast Kraftfutter händisch zugeteilt wird (z. B. Ochsen im ersten Lebensjahr bzw. in der Ausmast), dann ist ebenfalls für jedes Tier ein Fressplatz erforderlich. In der Mutterkuhhaltung ist ein eigener geschützter Fressplatz für die Kälber notwendig (Kälberschlupf!). In der Kälberaufzucht ist bei Milchgabe eine Fixiereinrichtung anzustreben. Ansonsten ist die Fixierung der Tiere bei der Fütterung im Normalfall nicht erforderlich. Daher können auch eigenbaufreundliche Fressgitter eingesetzt werden. Die teureren Selbstfangfressgitter oder Absperrgitter haben den Vorteil, dass fixierte Tiere auch behandelt werden können. Weiters gibt es bei der Fütterung auch keine Rangkämpfe und die Tiere werden an die Fixierung gewöhnt. Zusätzlich kann Kraftfutter leichter zugeteilt werden. Selbstverständlich müssen in diesem Fall alle Tiere fixiert werden (Hilflosigkeit der fixierten gegenüber den freien Tieren).

Die notwendige **Fressplatzbreite** (= Fressgitterlänge) ist gesetzlich geregelt und richtet sich nach der Körpergröße (Schulterbreite) der Tiere. Bei behornten Tieren werden jeweils 5–10 cm breitere Plätze benötigt.

Mindestmaße für Fressplätze (1. THVO)

Tiergewicht, kg	Mindest-Fressplatzbreite pro Tier[1]
bis 150 kg	40 cm
bis 220 kg	45 cm
bis 350 kg	55 cm
bis 500 kg	60 cm
bis 650 kg	65 cm
über 650 kg	75 cm

[1] Insbesondere bei behornten Tieren wird ein Zuschlag von 5–10 cm empfohlen.

Die Fressplatzbreite pro Tier sollte generell das 1,33-Fache der Schulterbreite der Tiere betragen. Bei saisonal gehäuften Abkalbungen sollte eine Fressplatzbreite vom 1,5-Fachen der Schulterbreite angestrebt werden.

Die Reichweite der Rinder steigt beim Fressen mit zunehmender Barnsohlenhöhe an. Wenn die Barnsohle 20 cm über der Standfläche liegt, beträgt z. B. die Reichweite von Kühen mit der Zunge mindestens 100 cm. Unter **Barnsohlenhöhe** versteht man die Differenz zwischen der Barnsohle und dem Standplatz. Jedenfalls muss die Barnsohle höher als die Standfläche (zumindest 12 cm) sein. Die Barnsohle ist aus einem beständigen, glatten und leicht zu reinigenden Material auszuführen (großflächige Fliesen mit geringem Fugenanteil, Polyesterbeton, lebensmittelechte Schutzanstriche, Gussasphalt, qualitativ hochwertiger Beton, z. B. B 30 = C 25/30 mit 4 kg/m² Quarzsand, 0,1–1 mm Körnung, 2–3 mm dick in die fertige nasse Betonoberfläche eingebracht, mit Feinschliff nach dem Abbinden).

Ein Barnsockel verhindert ein Herausziehen des Futters auf die Standfläche. Seine maximale Höhe beträgt bei Mastvieh bis etwa 350 kg 50 cm, bei schwereren Tieren maximal 60 cm.

Die richtige Gestaltung der **Fressplatztiefe** (= Futtergangbreite = Abstand zwischen Fressgitter und hinterer Begrenzung des Fressplatzes durch eine Wand, Stufe, Liegeboxenabtrennung und dergleichen) ermöglicht den Rindern die ruhige Futteraufnahme, ohne dass sie von den rückwärts vorbeigehenden Tieren wesentlich gestört werden. Bei Mutterkühen sollte die Fressplatztiefe zumindest 320 cm betragen. In der Rindermast ist bei 200 kg LG eine Fressplatztiefe von zumindest 210 cm, bei 300 kg von 240 cm und bei 600 kg von 300 cm notwendig.

Bei Laufstallhaltung bewährt sich ein eigener befestigter Fressbereich am Laufhof. Bei Weidehaltung sind Möglichkeiten zur Beifütterung von konserviertem Grundfutter vorzusehen.

Mindestmaße für Liegeboxen (österr. 1. THVO)

Tiergewicht	Boxenlänge wandständig	Boxenlänge gegenständig	Boxenbreite
bis 300 kg	190 cm	170 cm	85 cm
bis 400 kg	210 cm	190 cm	100 cm
bis 550 kg	230 cm	210 cm	115 cm
bis 700 kg	240 cm	220 cm	120 cm
über 700 kg	260 cm	240 cm	125 cm

TRÄNKESTELLEN

Die Tränkestellen sind gut zugänglich zu platzieren. Bei größeren Herden sind mehrere Tränkestellen erforderlich. Die geruchsempfindlichen Rinder benötigen saubere Tränkeeinrichtungen, die Versorgung mit sauberem Wasser muss ständig gegeben sein. Bei Außenklimastellen sind die Tränken frostsicher zu gestalten. Kippbare Tränkebecken ermöglichen das rasche Reinigen. Für etwa sieben Rinder ist eine Schalentränke bzw. für 15 Rinder eine Trogtränke mit einer Länge von mindestens 1 m erforderlich. In der Mutterkuhhaltung, aber auch in der Kälberaufzucht müssen auch die Jungrinder die Tränken erreichen können! Nicht zu kaltes Wasser fördert die Wasseraufnahme. Auch bei Weidehaltung muss die ständige Wasserversorgung sichergestellt sein.

In der Aufzucht von Kälbern, welche noch nicht von der Milch abgesetzt wurden, müssen geeignete Einrichtungen zur Milchgabe vorhanden sein. Letztere kann über Saugeimer bzw. in größeren Betrieben auch über einen Tränkeautomaten (Kosten?) erfolgen. Wenn die Milch über Eimer vorgelegt wird, dann sollten die Kälber während des Tränkens und maximal bis 15 Minuten nach dem Tränkvorgang fixiert werden können (Abbau des Saugreflexes). Unabhängig vom Milchtränkeverfahren müssen auch die Kälber ständig Wasser aufnehmen können.

Mindeststall- und Auslaufflächen bei Bio-Tierhaltung

(Quelle: Stallbau für die Bio-Tierhaltung Rinder, 2. Auflage, ÖKL 2010)

Kategorie	Lebendgewicht, kg	Mindeststallfläche (Gruppenhaltung), m^2/Tier	Mindest-Auslauffläche (Freigelände außer Weide), m^2/Tier
Kälber, Zucht- und Mastrinder	bis 100	1,6	1,1
	bis 200	2,5	1,9
	bis 350	4,0	3,0
	über 350	5,0 (min. 1 m^2/100 kg LG)	3,7 (min. 0,75 m^2/100 kg LG)
Mutterkühe	-	6,0	4,5
Zuchtstiere	-	10,0	30,0 (9 m^2 im Verbund mit der Herde)

Richtwerte für Liegeflächengrößen in Bio-Tretmist- und Tieflaufställen

(Quelle: Stallbau für die Bio-Tierhaltung Rinder, 2. Auflage, ÖKL, 2010)

Tierkategorie	Liegefläche je Tier
Kälber bis 150 kg	1,2–1,5 m^2
Mast-/Jungvieh bis 200 kg	1,8 m^2
Mast-/Jungvieh bis 300 kg	2,0 m^2
Mast-/Jungvieh bis 400 kg	2,5 m^2
Mast-/Jungvieh über 400 kg	3,0 m^2
Kühe ca. 550 kg	4,0 m^2
Kühe ca. 650 kg	4,5 m^2
Kühe ca. 750 kg	5,0 m^2

WEITERE BAULICHE ANFORDERUNGEN

Mutterkuhhaltung

- Möglichkeit zur Gruppenbildung anstreben. Zumindest einen eigenen Bereich für trockenstehende Kühe vorsehen!
- Eine Abkalbebox und eine Box für einen Zuchtstier sind einzuplanen. Der Zuchtstier sollte immer Sicht- und Geruchskontakt zu den Kühen haben. Wird der Zuchtstier ständig bei der Herde gehalten, dann ist dieser stark beansprucht (vor allem bei Jungstieren beachten).
- Ist eine räumlich optimale Lösung zur guten Beobachtung der Kühe und Kälber möglich (Brunst, Milchaufnahme etc.)? Wo können die Kühe bei der Besamung fixiert werden?
- Kälberschlupf mit eigenem Futtertisch und Tränker vorsehen.
- Die Futtervorlage und das Entmisten müssen arbeitszeitsparend erfolgen können (Zeitbedarf pro Tier!).

RINDER VERSTEHEN

Rinder haben ein Sehfeld von ca. 300° und können damit nahezu rundum sehen. Jedoch ist das dreidimensionale Sehen eingeschränkt, deshalb können laufende Rinder zum Beispiel Hindernisse nur schlecht wahrnehmen. Sie haben eine Wahrnehmungszone und eine Fluchtzone. Bewegen wir uns in die Fluchtzone, üben wir Druck aus und das Tier bewegt sich. Wenn der Druck nachlässt und der Mensch nicht mehr in der Fluchtzone ist, bleiben die Tiere stehen. Das können wir beim Treiben der Rinder nutzen. Wichtig ist dabei jedoch, dass wir uns nicht direkt hinter dem Tier, sondern leicht schräg hinten (im Sehfeld) gezielt an der Fluchtzonengrenze ruhig bewegen. Die Schulter ist beim Treiben der Balancepunkt, befinden wir uns dahinter, geht das Rind nach vorne. Kommen wir vor dem Schulterbalancepunkt in die Fluchtzone, dann dreht sich das Rind ab.

Es muss gelingen, durch gezielten Druck eine gewünschte Tierbewegung zu erreichen, ohne dabei Panik auszulösen.

Stress tritt bei Rindern dann auf, wenn 1) Lärm, Klappern und Rufen, 2) schnelle hektische Bewegungen auftreten, wenn 3) Tiere geschlagen werden oder 4) ihnen der Weg versperrt wird. Auch wenn Rinder in neue Umgebungen gehen müssen bzw. generell wenig Tier-Mensch-Kontakt besteht, reagieren sie besonders angespannt bzw. vorsichtig.

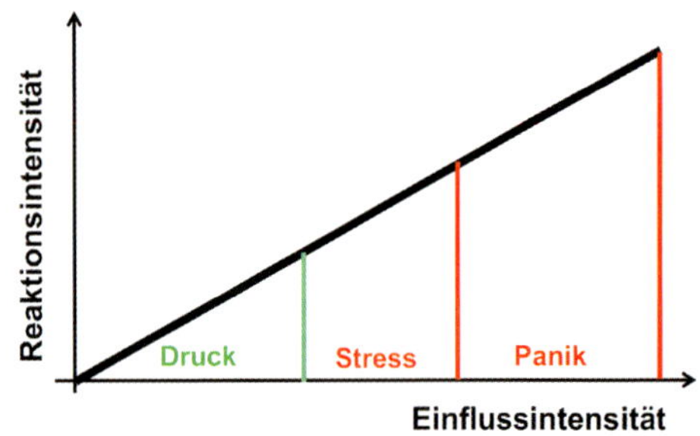

Reaktionsmuster von Rindern bei steigendem „Druck“ (nach WENZ 2011)

TIPP! Vertiefung

Interessante Videos können zum Thema mit den Suchbegriffen „Low Stress Stockmanship“ über Youtube gefunden werden.

BETRIEBSWIRTSCHAFTLICHE ASPEKTE

Die Mutterkuhhaltung bzw. Rindermast im Grünlandgebiet kann zu den extensiven Bewirtschaftungsformen gezählt werden. Um diese wirtschaftlich führen zu können, müssen neben der Fütterung und Haltung sowie dem Absatz vor allem auch die Kosten der Produktion beachtet werden. Im folgenden Abschnitt sollen daher wichtige betriebswirtschaftliche Zusammenhänge dargestellt werden.

Wichtige betriebswirtschaftliche Info-Quellen stellen dazu Deckungsbeitrags-Berechnungstools dar. Diese wurden auf Basis von Versuchen und in Abstimmung zwischen Forschung, Beratung und Praxis erarbeitet und die Daten werden auch ständig aktualisiert. In Österreich wird diese Plattform von der Bundesanstalt für Agrarwirtschaften koordiniert (https://idb.awi.bmlfuw.gv.at). Auch in Deutschland und der Schweiz stehen entsprechende kostenlose Tools zur Verfügung.

TIPP! IDB-Kalkulationsmöglichkeiten Rinder (https://idb.awi.bmlfuw.gv.at)

- Milchkuh (kon. + bio)
- Kalbinnenaufzucht (kon. + bio)
- Kalbinnenmast (kon. + bio)
- Stiermast
- Mutterkuh (kon. + bio)

FUTTERKOSTEN

In der Mutterkuhhaltung entfallen 60–70 % der variablen Kosten auf das Futter. In der Rindermast (Ochsen etc.) muss, neben den Kosten für die Bestandsergänzung (Kälberankauf), immerhin noch mit Futteranteilskosten von 20 (Mast ab 300 kg LG) bis 50 % (Mast ab Kalb) der variablen Kosten gerechnet werden. Das **Grundfutter** ist dabei mit 70–80 % der **bedeutendste Kostenfaktor**.

Grundfutterkosten

Die Kosten für das Grundfutter können anhand der eigenen Produktionskosten oder anhand von Zukaufkosten zu Marktpreisen abgeleitet werden. Bei den Produktionskosten wiederum können unterschiedliche Kostenblöcke berücksichtigt oder nicht berücksichtigt werden. In der Literatur ist daher die Variabilität der Angaben zu den Grundfutterkosten sehr hoch.

Grundsätzlich **hängt die Höhe der Grundfutterkosten** wesentlich **von der Konservierungs- und Vorlageform ab.** Unabhängig von der Berechnungsmethode fallen unter Grünlandbedingungen die geringsten Futterkosten bei Weidehaltung der Rinder an. Aus diesem Grund muss sowohl in der Mutterkuhhaltung als auch in der extensiven Rindermast eine an das Produktionsverfahren angepasste Weidehaltung angestrebt werden. Auch durch Grünfütterung im Stall können Futterkosten gesenkt werden. Die Ochsenmast bzw. Mutterkuhhaltung rechnet sich bei alleiniger Stallhaltung nur im Ausnahmefall. Die Kosten für Grassilage und Heu liegen deutlich über den Kosten von Weidefutter.

Bei der Heuwerbung und Lagerung ist der Aufwand zumeist etwas höher als bei der Silierung. Zusätzlich muss mit höheren Futterverlusten bzw. längeren Ernteperioden (Schlagkraft begrenzt) gerechnet werden. Vor allem in Gunstlagen kann Maissilage billiger als Grassilage produziert werden. In Maissilagegrenzlagen können mit Feldfutter bzw. Wechselwiesen ebenfalls gute Erträge und kostengünstiges Futter erzielt werden.

Bei der Futterkonservierung muss mit zunehmendem Eigenmechanisierungsgrad und mit zunehmender Steilheit der Flächen (Spezialgeräte etc.) mit einem Anstieg der Futterkosten gerechnet werden. Vor notwendigen Investitionen in Erntemaschinen muss daher die Möglichkeit der Nutzung des Maschinenringes oder der Weidehaltung geprüft werden. Durch die Teilnahme an Umweltmaßnahmen und den damit verbundenen Flächenprämien können die Futterkosten indirekt verringert werden.

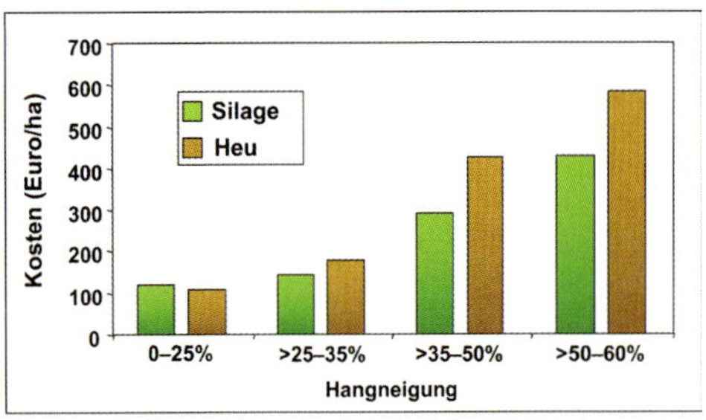

Steigende Maschinenkosten bei der Bodenheu- und Silageernte mit der Hangneigung (GREIMEL, 2002)

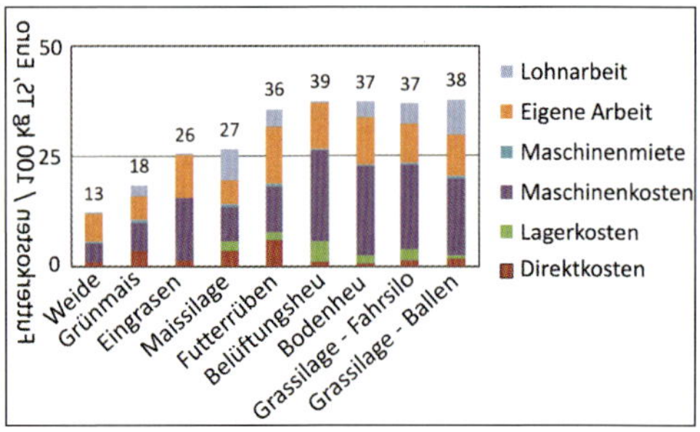

Grundfutterkostenvergleich (HAFL Schweiz, inkl. eigene Arbeit, Direktkostenanteil etc., nach INEICHEN u. Mit., 2017)

Erntekosten bei der Grassilagebereitung im Fahrsilo (nach GREIMEL, 2002)

	Euro/ ha u. Jahr
Eigenmechanisierung	673
Eigenmechanisierung ohne Traktorfixkosten	529
Eigenmechanisierung ohne Traktorfixkosten und 1/2 Kosten für Erntegeräte	465
Maschinenring	304

Kraftfutterkosten

Die Kosten für das Kraftfutter unterliegen jahreszeitlichen Schwankungen. Aus diesem Grund macht sich der Ankauf von Kraftfutter unmittelbar nach der Ernte bezahlt. Weiters ist auch auf kleineren Betrieben der Ankauf größerer Mengen in ungesackter Form notwendig. Auf den Einsatz teurer Kraftfutterkomponenten bzw. Kraftfuttermischungen kann in der extensiven Rinderhaltung üblicherweise verzichtet werden. Getreide und Körnermais sind sehr energiereich und daher auch preiswert. Industrielle Nebenprodukte können die Futterrationen aufwerten und Kosten reduzieren helfen. Die Qualität, Preiswürdigkeit, Lagerfähigkeit und Hygiene sowie die Einsatzmöglichkeit ist hier zu beurteilen. Eiweißreiches Kraftfutter darf aus

Variable Grundfutterkosten in Cent pro kg TM, konventioneller Betrieb, 2019;
Quelle: db.awi.bmlfuw.gv.at/default.html

Grundfutter	konvent. Betrieb			
	Ertrag	**niedrig**	**mittel**	**hoch**
Grünland Silage (Volles Rispenschieben, Ladewagen, ab Lager)	Ertrag*	5.310	7.880	9.670
	var. Kosten*	8,7	8,6	8,4
Grünland Silage (Volles Rispenschieben, Feldhäcksler, ab Lager)	Ertrag	5.310	7.880	9.670
	var. Kosten	12,7	12,4	12,0
Grünland Silage (Volles Rispenschieben, Rundballen, ab Lager)	Ertrag	5.310	7.880	9.670
	var. Kosten	14,05	14,01	13,76
Grünland (Beginn Blüte, Heu, Bodentrocknung, lose, ab Lager)	Ertrag	4.240	6.500	9.130
	var. Kosten	7,9	9,2	11,0
Grünland (Beginn Blüte, Heu, Bodentrocknung, Rundballen)	Ertrag	4.240	6.500	9.130
	var. Kosten	10,1	11,3	11,3
Portionsweide	Ertrag	5.720	7.400	9.080
	var. Kosten	6,8	6,6	6,2
Koppelweide	Ertrag	5.720	7.400	9.080
	var. Kosten	7,0	6,6	6,2
Kurzrasenweide	Ertrag	5.400	6.990	8.570
	var. Kosten	6,6	6,4	6,0
Extensive Standweide	Ertrag	3.760	4.870	5.970
	var. Kosten	6,3	6,0	5,9
	Kornanteil	**niedrig**	**mittel**	**hoch**
Silomais (28 % TM, Teigreife, Lohnernte u. -saat)	Ertrag	11.210	11.670	12.160
	var. Kosten	11,5	11,0	10,5
Silomais (32,5 % TM, Teigreife, Lohnernte u. -saat)	Ertrag	13.020	12.640	11.970
	var. Kosten	10,4	10,4	10,6

https://idb.awi.bmlfuw.gv.at/default.html; * Ertrag in kg TM/ha; variable Kosten in Euro.Cent/kg TM

Geringe Bestandesergänzungskosten sind in der Mutterkuhhaltung wichtig. Dazu braucht es geeignete Tiere und bestes Management.

Kostengründen nur bei Eiweißergänzungsbedarf eingesetzt werden.

Die Ergänzung der Ration mit Mineralstoffen und Vitaminen ist notwendig. Durch gezielte Vorlage von handelsüblichen Mineralstoffmischungen, in Kombination mit Viehsalz und Futterkalk, können Kosten gespart werden. Konkrete Empfehlungen dazu finden Sie in den Fütterungsempfehlungen der jeweiligen Produktionsform.

In der Rindermast ab Kalb fallen in der Aufzuchtsphase, zusätzlich zum Grund- und Kraftfutter bzw. der Mineralstoff- und Vitaminergänzung, auch noch Futterkosten für die Milchtränke an. Vor allem bei konventioneller Bewirtschaftung ist die Kälberaufzucht nur bei begrenztem Milcheinsatz rentabel.

Zuwachsleistung und Futterkosten

In der Rindermast verlängern geringe Tageszunahmen die Mastdauer und damit auch den „unproduktiven Futterbedarf“. Aus diesem Grund senken eine effiziente Fütterung und die richtige Abstimmung der Produktionsrichtung auf die Produktionsgrundlagen die Futterkosten. Durch begrenzte Futtervorlage oder ungenügende Futterqualität steigen die Futterkosten an, und gleichzeitig verringern sich auch die Erlöse durch geringere Umtriebe und schlechtere Qualität.

BESTANDSERGÄNZUNG

In der **Mutterkuhhaltung** muss eine lange Nutzungsdauer der Kühe durch optimale Fütterung, Haltung und Genetik erreicht werden. Bei der eigenen Aufzucht der Remontierungskalbinnen muss mit variablen Kosten von 900–1.000 bzw. Vollkosten von 1.100–1.500 Euro pro Tier gerechnet werden. Die Aufzuchtdauer sollte nicht über 30 Monate ansteigen. Eine um zwei Monate kürzere Aufzucht verringert je nach Betriebssituation die Aufzuchtkosten um 20–60 Euro pro Kalbin. Auf Zuchtviehversteigerungen können mittelrahmige, wenig milchbetonte Zuchtkalbinnen aus einem großen Angebot ausgewählt werden.

Beim Ankauf von Zuchtstieren spielt die genetische Veranlagung der Tiere eine wichtige Rolle. Hier darf nicht der Preis im Vordergrund stehen, da die Erlöse für die Jungrinder bzw. Absetzer und fertigen Masttiere deutlich von der genetischen Veranlagung des Vaters beeinflusst werden. Eine schlechte genetische Basis verschlechtert die Erlöse mehrerer Jahre! Bei Zuchtbetrieben entfallen auf die Bestandsergänzung höhere Kosten (5–20 %) als bei herkömmlicher Mutterkuhhaltung.

In der **Ochsen-, Kalbinnen- und Stiermast** sind die Kosten für die Bestandsergänzung ein wesentlicher Faktor. Hier spielt auch das Verfahren (ab Kalb oder ab Einsteller) eine beachtliche Rolle. Der Einkauf von kleinen Kälbern senkt die Kosten beim Kälbereinkauf, verursacht aber höhere Futter- und Arbeitskosten. Der Stallplatzbedarf und das Ausfallrisiko sind höher, es können weniger Umtriebe erreicht werden. Bei der Auswahl des Systems muss jeder Betrieb individuell entscheiden. Empfehlenswert wäre eine Zusammenarbeit zwischen den Kälberbetrieben und dem Mastbetrieb. Das Erkrankungsrisiko bei Einstelltieren steigt mit der Anzahl der unterschiedlichen Tier-Herkunftsbetriebe an! Bio-Betriebe dürfen nur Bio-Tiere zukaufen.

Mast ab Kalb bzw. ab Einsteller

Vorteile der Mast ab Kalb	Vorteile der Mast ab Einsteller
Geringerer Kälberpreis	Weniger Risiko
Höheres Angebot	Geringerer technischer Aufwand
Geringere GVE-Anzahl am Betrieb	Weniger Arbeit und mehr Umtriebe
Besserer Start in die Mast	Kreuzungstiere leichter erhältlich
Parasitenrisiko geringer	Ochsen sind bereits kastriert
	Bei Ochsenausmast aus der Mutterkuhhaltung kann die Fütterungsintensität bis etwa 550 kg relativ gering sein

GESUNDHEITSKOSTEN

Dazu sind beispielsweise die Ausgaben für die Parasitenbehandlung, Impfungen, aber auch die Kastration, die Enthornung sowie die Geburtshilfe zu zählen. Optimale tiergemäße Haltungs- und Fütterungsbedingungen, ein Quarantänestall für Zukauftiere, gesunde und einheitliche Zukauftiere, das rechtzeitige Setzen notwendiger Vorbeugemaßnahmen und die Zusammenarbeit mit einem Betreuungstierarzt können die Behandlungskosten reduzieren.

In der Mutterkuhhaltung entfallen auf die Gesundheitskosten im Durchschnitt etwa 4–6 % der variablen Kosten. In der Rindermast liegen diese bei 1–3 %. Informationen dazu können dem Kapitel „Gesundheitsvorsorge und Erkrankungen" entnommen werden.

SONSTIGE VARIABLE KOSTEN

Zu den sonstigen variablen Kosten können beispielsweise die Aufwendungen für Stroh, Strom, Wasser und Mitglieds- bzw. Vermarktungsbeiträge gerechnet werden. Das Aufstallungssystem beeinflusst den Strohbedarf entscheidend. Bei Tieflaufställen muss mit hohen Strohkosten gerechnet werden, gleichzeitig steigt damit aber auch die Düngerqualität. Mitglieds- und Vermarktungsbeiträge, aber auch die eigenen Aufwendungen für die Vermarktung (Werbung etc.) sind vom Produktionssystem abhängig.

MASCHINENKOSTEN

Zu den variablen Maschinenkosten zählen jene Kosten, welche direkt mit dem Produktionszweig (Rindermast bzw. Mutterkuhhaltung) zusammenhängen. Je nach Stallsystem, Mechanisierungsgrad und Betriebsorganisation fallen unterschiedlich hohe variable, aber auch fixe Maschinenkosten an. Mit zunehmender Eigenmechanisierung bzw. schlechter Auslastung steigen die Maschinenkosten deutlich an. Die Maschinenkosten hängen zum Teil direkt oder indirekt mit den Arbeits- und Gebäudekosten zusammen. Ein Vergleich der Maschinenkosten unterschiedlicher Betriebe sollte daher nur unter Berücksichtigung der Gebäude- und Arbeitskosten erfolgen. Je höher die Gebäude- und Maschinenkosten sind, desto geringer müssen die Arbeitskosten sein.

GEBÄUDEKOSTEN

Nur bei auslaufenden Betrieben können Gebäudekosten in wirtschaftlichen Berechnungen nicht berücksichtigt werden. Ansonsten müssen die Investitionen für die Gebäudeerhaltung (Dach, Aufstallung etc.) sowie Neu- und Umbauten bei Wirtschaftlichkeitsberechnungen als Abschreibungsposten einfließen. Die Errichtung teurer Stallungen ist in der extensiven Rinderhaltung unwirtschaftlich. Jede Investition ist daher kritisch zu prüfen. In der Entscheidungsfindung sind Erfahrungen von Berufskollegen bzw. von Fachleuten zu nutzen. Bei Neubauten dürfen die Standplatzkosten 2.500–5.000 Euro nicht überschreiten.

Die Errichtung teurer Stallungen ist in der extensiven Rinderhaltung unwirtschaftlich. Jede Investition ist daher kritisch zu prüfen.

Beispiel zu Standplatzkosten bei kostengünstigem Stallneubau

	Mutterkuhhaltung (Basis 30 Kühe)		Mastrinder (Basis 100 Tiere)	
Kostenblock	**m³/Tier**	**Standplatzkosten**	**m³/Tier**	**Standplatzkosten**
Stall	7,1	1.770 €	4,5	1.517 €
Bergeraum	27,5	1.043 €	9,0	624 €
Futterkammer	1,1	139 €	0,7	88 €
Gärfutter	15	1.037 €	15	1.037 €
Güllegrube/Düngerstätte	4,0 + 4,8	668 €	0,7 + 3,0	235 €
Gesamt		**4.657 €**		**3.502 €**

ARBEITSKOSTEN

Diese Kosten dienen der Entlohnung der eingesetzten Arbeitszeit. Arbeitssparende Fütterungs- und Haltungsbedingungen reduzieren den Arbeitszeitbedarf und erhöhen damit die Entlohnung der eingesetzten Arbeit. Investitionen rechnen sich vor allem dann, wenn der Arbeitszeitbedarf bei täglich zu verrichtenden Arbeiten reduziert werden kann und gleichzeitig die frei werdende Arbeitszeit sinnvoll anderweitig genutzt wird. Wenn viele unterschiedliche Betriebszweige auf einem Betrieb zu bewältigen sind, muss häufig mit einer schlechten Effizienz der eingesetzten Arbeit gerechnet werden. Andererseits erhöhen mehrere Betriebsstandbeine oft aber die „Betriebsstabilität“. Bei Betriebsgemeinschaften und Kooperationen kann der Arbeitszeitbedarf pro Standplatz deutlich reduziert werden.

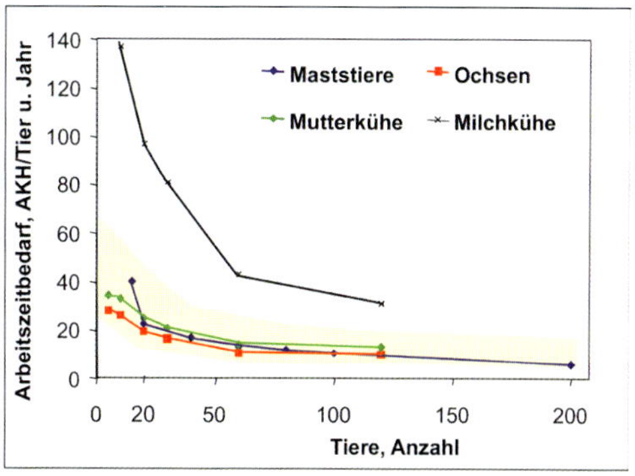

Arbeitszeitbedarf für die Tierbetreuung in Abhängigkeit von der Größe der Rinderherde (nach HANDLER u. BLUMAUER, 2003)

ERLÖSE IN DER MUTTERKUHHALTUNG UND RINDERMAST

In der Mutterkuhhaltung resultiert der Verkaufserlös aus dem Verkauf der schlachtreifen Jungrinder, dem Verkauf von Einstellern bzw. dem Verkauf von Zuchttieren. Zu einem geringen Teil tragen auch die Erlöse für Altkühe zum Rohertrag bei. In der Ochsen-, Kalbinnen- und Stiermast wird der Erlös ausschließlich für die schlachtreifen Tiere erzielt.

- Nur mit guter Qualität kann die Basis für hohe Erlöse geschaffen werden. Dies ist unabhängig vom Produktionssystem gültig.
- Je besser das Verfahren, die Fütterung, die Genetik etc. auf die Anforderungen des Marktes abgestimmt werden, desto höhere Erlöse können langfristig erzielt werden.
- Eine partnerschaftliche Zusammenarbeit mit verlässlichen und fairen Vermarktungspartnern ist notwendig. Die Berücksichtigung der Anforderungen der Vermarktungspartner an das Produkt sichert langfristig auch den Absatz!
- Die höchsten Erlöse können in der Direktvermarktung mit Spezialprodukten erzielt werden. Hier muss aber auch mit einem höheren (Arbeits-)Aufwand kalkuliert werden.

Entscheidend ist, was der Landwirt für seine gemästeten Tiere erlösen kann:

- Bei **Schlachttieren** ist für den Erlös ausschlaggebend: 1) das Schlachtgewicht, 2) die Fleisch- bzw. Fettklasse und 3) die Teilnahme an Qualitätsprogrammen
- Bei **Lebendtierverkauf**: 1) das Gewicht, 2) die Gesundheit und 3) die optische Qualität der Tiere
- In der **Direktvermarktung**: 1) das Schlachtgewicht, 2) die Schlachtkörperqualität, 3) die Fleischqualität, 4) die verarbeitete Produktqualität und 5) die Nachfrage und Akzeptanz der Kunden

In der Mutterkuhhaltung werden zurzeit die höchsten Erlöse beim Verkauf von Zuchttieren und von schlachtreifen Jungrindern über Bio-Markenfleischprogramme erzielt. Die Erlöse für Einsteller liegen 10–30 % unter diesem Niveau. Dabei ist zu berücksichtigen, dass Einsteller früher abgegeben werden können und daher weniger Arbeits-, Stallplatz- und Futterkosten anfallen. In der Zucht muss mit den höchsten Kosten gerechnet werden. Die Zucht rentiert sich daher nur bei gutem und gesichertem Absatz. Da diese Angaben von den Rahmenbedingungen abhängen, können daraus keine zukünftigen Trends abgeleitet werden.

In der Ochsen-, Kalbinnen- und Stiermast müssen die Qualitätskriterien der Abnehmer erfüllt werden. Die Teilnahme an Markenfleischprogrammen ist jedenfalls anzustreben, da hier bedeutende Preiszuschläge erzielt werden können.

Zuchttiere müssen auch entsprechend vermarktet werden – hier ist der Landwirt gefordert.

FÖRDERUNGEN UND PRÄMIEN

Extensive Produktionsverfahren gewinnen durch die Nutzung von Förderungen und Prämien an Konkurrenzkraft. Gleichzeitig muss aber auch eine hohe Produktqualität erreicht werden. Sehr viele Rindermastbetriebe im Grünlandgebiet setzen auf die biologische Wirtschaftsweise.

ERGEBNISSE VON ARBEITSKREIS-PRAXISBETRIEBEN

Im folgenden Abschnitt sind beispielhaft Ergebnisse von Arbeitskreisbetrieben zu den Direktkostenfreien Leistungen (DfL) von Mutterkuh- sowie Ochsen- und Kalbinnenmastbetrieben in Österreich tabellarisch zusammengefasst. Dabei ist zu beachten, dass Jahreseffekte (Erlöse, Kälberkosten, Futterkosten etc.) eine entscheidende Rolle spielen. Diese Daten geben daher ausschließlich Hinweise auf wichtige betriebswirtschaftliche Einflussgrößen und lassen keine Schlüsse auf die aktuellen wirtschaftlichen Rahmenbedingungen zu.

TIPP! Auswertungen und Berechnungen

- Durch das Nutzen kostenlos und online verfügbarer Deckungsbeitragsberechnungstools (IDB – Deckungsbeiträge und Kalkulationsdaten z. B.: **https://idb.awi.bmlfuw.gv.at**) können Betriebsplanungen auf Basis aktualisierter Daten durchgeführt werden.
- Erst Vollkosten-Auswertungen mit entsprechender Berücksichtigung des Arbeitszeitbedarfs, der Fixkosten etc. erlauben eine vollständige betriebswirtschaftliche Analyse.

AK-Ergebnisse – Mutterkuh-Betriebszweig

Ergebnisse der Betriebszweigauswertung Mutterkuhhaltung Vergleich nach Produktionsrichtung				
Kennzahl*	**Einheit**	**Ø Gesamt**	**Ø Totvermarktung [1)]**	**Ø Lebendvermarktung [2)]**
Ausgewertete Betriebe		292	168	124
Durchschnittsbestand	Kühe	15,01	11,8	19,51
Alter der Mutterkühe	Jahre	7,42	7,53	7,32
Geborene Kälber pro Betrieb	Stück	15,03	11,58	19,87
Kälber pro Mutterkuh und Jahr	Stück	1	0,98	1,02
Aufzuchtquote	%	90,67	90,87	90,5
Abgesetzte/verkaufte Kälber pro Kuh	Stück	0,95	0,97	0,93
Zwischenkalbezeit	Tage	393	395	392
Leistung durch Nachkommen	€/Kuh	999	1.162	860
Altkuhverkauf	€/Kuh	158	159	157
Bestandesveränderung	€/Kuh	–1	–18	14
Prämie gefährdete Nutztierrassen**	€/Kuh	25	26	24
Wirtschaftsdüngerwert	€/Kuh	129	120	136
Wirtschaftsdüngerverkauf	€/Kuh	0	0	0
Sonstige Leistungen	€/Kuh	28	30	27
Summe aller Direktleistungen	€/Kuh	1.339	1.480	1.219
Bestandesergänzung	€/Kuh	241	214	265
Ammenkälber Zukauf	€/Kuh	19	18	21
Besamungskosten***	€/Kuh	26	29	23
Futterkosten	€/Kuh	254	261	247
Gesundheitskosten	€/Kuh	65	71	60
Einstreukosten	€/Kuh	77	86	71
Sonstige Direktkosten	€/Kuh	39	45	34
Summer aller Direktkosten	€/Kuh	721	724	720
Direktkostenfreie Leistung	**€/Kuh**	**617**	**756**	**499**

Quelle: BMNT – Bundesauswertung Arbeitskreise Mutterkuhhaltung 2018. Um den Einfluss der Betriebsgrößen in den einzelnen Kennzahlen zu berücksichtigen, wurden die Mittelwerte der jeweiligen Kennzahl nach der Anzahl durchschnittlicher Mutterkühe gewichtet.

* Seit dem Auswertungsjahr 2015 werden nur mehr Prämien für die ÖPUL-Maßnahme „Erhaltung gefährdeter Nutztierrassen" berücksichtigt. Der Wert stellt den Durchschnitt aller ausgewerteten Betriebe dar (auch Betriebe ohne Prämien bei Berechnung) berücksichtigt. ** Die relativ geringen Besamungskosten in allen Produktionszweigen erklären sich durch den hohen Anteil an Betrieben mit Sprungtiereinsatz. Diese Stiere konnten durch die Stierpreise sehr gut verkauft werden, so dass die Abschreibungen für den Sprungstier sehr gering sind.1) Unter dem Begriff „Totvermarktung" sind Jungrinder und Milchmastkälber zusammengefasst. 2) Unter dem Begriff „Lebendvermarktung" sind Einsteller, Zuchttiere und Absetzer zusammengefasst.

Produktionskennzahlen der Jungrinderbetriebe				
Kennwert	**Einheit**	**+ 25 %**	**Durchschnitt**	**– 25 %**
Schlachtgewicht kalt	kg	227	223	202
Verkaufsalter	Monate	11,33	11,44	11,61
Verkaufswert	€ pro Tier	1.337	1.261	1.170
Tageszunahmen	g pro Tier	1.132	1.027	1.106
Fleischklasse (EUROP)	E, U	41 %	40 %	29 %
	R	45 %	45 %	51 %
	O	11 %	12 %	17 %

Quelle: BMNT – Bundesauswertung Arbeitskreise Mutterkuhhaltung 2018

Produktionskennzahlen der Einstellerbetriebe				
Kennwert	**Einheit**	**+ 25 %**	**Durchschnitt**	**– 25 %**
Lebendgewicht	kg	243	205	162
Verkaufsalter	Monate	8,17	8,43	8,28
Verkaufswert	€ pro Tier	984	910	883
Tageszunahmen	g pro Tag	937	919	882

Quelle: BMNT – Bundesauswertung Arbeitskreise Mutterkuhhaltung 2018

AK-Ergebnisse – Ochsenmast-Betriebszweig

Ergebnisse Betriebszweigauswertung Ochsenmast				
Kennzahlen	**Einheit**	**+ 25 %**	**Durchschnitt**	**– 25 %**
Ausgewertete Betriebe		5	20	5
Ausgewertete Tiere	Stück	104	521	131
Biologische Daten				
Einkaufsgewicht	kg	347	227	206
Lebendgewicht ab Hof	kg	736	701	703
Schlachtgewicht kalt	kg	389	379	382
Ausbeute	%	55,5	55,5	54,6
Tageszunahmen	g	988	896	882
Futtertage		445	547	584
Vorzeitige Abgänge	%	0,96	3,45	3,05
Verendungen	%	0	2,5	3,82
DfL-Rechnung				
Verkaufserlös pro Tier	**€**	**1.843**	**1.782**	**1.719**
Kälberkosten	€	820	772	788
Futterkosten	€	361	641	913
Gesundheitskosten	€	34	35	30
Maschinenkosten variabel	€	50	76	89

Ergebnisse Betriebszweigauswertung Ochsenmast				
Kennzahlen	**Einheit**	**+ 25 %**	**Durchschnitt**	**– 25 %**
Sonstige Kosten	€	38	59	79
Direktkosten pro Tier	€	1.303	1.583	1.898
DfL pro Tier*	**€**	**540**	**199**	**-180**
DfL pro Tag*	**€**	**1,0**	**0,42**	**-0,29**
DfL pro Mastplatz u. Jahr*	**€**	**466**	**155**	**-106**
Kälberpreis pro kg	€	3,1	3,84	3,85
Verkaufspreis (SG kalt)	€	4,3	4,7	4,5
Futterkosten pro Tag	€	0,89	1,18	1,56
Fleischklassen				
E	%	1	0	1
U	%	46	42	32
R	%	49	55	63
O	%	4	3	4
P	%	0	0	0
Fettklassen				
1	%	0	0	0
2	%	9	16	10
3	%	81	72	86
4	%	10	12	4

Quelle: BMNT - Bundesauswertung Arbeitskreise Rindermast 2018

* DfL inkl. Verendungen, Notschlachtungen, variabler Maschinenkosten für Innenmechanisierung

AK-Ergebnisse – Kalbinnenmast-Betriebszweig

Ergebnisse Betriebszweigauswertung Kalbinnenmast				
Kennzahlen	**Einheit**	**+ 25 %**	**Durchschnitt**	**– 25 %**
Ausgewertete Betriebe		7	24	6
Ausgewertete Tiere		149	647	190
Biologische Daten				
Einkaufsgewicht	kg	211	189	223
Lebendgewicht ab Hof	kg	606	601	593
Schlachtgewicht kalt	kg	320	319	315
Ausbeute	%	55,0	54,9	54,6
Tageszunahmen	g	1.008	976	880
Futtertage		392	430	425
Vorzeitige Abgänge	%	1,34	0,93	1,05
Verendungen	%	0,67	2,16	2,11

Ergebnisse Betriebszweigauswertung Kalbinnenmast				
Kennzahlen	**Einheit**	**+ 25 %**	**Durchschnitt**	**– 25 %**
DfL-Rechnung				
Verkaufserlös pro Tier	**€**	**1.532**	**1.456**	**1.426**
Kälberkosten	€	673	642	740
Futterkosten	€	411	487	516
Gesundheitskosten	€	8	18	12
Maschinenkosten variabel	€	30	64	589
Sonstige Kosten	€	35	73	98
Direktkosten pro Tier	**€**	**1.156**	**1.284**	**1.426**
DfL pro Tier *	**€**	**376**	**171**	**1**
DfL pro Tag *	**€**	**1,0**	**0,41**	**–0,01**
DfL pro Mastplatz und Jahr*	**€**	**358**	**150**	**–3**
Kälberpreis pro kg	€	3,72	3,69	3,46
Verkaufspreis (SG kalt)	€	5,3	4,77	4,61
Futterkosten pro Tag	€	1,09	1,17	1,22
Handelsklassen				
E	%	16	5	0
U	%	59	62	61
R	%	25	32	38
O	%	0	1	1
P	%	0	0	0
Fettklassen				
1	%	0	0	0
2	%	8	9	13
3	%	65	71	73
4	%	27	20	14

Quelle: BMNT - Bundesauswertung Arbeitskreise Rindermast 2018

* DfL inkl. Verendungen, Notschlachtungen, variabler Maschinenkosten für Innenmechanisierung

GRÜNLAND-RINDERMASTVERFAHREN IM VERGLEICH

Neben der Mutterkuhhaltung, Ochsen- und Kalbinnenmast finden wir im Grünland auch Betriebe mit Kuhausmast vor. Die Jungstiermast ist hier, im Gegensatz zu Ackerbauregionen, nicht weit verbreitet.

Betriebliche Entscheidungen müssen gut vorbereitet werden. Aufzeichnungen und Fachwissen sind wichtig.

PRODUKTIONSRICHTUNGEN

Mutterkuhhaltung

In der Mutterkuhhaltung können wir prinzipiell zwischen vier unterschiedlichen Ausrichtungen unterscheiden:

- **Jungrinder:** Die Erzeugung von schlachtreifen Jungrindern aus Gebrauchskreuzungen stellt ein wirtschaftlich sehr interessantes Verfahren dar. Die Jungrinder bleiben neun bis elf Monate bei der Mutterkuh (optimal über 430 kg LG bzw. ab 230 Schlachtkörpergewicht), werden mit einem Alter von unter zwölf Monaten geschlachtet und als exklusives Qualitätsrindfleisch über den Lebensmittelhandel oder über die Direktvermarktung verkauft. Die männlichen Kälber sind dabei zu kastrieren. Es handelt sich hier aber um einen begrenzten Markt. Daher vorher genau prüfen, ob ein Absatz als Jungrind möglich ist.
- **Einsteller:** Dieses Verfahren ist das traditionelle Verfahren für die Mutterkuhhaltung. Es eignet sich sehr gut für die extensive Produktion auf Grünlandstandorten mit einem mittleren Futterangebot. Die Kälber, vorwiegend aus Gebrauchskreuzungen, werden dabei im Alter von sechs bis neun Monaten von der Mutter abgesetzt und verkauft. Die Absetzer haben ein Gewicht von 200–320 kg, wenn sie an Mastbetriebe gehen. In manchen Regionen erfolgt bei der Einstellervermarktung eine Lebendklassifizierung (Beurteilung Schlögel und Keule/Rücken), die in der Preisbildung berücksichtigt wird.
- **Zucht:** Gutes Fachwissen und viel Erfahrung sind in der Reinzucht notwendig. Der Aufwand in der Fleischrinderzucht ist bezogen auf Fütterung, Betreuung der Tiere und Mitarbeit bei Zucht- und Kontrollverbänden höher als bei den anderen Verfahren. Zu berücksichtigen ist auch der höhere Kapitaleinsatz beim Aufbau von Zuchtherden. Eine erfolgreiche Züchtung setzt eine umfangreiche Leistungsprüfung voraus. Daher ist eine umfassende,

Bei Mutterkuhhaltung finden wir die Jungrind- und Einstellerproduktion sowie die Zucht vor. Teilweise werden die Absetzer auch am Betrieb ausgemästet.

Mit Ochsen können Grünland- und Almflächen gut genutzt werden.

korrekte Datenerfassung, -aufbereitung und -verwaltung unbedingt notwendig, um eine effiziente Zuchtwertschätzung zu ermöglichen, und in der Folge einen zufriedenstellenden Zuchtfortschritt zu erlangen. Darüber hinaus ist auch die Vermarktung zu organisieren!

- **Ausmast:** Der Vorteil der Ausmast am eigenen Betrieb liegt darin, dass die Tiere keine Betriebsumstellung haben, die Futterumstellung genau gesteuert werden kann, das Krankheitsrisiko minimiert und die Wertschöpfungskette höher ist. Entscheidend sind hier das Platzangebot und die Futtergrundlage. Die jeweiligen Voraussetzungen finden Sie bei der Ochsen- und Kalbinnenmast.
- **Extensivmast:** Extensive Mastverfahren werden überwiegend mit Extensivrassen bzw. mit erhaltenswürdigen Nutztierrassen durchgeführt. Dabei werden neben Zuchttieren vor allem Kalbinnen, Ochsen und Altkühe über die selbst zu organisierende Direktvermarktung abgesetzt.

Ochsenmast

Im Grünlandgebiet dominieren extensive bis mittelintensive Ochsenmastverfahren. Mit Ochsen können Grünland- und Almflächen gut genutzt werden, wobei unter diesen Bedingungen – bei entsprechender Ausmast – auch eine sehr gute Fleischqualität erzielt werden kann. Das Zielalter bei Ochsen liegt bei 23 bis 28 Monaten bei der Schlachtung mit einem Lebendgewicht von 650–750 kg. Durch die extensive Form der Ochsenhaltung lassen sich die Prämien optimieren. Dieses Mastverfahren wird sowohl mit Kälbern von Milchviehbetrieben als auch mit Einstellern aus Mutterkuhbetrieben durchgeführt. Ochsen sind vor allem in Markenfleischprogrammen interessant.

In intensiveren Ackerbau-/Grünlandgebieten können aufgrund der guten Futterqualität Ochsen rascher gemästet werden. Hier steht der Ochse jedoch in Konkurrenz zur üblichen Jungstiermast. Aufgrund des höheren Futteraufwands von Ochsen ist die intensive Ochsenmast nur bei gezielter und hochpreisiger Vermarktung ein Thema.

Kalbinnenmast

Hier geht es um eine bewusste Produktion von Mastkalbinnen und nicht um Kalbinnen, die aufgrund eines Ausfalles in der Zucht geschlachtet werden. Die Kalbinnenmast ist vor allem in Markenfleischprogrammen oder auch in der Direktvermarktung interessant. Die Vorteile gegenüber der Stiermast liegen im frühzeitigeren und stärkeren Fettansatz und damit in der erzielbaren Fleischqualität. Im Vergleich zu Stieren und Ochsen können Kalbinnen bei geringerem Lebendgewicht (je nach Mastintensität und Rasse/Kreu-

Kalbinnen verhalten sich ruhig, können früher geschlachtet werden und liefern eine gute Fleischqualität.

Altkühe mit guter Fettabdeckung werden zunehmend geschätzt. Eine Kooperation mit Verarbeitungspartnern bzw. Abnehmern ist notwendig.

zung zwischen 480 und 600 kg) bereits geschlachtet werden. Die Kalbinnenmast wird häufig mit Einstellern aus Mutterkuhbetrieben, aber auch mit Kälbern von Milchviehbetrieben durchgeführt.

Jungstiermast

Im reinen Grünlandgebiet ist die Jungstiermast, aufgrund der notwendigen Mastintensität und des damit verbundenen hohen Kraftfutterbedarfs (Kosten etc.), zumeist nicht wirtschaftlich. Extensiv gemästete Stiere erzielen keine für eine gute Fleischqualität notwendige ausreichende intramuskuläre Fetteinlagerung. Auch die Weidehaltung von Jungstieren ist nicht bzw. nur begrenzt möglich.

Kuhausmast

Beispiele wie „Qualitäts-Altkuh-Steak" zeigen, dass bei passender Genetik, sehr guter Fettabdeckung des Schlachtkörpers, bester Marmorierung der ausgewählten Teilstücke und bei richtiger und langer Fleischreifung auch mit Altkühen eine außergewöhnliche Rindfleischqualität für Rindfleischkenner geliefert werden kann. Altkühe, die keine gesundheitlichen Probleme haben bzw. deren Bewegungsapparat in Ordnung ist, kommen dazu nach einer gezielten Ausmast (zwei bis vier Monate) zur Schlachtung. Vor allem in der Direktvermarktung bemühen sich derzeit Pionierbetriebe ein Qualitätssegment aufzubauen. Daneben gibt es auch Standard-Vermarktungsprogramme, wo für entsprechende Qualitäten ein höherpreisiger Absatz von Abgangskühen erreicht werden kann. Der relativ hohe Futteraufwand in der Ausmast erfordert gute Erlöse.

VERMARKTUNGSWEGE

Grundsätzlich ist es wichtig ein einheitliches Produkt zu erhalten, um für den Kunden ein interessanter Partner zu sein.

Bei der **Direktvermarktung** müssen neben der Qualitätsproduktion auch wichtige Verarbeitungs- und Verkaufsleistungen durch den Betriebsleiter erfolgen bzw. zumindest koordiniert werden. Das bedeutet üblicherweise: zusätzlichen Arbeitsaufwand; Wissen über die Erwartungen der Kunden; Kenntnis von Gesetzen, Auflagen und Vorschriften; höheren Investitionsbedarf; zusätzliche Preiskalkulationen; Werbung; Nutzung moderner Medien etc. Auch bei der Vermarktung von Zuchtvieh sind Aspekte wie Werbung, Ausstellungsteilnahmen, Prospekte, Internetauftritt etc. sowie spezielle Tierbetreuungsaufwände (Führigkeit ...) einzuplanen.

Wenn **„allgemeine Vermarktungswege"** genutzt werden, dann ist die Abstimmung der Produktion auf Qualitätsprogramme von Vermarktungsorganisationen jedenfalls anzustreben. Dies betrifft nicht nur die Mastbedingungen und zu erreichenden Leistungsparameter, sondern auch die Lieferung der richtigen Menge zum richtigen Zeitpunkt.

Die Auswahl der Rasse bzw. Kreuzungsvariante muss auf den Standort, die Tierkategorie und die Vermarktung abgestimmt werden.

RASSENWAHL

Die Rindfleischproduktion ist auf den **Standort und die Vermarktung** abzustimmen. Es ist wichtig, aufgrund der Marktanforderungen und der daraus abgeleiteten Produktionsrichtung das jeweils richtige Endprodukt zu erzeugen. Wenn am Standort ausreichend und hochwertiges Grünlandfutter bzw. auch Ackerkulturen zur Verfügung stehen, dann kann auf mittel- und großrahmige Rassen zurückgegriffen werden. Je extensiver die Standortbedingungen sind, desto wichtiger werden frühreifere und kleinrahmige Rassen bzw. Kreuzungen mit diesen. Wenn Extensivrassen verwendet werden, dann muss die hochpreisige Vermarktung der Tiere (Zucht bzw. Masttiere/Schlachtung) üblicherweise selbst organisiert werden.

Reinzucht (Mutterkuhhaltung – Zucht)

Die Reinzucht stellt sicher, dass die zur Zucht gelangenden Tiere auf ihre Merkmalsvererbung getestet worden sind. Das heißt, dass die Wahrscheinlichkeit, positive Anlagen wie hohe Fleischleistung, Tageszunahmen, Leichtkalbigkeit oder Fitness zu vererben, sehr hoch ist. Zusätzlich zu den genetischen Parametern wird die wirtschaftliche Bedeutung von Milchleistung, Fleischleistung und Fitness berücksichtigt. Die geprüften Tiere aus der Reinzucht sind eine wichtige Voraussetzung, um damit in der Gebrauchskreuzung die erforderlichen Qualitäten zu erhalten.

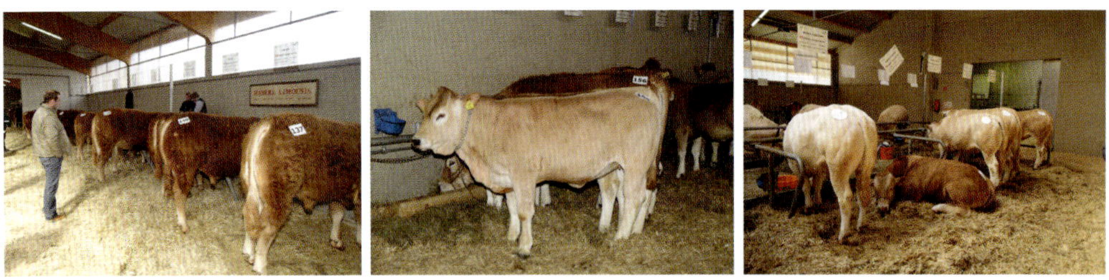

Zuchtbetriebe müssen sich um beste Qualität und auch um den Absatz kümmern (Ausstellungen, Internet etc.).

Gebrauchskreuzung (Mutterkuhhaltung – Einsteller, Jungrind; Ochse, Kalbin)

In der Fleischrinderhaltung hat besonders die Gebrauchskreuzung Bedeutung. Durch gezieltes, kontrolliertes Anpaaren lassen sich die Vorteile verschiedener Rassen sehr gut kombinieren. Das betrifft Merkmale wie Wachstum, Frühreife, Fruchtbarkeit, Langlebigkeit, Mast- und Schlachtleistung sowie Schlachtkörperwert und Fleischbeschaffenheit. Es wird die Fleischleistung – bezogen auf Ausschlachtung; Fleisch-/Knochen- und Fleisch-/Fett-Verhältnis verbessert. Für die Mutterkuhhaltung sollen die Kreuzungspartner unbedingt auf Leichtkalbigkeit geprüft sein. Für die Einsteller-, Jungrinderproduktion, Ochsen- und Kalbinnenmast werden häufig Gebrauchskreuzungen von Zweinutzungsrassen als Muttertiere mit mittel- bis großrahmigen Fleischrassen als Vatertiere (Charolais, Blonde d'Aquitaine, Limousin etc.) verwendet. Dabei müssen das Schlachtalter und die Schlachtgewichte auf die Standortbedingungen und die Kreuzungsvariante abgestimmt werden.

Vergleichszahlen zur Mutterkuhhaltung sowie Ochsen- und Kalbinnenmastverfahren (erweitert nach JOK-Broschüre, Bundes-LFI 2004)

<table>
<tr><th colspan="4">Mutterkuhhaltung</th></tr>
<tr><th></th><th>Einsteller</th><th>Jungrind</th><th>Zucht</th></tr>
<tr><td>Tiere je ha (grob)</td><td>0,8–1,3
(Kuh + Kalb)</td><td>0,7–1,2
(Kuh + Kalb)</td><td>0,5–1
(Kuh + Kalb)</td></tr>
<tr><td>Anforderungen an Rinder</td><td colspan="3">Muttertiereigenschaften: Euter hoch gesetzt, korrekte Zitzen, mittlere Länge; flache Laktationskurve; gute Fruchtbarkeit; leichtkalbige Kühe; mittelrahmige Kühe; gesundes Fundament; Gutmütigkeit; reinrassige Tiere bei Zucht
Vatertier: künstliche Besamung oder anerkannter Zuchtstier; Leichtkalbigkeit; gutmütig; reinrassige Tiere bei Zucht</td></tr>
<tr><td>Grundfutterbedarf (GF) (kg TM)</td><td colspan="3">5.000–5.500 kg (Kuh + Kalb und Jahr)</td></tr>
<tr><td rowspan="2">Kraftfutter (KF) (kg TM)</td><td>0–150 kg/Kalb</td><td colspan="2">0–500 kg/Kalb</td></tr>
<tr><td colspan="3">kein Kraftfutter an Kühe! (Ausnahme nur Futtermangel)</td></tr>
<tr><td>Rationsbeispiel (mittlere Qualität)</td><td colspan="3">Weide, Grassilage, Heu und 0,75 kg KF an Kälber im Schlupf</td></tr>
<tr><td>Tiergesundheit</td><td colspan="3">Parasiten, Fruchtbarkeit, Kälberkrankheiten, Euter- u. Klauenerkrankungen</td></tr>
<tr><td>Verkaufsalter</td><td>6–9 Monate</td><td>max. 12 Monate</td><td>je nach Kunde</td></tr>
<tr><td>Verkaufsgewicht (lebend)</td><td>200–300 kg</td><td>320–480 kg</td><td>je nach Alter</td></tr>
<tr><td>Arbeitszeitbedarf</td><td colspan="3">20–50 Stunden pro Mutterkuh + Kalb je nach Betriebsgegebenheit</td></tr>
<tr><td>Details</td><td colspan="3">Konzentrierte Abkalbungen vorteilhaft; Kastration männlicher Tiere bei Jungrindproduktion</td></tr>
</table>

Ochsenmast			
	ab Kalb	ab Einsteller	intensive Ausmast aus der Mutterkuhhaltung
Tiere je ha (grob)	2–2,5		
Anforderungen an Rinder	Kälber, Fresser oder bereits kastrierte Einsteller aus Gebrauchskreuzungen erfüllen am ehesten die Qualitätsanforderungen.		
Grundfutterbedarf (GF) (kg TM)	4.000–5.000/Tier (ca. 60 % je Platz u. Jahr)	3.100–3.700/Tier (ca. 80 % je Platz u. Jahr)	1.900–2.300/Tier (ca. 120 % je Platz u. Jahr)
Kraftfutter (KF) (kg TM)	200–600/Mastochse (ca. 60 % je Platz u. Jahr)	150–300/Tier (ca. 80 % je Platz u. Jahr)	200–600/Tier (ca. 60 % je Platz u. Jahr)
Rationsbeispiel (mittlere Qualität)	Bis 250 kg LG GF + 1–2 kg KF; Ausmast: GF + etwas KF	1. Monat nach Zukauf: GF + 1–2 kg KF; von 250–500 kg nur GF; Ausmast: GF + etwas KF	1. u. 2. Monat nach Absetzen: GF + 1–2 kg KF; von 300–500 kg nur GF; Ausmast ab 500 kg: GF + 2 kg KF
Tiergesundheit	Parasiten, schonende Kastration		
Verkaufsalter	23–28 Monate		16–20 Monate
Verkaufsgewicht (lebend)	650–750 kg		630–700 kg
Arbeitszeitbedarf	15–30 Stunden pro Stallplatz und Jahr		
Details	Schonende Kastration im Alter von 1–6 Monaten; beim Einstallen in warme Ställe im Herbst Rücken scheren		

Kalbinnenmast konv.		
	ab Kalb	ab Einsteller aus der Mutterkuhhaltung
Tiere je ha (grob)	2–2,5	
Anforderungen an Rinder	Hauptsächlich Einsteller aus Gebrauchskreuzungen, aber auch Kreuzungstiere ab Kalb	
Grundfutterbedarf (GF) (kg TM)	2.100–2.400/Tier (ca. 90 % je Platz u. Jahr)	1.100–1.300/Tier (ca. 150 % je Platz u. Jahr)
Kraftfutter (KF) (kg TM)	600–800/Tier (ca. 90 % je Platz u. Jahr)	450–500/Tier (ca. 150 % je Platz u. Jahr)
Rationsbeispiel (mittlere Qualität)	GF + 2–3 kg KF (konventionelle Mast)	
Tiergesundheit	Parasiten	
Verkaufsalter	max. 18 Monate (konv.)	
Verkaufsgewicht (lebend)	480–550 kg je nach Kreuzung und Fütterungsintensität	

Kalbinnenmast konv.		
	ab Kalb	ab Einsteller aus der Mutterkuhhaltung
Arbeitszeitbedarf	15–25 Stunden pro Stallplatz und Jahr	
Details	Endmast ab ca. 11. Monat im Stall; beim Einstallen in warme Ställe im Herbst Rücken scheren; Trächtigkeitskontrolle beim Einstallen aus Mutterkuhbetrieben eventuell nötig	

ENTSCHEIDUNGSGRUNDLAGEN FÜR BETRIEBSAUSRICHTUNG

Bei der Analyse sind viele Faktoren von Bedeutung, welche bewusst bei Entscheidungen zur Betriebsausrichtung einbezogen werden müssen.

Familie

Einkünfte bzw. Einkommensmöglichkeiten außerhalb der Landwirtschaft; Generationswechsel – Zeitpunkt für Veränderungen; Alter der Betriebsführer; Arbeitsplatz zu Hause; Pensionsversicherung; Ausgedinge; Erbteilszahlungen; realistische Weiterführung des Betriebszweiges; Einbindung aller betroffenen Familienmitglieder (Generationen) etc.

Arbeitswirtschaft

Freie Arbeitszeit der Familienarbeitskräfte; überbetriebliche Zusammenarbeit; verfügbare Arbeitskräfte außerhalb des Betriebes (Maschinenring ...); Betrieb an Haupteinkommensträger anpassen; Nebenerwerbsumstellung etc.

Produktionsgrundlagen

Flächenausstattung und Flächengüte; Flächenkosten (Hektarsatz, Pachtkosten); Lage des Betriebes; bestehende Gebäude und bauliche Anlagen; Verhältnis Grünland-Acker; Sozialversicherungsbeitragshöhe; Förderoptimierungsmöglichkeiten (Weideprämien; Bio; erhaltenswürdige Rasse; Extensivierungsprämie, Ausgleichszulage, nationale Beihilfen), Absatzpartner

Markt und Umfeld

Produktion nach dem Markt bzw. der möglichen Vermarktung ausrichten; Partner in der Vermarktung; Kombinierbarkeit mit weiteren Betriebszweigen

Persönliche Neigungen und Bildung

Verbleib in der Rinderhaltung; positive Einstellung; Weiterbildung (Seminare, Kurse, Vorträge)

Finanzielle und wirtschaftliche Situation

Analyse Ausgangsdaten; Gesamteinkommen; finanzieller Spielraum; Fixkostenbelastung; Vergleich Stundenlohn – Arbeitszeit, Förderungsoptimierung; genaue Betrachtung von Investitionen

Aufbauend auf die realistisch erhobene Ausgangssituation sind mögliche künftige Varianten darzustellen und mit Hilfe von Kalkulationen auf ihre „wirtschaftliche und familiäre Realisierbarkeit" zu überprüfen. Dazu können folgende Hilfsmittel genutzt werden:

- Eigene Aufzeichnungen
- Standardkalkulationen
- Seminare, Kurse, Informationsveranstaltungen

Die Produktionsgrundlagen sind auf jedem Betrieb anders. Unter Low-Input-Bedingungen müssen diese bei Entwicklungsschritten besonders beachtet werden, da der Einsatz externer Ressourcen begrenzt ist.

- Broschüren, Fachinformationen
- Beratung durch Landwirtschaftskammern, Erzeugergemeinschaften, Verbände, private Anbieter
- Gespräch mit Berufskollegen
- Betriebsbesichtigungen

Zur Unterstützung sind in dieser Phase die Kontaktaufnahme mit Beratungskräften sowie der Besuch von Weiterbildungsveranstaltungen (Seminare etc.) besonders zu empfehlen. Wenn eine Entscheidung getroffen wurde, dann müssen die damit verbundenen Zielanforderungen auch bestmöglich erreicht werden. Aufzeichnungen sowie der regelmäßige Austausch mit Berufskollegen (z. B. Arbeitskreisteilnahme) unterstützt eine ständige Professionalisierung im jeweiligen Wirtschaftsbereich (z. B. Arbeitskreise zu Mutterkuh, Ochsenmast, Direktvermarktung etc.).

Grünlandnutzung muss nicht in jedem Fall Rindermast oder Mutterkuhhaltung bedeuten. In den letzten Jahren haben sich interessante Nischen entwickelt, wo standortsbedingt vielleicht ebenfalls eine nachhaltigere Bewirtschaftung erreicht werden kann (Kalbinnenaufzucht für Partnerbetriebe; Einstellpferde; Direktvermarktung; Käseerzeugung; kleine Wiederkäuer; Alpakas etc.).

SPEZIELLE FÜTTERUNG

FÜTTERUNG VON MUTTERKÜHEN

Der Erfolg in der Mutterkuhhaltung ist in hohem Ausmaß von der bedarfsgerechten Fütterung, auf Basis des wirtschaftseigenen Grundfutters, abhängig. Auf den Einsatz von Kraftfutter sollte bzw. kann in der Fütterung der Mutterkühe (zumeist) verzichtet werden. Es soll jedes Jahr ein gut entwickeltes, vitales Kalb von der Mutterkuh abgesetzt werden können. In der Praxis kann dieses Ziel nur bei sehr gutem Management erreicht werden.

ENERGIEVERSORGUNG

In der Fütterung von Mutterkühen ist die optimale Energieversorgung einer der wichtigsten Fütterungsfaktoren. Eine gezielte Versorgung und die ständige Anpassung des Energieangebots an den Bedarf bzw. das Leistungsstadium sind anzustreben. Zur Kontrolle der Fütterung kann die Beurteilung der Körperkondition (Fett- und Muskelauflage) der Kühe dienen.

Eine deutliche **Unterversorgung mit Energie** verringert die Milchleistung, führt zu schlechter Kälberentwicklung, erhöht das Krankheitsrisiko und belastet den Stoffwechsel – negative Auswirkungen auf die Fruchtbarkeit können auftreten. Ab dem zweiten Säugemonat ist eine gute Energieversorgung notwendig. Bei Mutterkühen mit guter Milchleistung muss mit einer relativ

Wenn Mutterkühe stark abmagern, leiden die Milchleistung, die Kälberentwicklung, die Tiergesundheit und auch die Fruchtbarkeit.

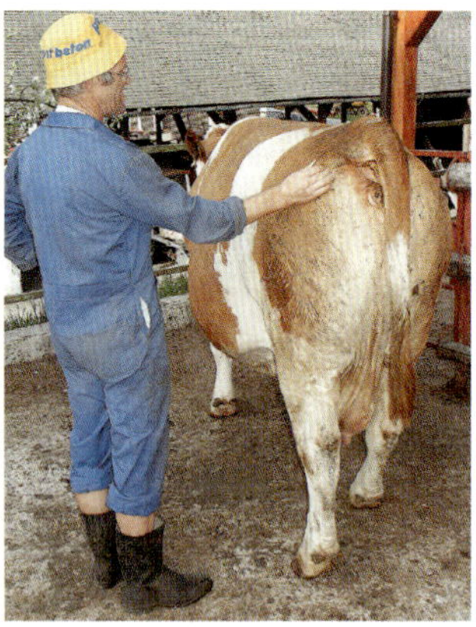

Lange Trockenstehzeiten erhöhen das Verfettungsrisiko.

Nur bei gutem Management kann man in der Mutterkuhhaltung erfolgreich sein.

langen energetischen Unterversorgungsperiode (drei bis sechs Monate) gerechnet werden.

Energetische Überversorgung führt zu Verfettung und damit vermehrt zu Schwergeburten, stärkerem Fettabbau zu Beginn der Säugeperiode, vermehrten Stoffwechselproblemen und schlechteren Fruchtbarkeitsergebnissen. In der Kalbinnenaufzucht sowie bei Kühen am Ende der Säugeperiode und in der Trockenstehzeit besteht das größte Verfettungsrisiko!

Neben der Energieversorgung werden die Leistung, Gesundheit und Fruchtbarkeit natürlich auch von der Eiweiß-, Struktur-, Wasser-, Mineralstoff- und Vitaminversorgung beeinflusst. Daneben müssen aber auch das Grünland- und Weidemanagement, die Haltungstechnik, die Gesundheitsvorsorge (z. B. Parasitenbehandlungen), die Beobachtung der Herde, das Fruchtbarkeitsmanagement und die Klauenpflege den Anforderungen der Mutterkühe entsprechen.

Wie hoch ist der Energiebedarf von Mutterkühen?

Der Energiebedarf kann in den Erhaltungs- und den Leistungsbedarf aufgeteilt werden. Der **Erhaltungsbedarf** entspricht im Wesentlichen jener Energiemenge, welche das Tier zur Aufrechterhaltung der Lebensfunktionen (Verdauung, Stoffwechsel, Durchblutung etc.) benötigt. Mit zunehmendem Lebendgewicht nimmt der Erhaltungsbedarf deutlich zu. Schwerere Tiere benötigen höhere Futtermengen ausschließlich zur „unproduktiven" Deckung ihres Erhaltungsbedarfs und sind daher oft weniger effizient. Niedrige bzw. hohe Umgebungstemperaturen, aber auch hohe Bewegungsaktivität erhöhen den Erhaltungsbedarf um 10–50 %.

Erhaltungsbedarf von Mutterkühen in Abhängigkeit vom Lebendgewicht (Richtwerte)

Lebendgewicht kg LG	Erhaltungsbedarf MJ NEL/Tag	relativ zu 600 kg LG %	Futterbedarf für Erhaltung kg TM (mit 5,5 MJ NEL/kg TM)
500	31	86	5,6
550	33	92	6,1
600	36	100	6,5
650	38	106	6,9
700	40	111	7,3

Der **Leistungsbedarf** setzt sich aus dem Energiebedarf für die Milchbildung, dem Wachstum des ungeborenen Kalbes im Muttertier und möglichem Körperzuwachs der Kuh zusammen. Der Energiebedarf geht im Verlauf der Säugeperiode entsprechend dem Rückgang der Milchleistung zurück. Wenn die Milchleistung in einer zehnmonatigen Säugeperiode um 1.000 kg von 3.000 kg abweicht, dann ist der Energiebedarf um etwa 15 MJ NEL pro Tag zu erhöhen bzw. zu verringern. Versuchsergebnisse aus Österreich zeigen, dass Fleckviehkühe bei einer Säugezeit von neun Monaten mit etwa 3.400 kg (2.800–3.800 kg) – auch bei extensiven Fütterungsbedingungen – eine gute Milchleistung erzielen. In den Untersuchungen wurde auch eine gute Persistenz festgestellt. Im Bereich vom 40. bis 70. Säugetag zeigte sich die höchste Tagesmilchleistung von durchschnittlich 13–15 kg.

Zu Beginn der Trockenstehzeit ist der Energiebedarf am geringsten. Bei langen Trockenstehzeiten ist daher das Verfettungsrisiko von Mutterkühen sehr groß. Bedingt durch das starke Wachstum des Fötus nimmt der Energiebedarf in den letzten Wochen vor der Abkalbung wieder zu, hier verfetten die Kühe dann zumeist nicht mehr.

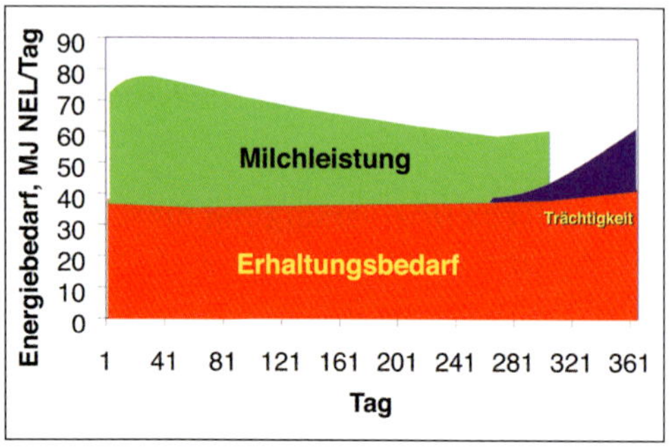

Energiebedarf im Verlauf der Säuge- und Trächtigkeitsperiode (Milchleistung 3.000 kg, Lebendgewicht 600 kg)

Milchleistung von österr. Fleckviehmutterkühen bei einer Säugedauer von 270 bzw. 180 Tagen (HÄUSLER u. Mit., 2011)

	Säugezeit	
	270 Tage	180 Tage
Laktationen, n	9	12
Milch, kg/Kuh	3.351 (2.782–3.883)	2.245 (1.840–2.863)
Durchschnitt Milch, kg/Tag	12,4	12,5
Fett, %	3,2	3,4
Eiweiß, %	3,0	3,0
Laktose, %	4,9	4,9
Zellzahl (x 1000)	45	113

In der Fütterung von Mutterkühen kann die **Säugeperiode in vier Abschnitte** unterteilt werden – die Energieversorgung sollte darauf möglichst gut abgestimmt werden:

- In den **ersten zwei bis vier Wochen** nach der Abkalbung sollten die Mutterkühe etwas verhalten gefüttert werden, da ansonsten die Milchleistung sehr rasch und stark ansteigt. Bei hoher Energieversorgung besteht die Gefahr von Durchfällen für das Kalb aufgrund zu hoher Milchaufnahme. Es treten auch vermehrt Euterentzündungen bei der Kuh auf. Bei Mutterkühen mit sehr hoher Milchleistung kann die Reduktion der Fütterungsintensität aber auch negative Konsequenzen haben, da dadurch Stoffwechselstörungen auftreten können – diese Tiere sind daher für die Mutterkuhhaltung nicht geeignet.
- **Nach dem ersten Laktationsmonat** sollte eine sehr gute Versorgung der Kuh angestrebt werden. Dadurch wird eine gute Milchleistung und damit hohe Nährstoffaufnahme der Jungrinder erreicht. Mutterkühe mit guter Milchleistung verlieren aufgrund energetischer Unterversorgung über einen relativ langen Zeitraum an Lebendgewicht (drei bis sechs Monate).
- Am **Ende der Säugeperiode** muss eine starke Verfettung der Kühe vermieden

werden. Hier ist die Energieversorgung an die Körperkondition (Lebendgewicht, Fettauflage etc.) anzupassen. Stark abgemolkene Kühe müssen ihre Reserven wieder auffüllen können.

- In der **Trockenstehzeit** ist eine strukturreiche und energiearme Fütterung anzustreben. Die Kühe dürfen nicht verfetten.

Fütterungsfehler – Ursache, Konsequenzen und Abhilfe

	Kühe verfetten	Kühe magern stark ab
Wann?	Ende Säugezeit und in der Trockenstehzeit	Beginn und Mitte Säugeperiode
Konsequenzen?	■ Vermehrt Schwergeburten ■ Lebensschwache Kälber ■ Probleme nächste Säugeperiode ■ Erhöhte Stoffwechselbelastung ■ Schlechtere Tiergesundheit ■ Schlechtere Fruchtbarkeit	■ Schlechte Milchleistung ■ Schlechte Kälberentwicklung ■ Höhere Krankheitsanfälligkeit ■ Schlechtere Fruchtbarkeit
Warum?	■ Zu intensive Fütterung ■ Lange Trockenstehzeiten	■ Schlechte Futterqualität ■ Futtermangel ■ Schlechtes Weidemanagement ■ Hohe Milchleistung, Zwillinge bzw. „Milchräuber“ ■ Schlechtes Management ■ Parasiten etc.
Hilfe?	Bedarfsgerechte Fütterung und richtiges Management	
	Kühe beobachten – Körperkondition im Auge behalten	

In den ersten Säugemonaten muss bei guter Milchleistung mit einer energetischen Unterversorgung der Kuh gerechnet werden.

Bei extensiven Rassen kann die Futterqualität geringer sein.

Körperkonditionsbeurteilung – was ist das?

Die Beurteilung der Körperkondition dient der Abschätzung des Ernährungszustandes (Fett- u. Fleischauflage) von Rindern. Die regelmäßige Beurteilung ist in der Mutterkuhhaltung ein sehr gutes Hilfsmittel zur Kontrolle der Fütterung. Dazu werden je nach Ernährungszustand der Tiere Punkte von 1–5 vergeben. Extrem abgemagerte Tiere erhalten 1,0 Punkte – extrem verfettete Tiere 5,0 Punkte. Bei der Abkalbung ist eine Körperkondition im Bereich von 3,25–3,75 optimal. Liegt diese darüber, dann treten vermehrt Schwergeburten auf. Geht in der Säugeperiode die Körperkondition stark zurück (mehr als 1 Punkt) bzw. verlieren die Kühe mehr als 10 % ihres Gewichts, dann sind die Milchleistung und Persistenz gering – die Kälber werden sich schlecht entwickeln. Zusätzlich ist der Stoffwechsel der Kühe dadurch stark gefordert. Die Ursachen hierfür können in mangelhafter Fütterung, Haltung und schlechter Tiergesundheit (Parasiten etc.) liegen.

Angepasste Energieversorgung im Verlauf einer Säugeperiode

Wiederkäuer sollten grundsätzlich immer bis zur Sättigung gefüttert werden. Die Energieversorgung kann daher im Wesentlichen nur über die Nährstoffkonzentration des Futters (Qualität) und nicht über die Futtervorlagemenge gesteuert werden. Je höher die Qualität (Verdaulichkeit, Energiegehalt) des Grundfutters ist, desto höher ist auch die Futter- und Nährstoffaufnahme.

HINWEIS! Energiebedarf

- In Phasen mit geringem Energiebedarf muss strukturreiches, energiearmes Grundfutter angeboten werden.
- Bei hohem Energiebedarf muss Wert auf eine gute Grundfutterqualität und ein hohes Angebot gelegt werden.

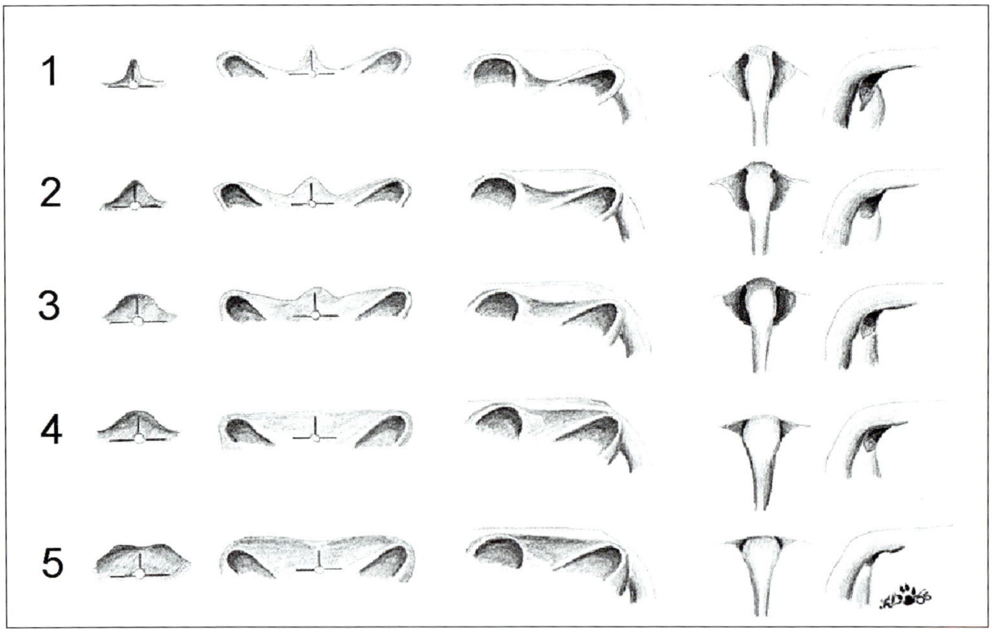

Beurteilung von Körperstellen und Körperkonditionspunkte

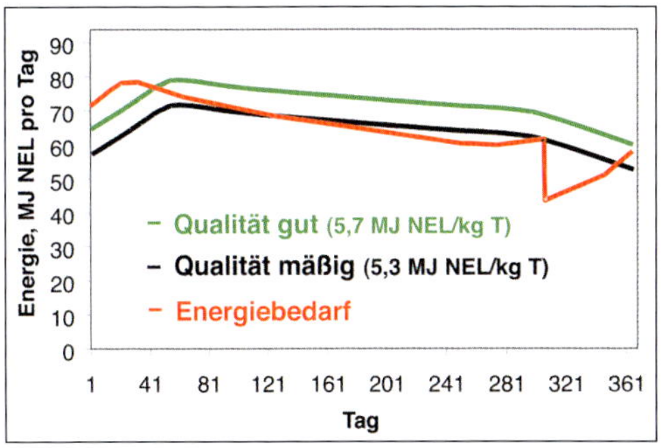

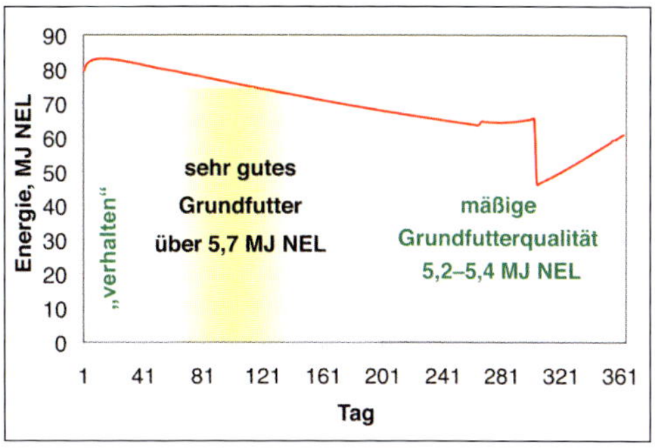

links: Zusammenhang zwischen Grundfutterqualität (mäßig und gut) und Energieaufnahme von Mutterkühen (600 kg Lebendgewicht, 3.000 kg Milchleistung, Grundfutter zur freien Aufnahme)

rechts: Anzustrebende Energieversorgung

Diese Anforderungen hinsichtlich der Rationsgestaltung gelten sowohl für biologisch als auch konventionell wirtschaftende Betriebe – die „Öko-Richtlinien" sind bei biologisch wirtschaftenden Betrieben selbstverständlich einzuhalten.

Beispiele für den Nährstoffgehalt ausgewählter Grundfuttermittel (je kg TM)

	Energie		Eiweiß	Struktur
	Mutterkuh NEL, MJ	Jungrind ME, MJ	Rohprotein g	Rohfaser g
Grünfutter (jung)	6,3	10,5	158	228
Grünfutter (überständig)	5,2	9,0	111	315
Grünfutter-Extensivgrünland (jung)	5,1	8,9	114	265
Grünfutter-Extensivgrünland (überständig)	4,6	7,7	90	325
Grassilage (früher Schnitt)	6,0	10,1	146	270
Grassilage (später Schnitt)	5,1	8,9	114	310
Heu (früher Schnitt)	5,8	9,8	133	265
Heu (später Schnitt)	4,5	8,0	102	323
Maissilage (Teigreife, Kolbenanteil hoch)	6,4	10,6	81	198
Gerstenstroh	3,8	6,8	40	442

Bei Mutter- und Milchkühen wird die Netto-Energie-Laktation (NEL) und in der Aufzucht und Mast die Umsetzbare Energie (ME) als Energiemaßstab verwendet.

Beginn der Säugeperiode

In den ersten zwei bis vier Wochen nach der Abkalbung kann durch **zurückhaltende Fütterung** (leichte energetische Unterversorgung) ein rascher und hoher Anstieg der Milchleistung verhindert werden. Dies ist wichtig, da das Milchaufnahmevermögen der jungen Kälber mit 6–8 kg (max. 10 kg) begrenzt ist. Das Nährstoffangebot für die Kühe sollte daher einer Tagesmilchleistung von etwa 8 kg entsprechen.

HINWEIS! Energiekonzentration

Bei ständigem Futterangebot reicht dafür eine **Energiekonzentration von 5,2–5,4 MJ NEL pro kg TM** aus. Diesen Anforderungen entspricht beispielsweise eine Ration aus 60 % strukturreichem Heu (5,1 MJ NEL/kg TM) und 40 % Grassilage mittlerer bis guter Qualität (5,7 MJ NEL/kg TM).

Die Phase des verhaltenen Fütterns darf jedoch nicht zu lange andauern! Durch zu hohe und auch zu lange Energieunterversorgung werden vor allem die Milchleistung, die Persistenz, die Gesundheit und auch die Fruchtbarkeit nachhaltig negativ beeinträchtigt. An die verhaltene Fütterung in den ersten Säugewochen muss daher ab Beginn des zweiten Säugemonats eine gute Nährstoffversorgung anschließen! Durch Fütterung von ausreichend Grundfutter guter Qualität (5,5–5,7 MJ NEL/kg TM) ist eine ausgewogene Versorgung sichergestellt.

Bei extensiven Rassen kann aufgrund des geringeren Energiebedarfs der Kühe (geringere Milchleistung) die **Qualität des Futters geringer** sein (5,1–5,5 MJ NEL/kg TM). Im Gegensatz zu Kühen mit guter Milchleistung melken sich Kühe von Extensivrassen bzw. Kühe mit geringem Milchleistungspotential nicht so stark ab, in diesem Fall sind dann aber auch die Tageszunahmen der Kälber und Jungrinder bei der Kuh geringer.

Kraftfutter ist in der Fütterung von Mutterkühen **im Normalfall nicht erforderlich** und auch unwirtschaftlich. Nur in jenen Fällen, wo die Mutterkühe eine rasche Abnahme der Körperkondition zeigen (schlechte Grundfutterqualität, extreme Witterung etc.) bzw. eine sehr hohe Milchleistung angestrebt wird (regionale Vermarktungsprogramme, Zwillingskälber, Ammenkuhhaltung, zwei Kälber) oder aufgrund von Futtermangel (z. B. Ersatzfuttermischungen bei Trockenheit) kann Kraftfutter verwendet werden. Auch bei Erstlingskühen kann vereinzelt ein Kraftfuttereinsatz sinnvoll sein. Wenn Mutterkühe trotz ausreichender Fütterung stark abmagern, muss zur Abklärung der Ursache eine Untersuchung der Kühe auf Parasiten (Kotproben etc.) erfolgen.

Mitte der Säugeperiode – ausreichend gutes Grundfutter!

Ab dem zweiten bis zum sechsten Säugemonat sind die Mutterkühe ausreichend mit gutem Grundfutter zu versorgen! Dadurch wird eine hohe Milchleistung und gute Persistenz (flache Milchleistungskurve) erreicht – die Kälber werden sich optimal entwickeln. Zusätzlich können bei **guter Nährstoffversorgung** die zu Beginn der Säugeperiode abgebauten Körperreserven der Kühe wieder aufgefüllt werden.

Die **Energiekonzentration** der Ration sollte bei etwa **5,5 MJ NEL je kg TM** liegen. Bei Weidehaltung und Alpung von Mutterkühen ist ein ausreichendes Futterangebot (Tierbesatz, Zufütterung) sicherzustellen. Nicht selten werden das Futterangebot sowie die Qualität des Futters auf Almen und Weiden überschätzt – in der Folge magern die Kühe extrem ab, die Milchleistung sinkt, der Kälberzuwachs geht zurück und das Krankheitsrisiko nimmt zu!

Ende der Säugeperiode – Körperkondition beachten!

Ab dem sechsten bis siebenten Säugemonat sollte **zunehmend energieärmeres Futter** angeboten werden. Dadurch wird eine zu starke Verfettung der Kühe durch Energieüberversorgung verhindert. Die Ration muss besonders in dieser Phase auf die Körperkondition der Kühe abgestimmt sein. Die Kühe dürfen keinesfalls abnehmen, hohe Zunahmen müssen jedoch ebenfalls verhindert werden. Die **Energiekonzentration** des Futters sollte im Bereich von **5,0–5,4 MJ NEL je kg TM** liegen. Wenn die Kühe zu Beginn des letzten Säugedrittels in guter Kondition sind, muss eine weitere Zunahme verhindert werden. Dazu eignet sich der Einsatz von strukturreichem Grundfutter mit mäßigem Energiegehalt (4,6–5,2 MJ NEL/kg TM). Auch bei Extensivrassen bzw. geringer Milchleistung reicht diese Energiekonzentration aus. Mutterkühe, die in diesem Abschnitt in einer schlechten Körperkondition sind, müssen selbstverständlich mit ausreichend gutem Grundfutter gefüttert werden.

Trockenstehzeit – verhalten füttern

Bei der Abkalbung dürfen Mutterkühe weder zu schlecht noch zu gut genährt sein. Die Körperkondition muss im Bereich von 3,25–3,75 Punkten liegen. Trockenstehende Kühe sollten immer getrennt von den säugenden Kühen gehalten werden, denn in der Trockenstehzeit reicht eine **Energiekonzentration von 4,6–5,2 MJ NEL/kg TM** aus. Dies entspricht beispielsweise einem strukturreichen Heu.

Wenn Mutterkühe sehr lange trocken stehen (frühes Absetzen, schlechte Fruchtbarkeit

Auf Almen darf das Futterangebot (Menge und Qualität) nicht überschätzt werden.

„Fahrplan“ für die optimale Energieversorgung von Mutterkühen

	Beginn Säugeperiode					Mitte Säugeperiode					Ende Säugeperiode bzw. Trockenstehzeit				Beginn einer langen Trockenstehzeit		
Energieversorgung, Ziele	(2–4 Wochen verhalten), danach gut					gut					mäßig bzw. gering				sehr gering		
Energiekonzentration*, MJ NEL/kg TM	(5,3) 5,5–5,7*					5,4–5,7					4,6–5,2				4,0–4,7		
Körperkondition, Veränderung	Abnahme weniger als 1 Punkt					keine Abnahme mehr; Zunahme max. 1 Punkt					Verfettung verhindern; keine Abnahme				Verfettung verhindern		
Körperkondition, Punktebereich	von 3,25–3,75 auf max. 2,50–3,25					2,50–3,25					3,25–3,75				3,25–3,75		
Rationsbeispiele**	I*	II*	III*	IV*	V*	I	II	III	IV	V	I	II	III	IV	I	II	III
Heu, mäßig, kg Frischmasse	3	-	-	6	4	4	-	-	6	5	5	11	-	8	4	5	-
Heu, gut, kg Frischmasse	-	14	-	-	-	-	13	-	-	-	-	-	-	-	-	-	-
Grassilage, kg Frischmasse (33 % TM)	30	-	-	14	-	28	-	-	17	-	15	-	-	-	6	-	-
Stroh, kg Frischmasse	-	-	-	-	2	-	-	-	-	2	2	1	-	3	4	5	5
Maissilage, kg Frischmasse (33 % TM)	-	-	-	8	20	-	-	-	4	15	-	-	-	5	-	-	-
Weide, gut, kg Frischmasse (15 % TM)	-	-	80	-	-	-	-	-	-	-	-	-	-	-	-	-	-
Weide, mäßig, kg Frischmasse (15 % TM)	-	-	-	-	-	-	-	80	-	-	-	-	70	-	-	-	30
Mineralstoffmischung, g	30–40	30–40	20–30	30–40	50	30–40	30–40	20–30	30–40	50	30–40	30–40	20–30	50	40–50	40–50	40–50
Viehsalz, g	20–30	20–30	20–30	20–30	20–30	20–30	20–30	20–30	20–30	20–30	20–30	20–30	20–30	20–30	20–30	20–30	20–30

* Bei Extensivrassen (bzw. Tieren mit geringer Milchleistung) reichen geringere Energiekonzentrationen aus
** Energiegehalt je kg TM: Heu, mäßig: 5,4 MJ NEL; Heu, gut: 5,7 MJ NEL Grassilage: 5,7 MJ NEL; Maissilage: 6,4 MJ NEL; Stroh: 3,8 MJ NEL; Weide, gut über 5,8 MJ NEL; Weide, mäßig 5,5 MJ NEL

etc.), dann muss, mit Ausnahme der letzten Trächtigkeitswochen, praktisch nur der Erhaltungsbedarf der Kuh gedeckt werden. Damit die Tiere in diesem Fall nicht extrem stark verfetten, ist eine noch deutlich geringere Energiekonzentration im Futter (4,0–4,7 MJ NEL/kg TM) bzw. auch eine Einschränkung des Futterangebots erforderlich.

Bei Extensivrassen (bzw. Tieren mit geringer Milchleistung) reichen geringere Energiekonzentrationen aus.

Möglichkeiten ohne Gruppenhaltung und saisonaler Abkalbung

Zur gezielten Fütterung von Mutterkühen wäre die Gruppenhaltung die optimalste Haltungsform. Nach Möglichkeit sollten **drei Gruppen** (Beginn bis Mitte der Säugeperiode, Ende der Säugeperiode, trockene Kühe) gebildet werden.

Die Gruppenhaltung ist jedoch unter österreichischen Verhältnissen (kleine Bestände, begrenzte Stallmöglichkeiten) nur vereinzelt möglich. Wichtig wäre, dass **zumindest die trockenstehenden Kühe getrennt gehalten und gefüttert** werden. Bei kleinen Beständen kann die Rationsgestaltung daher im Wesentlichen nur bei saisonaler Abkalbung ohne hohen zusätzlichen Aufwand bedarfsgerecht erfolgen. Zumeist wird hier die Abkalbung am Ende des Winters bis Frühlingsbeginn angestrebt. Beim Auftrieb der Kühe auf die jungen Weiden kann dann die ansteigende Milchleistung von den Kälbern optimal genutzt werden. Nach dem Absetzen der Kälber im Herbst werden die Kühe extensiv im Stall gefüttert.

In jenen Fällen, wo auch die **saisonale Abkalbung nicht sinnvoll bzw. möglich ist**, müssen **Kompromisse** eingegangen werden:

- Dazu muss der Energiegehalt des Grundfutters im mittleren Bereich (5,3–5,5 MJ NEL) liegen.
- Grundfutterkomponenten unterschiedlicher Qualität sollten nur vermischt angeboten werden, da vor allem ranghohe Tiere ansonsten hochwertige Futterkomponenten bevorzugt fressen und verstärkt verfetten.
- Eine möglichst einheitliche Herde ist eine Grundvoraussetzung für dieses System. Mutterkühe mit sehr hohen bzw. niedrigen Milchleistungen, mit Fruchtbarkeitsproblemen oder langen Trockenstehzeiten müssen konsequent ausgeschieden werden.
- Eine ständige Kontrolle der Körperkondition und die Anpassung der Ration an das Beurteilungsergebnis sind hier besonders wichtig.
- Für trockenstehende Kühe muss auf alle Fälle eine getrennte Haltung angestrebt werden!

In der Weidesaison sollte das Leistungsvermögen der Tiere berücksichtigt und niedrig leistende Tiere auf extensiveren Weiden gehalten werden.

Nährstoffversorgung bei extensiven Bedingungen

Bei extensiven Standortbedingungen reicht die Futtergrundlage zumeist nicht für die

Bei extensiven Bedingungen werden die Kälber als Einsteller vermarktet – den Kühen wird eine längere Trockenstehzeit gegönnt.

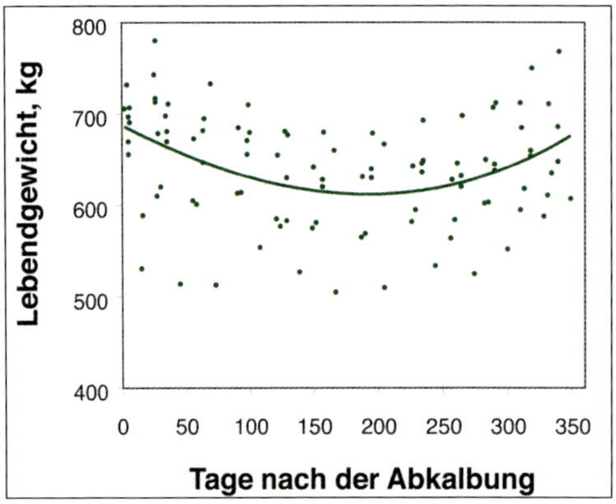

Veränderungen des Lebendgewichts von FV-Mutterkühen bei guter Milchleistung (STEINWIDDER u. Mit., 2003 – Versuch Buchau, LFS-Grabnerhof, Weidehaltung Mitte Mai – Mitte Oktober, Abkalbung Jänner – März, Ø Tageszunahmen der LI x FV-Jungrinder 1.189 g)

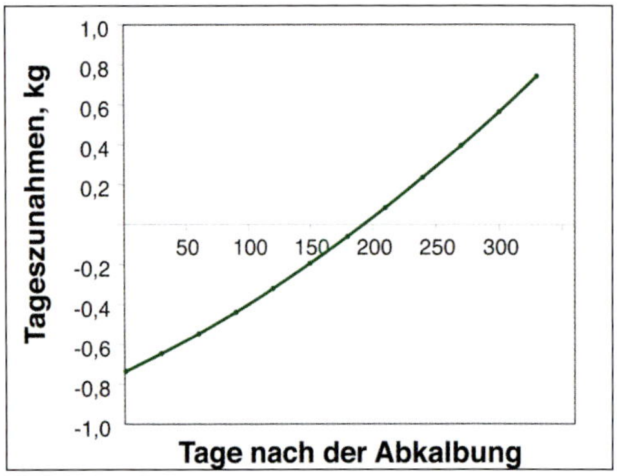

Tageszunahmen von FV-Mutterkühen bei guter Milchleistung (STEINWIDDER u. Mit., 2003)

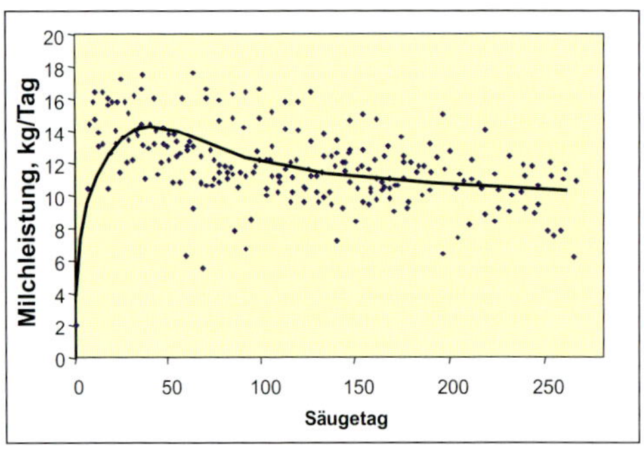

Milchleistungsverlauf von Fleckvieh-Mutterkühen bei extensiver Grundfutterfütterung (HÄUSLER u. Mit., 2011)

entsprechend hohe Nährstoffaufnahme der Kühe aus. In diesem Fall kann die Haltung von Extensivrassen empfohlen werden. Eine weitere Möglichkeit stellt die gezielte Steuerung des Abkalbe- und Absetzzeitpunkts dar. Dabei wird beispielsweise die Abkalbung, wie bereits oben beschrieben, in den Monaten Februar bis März angestrebt, um die hohe Futterqualität zu Weidebeginn ausnutzen zu können. In den ersten Weidemonaten werden daher eine gute Milchleistung der Kühe und auch eine gute Entwicklung der Kälber erreicht. Da die Futterqualität auf extensiven Standorten mit fortschreitender Weidedauer rasch zurückgeht, erreichen die Kälber im Durchschnitt geringere Tageszunahmen als bei der herkömmlichen Mutterkuhhaltung. Die Kälber werden daher vorwiegend als Einsteller für die Ausmast verkauft und auch früher von den Kühen (sechs bis acht Monate) abgesetzt. Den zumeist stark „abgemolkenen Kühen" wird dadurch eine längere Trockenstehzeit „gegönnt", damit sie die notwendigen Körperreserven wieder auffüllen können.

Bei extensiven Bedingungen muss jedenfalls der Futterhygiene, der trockenen Lagerung und Vorlage des Futters, dem ausreichenden Futterangebot, der Gestaltung des Fressplatzes, der Weidepflege, der Parasitenbehandlung, aber auch dem Schutz der Kälber vor Wind und Nässe besonderes Augenmerk geschenkt werden.

Futterhygiene beachten

Auch in der Mutterkuhhaltung darf nur sauberes und hygienisch einwandfreies Futter eingesetzt werden. Insbesondere bei Kälbern, aber auch bei den Kühen, kann verschimmeltes und verpilztes Futter zur Minderung der Abwehrkraft gegen Krankheiten, zur Verschlechterung der Gesundheit und Fruchtbarkeit sowie zur Verringerung der

Futteraufnahme und Leistung führen. Überständiges Futter ist einem höheren Pilzdruck ausgesetzt und lässt sich zusätzlich nicht ausreichend verdichten.

Folgende Punkte sind einzuhalten:

- Zeitgerechter Schnitt
- Verschmutzung des Futters vermeiden
- Silagen nicht zu hoch anwelken (30 bis max. 40 % TM)
- Silagen rasch und gut verdichten sowie rasch luftdicht abschließen
- Heu rasch und ausreichend trocknen
- Schimmeliges Futter (Heu, Grassilage etc.) gehört auf den Misthaufen
- Nur einwandfreies Grund- und Kraftfutter einsetzen
- Trockene Lagerung von Heu
- Schutz des Grundfutters bei der Vorlage vor Regen und Schnee
- Regelmäßige Reinigung der Futtertröge von Schmutz bzw. nicht gefressenem Futter

WEIDE- UND ALMHALTUNG

Die Haltung der Mutterkühe muss möglichst arbeitsextensiv und die Futterkosten müssen möglichst gering sein. Daher werden Mutterkühe während der Vegetationszeit üblicherweise auf Weiden gehalten. Der Mutterkuhbetrieb benötigt somit ausreichend geeignete Weideflächen. Dabei spielen die Trittfestigkeit des Bodens, der Pflanzenbestand, die Koppelgrößen und -formen, aber auch die Hangneigung und die Niederschlagsmenge eine beachtliche Rolle. Schwere Tiere und Überbesatz belasten die Weiden stark!

Weide in der Mutterkuhhaltung

In der Mutterkuhhaltung sollte die Weidehaltung zum System gehören und in der Vegetationszeit vorherrschen. Die Weidehaltung liefert das billigste Futter. Ganzjährige Freilandhaltung wird in erster Linie mit Robustrindern betrieben. Weide- und Mutterkuhhaltung mit milchbetonten Zweinutzungsrindern erfordert ein gutes Weidemanagement. Extensive Weideflächen und Almen sollten daher mit Tieren beweidet werden, die keine zu hohen Ansprüche stellen (trockenstehende Kühe, Nachzucht etc.). Zu Weidebeginn sind eine langsame Futterumstellung und die Beifütterung von Heu oder angewelkter Grassilage notwendig. Bei Weide- und Almhaltung dürfen die Qualität und das Angebot an Futter nicht überschätzt werden. Durch die Gabe von Viehsalz (20–30 g/Tag) und 20–50 g einer angepassten Mine-

Die Mineralstoffversorgung ist sicherzustellen (links). Im Frühling und Herbst muss auf der Weide zugefüttert werden (rechts).

ralstoffmischung können der Mengen- und Spurenelementbedarf sowie der Vitaminbedarf (insbesondere in den Wintermonaten) gedeckt werden. Eine hohe Futteraufnahme kann nur bei guten Haltungsbedingungen und mit gesunden Kühen erreicht werden.

Herdentrennung

Aufgrund des unterschiedlichen Nährstoffbedarfs ist eine getrennte Haltung der trockenstehenden Mutterkühe von den säugenden Tieren auch auf der Weide notwendig. Weide-Gunststandorte, welche eine hohe Weidefutterqualität aufweisen, sind für trockenstehende Mutterkühe zu intensiv – das Verfettungsrisiko ist hoch und es nehmen Schwergeburten sowie Stoffwechselstörungen rund um die Geburt zu. Zusätzlich besteht bei gemeinsamer Herde auch das Risiko, dass trockenstehende Mutterkühe von anderen Kälbern besaugt werden.

Eine Herdentrennung ist aber auch bei geschlechtsreifen männlichen Tieren notwendig. Ab etwa 250 bis spätestens 300 kg werden diese zunehmend unruhig, was zu schlechteren Zunahmen in der Herde führt. Darüber hinaus können weibliche Jungrinder bereits ab 250–280 kg Lebendgewicht unerwünscht trächtig werden!

Herdentrennung erhöht die Ruhe.

Hohe Weidefutterqualität in den ersten Säugemonaten

Sowohl die laktierenden Mutterkühe als auch die Jungrinder benötigen in den ersten Säugemonaten eine ausreichende, gleichbleibende und hohe Weidefutterqualität. Bei saisonaler Spätwinterabkalbung kann das Weidepotential in der Mutterkuhhaltung am besten genutzt werden. In diesem Fall steht den Mutterkühen in der Phase mit hoher Milchleistung bestes Weidefutter zur Verfügung, außerdem sind in der Weidesaison keine Mutterkühe trockenstehend. Die Jungrinder können bei diesem System auf der Weide ebenfalls bestes Weidefutter aufnehmen. Die Trockenstehzeit der Kühe entfällt in die Winterfütterungsperiode. Am Ende der Säugeperiode (Herbst) bzw. bei Stallhaltung erhalten die säugenden Jungrinder bei Bedarf eine Kraftfutterergänzung im Kälberschlupf. Verbleiben die abgesetzten Jungrinder am Betrieb, dann muss jedenfalls bestes Grundfutter und in den ersten Wochen auch Kraftfutter gefüttert werden.

Auch in der Mutterkuhhaltung ist ein früher Frühlingsweideaustrieb zu empfehlen. Der Weidefutteranteil sollte in der Ration langsam steigen. Dies kann über eine langsame Steigerung der Weidedauer und entsprechende Ergänzungsfütterung (im Stall) am besten erreicht werden. Eine langsame Anpassung der Pansenmikroben an das Grünfutter kann eventuell auch über das „Eingrasen" (Grünfütterung im Stall) erreicht werden – dabei zeigt sich in der Praxis jedoch oft, dass die Tiere dann auf der Weide einige Tage bis zum Erlernen des effizienten Weidens benötigen.

Ende der Säugeperiode

Am Ende der Säugeperiode kann für die Mutterkühe die Weidefutterqualität bzw. das Weidefutterangebot zurückgehen. Eine regelmäßige Beurteilung der Körperkondition ist anzuraten. Die Mutterkuh-Jungrinder sollten prinzipiell immer Zugang zu bester Weide haben. Wenn dies nicht möglich ist, dann kann eine Ergänzungsfütterung (Kraftfutter und/oder bestes Grundfutter) empfohlen werden. In Irland setzen Weidebetriebe bei Jungrindern diesbezüglich teilweise auf „Vorweidesysteme“. Dabei können die Jungrinder über einen Kälberschlupf bzw. entsprechend angebrachte Weidezwischenzäune das beste Weidefutter vorausgrasen.

Trockenstehzeit

Zu Beginn der Trockenstehzeit sinkt der Nährstoffbedarf deutlich, die Futteraufnahme verändert sich jedoch mit dem Trockenstellen nicht wesentlich. Kühe fressen am Beginn der Trockenstehzeit sehr hohe Futtermengen, was auf guten Weiden zu einer deutlichen energetischen Überversorgung und Verfettung führen kann. Für trockenstehende Kühe sind insbesondere extensive Weiden geeignet. Bei Verfettungsrisiko kann eine begrenzte Weidedauer und entsprechende Ergänzungsfütterung mit strukturreichem Heu notwendig sein. Die Energiekonzentration sollte im Bereich von 5 MJ NEL/kg TM liegen, auf eine ausreichende Pansenfüllung ist zu achten. In den letzten zwei bis drei Wochen vor der Abkalbung sollte die Ration allmählich auf die Säugeration umgestellt werden (Vorbereitungsfütterung). Damit wird verhindert, dass mit der Abkalbung auch eine radikale Futterumstellung zusammenfällt. In dieser Phase verfetten Kühe üblicherweise nicht mehr. Eine optimale Vorbereitungsfütterung ist bei vollständiger Weidehaltung schwierig, da insbesondere der Mineralstoffgehalt von Weidefutter zu gesundheitlichen Problemen führen kann.

Bei hoher Versorgung mit Calcium steigt das Risiko für das Auftreten von „Milchfieber“ an. In den letzten Trockenstehwochen muss die Ca-Versorgung daher soweit wie möglich eingeschränkt werden. Weitere Faktoren, die zu Milchfieber führen können, sind neben einer zu hohen Ca-Versorgung in den letzten Wochen der Trockenstehzeit ein Kationenüberschuss (Kalium, Natrium), eine unzureichende Schwefelzufuhr und ein Rohproteinüberschuss. Weiderationen sind üblicherweise reich an Calcium und Kalium und die Eiweißversorgung ist ebenfalls hoch. Diese Faktoren begünstigen daher das Auftreten von Milchfieber bei weidebetonter Vorbereitungsfütterung, sodass hier nur eine begrenzte Weidefütterung empfohlen werden kann.

Weidesysteme

Nach der Übergangsfütterung im Frühjahr, wo langsam von Stunden- auf Ganztagsweidehaltung umgestellt wird, setzen Mutterkuhbetriebe vorwiegend auf die Ganztags- oder Vollweidehaltungsstrategie. Hinsichtlich der Weidesysteme dominieren in der Mutterkuhhaltung die arbeitszeitsparende Kurzrasenweide- oder Koppelweidehaltung.

Bei **Kurzrasenweidehaltung** ist die Fläche nicht bzw. in maximal zwei bis drei Teilflächen unterteilt. Die Tiere sind ständig auf der Fläche bzw. rotieren zwischen den Teilflächen. Der Flächenbedarf liegt je nach Säugestadium und Größe des Jungrindes pro Mutterkuh und Jungrind im Frühjahr bei ca. 0,15–0,25 ha und muss bis in den Herbst auf etwa 0,4–0,6 ha vergrößert werden. Das Futter muss den Tieren ständig ins Maul wachsen – die Aufwuchshöhe gemessen mit der Deckelmethode sollte immer zwischen 5 und 7 cm liegen.

Beim **Koppelweidesystem** sollten zu Weidebeginn etwa drei bis vier Koppeln vorliegen. Die Koppeln werden dabei bei einer Aufwuchshöhe von 10–15 cm (max. 20 cm) bestoßen und über ca. vier bis fünf (max. sieben) Tage beweidet. Die Koppelgröße liegt dabei je nach Kuhgewicht und Säugestadium bzw. Größe des Jungrindes bei 400–600 m^2. Bei guter Weideführung kann sowohl bei Kurzrasenweide als auch bei Koppelweidehaltung weitestgehend auf Weidepflege verzichtet werden. Damit können Futterverluste minimiert sowie Kosten und Arbeitszeit gespart werden. Bei uneinheitlichen Pflanzenbeständen kann eine Zwischen- oder Nachmahd bzw. ein Mulchen notwendig werden.

Bei **extensiver Standweide- und Almhaltung** dürfen die Qualität und das Angebot an Futter nicht überschätzt werden. Hier muss ab Ende Juli mit einem Rückgang des Futterzuwachses und der Futterqualität gerechnet werden. Zusätzlich steigt bei saisonaler Spätwinterabkalbung auch der Futterbedarf der Jungrinder an. Wenn das Futterangebot oder die Qualität des Alm- oder Weidefutters überschätzt wird bzw. zu viele Tiere pro Fläche gehalten werden, verschlechtert sich die Körperkondition der Kühe, das Krankheitsrisiko steigt, die Milchleistung geht stark zurück und die Jungrinder entwickeln sich nur sehr schlecht. Das Weidemanagement muss daher so gestaltet werden, dass der Tierbesatz an den Futterbedarf der Tiere bzw. das Flächenausmaß an den Tierbesatz abgestimmt ist. In der Säugeperiode sollten daher Mutterkühe nach Möglichkeit nicht auf extensiven Standorten gehalten werden! Auch bei Alpung muss das Futterangebot bzw. der Tierbesatz an den Futterbedarf angepasst werden. Dies erreicht man durch:

- Umtriebsalmhaltung
- Vermeidung eines Überbesatzes
- Reduktion des Tierbesatzes im Spätsommer
- Gezielte Steuerung der Abkalbung (z. B. Abkalbung im Oktober – Auftrieb der trockenen Kühe)
- Beweidung von Hochalmen im Juli – Wanderung talwärts im Spätsommer
- Zeitigen Auftrieb und rechtzeitigen Herbstabtrieb
- Weidehaltung bereits im Tal vor dem Almauftrieb
- Beifütterung von Heu oder Silage nach Auftrieb und vor Abtrieb
- Angebot eines Kälberschlupfes mit Kraftfutter, wenn säugende Mutterkühe auf Almen kommen

EINFLUSS DER RASSE AUF DEN ENERGIEBEDARF UND DIE FUTTERAUFNAHME

Der Erhaltungsbedarf von Mutterkühen wird am wesentlichsten vom Gewicht und in geringem Umfang auch von den Klima- und Haltungsbedingungen sowie der Rasse beeinflusst. Große genetische Unterschiede bestehen jedoch hinsichtlich des Leistungsbedarfs:

- Fleischbetonte Rassen und vor allem Extensivrassen weisen eine geringere Milchleistung (4–8 kg) und damit auch einen geringeren Leistungsbedarf auf. Bei Zweinutzungsrindern liegt die tägliche Milchleistung in der Mutterkuhhaltung zwischen 8 und 15 kg.
- Fleischbetonte Mutterkuhrassen haben im Vergleich zu Mutterkühen der Rasse Fleckvieh unter sonst gleichen Bedingungen eine etwas geringere Futteraufnahme (ca. 5 %). Daher muss bei diesen Rassen die Nährstoffkonzentration im Futter etwas höher liegen. Fleischbetonte, großrahmige Mutterkühe, aber auch Mutterkühe mit guter Milchleistung (z. B. Fleckvieh) stellen an die Fütterung höhere Ansprüche.

Fleckvieh-Mutterkühe erzielen eine gute Milchleistung und Futteraufnahme. Sie sollten aber nicht zu groß und schwer sein.

Leichtkalbigkeit ist in der Mutterkuhhaltung besonders wichtig. Sowohl bei der Muttertier-, aber vor allem auch bei der Stierauswahl (Rasse, Vererbung Kalbeverlauf) ist darauf zu achten.

- Extensive Rassen bzw. Tiere mit sehr geringer Milchleistung neigen bei zu intensiver Fütterung zur Verfettung.

Daher müssen die Rasse und die Produktionsbedingungen (Futterqualität) aufeinander abgestimmt sein!

Welche Kuh eignet sich für die Mutterkuhhaltung?

Eine Mutterkuh sollte bei üblichen Fütterungsbedingungen in einer neunmonatigen Säugeperiode eine Milchleistung von 2.500–3.500 kg erreichen. Die Fitness, Fruchtbarkeit und Gutmütigkeit spielen in der Mutterkuhhaltung eine große Rolle. Eine Mutterkuh zeichnet sich durch eine lange, breite Mittelhand mit tiefer Brust und Flanke aus. Sie

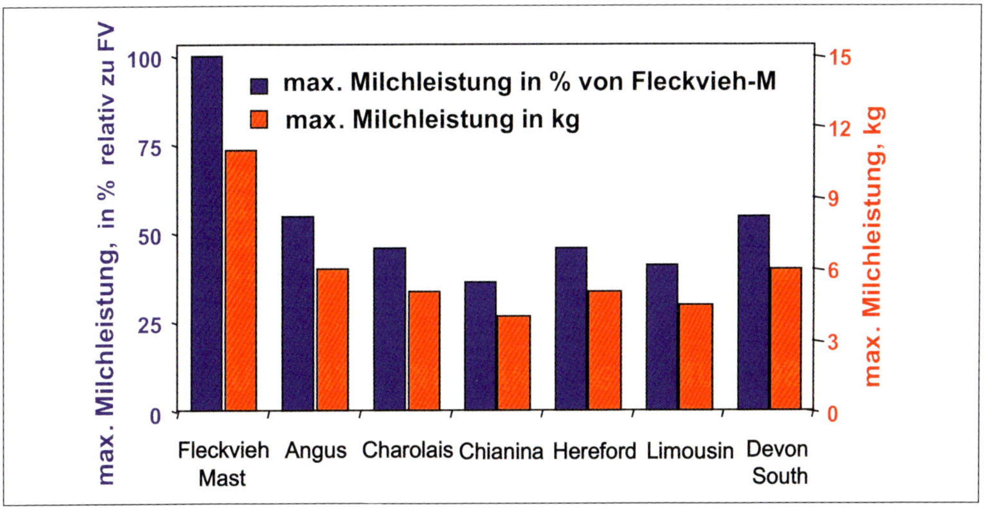

Amerikanische Angaben zur maximalen Milchleistung von Mutterkühen unterschiedlicher Rassen in der Säugeperiode (nach CNCPS, 1990)

Mineralstoff- und Vitaminversorgungsempfehlungen von Mutterkühen, Gehalte je kg TM (nach GFE, 2001)

	säugend (10 kg Milch)	trockenstehend
Calcium, g/kg TM	4,1	3,2
Phosphor, g/kg TM	2,6	2,1
Magnesium, g/kg TM	1,5	1,5
Natrium, g/kg TM	1,2	1,0
Kupfer, mg/kg TM	10	10
Mangan, mg/kg TM	50	50
Selen, mg/kg TM	0,20	0,20
Zink, mg/kg TM	50	50
Vitamin A, IE/kg TM	5.000	10.000
Vitamin D, IE/kg TM	500	500
Vitamin E, mg/kg TM	25	50
ß-Carotin, mg/kg TM	15	15

In den meisten Fällen ist bei Mutterkühen eine Zusatzergänzung zum Grundfutter mit Calcium nicht erforderlich. Beim Einsatz von Grünlandfutter im fortgeschrittenen Vegetationsstadium bzw. bei Strohfütterung kann es bei der Versorgung mit Phosphor ohne Ergänzung zu einem Mangel kommen. In jedem Fall ist eine Natriumergänzung notwendig, da das Grundfutter den Bedarf nur zu etwa 20–30 % decken kann. Für eine ausreichende Spurenelementversorgung, besonders mit Selen, Zink und Kupfer, ist der Einsatz von 20–40 g einer Mineralstoffmischung erforderlich. Damit wird auch der Vitaminbedarf gedeckt. Erfahrungsgemäß reicht der Selengehalt im Futter in manchen Grünlandgebieten nicht zur Bedarfsdeckung aus. Insbesondere auf feuchten Standorten mit geringem pH-Wert und/oder auf humusreichen (Moor-)Böden weist das Grünlandfutter geringe Selengehalte auf. Der Selengehalt im Mineralfutter soll daher mindestens 30–50 mg/kg betragen. Besonders wichtig ist eine ausreichende Selenversorgung in den letzten beiden Trächtigkeitsmonaten.

In der Praxis sind Gaben von 20–50 g (Winterrationen 30–40 g, Stroh- u. Maissilagerationen 40–50 g) einer handelsüblichen vitaminisierten Mineralstoffmischung, abgestimmt auf das Grundfutter (spurenelementreich und zumeist auch phosphorbetont) und zusätzlich 20–30 g Viehsalz (oder Kombinationsprodukte) zu empfehlen.

Lebensschwache Kälber und Selenmangel

Selen- und Vitamin-E-Mängel zeigen sich in Mutterkuhbetrieben dann, wenn vermehrt lebensschwache Kälber auftreten. Die betroffenen Tiere weisen eine Muskelschwäche, einen steifen Gang, einen aufgezogenen Rücken auf und liegen vermehrt. Trinklust und Milchaufnahme sind dadurch gering bzw. fehlen vollständig – die Tiere entwickeln sich schlecht bzw. verenden. Selenmangel kann aber auch zum plötzlichen Tod scheinbar gut entwickelter Jungrinder unter Stressbedingungen führen.

- Da sich Selen und Vitamin E bereits vor der Geburt im Gewebe der Kälber anreichern, kommt der ausreichenden Versorgung der Mutterkuh mit diesen Nährstoffen in der Hochträchtigkeit besondere Bedeutung zu (40 g Selen- und Vitamin-E-reiche Mineralstoffmischung).
- Zusätzlich muss auch den Kälbern eine selenbetonte Mineralstoffmischung mit Vitamin E angeboten werden.
- Bei extremem Mangel können auch Gels (beim Tierarzt erhältlich) eingesetzt werden. Zusätzliche Injektionen vom Tierarzt bringen ebenso rasche Hilfe. Rechtzeitige Vorbeugung ist aber sinnvoller und kostengünstiger!

MUTTERKUHFÜTTERUNG – DAS WICHTIGSTE IN KÜRZE

Im Vergleich zur Milchviehhaltung können Mutterkühe extensiver gefüttert werden. Die Anforderungen an die Grundfutterqualität sind hinsichtlich Schnittzeitpunkt, Verdaulichkeit und Energiegehalt etwas geringer. Zumindest 50 % des Grundfutters müssen jedoch eine gute Qualität aufweisen. Bei der Konservierung kann dafür die Silagebereitung empfohlen werden. Spät geerntetes Futter ist jedenfalls als Heu zu konservieren. Trotz extensiver Bedingungen muss eine hohe hygienische Qualität des Futters erreicht werden. Dies setzt neben einer guten Führung des Pflanzenbestandes und sauberer Ernte auch eine optimale Futterkonservierung und Futtervorlage voraus.

Im Säugeverlauf ist eine gestaffelte Energieversorgung anzustreben. In den ersten Wochen werden die Kühe zurückhaltend und danach sehr gut versorgt. Am Ende der Säugeperiode und in der Trockenstehzeit ist darauf zu achten, dass die Tiere nicht verfetten! Die Beobachtung und die Kontrolle der Körperkondition sind notwendig. Durch betriebsangepasste Weidestrategien können die Futterkosten und der Arbeitszeitbedarf deutlich verringert werden. Auf gutes Weidemanagement muss Wert gelegt werden. Zu Weidebeginn sind eine langsame Futterumstellung und die Beifütterung von Heu oder angewelkter Grassilage zu empfehlen. Bei Almhaltung dürfen die Qualität und das Angebot an Futter nicht überschätzt werden. Durch die Gabe von Viehsalz (20–30 g/Tag) und 20–50 g einer angepassten Mineralstoffmischung können der Mengen- und Spurenelementbedarf sowie der Vitaminbedarf gedeckt werden. Eine hohe Futteraufnahme kann nur bei guten Haltungsbedingungen und mit gesunden Kühen erreicht werden.

FÜTTERUNG VON MUTTERKUH-JUNGRINDERN

Das Jungrind ist das wichtigste „Produkt“ in der Mutterkuhhaltung. Daher muss auf eine gute Entwicklung der Kälber besonderer Wert gelegt werden. Unter guten Bedingungen können 300 kg Lebendgewicht mit acht Lebensmonaten oder durchschnittliche Tageszunahmen über 1,1 kg erreicht werden. Neben optimalen Haltungs- sowie gesunden und tiergerechten Aufmastbedingungen ist eine entsprechende Fütterung der Kuh und des Kalbes erforderlich.

Beispiel zu den Qualitätsanforderungen für Jungrinder in Vermarktungsprogrammen in Österreich (Stand 2019, Quellen Arge Rind, Rinderbörse bzw. AMA-Info)

	AMA-Gütesiegel Jungrind	Ja! Natürlich Weidejungrind	Zurück zum Ursprung Weiderind
Alter	älter als 8 und jünger als 12 Monate	9,5–12 Monate	Jungrinder 8–12 Monate (auch Ochse und Kalbin jünger 19 Monate)
Handelsklasse	E, U, R	E, U, R	E, U, R
Fettklasse	2, 3, 4	2, 3	2, 3
SK-Gewicht warm	mind. 175 kg	weibl. mind. 190 kg, männl. mind. 200 kg	weibl. mind. 190 kg, männl. mind. 200 kg
pH-Wert 36 Stunden	max. 5,80	-	-
Verträge	AMA-Gütesiegel Erzeugervertrag	anerkannter Bio-Betrieb, Projektlistung Ja! Natürlich	anerkannter Bio-Betrieb, Projektlistung, Projektstandard „Zurück zum Ursprung“
	Regionalprojekte (z. B. Salzburger Jungrind, Tiroler Jahrling, Mühlviertler Jungrind)	-	-

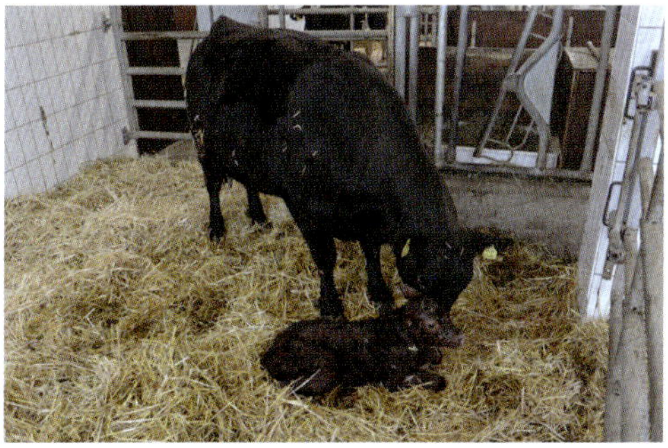

Im Vergleich zu Fleckvieh-Mutterkühen ist die Milchleistung bei reinen Mutterkuhrassen zumeist geringer.

Unter guten Bedingungen erreichen Jungrinder Tageszunahmen über 1,1 kg.

In den ersten Lebensmonaten deckt die Milch überwiegend den Nährstoffbedarf des Kalbes.

MILCHLEISTUNG DER KUH

Die Kuh ist der „mobile Kraftfutter- bzw. Tränkeautomat" der Kälber. Nur wenn die gesunde Mutterkuh ausreichend Milch zur Verfügung stellt, kann sich das Kalb auch optimal entwickeln. Bei der Auswahl des Muttertieres (Rasse bzw. Kreuzung) spielt daher auch das Milchleistungspotential eine Rolle. Dies ist auch ein Vorteil der „Kreuzungszucht" in der Mutterkuhhaltung. Dabei wird eine gute Milchleistung des Muttertieres mit einer sehr guten Fleischleistung des Vatertieres kombiniert. Wie oben bereits ausgeführt, erreichen zum Beispiel Fleckviehkühe auch bei extensiven Fütterungsbedingungen eine gute Milchleistung. Wenn Kälber beispielsweise 12 kg Milch pro Tag aufnehmen, dann entspricht dies einer Energieaufnahme von mehr als 2,5 kg Gerste pro Tag!

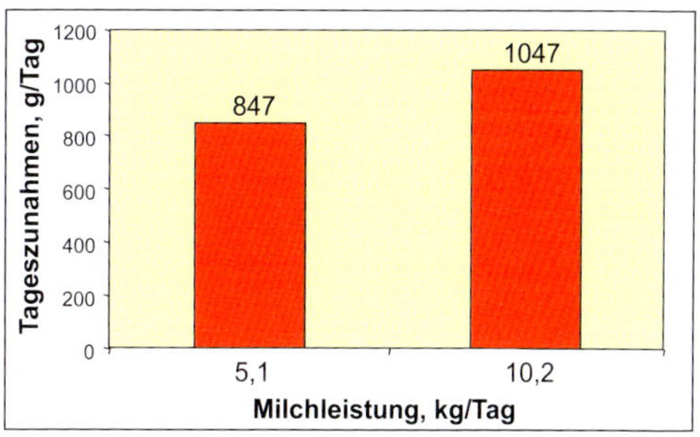

Zusammenhang zwischen Milchleistung und Tageszunahmen von Mutterkuhkälbern (Kreuzungen: CH x HF bzw. ANG x HER) in den ersten 240 Säugetagen (WYATT u. Mit., 1977)

Neben der Genetik beeinflusst auch die Fütterung die Milchleistung der Kuh. Nur eine optimale Energieversorgung im Anschluss an den ersten Säugemonat führt bei der Mutterkuh zu einer guten Milchleistung und zu einer hohen Persistenz.

- Besonders ab der Mitte des zweiten Säugemonats bis zum sechsten Säugemonat ist eine gute Milchleistung der Kuh anzustreben. Das Kalb hat in dieser Phase ein sehr beschränktes Futteraufnahmevermögen. Bei geringer Milchaufnahme wird daher die Leistung des Kalbes durch zu geringe Nährstoffaufnahme (physikalische Sättigung) begrenzt.

In den ersten Wochen deckt die Milch der Kuh den Nährstoffbedarf des Kalbes.

VERSORGUNG DES JUNGRINDES IM VERLAUF

Im **ersten Lebensmonat** deckt die Milch den Nährstoffbedarf des Kalbes praktisch vollständig. Die erste Milchaufnahme stellt dabei die wichtigste im Leben eines neugeborenen Kalbes dar. Das **Kolostrum** liefert wertvolle Nährstoffe, aber auch den ersten passiven Krankheitsschutz für das Kalb. Dazu muss das Kolostrum möglichst bald nach der Geburt (in den ersten drei Stunden) vom Kalb aufgenommen werden. Bei Erstlingskühen oder Mutterkühen mit schlechtem Mutterinstinkt bzw. bei tiefsitzenden oder dicken Zitzen ist die Unterstützung des Kalbes durch den Landwirt rasch erforderlich. Hier gibt es auch beachtliche Rassen- und Tierunterschiede.

Ein ständig sauberes Euter (Haltung!), aber auch Fütterungsbedingungen und genetische Veranlagungen, die zu keiner extrem hohen Milchleistung in den ersten Wochen nach der Abkalbung führen, sichern die Kälbergesundheit!

Vorbeugemaßnahmen zur Vermeidung von Kälberdurchfällen sowie rasche Maßnahmen bei Durchfallproblemen sind erforderlich (siehe dazu Kapitel „Gesundheitsvorsorge und Erkrankungen“). Bereits im ersten Lebensmonat sollten die Kälber im Kälberschlupf bestes Grundfutter und eventuell auch etwas Kraftfutter, vor allem aber auch sauberes Wasser aufnehmen können.

Ab dem **zweiten Lebensmonat** gewinnt die Aufnahme von Grundfutter zusätzlich zur Milch an Bedeutung. Mit **sechs Monaten** deckt das Beifutter (Grundfutter + event. Kraftfutter) bereits mehr als 50 % des Nährstoffbedarfs. Die Qualität des Grundfutters muss für die Kälber daher sehr hoch sein. Mutterkuhkälber müssen bestes Grundfutter in ausreichender Menge ständig ungestört zur Verfügung haben. Wenn sehr junge Kälber bereits auf der Weide oder auf der Alm gehalten werden, dann ist ein überdachter Kälberbereich günstig. Hier können auch bestes Heu, sauberes Wasser und eventuell auch Kraftfutter angeboten werden. Ist die Milchleistung des Muttertieres gering bzw. entspricht das Grundfutterangebot im Stall oder auf der Weide nicht, kommt der Beifütterung besondere Bedeutung zu.

Richtzahlen für den Energiebedarf und die Versorgung von Mutterkuhkälbern (nach GFE, 1995 für FV-Jungrinder inkl. 5 % für erhöhten Energie-Erhaltungsbedarf)

Gewicht kg LG	Alter Mon.	Zunahmen g/Tag	Futteraufnahme kg TM/Tag	Energiebedarf MJ ME/Tag	Milch kg/Tag	Ergänzungsfutter* kg TM/Tag	Milch Energie-Deckung, %
40–60	1,0	1.000	bis 1,3	25	10,0	0,0	100
60–100	2,0	1.240	1,2–2,0	38	13,9	0,0	99
100–120	2,5	1.200	2,0–2,5	43	15,0	0,3	94
120–150	3,5	1.180	2,5–3,1	49	14,8	0,9	82
150–175	4,0	1.170	3,2–3,8	55	14,3	1,6	70
175–200	5,0	1.170	3,9–4,5	58	13,5	2,2	63
200–225	5,5	1.170	4,6–5,2	61	12,2	2,8	54
225–250	6,0	1.160	5,2–5,8	66	11,0	3,6	45
250–275	7,0	1.140	5,8–6,2	71	9,5	4,5	36
275–300	7,5	1.120	6,2–6,5	74	8,5	5,1	31
300–325	8,5	1.100	6,5–6,8	78	7,5	5,8	26
		Durchschnitt 1.150	*Milch + Ergänzung		Summe 3.000	*10,0 MJ ME/kg TM (= 5,9 MJ NEL)	

Bei geringer Milchleistung der Kuh können Jungrinder auch bei relativ hoher Ergänzungsfutteraufnahme nicht jene Nährstoffmengen aufnehmen, die vergleichbare Jungrinder bei guter Milchleistung der Kuh schaffen. Die Tageszunahmen sind bei diesen Jungrindern daher geringer. Um trotz geringer Milchleistung hohe Zunahmen erreichen zu können, müsste die Energiekonzentration des Ergänzungsfutters deutlich höher als 10 MJ ME (= 5,9 MJ NEL) sein. Neben dem Angebot von bestem Grundfutter sind dann mindestens 0,5–1 kg Kraftfutter pro Tier und Tag notwendig.

Ab dem **sechsten Säugemonat** etwa wird der überwiegende Teil der Nährstoffe bereits aus dem Ergänzungsfutter gedeckt. Nur eine hohe Grundfutterqualität ermöglicht bei guter Milchleistung der Kuh Tageszunahmen über 1.100 g. Wenn die Fütterungsbedingungen nicht optimal sind, ist eine Ergänzung des Grundfutters mit Kraftfutter zu empfehlen.

Ab dem sechsten Säugemonat ist bestes Grundfutter notwendig. Zusätzlich ist eine Kraftfuttergabe im Kälberschlupf zu empfehlen.

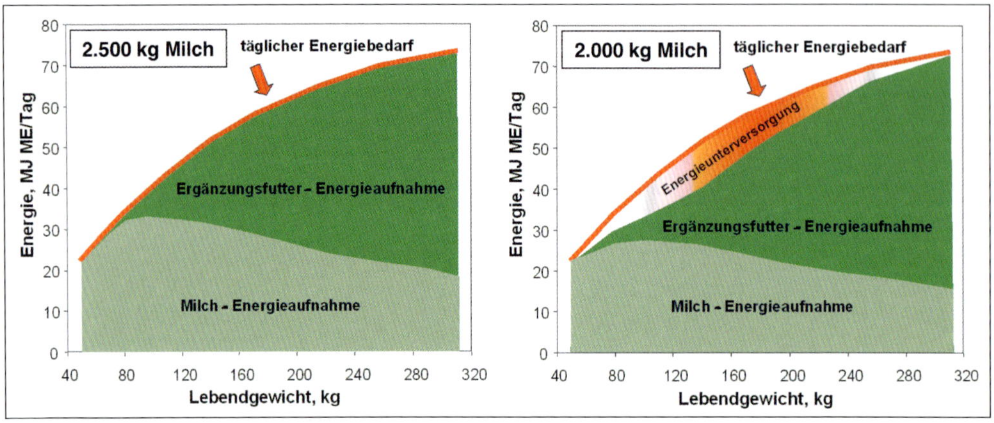

Einfluss der Milchleistung (2.500 bzw. 2.000 kg Milch in 8,5 Monaten) auf die Energieversorgung von Mutterkuhkälbern bei Einsatz von Ergänzungsfutter mit 10 MJ ME (z. B. Heu gut, Grassilage gut und 10 % Kraftfutter)

Geschlechtsreife Jungrinder getrennt halten

Die Geschlechtsreife von Rindern wird vorwiegend vom Lebendgewicht und weniger vom Alter gesteuert. Bei guten Zuwächsen kommen daher Jungrinder sehr früh in die Geschlechtsreife! Männliche Tiere (ab etwa 250 kg) werden dann in der Herde zunehmend unruhig. Durch die erhöhte Aktivität geht die Futteraufnahme zurück und der Energiebedarf steigt an. Darunter leiden die Leistungen und die Schlachtkörperqualität dieser Tiere. Weibliche Tiere können ab einem Gewicht von etwa 280 kg bereits trächtig werden! Eine Herdentrennung (von Jungstieren bzw. vom Deckbullen) ist auch in diesem Fall daher notwendig.

Nur bei optimalen Bedingungen ist kein Kraftfutter für die Jungrinder notwendig.

NUR BESTES GRUNDFUTTER AN MUTTERKUHKÄLBER

Nur hochverdauliches, schmackhaftes, rechtzeitig geerntetes Grundfutter wird von Mutterkuhkälbern in ausreichender Menge aufgenommen:

- Je besser die Futterqualität ist, desto höhere Futter- und Nährstoffmengen werden von den Jungrindern aufgenommen. Dies ist die Basis für hohe Zunahmen. Dabei muss beachtet werden, dass der Nährstoffgehalt und die Verdaulichkeit des Futters der Mutterkühe für die Kälber zumeist ungenügend sind!
- Zusätzlich muss das Grundfutter täglich frisch und in ausreichender Menge vorgelegt werden. Futterreste von 5 %, die täglich auch wieder entfernt werden, sind zur Maximierung der Futteraufnahme notwendig!

- Bei Stallhaltung sind ein Kälberschlupf mit einem Tier-/Fressplatz-Verhältnis am Futtertisch kleiner als 2 : 1 und eine jeweilige Fressplatzbreite über 50 cm notwendig.
- Im Frühling und Herbst sollte dem Weidefutter konserviertes Grundfutter (Heu bester Qualität) zugefüttert werden. Auch bei geringem oder überständigem Grünfutterangebot (Alpung, extensive Weide) ist eine Beifütterung erforderlich.

Alpung – ausreichend Futter für Kuh und Kalb notwendig

Die Kälber sollten nach Möglichkeit nicht vor dem dritten bis vierten Lebensmonat auf Hochalmen kommen. Sowohl ein zu früher Auftrieb (sehr junge Tiere) im Frühling als auch ein zu später Abtrieb im Herbst (Futtermangel) verringern die Leistung gravierend! Die Beifütterung von konserviertem Grundfutter (für Kuh und Kalb) sowie von Kraftfutter (für die Kälber) ist bei knappem Futterangebot notwendig!

KRAFTFUTTER AN JUNGRINDER – WIE VIEL?

Der Kraftfutterergänzungsbedarf wird von der Milchleistung der Kuh, der Qualität des Grundfutters, der Futteraufnahme des Tieres, dem Stadium der Säugeperiode, der Genetik und natürlich auch von der angestrebten Leistung der Jungrinder bestimmt.

Bei optimalen Bedingungen ist kein Kraftfutter notwendig

In einem Versuch der HBLFA Raumberg-Gumpenstein an der Landwirtschaftlichen Fachschule Grabnerhof konnten mit Kreuzungskälbern (LI-Vater x FV-Mutter) von der Geburt bis zur Schlachtung ohne Kraftfutterergänzung im Durchschnitt 1,2 kg Tageszunahmen erreicht werden. Die Abkalbungen erfolgten von Jänner bis März – die jungen Weiden konnten daher von den Kühen und Jungrindern sehr gut genutzt werden. Die Mutterkühe hatten eine sehr gute Milchleistung, die Betreuung und das Weidemanagement (Koppelwirtschaft) waren ebenfalls sehr gut. Unter besten Bedingungen kann daher auch bei Jungrindermast auf einen Kraftfuttereinsatz verzichtet werden.

Mast- und Schlachtleistung von Jungrindern ohne Kraftfutterergänzung (STEINWIDDER u. Mit., 2003 – Versuch Buchau, Grabnerhof, Weidehaltung Mitte Mai bis Mitte Oktober, Abkalbung Jänner bis März, bestes Weidemanagement und hohe Milchleistung)

Geschlecht		Mittelwert	weiblich	kastriert
Geburtsgewicht	kg	39,7	38,7	40,2
Mastendgewicht	kg	394,9	357	414
Mastdauer (Geburt bis Schlachtung)	kg	299	280	308
Tageszunahmen (Geb. bis Schlacht.)	g/Tag	1.189	1.138	1.212
SK-Warmgewicht	kg	225	205	235
Ausschlachtung (warm)	%	57,0	57,3	56,9
Fleischklasse EUROP	E = 1	2,3	2,5	2,2
Fettklasse EUROP	5 = fett	2,7	2,5	2,8

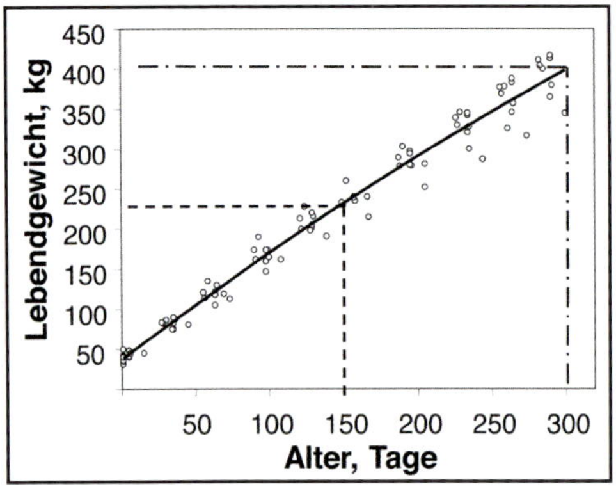

Lebendgewichtsentwicklung von Jungrindern ohne Kraftfutterergänzung (STEINWIDDER u. Mit., 2003 – Versuch Grabnerhof)

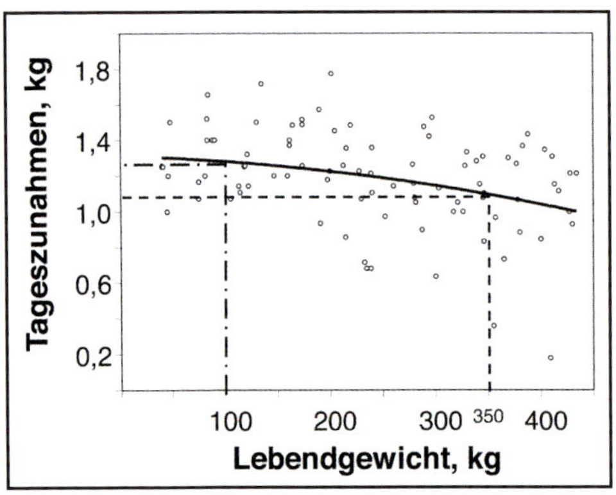

Entwicklung der Tageszunahmen von Jungrindern ohne Kraftfutterergänzung (STEINWIDDER u. Mit., 2003 – Versuch Grabnerhof)

Kraftfutterergänzung über einen Kälberschlupf auf einem irischen Mutterkuhbetrieb

Kraftfutterergänzung in der Praxis

In der Praxis können die oben beschriebenen Bedingungen oft nicht erreicht werden. Teilweise reicht das Grundfutterangebot bzw. die Qualität für hohe Milchleistungen bzw. eine hohe Nährstoffaufnahme der Kälber nicht aus. Zusätzlich wird in vielen Betrieben keine saisonale Abkalbung betrieben. Daher ist für die Praxis eine **Kraftfutterbeifütterung** zu empfehlen. Vor allem bei der Schlachtung der Jungrinder nach dem Absetzen ist dies besonders wichtig. Hier rechnet sich der Kraftfuttereinsatz auch für Bio-Betriebe!

TIPP! Kraftfuttereinsatz

Im Durchschnitt kann pro Tier und Tag eine Ergänzung des Grundfutters mit ca. 0,5–1 kg Kraftfutter empfohlen werden. Eine geringe Milchleistung der Kuh erhöht den Kraftfutterbedarf (ca. 1 kg/Tag). Steht den Kälbern kein gutes Grundfutter zur Verfügung bzw. müssen die Kälber das Grundfutter mit den Kühen teilen, dann sind zum Erreichen guter Zunahmen bereits relativ hohe Kraftfuttermengen notwendig (1,5–2 kg/Tag).

Kraftfutterzusammensetzung und Eiweißversorgung

Die Milch von Mutterkühen weist im Normalfall einen Eiweißgehalt von etwa 2,8–3,4 % auf. Dies entspricht einer hohen Eiweißmenge von 210–250 g je kg Milch-Trockenmasse. Im Ergänzungsfutter (Grundfutter + Kraftfutter) reichen daher in der Mutterkuhhaltung Rohproteingehalte von 13–15 % zumeist aus. Bei geringer Milchleistung der Kuh sind Rohproteingehalte von 14–15 % im Ergänzungsfutter anzustreben. Hochverdauliches Grünlandfutter weist Rohproteingehalte von 12–15 % auf. Junges Grünfutter liegt deutlich darüber.

- **Bei guter Milchleistung** und hoher Grünlandfutterqualität kann das Kraftfutter daher praktisch vollständig aus eiweißarmen Komponenten wie Getreide, Körnermais, Trockenschnitzel und eventuell Kleie bestehen. Das Einmischen von Eiweißfuttermitteln (Erbsen, Ackerbohnen, Rapskuchen etc.) ist nicht bzw. nur in geringen Mengen erforderlich.
- **Bei geringer Milchleistung** der Kühe oder geringer Grundfutterqualität bzw. bei Einsatz von Maissilage müssen auch Eiweißkomponenten im Kraftfutter (10–25 % je nach Ergänzungsbedarf) enthalten sein.

Grundsätzlich sollte das Kraftfutter für Kälber schmackhaft sein! Da Kraftfutter häufig im Kälberschlupf zur freien Aufnahme angeboten wird, sollten auch 30–40 % „pansenschonende Komponenten" darin enthalten sein. Dazu zählen beispielsweise Körnermais, Trockenschnitzel und eventuell auch Weizenkleie. Diese Futtermittel werden im Pansen langsam abgebaut – das Risiko einer Pansenübersäuerung wird bei hoher Aufnahme vermindert.

Das Kraftfutter könnte beispielsweise aus 30–60 % Getreide (max. 30 % Roggen und/oder Triticale), 20–30 % Körnermais, 10–20 % Trockenschnitzel, 0–10 % Weizenkleie und je nach Bedarf aus 0–25 % eiweißreichen Komponenten (Erbsen, Sojabohnen, Rapskuchen etc.) sowie 4–6 % Mineralstoffmischung und 2–3 % Futterkalk bestehen.

Das Kraftfutter darf nicht zu fein geschrotet werden bzw. kann auch gequetscht oder pelletiert angeboten werden. Die Preiswürdigkeit der Komponenten ist zu beachten.

Nährstoffgehalt von Kraftfuttermitteln (nach DLG, 1997)

Futtermittel	Energie: Mutterkuh (NEL, MJ/kg TM)	Energie: Jungrind (ME, MJ/kg TM)	Eiweiß: Rohprotein (g/kg TM)	Struktur: Rohfaser (g/kg TM)
Gerste (Sommer)	8,16	12,93	119	52
Hafer	6,97	11,48	121	116
Körnermais	8,39	13,29	106	26
Roggen	8,49	13,31	112	27
Triticale	8,32	13,13	145	28
Trockenschnitzel	7,25	11,82	120	164
Weizen (Winter)	8,51	13,37	138	29
Weizenkleie	5,86	9,92	160	134
Ackerbohne	8,61	13,62	298	89
Erbsen	8,53	13,48	251	67
Rapsextraktionsschrot[1]	7,39	12,11	415	130
Rapskuchen	7,99	13,06	370	128
Sojabohnen (vollfett)	9,90	15,88	398	62
Sojaextraktionsschrot-44[1]	8,63	13,75	510	67
Sonnenblumenext. schrot (teilgesch.)[1]	6,60	11,08	457	181

[1] Extraktionsschrote in der Bio-Tierhaltung nicht erlaubt (Extraktion mit Lösungsmitteln)

MINERALSTOFF- UND VITAMINERGÄNZUNG

Auch bei Jungrindern muss auf eine ausreichende Versorgung mit Mineralstoffen und Spurenelementen geachtet werden. Richtzahlen zum Mineralstoff- und Vitaminbedarf (je kg TM) sowie die Werte der Milch (je kg TM) können der Tabelle entnommen werden.

- Der Phosphorbedarf des Jungrinds kann im Normalfall über die Milch- sowie die Grund- und Kraftfutteraufnahme abgedeckt werden.
- Zu Mastbeginn (100–200 kg) besteht bei Calcium mit 15–20 g pro Tier und Tag der größte Ergänzungsbedarf. Es ergibt sich in dieser Phase auch ein leichter Magnesiumergänzungsbedarf (1–3 g pro Tier und Tag).
- Der Natriumgehalt der Milch ist relativ hoch (3,2 g/kg TM). Daher ist zu Mastbeginn keine zusätzliche Ergänzung über Viehsalz erforderlich. Ab ca. 250 kg Lebendgewicht muss Natrium geringfügig ergänzt werden (Ergänzungsbedarf: 1–2 g pro Tag).

Im Gegensatz zu den Mutterkühen benötigen die Kälber dagegen eine **calcium- und spurenelementbetonte Mineralstoffmischung** mit geringem Phosphorgehalt. Eine mögliche Ergänzungsmethode wäre die Einmischung einer calcium- und spurenelementreichen Mineralstoffmischung (4–6 %) zusätzlich zu 2–3 % Futterkalk in das Kälberkraftfutter. Man nimmt dabei allerdings in Kauf, dass die größeren Kälber leicht mit Calcium überversorgt werden. Diese Variante ist dennoch günstiger als das unkontrollierbare Anbieten von Mineralstoffen und Spurenelementen (2/3 Mineralstoffmischung, 1/3 Futterkalk) zur freien Aufnahme. Die Mineralstoffergänzung könnte bei Stallhaltung aber auch durch das Streuen der Mineralstoffe über das Grundfutter (30 g Mineralstoffmischung + 10–20 g Futterkalk oder 50 g Mineralstoffmischung) erfolgen. Der Magnesiumbedarf (zu Mastbeginn) sowie der Vitaminbedarf werden durch die Mineralstoffmischung gedeckt.

Richtzahlen zum Mineralstoff- und Vitaminbedarf von Jungrinden sowie Gehalte in Vollmilch je kg TM (nach DLG, 1973; KALLWEIT u. Mit., 1988; GFE, 1995)

<table>
<tr><th>Lebendgewicht</th><th>150–200</th><th>200–300</th><th>300–380</th><th>Milch-Gehalte</th></tr>
<tr><td>Calcium, g/kg TM</td><td>10,9</td><td>7,8</td><td>6,8</td><td>8,6</td></tr>
<tr><td>Phosphor, g/kg TM</td><td>5,1</td><td>4,0</td><td>3,5</td><td>7,2</td></tr>
<tr><td>Magnesium, g/kg TM</td><td>2,0</td><td>1,5</td><td>1,4</td><td>0,9</td></tr>
<tr><td>Natrium, g/kg TM</td><td>1,1</td><td>1,1</td><td>1,1</td><td>3.2</td></tr>
<tr><td>Eisen, mg/kg TM</td><td colspan="3">50</td><td>1</td></tr>
<tr><td>Kupfer, mg/kg TM</td><td colspan="3">8–10</td><td>1</td></tr>
<tr><td>Mangan, mg/kg TM</td><td colspan="3">40</td><td>0,3</td></tr>
<tr><td>Selen, mg/kg TM</td><td colspan="3">0,15</td><td>41</td></tr>
<tr><td>Zink, mg/kg TM</td><td colspan="3">40</td><td>5.000</td></tr>
<tr><td>Vitamin A, IE/kg TM</td><td colspan="3">5.000</td><td>10.000–15.000</td></tr>
<tr><td>Vitamin D, IE/kg TM</td><td colspan="3">250</td><td>170–250</td></tr>
<tr><td>Vitamin E, mg/kg TM</td><td colspan="3">25</td><td>20–30</td></tr>
</table>

Auch Jungrinder brauchen ständig Zugang zu sauberem Wasser – leicht zu reinigende, kippbare Tränken sind günstig.

Das Absetzen darf nicht mit einem gravierenden Futterwechsel zusammenfallen.

TRINKWASSERVERSORGUNG BEACHTEN

Grundsätzlich muss auch für Kälber und Jungrinder ab der zweiten Lebenswoche sauberes Wasser zur freien Aufnahme zur Verfügung stehen. Nur dadurch ist die Aufnahme von Grund- und Kraftfutter gewährleistet. Dabei ist auch die Positionierung der Tränken zu beachten – auch die Kälber müssen das Wasser erreichen können.

FÜTTERUNG DES MUTTERKUHABSETZERS

Nach dem Absetzen fehlen dem Jungrind die Nährstoffe der Milch (3–8 kg Milch). Damit dadurch kein Leistungsrückgang erfolgt, müssen alle Maßnahmen kombiniert werden, die eine hohe Grundfutter- und angepasste Kraftfutteraufnahme fördern:

- Das Absetzen darf nicht mit einem gravierenden Futterwechsel zusammenfallen. Neue Rationskomponenten sollten bereits zwei bis drei Wochen vor dem Absetzen angeboten werden.
- Langsame Rationsumstellungen sind erforderlich. Die Kraftfuttergabe sollte bereits in den Wochen vor dem Absetzen langsam gesteigert und auf diesem Niveau auch nach dem Absetzen gehalten werden.
- In den ersten Wochen nach dem Absetzen muss Kraftfutter gefüttert werden. Pro Teilgabe dürfen jedoch maximal 1,5 kg Kraftfutter angeboten werden. Ein Energie- und Rohproteingehalt der Gesamtration von zumindest 11,0 MJ ME (6,5 MJ NEL) bzw. 14 % Rohprotein je kg TM sind erforderlich.
- Nur mit bester Grundfutterqualität und zweimal täglich frischer Vorlage kann die notwendige hohe Futteraufnahme erreicht werden.
- Die Versorgung mit Trinkwasser wirkt sich entscheidend auf die Futteraufnahme des Absetzers aus.
- Die Mineralstoff- und Vitaminversorgung sind sicherzustellen.
- Jeder Stressfaktor schränkt die Futteraufnahme und Leistung ein. Daher sind grobe Umstellungen der Haltungsbedingungen beim Absetzen zu vermeiden!

EINSTELLERERZEUGUNG

Wenn mit Jungrindern aufgrund der betrieblichen Bedingungen die geforderten Mast- und Schlachtleistungsqualitätskriterien (Tageszunahmen unter 950 g, Fettabdeckung und Fleischklasse gering) nicht erreicht werden können, ist die arbeitsextensivere Einstellererzeugung für Ausmastbetriebe oder die Ausmast der angesetzten Jungrinder am eigenen Betrieb eine Alternative. Üblicherweise werden hier die Einsteller mit 180–280 kg Lebendgewicht bzw. nach sieben bis zehn Monaten von den Kühen abgesetzt, die Tageszunahmen liegen bis dahin zwischen 850 und 950 g. Wichtig ist dabei, dass geschlechtsreife Tiere getrennt gehalten werden bzw. trächtige Jungkalbinnen nicht in die Ausmast kommen.

JUNGRINDERFÜTTERUNG – DAS WICHTIGSTE IN KÜRZE

Eine gute Entwicklung der Jungrinder kann nur mit einer guten Milchleistung der Kuh erreicht werden. In den ersten Lebensstunden ist die Aufnahme von Kolostralmilch lebensnotwendig. Jungrinder benötigen immer bestes Grundfutter zur freien Aufnahme. Ein eigener Futterbereich (Kälberschlupf) ist erforderlich. Auf die Kraftfutterbeifütterung kann dann verzichtet werden, wenn optimale Fütterungs- und Haltungsbedingungen bestehen. In der Mehrzahl der Betriebe wird mit Erfolg eine geringe Menge Kraftfutter (etwa 0,5–1 kg/Tag) insbesondere am Ende der Säugeperiode beigefüttert. Von der Mutterkuh abgesetzte Jungrinder sollten jedenfalls Kraftfutter erhalten. Auch Jungrinder benötigen eine Mineralstoff- und Vitaminergänzung sowie ständig Zutritt zu sauberem Wasser. Die Jungrinder müssen gezielt auf den Verkauf „vorbereitet“ werden.

FAUSTZAHLEN FÜR DIE MUTTERKUH- UND JUNGRINDERHALTUNG

		Zielwert	Mittelwert	Bereich
Mutterkuh (600 kg)				
Milchleistung	kg/Tag	-	8–12	0–16
Milchleistung	kg/Säugeperiode	2.500–3.500	3.000	1.000–4.500
Säugeperiode	Monate	über 8	9	7–11
Zwischenkalbezeit	Tage	365	-	-
Trockenstehzeit	Wochen	min. 4; max. 12	-	-
Futteraufnahme	kg TM/Tag	-	10–14	8–15
Futterbedarf (inkl. 3 % Verluste)	kg TM/Jahr	-	4.500	3.500–5.000
Kraftfutterergänzung	kg TM/Jahr	0	-	0–700
Mineralstoffmischung	kg/Jahr	10–15	-	-
Viehsalz	kg/Jahr	5–7	-	2 – 10
Energiegehalt Grundfutter	MJ NEL/kg TM	je nach Säuge-stadium	5,5	4,0–5,7
Eiweißgehalt Grundfutter	g/kg TM	120–140	-	-
Jungrind				
Tageszuwachs (bis 10 Monate)	g/Tag	1.100	-	700–1.250
Lebendgewicht 5. Monat	kg	über 200	-	-
Geschlechtertrennung	ab Monat	ab 6. Monat	-	-
Milchaufnahme	kg/10 Monate	2.500–3.500	3.000	1.000–4.000
Grundfutterbedarf	kg TM/10 Monate	-	800	600–1.000
Kraftfutterergänzung	kg TM/10 Monate	100 – 200	-	0–500
Mineralstoffmischung	kg/10 Monate	5–10	-	-
Viehsalz	kg/10 Monate	0 (1)	-	-
Futterkalk	kg/10 Monate	3–4	-	-
Energiegehalt Grundfutter	MJ ME/kg TM	über 9,8 (über 5,8 MJ NEL)	-	-
Kuh + Kalb				
Grundfutterbedarf	kg TM/Jahr	-	-	5.000–5.500
Weidefutterbedarf	kg TM/170 Weide-tage	-	-	2.200–2.300
Kraftfutterbedarf	kg TM/Jahr	-	-	200–500
Arbeitszeitbedarf für Kuh + Jungrind Tierbetreuung, Fütterung, Stallarbeit, Weide- management (ohne Futterkonservierung)	Stunden	25	35	20–60

FÜTTERUNG DES ZUCHTSTIERS

In Herden, in denen ein Zuchtstier mitläuft, ist die Fruchtbarkeit der Mutterkühe in der Regel sehr gut. Für 20 bis 40 Kühe ist, je nach jahreszeitlicher Verteilung der Belegungen und Alter des Tieres, ein Zuchtstier notwendig. Bei gezielter Steuerung des Belegevorgangs kann ein Stier auch für mehr Kühe ausreichen. Dabei haben diese zwar immer Sicht- und Geruchskontakt mit dem Stier. Zum Decken wird die Kuh jedoch nur für eine kurze Zeit zum Stier gelassen.

Erwachsene Zuchtstiere benötigen ein **qualitativ hochwertiges Futter mit mittlerer Energiedichte**. Heu, Grassilagen und Weidefutter guter Qualität sind ein ideales Grundfutter. Bei intensivem Deckeinsatz besteht zusätzlich auch ein geringfügiger Kraftfutterbedarf (0,5–1 kg/Tag). Zuchtstiere dürfen jedoch nicht verfetten, da dies zu Deckmüdigkeit, Schwerfälligkeit, aber auch zu Fruchtbarkeitsmängeln führen kann. Da Altstiere ab drei Jahren kaum mehr wachsen, ist auf weitgehende **Gewichtskonstanz** zu füttern. Der Eiweißgehalt der Ration sollte bei 13–15 % liegen. Sowohl in der Aufzucht als auch in der Fütterung des Altstiers ist eine ausreichende Vitamin- und Mineralstoffversorgung sicherzustellen. Es ist der Einsatz von 50–70 g einer vitamin- und spurenelementreichen Mineralstoffmischung, abgestimmt auf das Grundfutter, zu empfehlen. Die tägliche Futteraufnahme eines ausgewachsenen Stieres liegt zwischen 10 und 13 kg TM.

Bei der Aufzucht von Zuchtstieren wird in der Mutterkuhhaltung oft eine frühe Nutzung (ab 14. Monat) angestrebt. Dazu sind jedoch relativ hohe Zunahmen notwendig. Besonders bei schnellwüchsigen Fleischrassen können sich unter diesen Bedingungen Skelettentwicklungsstörungen ergeben.

HINWEIS! Stierauswahl

Eine der wichtigsten Faktoren für die Wirtschaftlichkeit der Mutterkuhhaltung sind die Fruchtbarkeit und die komplikationslose Geburt. Bei der Stierauswahl muss dies jedenfalls berücksichtigt werden. Darüber hinaus bestimmt der Stier wesentlich die Qualität der Jungrinder mit, auch der Charakter zählt!

Ausgewachsene Zuchtstiere benötigen ein Grundfutter mit mittlerer Energiedichte.

FÜTTERUNG IN DER KUHAUSMAST

Altkühe, die keine gesundheitlichen Probleme haben bzw. deren Bewegungsapparat in Ordnung ist, sollten nicht ohne gezielte Ausmast zur Schlachtung kommen. Durch eine zwei- bis dreimonatige Ausmast werden die Schlachtkörperqualität und damit der Erlös für die Kuh deutlich verbessert.

Das Beispiel „Qualitäts-Altkuh-Steak" zeigt, dass bei passender Genetik, sehr guter Fettabdeckung des Schlachtkörpers, bester Marmorierung der ausgewählten Teilstücke und bei richtiger und langer Fleischreifung eine außergewöhnliche Rindfleischqualität für Rindfleischkenner geliefert werden kann. In den letzten Jahrzehnten war dieses Wissen nur in Steak-Nationen in Übersee sowie Spanien und Frankreich vorhanden, heute boomt es auch bei uns!

In der Kuhausmast sollten Tageszunahmen von mehr als 1 kg erreicht werden. Dafür ist eine Energieversorgung entsprechend einer theoretischen Milchleistung von 15–18 kg notwendig. Im Vergleich zur herkömmlichen Rindermast setzen die Ausmastkühe mehr Fett und weniger Muskelgewebe (Eiweiß) an. Eine zu hohe Energieversorgung kann daher zu intensiver Verfettung und verringerter Futteraufnahme führen. Im Gegensatz dazu führt eine zu geringe Nährstoffversorgung zur Erhöhung des Futteraufwands – es wird viel Futter für den Erhaltungsbedarf benötigt. Natürlich wird der Nährstoffansatz und damit auch der Nährstoffbedarf von der Genetik und dem aktuellen Ausmastgrad bestimmt. Milchbetonte bzw. bereits gut ausgemästete Kühe neigen stärker zur Verfettung als Zweinutzungs- und großrahmige Fleischrassen bzw. Kühe in schlechter Kondition.

Welche Kühe eignen sich?

- Gesunde Kühe mit gutem Fundament
- Nur nicht trächtige Tiere
- Mittel- bis großrahmige Tiere (eher Ansatz-/Zweinutzungstyp)
- Nichtträchtige Kühe, wo bereits am Ende der Laktation eine Ausmast begonnen wird

Mit passenden Ausmastkühen können sehr gute Schlachtkörper- und Fleischqualitäten erzeugt werden. Eine entsprechende Fleischreifung der wertvollen Teilstücke sowie hochpreisige Vermarktung ist anzustreben.

Beispiel zu den Qualitätsanforderungen für Altkühe in Vermarktungsprogrammen in Österreich (Stand 2019, Quellen Arge Rind bzw. Rinderbörse)

	M-Rind	Bio-Kuh
Alter	über 24 Monate	-
Handelsklasse	E, U, R, O, P	E, U, R, O, P
Fettklasse	1–5	1–5
SK-Gewicht kalt	ab 235,2 kg	-
Verträge	Projektlistung ARGE Rind	anerkannter Bio-Betrieb
	-	Bio-Kuh-Vermarktungsprojekte (Zurück zum Ursprung, Ja Natürlich, Hipp) mit Preisaufschlägen

Rationsempfehlungen für die Praxis:

- Das Grundfutter bzw. eine Mischration muss immer zur freien Aufnahme angeboten werden.
- Die Energiekonzentration der Gesamtration sollte zwischen 6,0 und 6,5 MJ NEL/kg TM betragen. Dies entspricht 10–11 MJ Umsetzbarer Energie (ME) je kg TM.
- Die täglich notwendige Kraftfutterergänzung hängt vom Energiegehalt des Grundfutters ab. Bei maissilagebetonten Rationen sind etwa 2 kg Kraftfutter und bei Grünlandrationen etwa 3 kg Kraftfutter pro Tag zu füttern. Auch im Bio-Betrieb sollten in der Kuhausmast zumindest 1–2 kg Kraftfutter pro Tag gefüttert werden, da ansonsten die Ausmast zu lange dauert (Erhaltungsfutterbedarf!). Nur bei hochwertigem Weidefutter (Kurzrasenweide bzw. Koppelweide mit einer Grasaufwuchshöhe unter 15–20 cm) kann auf Kraftfutter verzichtet werden.
- Der Eiweißgehalt der Ration muss sich vor allem am Bedarf der Pansenmikroben orientieren. Der Eiweißansatz der Kühe ist relativ gering. Es reicht daher ein Eiweißgehalt von 12–13 % in der Gesamtration aus. Bei Grünlandrationen ist daher keine zusätzliche Eiweißergänzung notwendig – das Kraftfutter kann ausschließlich aus preiswertem Getreide bestehen. Hohe Maissilagemengen erfordern jedoch auch eine Eiweißergänzung.
- Je nach Grundfutterration und Mineralstoffgehalt der Komponenten ist eine Mineralstoffergänzung im Umfang von 50–70 g einer handelsüblichen calciumbetonten Mineralstoffmischung und zusätzlich 20 g Viehsalz zu empfehlen.
- Rationsumstellungen müssen immer langsam und schonend durchgeführt werden.
- Die Weideausmast kann nur auf besten Weiden empfohlen werden. Bei Weidemast muss mit einer karotinbedingten gelben Fettfarbe gerechnet werden.
- Eine ständige Versorgung mit sauberem Wasser ist notwendig.

Rationsbeispiele für die Kuhausmast

		A	B	C	D	E
Maissilage (33 % TM)	kg FM	-	-	15–17	24–26	-
Grassilage (35 % TM)	kg FM	20–24	24–28	13–17	-	-
Junge Weide (16 % TM)	kg FM	-	-	-	-	75–80
Heu	kg FM	2	-	-	2,5	0–2
Getreide	kg FM	3	2,5	1,5	0,8	0 (1)
Eiweißkraftfutter*	kg FM	-	-	0,5	1,2	-
Mineralstoffmischung	g	50	50	50	60	50
Viehsalz	g	20	20	20	20	20

*Eiweißkraftfutter mit ca. 40 % Eiweiß je kg FM

Die tägliche Futteraufnahme beträgt im Mittel etwa 13 kg TM (11–15 kg TM). Dies entspricht einer Futteraufnahme von 1,9–2,3 % des Lebendgewichts. Je kg Zuwachs muss im Mittel mit einem Gesamtfutterbedarf von etwa 12 kg TM (9–14) gerechnet werden. Dies liegt über dem Futteraufwand in der Mast von Stieren, Ochsen und Kalbinnen.

MASTDAUER AUF DIE KUH ABSTIMMEN!

Die Mastdauer ist so zu wählen, dass eine starke Verfettung der Kuh und damit schlechte Futterverwertung durch zu lange Mastdauer verhindert wird. Andererseits sollte aber ein möglichst hohes Schlachtkörpergewicht erreicht werden. Daher muss die Mastdauer individuell auf die Körperkondition und Genetik der Kuh abgestimmt werden. Ob die Kuhausmast wirtschaftlich ist, muss betriebsindividuell geprüft werden. Diese hängt wesentlich von den Futter-, Stallplatz- und Arbeitskosten sowie den Erlösen (Qualitätsprogramme) ab.

Eine Ausmast kann auch auf der Weide erfolgen.

FAUSTZAHLEN FÜR DIE KUHMAST

Mastleistung		Kuhausmast 100 Tage
anzustrebende Tageszunahmen	g	1.000–1.200
Mittlere Gesamtfutteraufnahme	kg TM/Tag	13 (11–15)
Grundfutterbedarf	kg TM/Tier	1.100 (850–1.250)
	kg TM/Mastplatz u. Jahr	3.300 (2.600–3.700)
Kraftfutterbedarf	kg TM/Tier	250 (200–300)
	kg TM/Mastplatz u. Jahr	750 (600–900)
Mineralstoffmischung (Ca-reich)	kg/Tier	5
Viehsalz	kg/Tier	2
Schlachtleistung (Ziel)		
Fleischigkeit – EUROP		mehr als 60 % R + U
		weniger als 10 % O + P
Fettklasse – EUROP		mehr als 80 % in 2 und 3
Arbeitszeitbedarf pro Mastplatz u. Jahr		
Tierbetreuung, Fütterung, Stall	Stunden/Platz	20–35
(ohne Futterkonservierung!)	(Stunden/Tier)	(8–10)

FÜTTERUNG VON AUFZUCHT-KALBINNEN

Wenn Kalbinnen für Mutterkuhbetriebe aufgezogen werden, muss eine mutterkuhtaugliche Genetik (nicht zu hohe Milchleistung, mittlerer Rahmen, hoher Eutersitz, eventuell Hornlosigkeit etc.) eingesetzt werden. Aufgrund der Nachfrage werden die Aufzuchtbetriebe zumeist auch biologisch wirtschaften.

Die Aufzucht der Kalbinnen beeinflusst die Körperentwicklung, Futteraufnahme, Leistung und Nutzungsdauer der Mutterkuh. Aus wirtschaftlichen Gründen wäre theoretisch eine kurze und damit auch kostengünstige Aufzuchtphase anzustreben. Dabei dürfen mögliche negative Auswirkungen einer zu intensiven Aufzucht auf die Körperentwicklung und Nutzungsdauer, aber auch den Mutterinstinkt nicht außer Acht gelassen werden.

Eine sehr extensive Aufzucht (über 32 Lebensmonate) ist mit hohen Kosten verbunden und damit zumeist nicht wirtschaftlich. Andererseits ist auch eine zu intensive Aufzucht ungünstig, diese reduziert die Nutzungsdauer und kann auch zur Euterver-

Kalbinnen dürfen nicht verfetten.

Die Weide- und Almhaltung kann in der Kalbinnenaufzucht empfohlen werden.

Die Zuchtreife ist von der Körperentwicklung abhängig.

fettung führen. Tageszunahmen über 900 g sind in der Aufzucht ab dem fünften Lebensmonat daher nicht günstig. Vor allem wenn die Jungtiere am Mutterkuhbetrieb bei den Mutterkühen säugen, ist dies zu beachten.

ERSTABKALBEALTER

Das anzustrebende Erstabkalbealter hängt von der Rasse, den Betriebsbedingungen und der Futtergrundlage ab. Großrahmige, fleischbetonte Rassen sind spätreifer als Zweinutzungs- und Milchrassen. Für Mutterkuhkalbinnen der Rasse Fleckvieh kann, je nach Fütterungsintensität und Futtergrundlage, ein Erstabkalbealter zwischen 26 und 32 Monaten empfohlen werden.

HOHER GRUNDFUTTERANTEIL FÖRDERT DIE PANSENENTWICKLUNG

Die Zusammensetzung und die Menge der Futterration beeinflussen die Pansenentwicklung und damit auch die spätere Futteraufnahme der Kuh. Für eine gute Pansenentwicklung ist eine hohe Grundfutteraufnahme notwendig. Kalbinnen dürfen daher nicht rationiert gefüttert werden. Grundfutter muss zur Sättigung vorgelegt werden. Die Nährstoffkonzentration (Energiegehalt etc.) muss jedoch an den Bedarf angepasst werden, da die Tiere ansonsten verfetten.

Sollen weibliche Mutterkuhjungrinder für die Remontierung herangezogen werden, so müssen sie spätestens im fünften Lebensmonat von der Mutterkuh abgesetzt werden. Eine zu intensive Jugendentwicklung führt zu unerwünscht hoher und frühzeitiger Verfettung, zusätzlich kann die Pansenentwicklung darunter leiden.

In Versuchen mit Milchviehkalbinnen zeigte sich, dass eine wechselnde Fütterungsintensität in der Aufzucht („Reizfütterung“) positiv hinsichtlich Euterbildung, Milchleistung und Nutzungsdauer zu bewerten ist. Eine Kombination von Stall-, Weide- und/oder Almhaltung ist daher im Verlauf der Aufzucht sehr günstig.

ERSTE BRUNST UND LEBENDGEWICHT

Der Zeitpunkt der Geschlechtsreife wird, neben der Rasse, vorwiegend vom Lebendgewicht und der Körperkondition und nur in geringem Ausmaß vom Alter beeinflusst. Eine intensive Aufzucht führt zu einem zeitlich früheren Eintritt der ersten Brunst. Unabhängig von der Rasse tritt die Geschlechtsreife im Bereich von 35–40 % des Gewichtes des ausgewachsenen Rindes ein.

Zuchtreife von der Körperentwicklung abhängig!

Kalbinnen müssen mit einem gut entwickelten Rahmen und Pansen zur Abkalbung kommen. Sie dürfen nicht verfettet sein (Körperkondition etwa 3,5 Punkte). Je jünger die Tiere bei der Abkalbung sind, desto höher muss die Fütterungsintensität sein. Kleinrahmige Tiere dürfen nicht zu spät, großrahmige Tiere nicht zu früh belegt werden. Der Belegezeitpunkt muss daher an die Entwicklung des Rahmens und die folgende Fütterungsintensität angepasst werden. Unter Berücksichtigung des Rahmens liegt bei späteren Mutterkühen die **Zuchtreife** (= Erstbelegezeitpunkt) dann vor, **wenn die Kalbinnen etwa 65 % des Gewichtes der ausgewachsenen Tiere erreichen**. Eine häufige Ursache von zu fetten Kalbinnen bei der Geburt ist die zu späte Belegung von bereits zu schweren Tieren.

Gewichtsbereiche für die Zuchtreife von Mutterkuhkalbinnen der Rasse Fleckvieh

Erwartetes Gewicht der ausgewachsenen Kuh	Zuchtreife der Kalbin
500 kg	320–370 kg
600 kg	380–420 kg
700 kg	430–460 kg

PRAKTISCHE AUFZUCHTFÜTTERUNG

- In den ersten drei bis fünf Lebensmonaten ist eine Konzentration von 11–10 MJ Umsetzbarer Energie (ME) je kg TM erforderlich. Dies entspricht etwa 7,0–6,4 MJ NEL/kg TM. Hier ist eine Ergänzung des Grundfutters (Heu, Grassilage) mit 1–2 kg Kraftfutter erforderlich. Wenn weibliche Jungrinder aus der Mutterkuhhaltung als Remontierungstiere aufgezogen werden, dann müssen diese spätestens am Ende des fünften Lebensmonats von der Kuh abgesetzt werden (Verfettung, Pansenentwicklung!). Diese Tiere haben in der Aufzucht natürlich keinen Kraftfutterbedarf.
- Ab dem fünften Lebensmonat ist je nach angestrebtem Abkalbealter und der Grundfutterqualität keine bzw. nur mehr eine geringe Kraftfutterergänzung notwendig. Das Grundfutter muss immer zur freien Aufnahme angeboten werden (Pansenentwicklung!). Mit einem Jahr sollten die Kalbinnen etwa 300–350 kg Lebendgewicht bzw. einen Brustumfang von etwa 160 cm aufweisen.
- Ab der Geschlechtsreife der Tiere reicht eine mittlere Grundfutterqualität zumeist aus. Nach dem dritten Trächtigkeitsmonat eignet sich der Einsatz von strukturreichem Grundfutter – die Kalbinnen dürfen nicht verfetten. Je später das Erstabkalbealter ist, desto geringer muss die Fütterungsintensität sein.

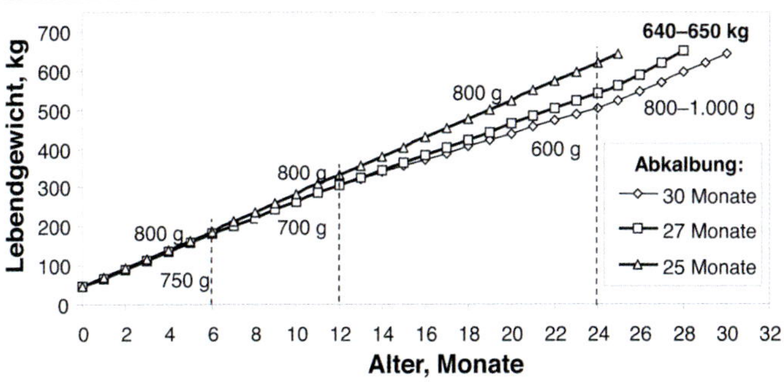

Lebendgewichtsentwicklung von Fleckviehkalbinnen bei angestrebter Erstabkalbung mit 25, 27 bzw. 30 Monaten (nach JILG, 2003)

Richtwerte für die Kalbinnenaufzucht (625 kg Lebendgewicht vor der Abkalbung)

Angestrebtes Abkalbealter	26 Monate	28 Monate
5. Monat bis 1. Brunst		
Tageszunahmen, g	700–800	650–750
Energiekonzentration*, MJ ME/kg TM	10,4–9,9	10,2–9,7
entspricht MJ NEL/kg TM	6,2–5,9	6,1–5,8
1. Brunst bis 3. Trächtigkeitsmonat		
Tageszunahmen, g	750–800	700–750
Energiekonzentration*, MJ ME /kg TM	9,9–9,3	9,7–9,2
entspricht MJ NEL/kg TM	5,9–5,6	5,8–5,5
4. Trächt.-Mon. bis 2 Monate vor Abkalbung		
Tageszunahmen, g	700–800	650–750
Energiekonzentration*, MJ ME /kg TM	9,3–8,9	9,2–8,7
entspricht MJ NEL/kg TM	5,6–5,3	5,5–5,1
Letzte 2 Trächtigkeitsmonate		
Tageszunahmen, g	700	700
Energiekonzentration*, MJ ME /kg TM	9,2–9,8	9,2–9,8
entspricht MJ NEL/kg TM	5,5–5,9	5,5–5,9

* Höhere Werte bei jüngeren Kalbinnen sowie bei großrahmigen Tieren, die bei der Abkalbung ein höheres Lebendgewicht aufweisen

Mineralstoffversorgung sicherstellen!

Eine Calcium- und Phosphorergänzung ist im ersten Lebensjahr in den meisten Fällen erforderlich (5–10 g Ca, 2–5 g P). Der zusätzliche Natriumbedarf muss während der gesamten Aufzucht über Lecksteine oder zusätzliche Viehsalzgaben (10–20 g/Tag) gedeckt werden. Für eine ausreichende Spurenelementversorgung, besonders mit Zink, Kupfer und Selen, sind etwa 20–40 g einer Mineralstoffmischung notwendig. Damit wird auch der Vitaminbedarf gedeckt.

Kostengünstige Stalllösungen sind anzustreben.

Bedarf an Mineralstoffen je kg TM (GFE, 2001)

	Lebendgewicht	
	150 kg	500 kg
Calcium, g/kg TM	8	4
Phosphor, g/kg TM	3,8	2,6
Magnesium, g/kg TM	1,1	1,1
Natrium, g/kg TM	0,8	0,8
Kupfer, mg/kg TM	10	10
Mangan, mg/kg TM	50	50
Selen, mg/kg TM	0,15	0,15
Zink, mg/kg TM	50	50

In der Kalbinnenaufzucht (150–620 kg Lebendgewicht) muss je nach Aufzuchtdauer mit einem Grundfutterbedarf von 4.800–5.500 kg TM gerechnet werden. Zusätzlich sind etwa 200–350 kg Kraftfutter (erste Lebensmonate), 25–30 kg einer Mineralstoffmischung und 5–10 kg Viehsalz erforderlich.

Rationsbeispiele für Kalbinnen, angestrebtes Abkalbealter mit 28 Monaten

	Alter in Lebensmonaten												
	5.–6.		7.–8.			9.–12.		13.–18.		19.–26.		27.–28.	
	Rationen												
Futtermittel	I	II	I	II	III	I	III	I	III	I	III	I	III
Heu*, kg/Tag	1,6	1,6	1,6	2,0	2,1	2,1	3,5	2	3	2	2,5	3	3,5
Grassilage*, 35 % TM, kg/Tag	4	2,8	7	5	2	12		16		21		25	15
Maissilage*, 30 % TM, kg/Tag		1,8		2,3									
Weide*, kg/Tag					7		18		30		40		20
Kraftfutter, energiereich**, kg/Tag	1,4	1,0	1,0	0,5	1,1								
Kraftfutter, proteinreich***, kg/Tag	0,3	0,4	0,1	0,2									
Mineralfutter, g/Tag	20–40	30–50	20–40	30–50	20–40	20–40	20–40	30–50	30–50	30–50	30–50	50	50

*Grundfutter = mittlere Qualität
** Kraftfutter energiereich = 50 % Gerste, 30 % Mais, 10 % Trockenschnitzel, 10 % Kleie
Kraftfutter proteinreich (ca. 40 % Rohprotein je kg TM)

WEIDEHALTUNG IN DER AUFZUCHT

Je nach Weidefutterqualität und -angebot, Aufzuchtphase sowie den Managementbedingungen sind bei Weidehaltung auch ohne Ergänzungsfütterung tägliche Zunahmen zwischen 600 und 1.000 g möglich. Häusler und Mit. (2009) verglichen mit Fleckvieh-Jungkalbinnen im Gewichtsbereich von 275–375 kg das Koppel- und Kurzrasenweidesystem ohne Ergänzungsfütterung. Sie erreichten in dieser Untersuchung hohe tägliche Zunahmen von 923 bzw. 1.013 g. Auf extensiven Standorten (Almen, Hutweiden etc.) werden üblicherweise tägliche Zunahmen zwischen 300 und 650 g erreicht.

Fleckvieh-Aufzuchtkalbinnen bei Kurzrasenweide- und Koppelweidehaltung (HÄUSLER u. Mit., 2008)

	Kurzrasenweide	Koppelweide
Tiere	10	10
Lebendgewicht Beginn, kg[1)]	274	276
Lebendgewicht Ende, kg	366	377
Tageszunahmen, g	923	1.013
BCS Ende, Punkte (1–5)	3,1	3,1

1) Lebensalter Versuchsbeginn 349 bzw. 352 Tage

Vor dem neunten Lebensmonat ist eine Weidehaltung in Kombination mit einem geschützten Unterstand zu empfehlen. Hier kann bei Bedarf (z. B. zu geringer Weidefutterqualität oder geringem Angebot) auch eine gezielte Ergänzungsfütterung erfolgen. Im ersten Lebensjahr muss den Jungkalbinnen immer beste Weide angeboten werden. Hinsichtlich des Weidesystems wird zumeist eine **Umtriebsweidehaltung** mit mindestens drei Koppeln in der Hauptwachstumsphase und sechs bis acht Koppeln im Herbst angewandt. Die Jungrinder bleiben dabei nach Möglichkeit maximal eine Woche auf einer Koppel. In Gunstlagen kann auch die **Kurzrasenweidehaltung** mit Erfolg umgesetzt werden. Dabei wird eine niedrige Aufwuchshöhe unter 6 cm, gemessen mit der Deckelmethode, angestrebt.

Zur Minimierung des **Parasitendruckes** ist auf Jungrinderweiden eine Mäh-Zwischennutzung als günstig zu beurteilen. Verhoeven u. Mit. (2014) untersuchten 2012 und 2013 im Versuchszentrum Haus Riswick die Eignung der Kurzrasenweide in der Aufzucht. Die Jungrinder kamen dabei mit sechs bis acht Monaten auf die Weide. Im Schnitt beider Jahre waren die Tageszunahmen im Frühjahr mit 982 g je Tier und Tag beachtlich, im Sommer mit 772 und im Herbst mit 692 g reduziert. Die Witterungs- und damit Futterbedingungen beeinflussten die Ergebnisse deutlich. Geringere Zuwächse konnten die Tiere in der Folgeperiode wieder gut ausglei-

Weide liefert preiswertes Futter, je nach Weidebedingungen können Zunahmen zwischen 600 und 1.000 g ohne Ergänzungsfutter erreicht werden.

Zur Minimierung des Parasitendruckes ist auf Jungrinderweiden eine Mäh-Zwischennutzung als günstig zu beurteilen. Auch im Frühling sollten keine vorangegangenen Herbstweiden bestoßen werden.

In Unterständen kann eine Ergänzungsfütterung erfolgen.

chen. Kotuntersuchungen im Herbst zeigten zwar mittel- bis hochgradige Endoparasitenbelastungen, welche den Tieren aber nicht schadeten. Im Durchschnitt beider Versuchsjahre lagen die Tageszunahmen über 800 g und ließen ein Erstabkalbealter von 24 bis 26 Monaten zu. Ein optimales Weidemanagement mit entsprechender Flächenzuteilung ist jedenfalls notwendig (Verhoeven u. Mit. 2014).

Besondere Beachtung ist vor allem im ersten Lebensjahr der Parasitenvorbeuge bzw. der -kontrolle und gegebenenfalls -behandlung zu schenken. Das Risiko für **Magen-Darm-Strongyliden** ist auf feuchten Standorten, in tiefen Lagen und auf schlecht durchlässigen Böden erhöht. Wenn zusätzlich ein hoher Jungtierbesatz auf den Weiden besteht, keine Weiderotation (z. B. Kurzrasenweide oder extensive Standweide) erfolgt, ausschließlich Jungtiere auf der Fläche gehalten und keine Mähzwischennutzungen durchgeführt werden, dann ist die Belastung mit infektiösen Larven ab Ende Juli zumeist sehr hoch.

Wenn Jungkalbinnen und Kälber gemeinsam mit älteren Rindern (oder Pferden) gehalten werden, kein Überbesatz gegeben ist, gleichzeitig eine Weiderotation mit Mähzwischennutzungen erfolgt sowie feuchte und schattige Standorte gemieden werden, dann kann Wurmerkrankungen in der Aufzucht vorgebeugt werden. Im Gegensatz zu den Magen-Darm-Würmern haben **Lungenwürmer** eine deutlich kürzere Generationszeit. Dadurch nimmt bei Auftreten der Infektionsdruck rasch zu. Nur bei leichtem Infektionsdruck können Jungrinder in guter Konstitution innerhalb von ca. zwei Wochen eine körpereigene Abwehr aufbauen. Wenn Rinder ohne körpereigene Abwehr mit starkem Infektionsdruck konfrontiert werden, dann kommt es zum Ausbruch einer schweren Lungenerkrankung mit den entsprechenden Folgeschäden. Zur Vorbeuge gegen den großen **Leberegel** sind Feuchtstellen großzügig auszuzäunen, es dürfen keine Moraststellen auf den Weiden vorhanden sein und es muss die Wasserversorgung über Tränkeeinrichtungen erfolgen. Belastete Flächen sollten nach Möglichkeit für die Futterkonservierung herangezogen werden.

Endo-Parasiten-Vorbeugemaßnahmen:

- Feuchte Standorte nicht beweiden oder großzügig auszäunen
- Kein Überbesatz
- Frühzeitigen Weidebeginn (mit Ergänzungsfütterung) anstreben
- Tränkestellen errichten und Feuchtstellen beseitigen/vermeiden
- Jungtiere gemeinsam mit Alttieren (oder Pferden) bei nicht zu hohem Besatz weiden
- Rotationsweiden oder Mäh-Weide-Nutzungen anstelle von Standweiden
- Regelmäßige Tierbeobachtung und Kotprobennahme

Im zweiten Lebensjahr reichen in der Kalbinnenaufzucht Energiekonzentrationen zwischen 9,3 und 9,6 MJ ME (entspricht 5,5–5,8 MJ NEL/kg TM) aus. Intensive Weiden und Weidesysteme können hier zur Verfettung der Tiere (und des Euters) führen. Daher können vor allem extensive Standorte (Hutweiden, Almen etc.) optimal mit Kalbinnen genutzt werden.

Weidesysteme in der Aufzucht

Im ersten Lebensjahr setzen Weidebetriebe häufig auf Weidestrategien mit Ergänzungsfütterung. Im zweiten Lebensjahr dominiert die Ganztags- bzw. Vollweidehaltung. Es wird in der Aufzucht auf unterschiedliche Weidesysteme zurückgegriffen. Wenn mit Kurzrasenweidesystem gearbeitet wird, dann kann generell eine tiefe Aufwuchshöhe (unter 6 cm gemessen mit der Deckelmethode) empfohlen werden. Bei der Koppelweidehaltung können diese auch bei etwas höherer Wuchshöhe (bis 20 cm) als in der Milchviehhaltung bestoßen und dann tief abgegrast werden. Häufig werden Kalbinnen auch auf extensiven Standweiden gehalten. Auch in diesem Fall muss der Tierbesatz bzw. die Flächengröße im Jahresverlauf an das Wachstum angepasst werden, eine Koppelung und Weidepflege kann empfohlen werden.

FÜTTERUNG VON AUFZUCHT-KÄLBERN FÜR DIE MAST

Eine gesunde Kälberaufzucht ist die Basis für eine gute Mastleistung und damit wirtschaftliche Rindfleischerzeugung mit Ochsen, Kalbinnen und Stieren.

Ziele in der Kälberaufzucht:

- Gesunde Kälber durch optimale tiergemäße Haltung und Versorgung
- Entwicklung zum Wiederkäuer durch frühzeitige Förderung der Vormagenfunktion
- Wirtschaftliche Aufzucht (Tränkemenge, Dauer, Arbeitszeit, Verluste etc.)

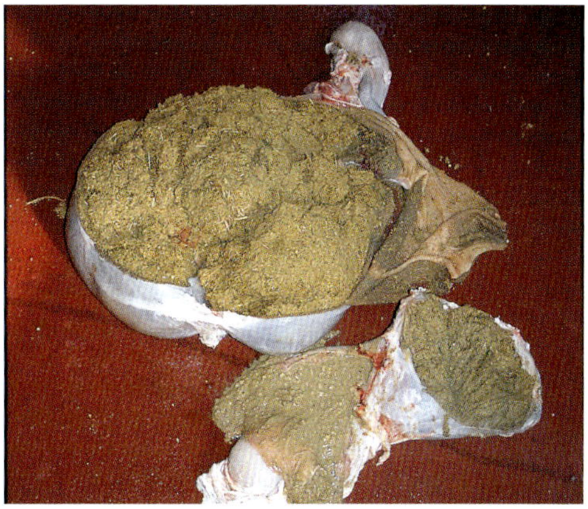

Durch optimale Kälberaufzucht kann bis Mastbeginn eine gute Entwicklung des Pansens erreicht werden.

GRUNDVORAUSSETZUNGEN

Gezielte Zucht

Bereits bei der Zuchtstierauswahl sollte darauf geachtet werden, dass der eingesetzte Stier Leichtkalbigkeit und vor allem auch vitale Kälber vererbt. Ein hoher Zuchtwert für den Kalbeverlauf (Kp: Kalbeverlauf väterlicherseits) ist daher besonders bei Belegungen von Kalbinnen wichtig. Ein hoher Vitalitätszuchtwert lässt gesunde und frohwüchsige Kälber und Jungrinder erwarten.

Körperkondition der Kalbinnen und Kühe

Fette Kalbinnen und Kühe haben gehäuft Schwergeburten, was zu lebensschwachen Kälbern führen kann. Daher muss bei Kühen

Eine eingeschränkte Milchgabe ist notwendig.

bereits im letzten Laktationsdrittel und zu Beginn der Trockenstehzeit einer Überkonditionierung durch gezielte Fütterung entgegengewirkt werden. Bei Kalbinnen darf bei Verfettungsproblemen die Belegung nicht zu spät erfolgen, andernfalls ist eine extensive Fütterung im zweiten Lebensjahr notwendig.

Milchfiebervorbeugung und Selen helfen dem Kalb

Bei Kühen mit **Milchfieber** ist die Muskelkontraktion eingeschränkt, das führt vermehrt zur Wehenschwäche und einem längeren Geburtsverlauf. In den letzten zwei bis drei Wochen der Trockenstehzeit sollten Kühe daher **ausreichend Phosphor** (z. B. täglich 50 g einer phosphor- und spurenelementbetonten Mineralstoffmischung) und **wenig Calcium** (keinen Futterkalk!) sowie möglichst **wenig Kalium** erhalten. Auch fette Kühe haben ein erhöhtes Milchfieberrisiko! Bei Problemtieren können der Einsatz von Vitamin-D3-Gaben vor der Geburt und gezielte Calciumgaben kurz vor und nach der Kalbung notwendig sein. Bei gehäuftem Auftreten von Milchfieber muss eine betriebsindividuelle Milchfieberprophylaxe (Fütterung, Melkung, Zucht etc.) umgesetzt werden.

Eine **Selenmangelversorgung** der Muttertiere führt zu lebensschwachen Kälbern, denn die Selenversorgung des jungen Kalbes erfolgt bereits vor der Geburt über das Blut des Muttertieres. Der Selengehalt im Futter der trächtigen Kuh schwankt je nach Betriebssituation (Boden, Futterqualität, Ergänzungsfütterung über Mineralstoffmischung). Auf Betrieben mit geringem Selenangebot muss daher in der Trockenstehzeit über die Mineralstoffmischung (siehe oben) eine ausreichende Selenversorgung erreicht werden.

Ruhige und saubere Geburt

Die meisten Kühe kalben an einem geschützten, sauberen und ungestörten Ort mit ausreichend Platz alleine und ohne fremde Hilfe. Spätestens dann, wenn mehrere Geburtsvorzeichen zusammentreffen (weiche Bänder, Schleimabgabe, Milchfluss etc.), sollten die Muttertiere daher in den Abkalbebereich kommen. Wenn bereits Beine sichtbar sind, ist es für die Umstallung zu spät, denn damit wird der Geburtsvorgang unterbrochen (natürlicher Fluchtreflex)! Die Geburt sollte immer in einem gut eingestreuten, weichen und geschützten Abkalbebereich ohne Zugluft erfolgen.

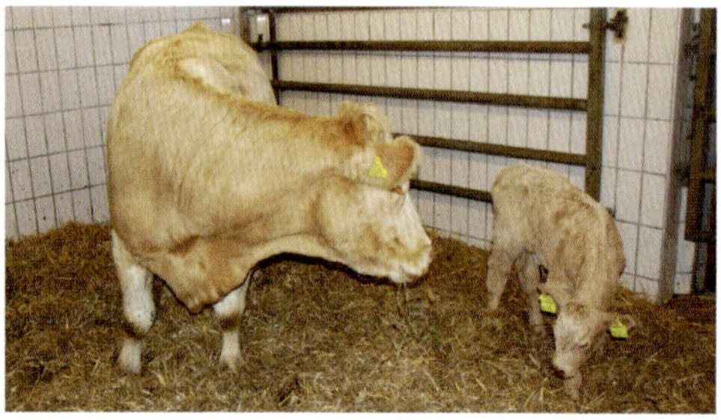

Die meisten Kühe kalben an einem geschützten, sauberen und ungestörten Ort mit ausreichend Platz alleine und ohne fremde Hilfe.

Abkalbeboxen weisen eine Mindestgröße von 10–12 m² auf und müssen sauber und leicht zugänglich sein. Der Geburtsverlauf ist unauffällig und regelmäßig zu beobachten, bei verzögerter Geburt, ungewöhnlicher Unruhe bzw. Schmerzen der Kuh oder wenn nur der Kopf oder eine Klaue sichtbar sind, dann ist eine hygienische Geburtshilfeuntersuchung (Lage des Kalbes, Muttermund offen etc.) erforderlich. Üblicherweise ist dies etwa zwei Stunden nach dem Blasensprung oder bei Verdacht auf fehlerhafte Lage des Kalbes notwendig. Grundsätzlich darf nicht zu früh eingegriffen werden, bei Problemen sind jedoch eine fachmännische Untersuchung und eine schonende Geburtshilfe unabdingbar. Dabei ist Hygiene wichtig! Der Schambereich der Kuh ist mit lauwarmem

Bei Warmtränke muss die Tränketemperatur zwischen 38,5 und 39,5 °C betragen.

balt und Selen sowie auf Vitamine zu achten. Aus wirtschaftlichen Gründen ist die Kälbertränke mit großen Mengen verkaufsfähiger Milch über die ersten Lebenswochen hinaus zumeist unwirtschaftlich. In konventionell wirtschaftenden Betrieben wird die Vollmilch zunehmend durch Milchaustauscherprodukte ersetzt. 1 kg Milchaustauscherpulver guter Qualität entspricht dem Energiewert von etwa 6 l Vollmilch.

Milchaustauscher werden industriell aus Milchprodukten (Magermilch-, Buttermilch-, Molkenpulver etc.) sowie pflanzlichen Eiweißträgern, Fettmischungen sowie Mineral- und Wirkstoffen hergestellt. Entscheidend für die Qualität von Milchaustauschern ist unter anderem der (Mager-)Milchpulveranteil. Sogenannte „Nullaustauscher" ohne Trockenmilchpulver sollten auch in der Aufzucht nicht oder nur bei höherem Lebendgewicht der Kälber bzw. zur Aufwertung gewässerter Vollmilch eingesetzt werden. Generell sind in der Aufzucht Milchaustauscher mit etwa 20–40 % Trockenmilchpulver zu empfehlen. Der Rohproteingehalt sollte im Milchaustauscher bei 22 % liegen, der Lysingehalt (essentielle Aminosäure) muss mindestens 1,7 % betragen. Der Rohaschegehalt darf 10 % nicht überschreiten.

Warm- bzw. angesäuerte Kalt-Tränke

Tipps zur rationierten Tränke mit warmer, süßer Milch

Damit es zu keinen Verdauungsstörungen kommt, muss die Milch möglichst schnell im Labmagen gerinnen. Die Geschwindigkeit der Milchgerinnung im Labmagen hängt von der Milchmenge je Teilgabe und der Tränketemperatur ab. Zusätzlich hat die Art der Tränkeverabreichung bzw. die Trinkgeschwindigkeit einen Einfluss.

Auf folgende Punkte muss bei der **rationierten, süßen Tränke** unbedingt geachtet werden:

- Genau auf die Tränketemperatur achten. Sie muss **38,5–39,5 °C** betragen.
- In den ersten drei Lebenswochen die Tagesmenge auf drei Mahlzeiten aufteilen und **nicht mehr als 2–3 l** je Mahlzeit geben. Besonders bei kalten Temperaturen ist dies notwendig. Bei –4 °C Umgebungstemperatur benötigen die Kälber um 33 % mehr Energie (DLG-Merkblatt 404).
- Kälber sollen die **Milch langsam aufnehmen**. Die Saugnuckelöffnung darf nicht vergrößert sein. Saugnuckel regelmäßig kontrollieren und rechtzeitig austauschen.
- Die Saugeimer müssen in der **richtigen Höhe** von 50–70 cm positioniert werden. Kälber saugen mit durchgestrecktem Nacken und leicht angehobenem Kopf.

Tipps zur „Ad-libitum-Tränke"

Unter „Ad-libitum-Tränke" versteht man, dass den Kälbern praktisch den ganzen Tag Milch **zur freien Aufnahme** angeboten wird:

- Wenn ein **Tränkeautomat** verwendet wird, dann wird in den ersten drei Lebenswochen die Tagesmilchmenge nicht und nur die Milchmenge pro Teilgabe zwischen mindestens 0,5 und maximal 2,5 l begrenzt. Die Kälber nehmen die warme Vollmilch mehrmals täglich auf.

- Ohne Tränkeautomat kann das Ad-libitum-Tränkeverfahren praktisch nur als **Kalttränkeverfahren mit angesäuerter Milch** empfohlen werden.

Beim **Kalttränkeverfahren** mit angesäuerter Milch, muss den Kälbern ganztägig Milch zur freien Aufnahme angeboten werden. Damit wird hastiges Trinken bzw. eine zu hohe Milchaufnahme in kurzer Zeit verhindert. Vor der nächsten Tränkegabe muss daher immer noch etwas Restmilch im Eimer sein. Durch das Ansäuern wird die Verdauung unterstützt und auch eine höhere bakterielle Stabilität der Tränkemilch erreicht.

Die Ansäuerung kann über

- die Zugabe von organischen Säuren (z. B. Essig-, Zitronen- oder Ameisensäure) oder
- die Bereitung von Sauermilch oder Joghurt erfolgen.

Ansäuern mit organischen Säuren

Wenn die Ansäuerung mit konzentrierten **organischen Säuren** erfolgt, dann muss beim Hantieren auf die Verätzungsgefahr geachtet werden. In diesem Fall ist eine Verdünnung der Säure mit Wasser anzuraten. Das Säure-Wasser-Gemisch wird am besten in einem Kanister mit Dosierpumpe gelagert. Es ist wichtig, dass beim Anrichten der Tränke die verdünnte Säure zu Beginn in den Eimer gespritzt und dann die warme Milch daraufgeschüttet wird. Damit wird eine gute Verteilung der Säure erreicht. Der Säuregehalt der Milch sollte mit einem pH-Wert-Teststreifen regelmäßig kontrolliert werden und im leicht sauren Bereich zwischen 5,3–5,7 liegen. Zumindest einmal täglich ist der Eimer bzw. Tränkebehälter ordentlich zu reinigen. Die Eimer müssen zum Schutz vor Fliegen und Schmutz einen Deckel haben und bleiben ab der zweiten Tränkegabe ganztägig hängen. Die Milchaufnahme steigt von Lebenswoche eins bis drei von etwa 8–10 auf 11–14 l Milch pro Kalb und Tag an.

Beim Kalttränkeverfahren mit angesäuerter Milch wird den Kälbern ganztägig Milch zur freien Aufnahme angeboten. Damit werden hastiges Trinken bzw. zu hohe Milchaufnahmen in kurzer Zeit verhindert.

Das Säure-Wasser-Gemisch zum Ansäuern wird am besten in einem Kanister mit Dosierpumpe gelagert.

WICHTIG! Ad-libitum-Tränke

Bei der Ad-libitum-Tränke können die Kälber die angesäuerte Milch immer frei aufnehmen. Beim nächsten Tränketermin ist daher im Behälter immer noch etwas Restmilch! Damit wird hastiges Trinken vermieden.

Bio-Kälber sind ab der zweiten Lebenswoche in Gruppen zu halten. Ab diesem Zeitpunkt sind mehrere Eimer oder größere Gruppensäugebehälter mit mehreren Nuckeln zu empfehlen. Wichtig ist, dass die Nuckel regelmäßig getauscht werden und sich damit die Tränke nur schwer saugen lässt (kleines Loch!). Damit wird der natürliche Saugtrieb befriedigt und das Risiko für Besaugen minimiert. Im Gegensatz zur Kälbermast muss in der Kälberaufzucht die Tränkemenge ab der vierten Lebenswoche reduziert werden. Damit werden die Ergänzungsfutteraufnahme (Heu, Grassilage, Kraftfutter) und die Pansenentwicklung gefördert. All jene Betriebe die mit angesäuerter Milch in der Jugendphase arbeiten, setzen diese auch in der weiteren Abtränkeperiode ein. Frühestens nach 3 Monaten werden Bio-Kälber von der Milch abgesetzt.

10–20 % der Sauertränke verbleiben im Reifebehälter und werden wiederum mit warmer Milch zur Bereitung der nächsten Sauertränke versetzt.

Sauermilch- oder Joghurttränke

Auf Betrieben wird auch eine durch **Milchsäurebakterien gesäuerte Milch** (z. B. Sauermilch oder Joghurt) in der Fütterung eingesetzt. Dabei wird der Milchzucker (Laktose) von den Bakterien in Milchsäure umgewandelt. Bei Sauermilch werden Milchsäurebakterien verwendet, welche im mittleren Temperaturbereich von 22–30 °C optimal „arbeiten", bei Joghurt gibt es anfangs zumeist Mischkulturen, welche bei 22–30 °C, aber auch bei höheren Temperaturen (42–45 °C) die Milch säuern.

TIPP! Joghurttränke

Praktische Tipps zur Joghurttränke finden Sie auch im Internet, zum Beispiel unter: Joghurttränke einfach und arbeitszeitsparend (MÜHLHAUSER, 2010).

Zu Beginn benötigt man eine **Basissauermilch**. Diese kann man durch Zugabe einer gefriergetrockneten Sauermilch- oder Joghurtkultur zu warmer Milch oder durch Einrühren von fertigem Joghurt oder fertiger Sauermilch aus dem Handel herstellen. Beispielsweise werden in 10 l warme Vollmilch etwa 0,5 Liter Joghurt oder Sauermilch gut eingerührt. Die so angesetzte Milch sollte zu Beginn 15 bis 20 Stunden zugedeckt bei zumindest 22–25 °C ruhig lagern. Bei höheren Temperaturen verläuft die Säuerung rascher. Danach wird die Sauermilch gut aufgerührt und es wird damit weitergearbeitet. Wichtig sind Hygiene und die passende Lagertemperatur. Es dürfen darüber hinaus nur lebensmitteltaugliche und säurebeständige Behälter verwendet werden.

- **Variante Vollsauertränke:** Die wie oben beschriebene Basissauermilchkultur kommt in einen geeigneten lebensmitteltauglichen, größeren Behälter, am günstigsten mit einem Auslasshahn am Boden. In z. B. 10 l Basissauermilch werden 50–100 l **warme Milch** eingerührt. Aufgrund der größeren Ausgangsmenge (10–20 % Basissauertränke) und des Ziels, die Sauertränke nicht zu stark anzusäuern, kann die Ansäuerungszeit ab jetzt auf zehn bis zwölf Stunden verringert und die Lagertemperatur auch etwas tiefer (zumindest aber etwa 15 °C) sein. Vor der nächsten Tränkezeit wird die Sauermilch mit einem Schneebesen aufgerührt und die aktuelle Tränkemenge entnommen. Die aufgerührte Sauertränke wird den Kälbern zur freien Aufnahme kalt in Kunststoffbehältern mit Deckel angeboten. 10–20 % der Sauertränke müssen im Reifebehälter verbleiben und werden jetzt wiederum mit warmer Milch zur Bereitung der nächsten Sauertränke versetzt. Da die so behandelte Milch einen tiefen pH-Wert von 4,2–4,5 hat, kann es im Vergleich zu leichter angesäuerter Milch zu einer geringeren Milchaufnahme kommen. Teilweise reagieren Kälber darauf auch mit unterschiedlicher Akzeptanz. Der Säuregrad wird vom Anteil der Basiskultur an der Frischmilch, der Lagerdauer und der Temperatur bestimmt. Je mehr Basiskultur verwendet wird und je wärmer die Lagertemperatur ist, desto intensiver erfolgt die Säuerung, aber umso stabiler ist auch die Sauermilch. Durch verdünnen mit frischer Milch kurz vor dem Tränken kann der pH-Wert gehoben werden.

- **Variante Teilsauer:** Wenn teilsaure Milch gefüttert wird, dann wird in die warme Frischmilch die Sauermilch oder das Joghurt im Verhältnis von etwa 6 : 1 (6 Teile warme Frischmilch + 1 Teil Sauermilch oder Joghurt) kurz vor der Fütterung gut eingerührt und dann diese leicht angesäuerte Milch den Kälbern direkt zur freien Aufnahme über den Tag angeboten. Das leichte Ansäuern unterstützt die Verdauung und die Haltbarkeit der Milch, die Akzeptanz der teilgesäuerten Milch ist höher als der stark angesäuerten Milch.

Die Akzeptanz der teilgesäuerten Milch ist höher als der stark angesäuerten Milch.

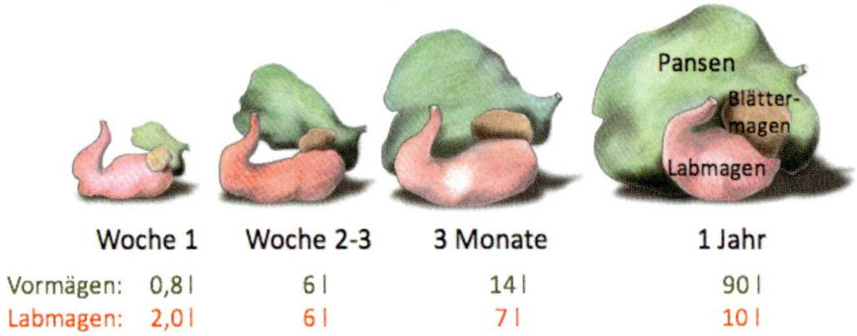

Entwicklung des Labmagens bzw. der Vormägen im ersten Lebensjahr

WICHTIG! Starterkulturen

Ein Teil der Sauermilch (bzw. des Joghurts) wird für den folgenden Fütterungstermin immer als Starterkultur verwendet. Dabei ist hygienisches Arbeiten erforderlich, um das Auftreten und Vermehren pathogener Keime oder Hefen zu verhindern. Monatlich wird das Anrichten einer neuen Starterkultur empfohlen.

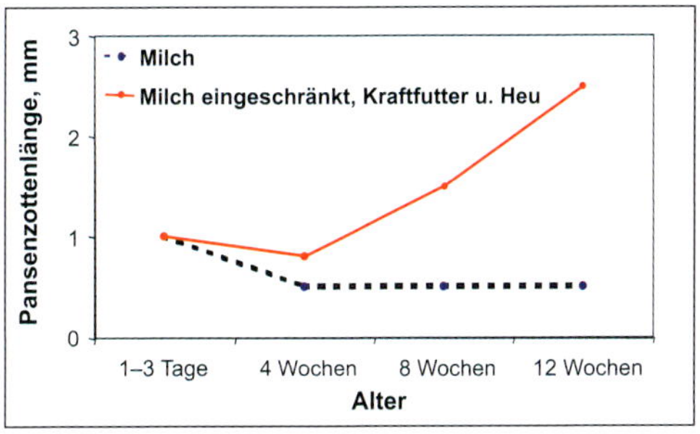

Längenwachstum der Pansenzotten in Abhängigkeit von der Fütterung – Unterschiede vor allem nach dem ersten Monat (nach KIRCHGESSNER, 1997)

Milchmenge nach dem ersten Lebensmonat begrenzen

Nach dem ersten Lebensmonat ist die Begrenzung der Milchgabe bei Aufzuchtkälbern notwendig. Das Milchangebot muss dabei schrittweise und schonend bis zum Absetzen reduziert werden. Damit werden die Pansenentwicklung, die Verdauungsenzymausstattung und die Grundfutteraufnahme positiv beeinflusst. Darüber hinaus sinken die Futterkosten. Bei sinkender Milchgabe und steigendem Lebendgewicht gewinnt das Ergänzungsfutter an Bedeutung. Beim Frühabsetzen werden die Kälber mit sechs bis acht Wochen, bei der traditionellen Aufzucht mit acht bis zehn abgesetzt, in der biologischen Kälberaufzucht wird zumindest 13 Wochen getränkt. Wichtig ist dabei, dass nach dem ersten Lebensmonat die Milchmenge schrittweise reduziert und entsprechend Ergänzungsfutter angeboten wird.

Kälberkraftfutter, Heu und Wasser müssen zusätzlich zur Milch angeboten werden.

GRUNDFUTTERERGÄNZUNG

Bestes Kälberheu

Der Einsatz von Heu sichert die Strukturversorgung und damit die Entwicklung der Vormägen. In der Kälberaufzucht darf nur qualitativ hochwertiges Heu eingesetzt werden. Dieses sollte blattreich und aromatisch sein. Zusätzlich muss es einen hohen hygienischen Standard aufweisen. Zur Kontrolle von Pilzbelastungen kann das Heu geschüttelt werden. Es darf kein nach oben aufsteigender Staub (= Pilzsporen) ersichtlich sein. Die zweimal tägliche Heuvorlage ist notwendig. Wenn kein Heu angeboten wird, decken die Kälber den Strukturbedarf aus der Einstreu und es besteht dabei die Gefahr von Clostridien-Infektionen.

Silage nicht zu früh

Das vorwiegende Grundfutter sollte in der ersten Kälberaufzuchtphase Heu sein. Zur Gewöhnung an Silage können ab dem Ende des dritten Monats in der Kälberaufzucht geringe Mengen an Silage angeboten werden. Dabei sind jedoch die Qualität der Silagen und die Sauberkeit bei der Vorlage von großer Bedeutung. Üblicherweise wird zumeist in den ersten Lebenswochen nur Heu als Grundfutter eingesetzt und erst danach kontinuierlich auf Silagen umgestellt.

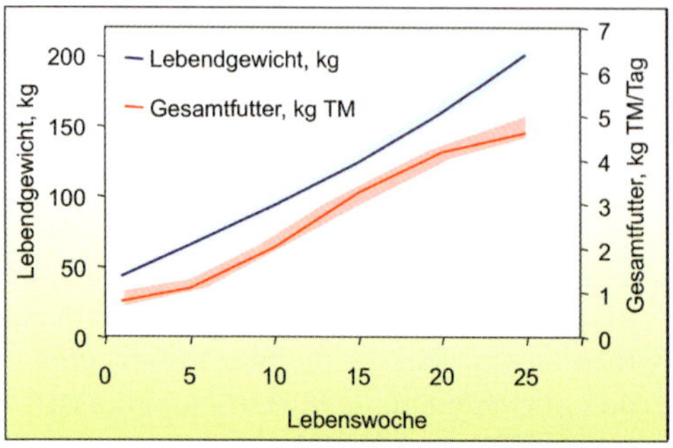

Lebendgewichtsentwicklung und Futteraufnahme von Aufzuchtkälbern (nach JILG, 2003)

Weide und Grünfutter

Wenn Kälber weiden, dann muss ihnen immer beste Weidefutterqualität (5–15 cm Aufwuchshöhe) zur Verfügung gestellt werden. Zusätzlich zur Milch und Kraftfuttergabe sollte in einem überdachten Bereich aber auch Kälberheu angeboten werden. Es müssen hier auch besondere Hygiene- und Parasitenvorbeugemaßnahmen umgesetzt werden.

Beispiele für Kälberkraftfuttermischungen

Komponente		Kälberkraftfutter			
Getreide/Mais	%	59	54	49	68
Weizenkleie	%	-	7	5	5
Leinkuchen	%	-	10	5	5
Kürbiskernkuchen	%	-	-	-	12
Rapskuchen	%	-	-	15	6
Erbsen + Ackerbohnen	%	37	25	22	-
Öl (zur Staubbindung)	%	1	1	1	1
Mineralstoffmischung[1)]	%	3	3	3	3
Rohprotein	% je kg FM	16	16	18	18
Energie	MJ ME je kg FM	11,3	11,0	11,2	11,1

[1)] Ca- und vitamin- sowie spurenelementreiche Mineralstoffmischung

KÄLBERKRAFTFUTTER

Untersuchungen zeigen, dass Kälberkraftfutter zur raschen Entwicklung der Pansenzotten positiv beiträgt. Wenn auf Kraftfutter verzichtet wird, dann muss jedenfalls bestes eiweißreiches Grundfutter eingesetzt werden. Ein herkömmliches Milchviehfutter ist für die Aufzucht von Kälbern nicht optimal geeignet, da der Nährstoffgehalt bzw. die Komponenten im Kraftfutter zumeist nicht den Anforderungen eines Kalbes entsprechen. Hochverdauliche Komponenten und ein Eiweißgehalt von zumindest 16–17 % sind notwendig. Das Kälberkraftfutter darf nicht fein gemahlen bzw. muss gequetscht oder pelletiert zweimal täglich frisch angeboten werden. Wenn die tägliche Kraftfutteraufnahme 1,5 kg überschreitet, dann ist eine rationierte Zuteilung erforderlich.

KÄLBER-TMR

Um sicherzustellen, dass die Kälber nicht zu stark selektieren und ausschließlich Kraftfutter fressen, kann auch eine Totalmischration (TMR) mit Heu und Kraftfutter vorgelegt werden. Damit eine homogene Mischung entsteht, ist es notwendig, dass das Heu kurz geschnitten bzw. gehäckselt und ein Kraftfutter in mehliger oder gequetschter Form verwendet wird. Anstelle von üblichem Dauerwiesenheu kann auch Luzernenheu verwendet werden.

Eine Kälber-TMR kann auf Vorrat für mehrere Monate in größeren Mengen gemischt werden. Die Herstellung erfolgt häufig in einem Futtermischwagen. Dabei wird zuerst das Heu auf 2–3 cm zerkleinert. Anschließend wird langsam biologische Melasse bzw. das Kraft- und Mineralfutter dazugegeben. Die Mischungsverhältnisse betragen zwischen 25 und 30 % Heu, 5 % Melasse und 65–70 % mineralisiertes Kraftfutter. Zusätzlich kann zur Staubbindung auch 1 % Öl eingemischt werden.

Die Kraftfuttermischung kann den Beispielen oben (siehe Tabelle) entsprechen. Es kann aber auch expandiertes (nicht pelletiert) Fertigfutter mit 18 % Rohprotein oder Kälbermüsli verwendet werden.

Die Kälber-TMR kann ab der ersten Woche zur Sättigung angeboten werden. Erst nach dem Absetzen von der Milch soll die Kälber-TMR langsam abgesetzt werden. Zusätzlich ist es empfehlenswert, Heu in einer Raufe anzubieten.

TRINKWASSER

Ab der zweiten Lebenswoche benötigen die Kälber immer Trinkwasser zur freien Aufnahme! Ohne Wasser würde es bei einer restriktiven Milchgabe zu einem Flüssigkeitsmangel kommen. Zusätzlich leidet unter mangelndem Wasserangebot die Aufnahme von Ergänzungsfutter.

Nach dem ersten Lebensmonat ist die Begrenzung der Milchgabe notwendig.

FÜTTERUNG IM ABSETZZEITRAUM

Die Basis für eine zügige Jugendentwicklung wird bereits in der Milch- bzw. Säugephase gelegt. Nach dem ersten Lebensmonat müssen die Milchmenge schrittweise reduziert und bestes Ergänzungsfutter angeboten werden. Im Zuge des Milchabsetzens darf keine abrupte Umstellung der Grundfutterration erfolgen. Das Grundfutter muss eine hohe Verdaulichkeit und Schmackhaftigkeit aufweisen. Eine gute Fütterungstechnik (häufige Vorlage, freier Futterzutritt, Sauberkeit, Frische etc.) unterstützt die Grundfutteraufnahme. Ein Heuanteil von zumindest 20 % am Grundfutter ist zu empfehlen. Mit 130 kg Lebendgewicht nehmen die Kälber je nach Aufzuchtverfahren und Rationsgestaltung 3,2–3,6 kg TM Futter auf. Mit 180 kg Lebendgewicht werden etwa 4 kg TM gefressen. Gute Zunahmen werden hier erreicht, wenn in der Gesamtration eine Energiekonzentration von etwa 11 MJ ME und eine Rohproteinkonzentration von 17–18 % je kg TM gegeben sind.

Bei üblichen Grundfutterrationen werden 1–2 kg Kraftfutter pro Tag bis zu einem Gewicht von 180 kg empfohlen. Zur Deckung des Mineralstoff- und Vitaminbedarfs ist das Einmischen von 3–4 % einer calciumreichen und spurenelementbetonten Mineralstoffmischung zusätzlich zu 1–2 % Futterkalk in das Absetzkraftfutter zu empfehlen.

Eine gesunde Kälberaufzucht ist die Basis für eine gute Mastleistung und damit für eine wirtschaftliche Rindfleischerzeugung mit Ochsen, Kalbinnen und Stieren.

MILCHABSETZEN BEI ZUKAUFKÄLBERN

Für die Mast werden Kälber von den Mastbetrieben häufig zugekauft. Daher kann das Aufzuchtverfahren des Kalbes in den ersten Lebenswochen nicht direkt beeinflusst werden. Theoretisch müsste für jedes Kalb ein individuelles Aufzuchtverfahren bzw. ein eigener Absetztermin festgelegt werden. Da dies in der Praxis nicht möglich ist, sind Kompromisse erforderlich. Dabei muss das Tier und nicht der Rechenstift im Zentrum der Entscheidung stehen! Es bewährt sich, wenn 1.) eine Abstimmung (Fütterung, Management etc.) zwischen dem Kälberbetrieb (zumeist Milchviehbetrieb) und dem Mastbetrieb besteht, 2.) die Zukaufkälber von möglichst wenigen Betrieben kommen und 3.) am Mastbetrieb die Zukauftiere zumindest drei Monate getrennt von den vorhandenen Tieren (Quarantäne) aufgestallt werden können.

Wann von der Milch absetzen?

In der konventionellen Kälberaufzucht richtet sich das Milchabsetzen stark nach dem Gewicht bzw. dem Alter der Kälber (beim Zukauf) bzw. den individuellen Betriebszielen. Bio-Kälber müssen drei Monate mit (etwas) natürlicher Milch versorgt werden.

Zukauf mit 60–80 kg Lebendgewicht

Liegt beim Zukauf ein Gewicht von 60–80 kg vor, kann die Milchgabe bis etwa 100–110 kg Gewicht, zusätzlich zu Kraft- und Grundfutter, empfohlen werden. Die tägliche Milchmenge wird von 5–8 l (entspricht etwa 0,7–1,2 kg Milchaustauscherpulver) in der ersten Woche nach dem Zukaufen kontinuierlich um etwa 1 l pro Woche (150 g MAT) verringert. In der letzten Woche erfolgt die Milchgabe nur mehr einmal pro Tag. Die Kälber werden vier bis sechs Wochen nach dem Ankauf von der Milch abgesetzt.

Zukauf mit 80–100 kg Lebendgewicht

Mit einem Gewicht von 80–100 kg ist die milchlose Umstellung von Zukaufkälbern noch nicht zu empfehlen. Eine Ausnahme bilden Kälber, die bereits am Ursprungsbetrieb von der Milch abgesetzt wurden (Frühentwöhnung).

Zumeist ist der Einsatz von Milch bzw. Milchaustauschertränke bis 110–120 kg Lebendgewicht erforderlich. Die tägliche Milchmenge kann rasch (ca. drei bis vier Wochen) von ca. 6 kg (0,9 kg MAT) auf 2 kg (0,3 kg MAT) reduziert werden. Zusätzlich müssen herkömmliches Kälberkraftfutter und Grundfutter, zweimal täglich frisch zusätzlich zu Wasser, angeboten werden.

Zukauf mit 100–120 kg Lebendgewicht

Je nach Fütterung am Ursprungsbetrieb wäre die Absetzvariante bei diesen Kälbern zu gestalten. Da Informationen dazu häufig nicht vorhanden sind, kann als Kompromiss nach dem Ankauf zumeist noch eine kurze und restriktive Tränkeperiode (ca. zwei Wochen) empfohlen werden. In dieser Zeit sollen sich alle zugekauften Kälber möglichst rasch zum Wiederkäuer entwickeln. Daher wird die Tagesmilchmenge begrenzt und diese auch rasch von etwa 6 auf 2 l pro Tag reduziert.

Kälber, die am Herkunftsbetrieb bereits von der Milch abgesetzt wurden, können natürlich milchlos umgestellt werden. Wird jedoch eine rasche milchlose Umstellung mit unvorbereiteten Kälbern praktiziert, dann muss mit Durchfällen und schlechten Leistungen sowie erhöhter Krankheitsanfälligkeit gerechnet werden.

Zukauf über 120 kg Lebendgewicht

Diese Kälber können am Mastbetrieb milchlos gefüttert werden. Kälber, die sehr milchbetont aufgezogen wurden, sind erkennbar. Diese sollten entweder nicht für die Mast verwendet werden bzw. benötigen ebenfalls eine arbeitsaufwendige kurze Umstellungsfütterung mit geringen Milchgaben (ein bis zwei Wochen ca. 4 l Milch).

FÜTTERUNG DES ABGESETZTEN KALBES BIS MASTBEGINN

Je nach Aufzuchtverfahren (siehe oben) und Kälberherkunft werden die Kälber mit etwa 90–120 kg Lebendgewicht bzw. mit einem Alter von etwa sechs bis 14 Wochen vollständig von der Milch abgesetzt. In der Phase nach dem Milchabsetzen haben die Kälber einen hohen Nährstoffbedarf und können diesen nun nur mehr über Grund- und Kraftfutter decken. Der Verdauungstrakt des Jungrindes ist sehr „empfindlich“. Ein optimales Fütterungsmanagement ist daher erforderlich.

Grundfutterration nur behutsam umstellen

Im Zuge des Absetzens darf keine abrupte Umstellung der Grundfutterration erfolgen. Neue Rationskomponenten erfordern eine langsame Anpassung des Tieres und vor allem auch der Pansenmikroben. Das Grundfutter muss eine hohe Verdaulichkeit, Nährstoffkonzentration und Schmackhaftigkeit (= Qualität) aufweisen. Eine gute Fütterungstechnik (häufige Vorlage, freier Futterzutritt, Sauberkeit, Frische etc.) unterstützt die Grundfutteraufnahme und damit direkt auch die Entwicklung des Absetzkalbes. Ein Heuanteil von zumindest 20 % am Grundfutter ist zu empfehlen. Mit Grassilage sollte nicht zu früh (ab ca. 150 kg) begonnen werden. Die Herstellung von Trocken-TMR kann die Futteraufnahme erhöhen.

Kraftfutter auf das Grundfutter abstimmen

Wie bereits vor dem Absetzen ist auch nach dem Entzug der Milch eine Ergänzung mit Kraftfutter erforderlich. Dabei müssen jedoch folgende Punkte berücksichtigt werden:

- Der Nährstoffbedarf von Kälbern ist im Gewichtsbereich von 100–200 kg hoch. Kraftfutter ist daher erforderlich.
- Kälber fressen noch relativ geringe Grundfuttermengen. Ein unkontrollierter Kraftfuttereinsatz kann daher zu Verdauungsstörungen (Pansenübersäuerungen, Durchfällen) führen.

Mit 130 kg Lebendgewicht nehmen die Kälber je nach Aufzuchtverfahren und Rationsgestaltung 3,2–3,6 kg TM Futter auf. Mit 180 kg Lebendgewicht werden etwa 4,0–4,4 kg TM gefressen. Zur Vermeidung von Pansenübersäuerungen ist eine Kraftfutterbegrenzung nach dem Absetzen erforderlich. Da der Nährstoffbedarf der Absetzkälber jedoch entsprechend hoch ist, muss gleichzeitig aber eine Mindestversorgung mit Kraftfutter erfolgen. Es sollten daher nicht weniger als 1,5 und dürfen nicht wesentlich mehr als 2 kg Kraftfutter bis zum Beginn der Mast (150–180 kg) angeboten werden.

Bei Weidebeginn sollte das Weidefutter langsam in der Ration gesteigert werden.

Die Kraftfutterzusammensetzung ist auf die Zusammensetzung und die Qualität des Grundfutters abzustimmen.

In der Gesamtration ist eine Energiekonzentration von etwa 11 MJ ME und eine Rohproteinkonzentration von 16–18 % je kg TM anzustreben.

- Das Grundfutter weist je nach Art, Qualität und Maissilageanteil einen Eiweißgehalt von 10–15 % je kg TM auf. Zur Deckung des Eiweißbedarfs ist daher, je nach Grundfutterzusammensetzung, im Absetzkraftfutter ein Eiweißgehalt zwischen 20 und 25 % erforderlich.
- Die Eiweißkomponenten dürfen eine nicht zu hohe Pansenabbaubarkeit des Rohproteins aufweisen, zusätzlich ist eine ausgewogene Aminosäurenzusammensetzung erforderlich (Sojaprodukte, Leinkuchen etc.).
- Zur Schonung des Pansens vor hohen Mengen an rasch pansenabbaubaren Kohlenhydraten sollten im Kraftfutter neben Getreide auch 15–30 % Körnermais und 5–10 % Trockenschnitzel enthalten sein.

Anforderungen an das Kraftfutter nach dem Absetzen bis zum Beginn der Mast in Abhängigkeit vom Maissilageanteil (MS)

Grundfuttertyp		keine MS	50 % MS	80 % MS
Grassilage + Heu	%	100	50	20
Maissilage	%	0	50	80
Kraftfutter	kg FM	1,5–2	1,5–2	1,5–2
Energiegehalt	MJ ME/kg FM	11,0–11,2	11,0–11,2	11,0–11,2
Eiweißgehalt	% je kg FM	20–22	22–24	23–25

Mineralstoffergänzung nach dem Absetzen

Zur Deckung des Mineralstoff- und Vitaminbedarfs ist das Einmischen von 3–4 % einer calciumreichen und spurenelementbetonten Mineralstoffmischung zusätzlich zu 1–2 % Futterkalk in das Absetzkraftfutter erforderlich.

Haltung beim Milchabsetzen nicht umstellen

Nach Möglichkeit sollte das Milchabsetzen nicht mit einer Umstallung bzw. Umgruppierung zusammenfallen. Die Kälber sind in dieser Phase sehr stressempfindlich. Nur wenn eine saubere und ständig verfügbare Wasserversorgung gegeben ist, können die Kälber auch die entsprechenden Trockenfuttermengen aufnehmen.

Genetische Herkunft

Die genetischen Voraussetzungen der Tiere beeinflussen den Nährstoffansatz, die Futterverwertung, die Mast- und Schlachtleistung sowie die Fleischqualität und Schlachtreife. Die Auswahl der Genetik (Rasse, Kreuzung) muss sich daher an der Futtergrundlage und der Produktionsrichtung orientieren. Eine bunte Mischung an Kreuzungstieren und Rassen ist nicht zielführend.

FÜTTERUNG NACH DEM ANKAUF

Der Transport im Zuge des Zukaufs stellt eine Belastung für die Tiere dar. Nach dem Transport haben die Kälber zumeist einen Flüssigkeitsmangel. Der Flüssigkeitsbedarf darf jedoch nach der Ankunft am Betrieb nicht unmittelbar über Milch bzw. Milchtränken gedeckt werden. Es bewährt sich die kontrollierte Gabe von Tees bzw. von Elektrolytgetränken (z. B. 2 l schwarzer Tee + 100 g Traubenzucker + 2 TL Kochsalz). Erst einige Stunden nach der Ankunft sollten geringe Mengen an Milch bzw. Milchaustauschertränken angeboten werden (max. 2 l Milch am ersten Tag). Die Milchmenge darf in den ersten zwei Tagen nach dem Zukauf nur langsam gesteigert werden. Wenn Milchaustauscher eingesetzt werden, dann ist speziell bei den ersten Gaben die richtige Konzentration sehr entscheidend. Tränkeautomaten sind zu kalibrieren bzw. beim händischen Anrühren des Milchaustauschers (125 g MAT pro Liter) sollte eine Waage verwendet werden und auch die Anrührtemperatur muss passen (siehe Sackanhänger!). Die Tränkegabe erfolgt dann bei 39 °C. Grundsätzlich sollte in der Aufzucht in einem Durchgang der Milchaustauscher (Qualität/Herkunft) nicht häufig gewechselt werden.

Im Falle der milchlosen Umstellung ist die Kontrolle der Flüssigkeitsaufnahme der Kälber erforderlich. Auch hier ist der Einsatz von Tees oder Elektrolytgetränken anzuraten. Bestes Grundfutter und Kraftfutter müssen zweimal täglich frisch angeboten werden.

Der Futtertisch muss in jedem Fall einmal am Tag vollkommen leer sein und gereinigt werden. Die Wasserversorgung ist sicherzustellen. Viele Betriebe setzen zusätzlich Vitamin- und Spurenelementpräparate nach dem Einstellen ein. Betriebe berichten auch, dass der zeitlich-begrenzte (!) Einsatz von geringen Mengen an Futterkohle oder Tanninfaserprodukten bzw. Steinmehl Durchfälle vorbeugen können.

Haltung und Fütterung von Zukauftieren

Kälber

In der Rindermast ist das „Rein-Raus-Verfahren" zumeist nicht möglich. Jungtiere werden daher mehrmals pro Jahr nachgestellt. Eine strikte räumliche Trennung von Zukauftieren von den älteren Masttieren ist wichtig. Günstig wäre hier ein Zeitraum von zumindest acht bis zwölf Wochen. Der Quarantänestall (Zukauftiere) muss jedenfalls im „Rein-Raus-Verfahren" betrieben werden. Vor der neuerlichen Stallbelegung sind eine gründliche Reinigung und das Leerstehen für zehn bis 14 Tage notwendig. Speziell bei Kokzidienproblemen sollte der Stall desinfiziert werden. Wichtig ist, dass der Stall in der Leerstehzeit rasch und gut abtrocknet! Bei Spaltenböden kann das Einbringen von Fliegenlarvenmitteln hilfreich sein.

Der Quarantänestall muss hell, luftig, trocken und mit entsprechender Einstreu ausgestattet sein. Zugluft darf nicht auftreten. Ein befestigter Auslauf ist anzustreben. Die Haltung der Kälber in Außenklimaställen oder Kälberiglus ist bei Vorhandensein eines geschützten, trockenen und überdachten Liegebereiches zu empfehlen. Jedes Tier muss ständig Zutritt zu Futter und Wasser haben.

Einsteller

Eine gute Leistung der Einsteller ist neben der Genetik und Tiergesundheit ganz entscheidend mit der optimalen Umstellung der Tiere auf die Ausmast verbunden. Hier spielen die Haltung und Fütterung eine wichtige Rolle.

Eine zu rasche Futterumstellung führt zu einer geringeren Aktivität der Pansenmikroben, zu Verdauungsstörungen, Durchfällen und einer sinkenden Futteraufnahme. Täglich schwankende Rationszusammensetzungen, aber auch rasche Futtermittelumstellungen müssen daher vermieden werden!

Im ersten Monat sollte Kraftfutter gezielt eingesetzt werden. Die Tiere benötigen in der Umstellungszeit immer bestes Grundfutter. In den ersten zwei Wochen nach dem Zukauf muss die Kraftfuttermenge langsam gesteigert werden (von 1 auf 2 kg)!

Das Grundfutter sollte in seiner Zusammensetzung weitestgehend dem der Mutterkuhphase entsprechen. Da Maissilage auf Mutterkuhbetrieben zumeist fehlt, muss bei ihrem Einsatz in der Ausmast ebenso eine langsame Angewöhnung erfolgen. Dreimal tägliche Grund- und Kraftfuttervorlagen sind in der Umstellungszeit anzustreben! Auch der Wasserversorgung kommt eine besondere Rolle zu.

Besonders Jungrinder aus der Mutterkuhhaltung stellen hohe Ansprüche an die Haltungsbedingungen. Ausreichend große Boxen und möglichst einheitliche Gruppen sind notwendig. Bei Haltung auf Spaltenböden oder bei Anbindehaltung muss mit großen

Umstellungsschwierigkeiten gerechnet werden. Ein ruhiger Umgang mit den Tieren ist erforderlich. Bei Einstallung von Jungrindern im Spätherbst sollten die Tiere zumindest im Bereich des Rückens geschoren werden. Das Winterhaarkleid führt häufig zum Schwitzen. Eine Parasitenbehandlung und eine Kontrolle der Klauen sind im Zuge der Einstallung ebenfalls anzuraten.

Besonders Jungrinder aus der Mutterkuhhaltung stellen hohe Ansprüche an die Haltungsbedingungen.

FÜTTERUNG VON OCHSEN

Die Rindermast mit Ochsen findet vorwiegend im Grünlandgebiet statt. Aber auch in biologisch wirtschaftenden Ackerbauregionen wird das Rind zunehmend als wertvolles Fruchtfolgeglied gesehen. Hier werden leguminosenreiche Zwischenfrüchte verfüttert und damit bestes Rindfleisch erzeugt. Darüber hinaus fällt wertvoller organischer Dünger an.

Bei der herkömmlichen Ochsenmast werden die Tiere üblicherweise mit einem Alter zwischen 23 und 28 (max. 30) Monaten geschlachtet. Nur in seltenen Fällen erfolgt in Europa eine intensive Ausmast von Mutterkuh-Ochsen auf der Futterbasis Grassilage, Maissilage und Kraftfutter. Bei hoher Mastintensität sind die Ochsen in diesem Fall mit etwa 14 bis 17 Monaten bereits schlachtreif. Im Vergleich zur Bullenmast (Stiermast) ist unter intensiven Bedingungen der Futteraufwand jedoch höher, was bei der Beurteilung der Wirtschaftlichkeit zu beachten ist.

Nur mit gut ausgemästeten Ochsen kann eine hohe Schlachtkörper- und Fleischqualität erreicht werden.

Die Ochsenmast nimmt im Grünlandgebiet wieder zu.

Gegenüberstellung der Ochsenmastverfahren

	Intensive Mast	Mittelintensive Mast	Herkömmliche Mast	Extensive Mast
Schlachtalter, Monate	unter 14–17	18–22	23–28 (max. 30)	über 30 (unter 20 Monaten frühreife Rassen)
Herkunft der Tiere	Mutterkuhhaltung	Mutterkuhhaltung (Mast ab Kalb)	Mast ab Kalb bzw. Mutterkuhhaltung	Mutterkuhhaltung bzw. Mast ab Kalb
Mastendgewicht, kg	550–600	600–700	630–750	Je nach Rasse
Fütterung	Bestes Grundfutter + 2,5–4 kg Kraftfutter	Bestes Grundfutter + 1,5–2,5 kg Kraftfutter	Gutes Grundfutter, teilweise 1–3 kg Kraftfutter	Grundfutter (Kraftfutter evtl. Jugend bzw. Ausmast)
Fütterungsintensität	Durchgehend hoch	Nur zu Beginn 2. Jahr etwas reduziert	2. Jahr reduziert	Durchgehend extensiv
Weide in Mast	Nein bzw. begrenzt	Begrenzt	Ja	Ja
Ausmast vor Verkauf zumeist notwendig	Nein, da durchgehend hohe Intensität	Nein	Ja	Ja
Markenfleisch	Ja	Ja	Ja	Nein (Ausnahme Extensivrassen und Spezialprodukte)

Beispiel zu den Qualitätsanforderungen für Mastochsen in Vermarktungsprogrammen in Österreich (Stand 2019, Quellen Arge Rind, Rinderbörse bzw. AMA-Info)

	AMA-Gütesiegel-Ochse	Bio-Ochse	Bio-Qualitätsmastochse
Alter	Jünger als 30 Monate	Jünger als 30 Monate	Jünger als 26 Monate
Handelsklasse	E, U, R	Handelsklasse: E, U, R, O	E, U, R
Fettklasse	2, 3, 4	2, 3, 4	2, 3, 4
SK-Gewicht kalt	328,3–441 kg	-	300–436,1 kg
pH – 36 Stunden	Max. 5,80	Max. 5,80	Max. 5,80
Verträge	AMA-Gütesiegel Erzeugervertrag	Anerkannter Bio-Betrieb	Projektlistung bei Österr. Rinderbörse, Bio-Austria Mitglied, Regionalprojekt in OÖ

MASTINTENSITÄT WIE HOCH?

Die Mastintensität muss sich an den individuellen Betriebsgegebenheiten und den wirtschaftlichen Rahmenbedingungen orientieren. Zu Ersteren zählen die Flächenausstattung, die Futtergrundlage, die zur Verfügung stehende Arbeitszeit, die Gebäude- und Maschinenausstattung, die Weidemöglichkeiten und die persönlichen Präferenzen. Zu den wirtschaftlichen Einflussfaktoren sind vor allem das Angebot an Zukauftieren, die Absatzchancen für das Produkt und die Konkurrenzkraft unterschiedlicher Produktionszweige zueinander zu zählen.

Prinzipiell gilt:

- Eine kurze Mastdauer verringert den Futterbedarf pro kg Zuwachs, da der Anteil des Erhaltungsbedarfs am Gesamtbedarf verringert wird.
- Je länger die Mastdauer wird, desto kostengünstiger müssen die Produktionsbedingungen sein (Futter, Haltung, Arbeitszeit etc.).
- Mit zunehmender Mastdauer muss auch bei Ochsen mit einem leichten Rückgang der Zartheit und Saftigkeit des Fleisches gerechnet werden. Eine gute Marmorierung der wertvollen Teilstücke und eine entsprechende Fleischreifung sind dann besonders wichtig.
- Mastbetonte, großrahmige Tiere benötigen eine höhere Fütterungsintensität (Marmorierung, Fettabdeckung etc.) als frühreife Tiere.
- Frühreife Rassen erreichen auch unter extensiveren Bedingungen und bei geringerem Lebendgewicht die Schlachtreife.
- Wenn in der Aufmast extensive Phasen vorliegen, dann muss zumeist eine intensivere Ausmast vor dem Verkauf erfolgen.
- Bei extensiveren Mastbedingungen müssen zur Erreichung einer entsprechenden Schlachtkörperbeurteilung (Fleisch- und Fettklasse) höhere Mastendgewichte angestrebt werden.

Bei der herkömmlichen Ochsenmast wird die Mastintensität so gewählt, dass die Tiere mit 23 bis 28 (spätestens 30) Monaten schlachtreif sind. Es kann dadurch auch eine gute Schlachtkörper- und Fleischqualität erreicht werden.

Spätreife und großrahmige Rassen wie Charolais müssen auf höhere Mastendgewichte gemästet werden. Die Mastintensität muss bei diesen Tieren hoch sein. Nur dadurch wird mit 23 bis 28 (max. 30) Lebensmonaten eine entsprechende Schlachtkörper- und Fleischqualität (Fettabdeckung, Marmorierung) erzielt. Frühreife Rassen oder Kreuzungen mit frühreifen Rassen erreichen die Schlachtreife mit geringerem Lebendgewicht und können daher bis zur Schlachtung auch extensiver gefüttert werden. Extensiv- und Robustrassen (Hochlandrinder etc.) werden üblicherweise erst mit höherem Alter (26 bis 34 Monate) geschlachtet.

In Österreich werden für die Ochsenmast überwiegend Tiere der Rassen Fleckvieh, Pinzgauer, Gelbvieh sowie Kreuzungen von Zweinutzungsrassen bzw. Milchrassen mit Fleischrassen (Limousin, Charolais, Blonde d'Aquitaine, Blau-Weiße Belgier, Angus etc.) eingesetzt. Das Lebendgewicht bei der Schlachtung liegt dabei je nach genetischer Veranlagung zwischen 600 (frühreife) und 750 kg (spätreife).

Bei der herkömmlichen Form der Ochsenmast mit reinrassigen Fleckviehtieren bzw. Kreuzungen mit mittel- bis großrahmigen Fleischrassen sind durchschnittliche Tageszunahmen von etwa 800–1.000 g anzustreben. Dazu ist ein gutes Fütterungsmanagement erforderlich.

Wichtige Voraussetzungen für eine wirtschaftliche Ochsenmast

Ziel	Anforderung
Schlachtreife Ochsen mit 23 bis 28 (spätestens 30) Monaten; Ausnahme: intensive und mittelintensive Ochsenausmast aus der Mutterkuhhaltung	■ Gezielte Fütterung und Weidehaltung ■ Gute Futterqualität ■ Richtige Rassenauswahl ■ Tierartgemäße Haltungsbedingungen ■ Gewissenhafte Tierbetreuung ■ Gesundheitsvorsorge
Kostengünstiges Futter	■ Weidehaltung ■ Kostengünstige Grundfutterkonservierung ■ Preiswertes Kraftfutter
Geringe Stallplatzkosten	■ Preiswerte Um- und Neubauten ■ Nutzung von Altgebäuden
Arbeitszeitsparende Produktionstechnik	■ Weidehaltung, Fütterung, Haltung
Förderungen und Prämien optimieren	■ Anpassung der Produktionsbedingungen an Förderungsmaßnahmen
Vermarktung nach Möglichkeit als Markenfleisch	■ Zusammenarbeit mit Vermarktungsorganisationen ■ Produktionsbedingungen an Vorgaben angepasst, gute Qualität

Mast- und Schlachtleistungsergebnisse von Almochsen (STEINWIDDER u. Mit., 2008)

Rasse bzw. Kreuzung[1)]	FV	FV x LI	FV x CH	FV x WB	FV x MB	BV x LI	BV x WB	MUR x LI	MUR
Tiere, Anzahl	4273	912	90	91	169	14	16	20	163
Mastendgewicht, kg	694	682	693	676	668	692	677	646	664
Schlachtalter, Monate	27,6	26,0	27,1	26,9	26,6	26,1	24,4	26,2	27,5
Tageszunahmen, g	774	806	787	772	770	815	852	755	740
Schlachtkörper (SK w), kg	385	393	398	396	377	399	382	385	375
Ausschlachtung (w), %	55,5	57,7	57,2	58,6	56,5	56,7	57,0	58,3	56,3
Nettotageszunahmen (SK/Tage), g	459	497	483	484	466	503	515	483	449
EUROP Fleischklasse, E = 1 … . P = 5	2,6	1,9	2,1	1,9	2,2	2,3	2,4	1,8	2,1
EUROP Fettklasse, Pkt.	3,0	3,1	2,9	2,9	3,1	3,3	3,0	3,0	3,1

[1)] FV=Fleckvieh, LI = Limousin; CH=Charolais; WB=Weiß-Blaue Belgier, BV=Braunvieh; MUR=Murbodner

Ergebnisse österreichischer Ochsenmast-Arbeitskreisbetriebe (Quelle: BMNT, 2019)

Ergebnisse Betriebszweigauswertung Ochsenmast				
Kennzahlen	**Einheit**	**+ 25 %**	**Durchschnitt**	**– 25 %**
Ausgewertete Betriebe		5	20	5
Ausgewertete Tiere	Stück	104	521	131
Biologische Daten				
Einkaufsgewicht	kg	347	227	206
Lebendgewicht ab Hof	kg	736	701	703
Schlachtgewicht kalt	kg	389	379	382
Ausbeute	%	55,5	55,5	54,6
Tageszunahmen	g	988	896	882
Futtertage		445	547	584
Vorzeitige Abgänge	%	0,96	3,45	3,05
Verendungen	%	0	2,5	3,82
Fleischklassen				
E	%	1	0	1
U	%	46	42	32
R	%	49	55	63
O	%	4	3	4
Fettklassen				
2	%	9	16	10
3	%	81	72	86
4	%	10	12	4

Quelle: BMNT – Bundesauswertung Arbeitskreise Rindermast 2018

In den obigen Beispielen sind die derzeitigen Kriterien von Ochsen-Programmen in Österreich angeführt. Neueinsteiger in die Mast müssen sich rechtzeitig über aktuelle Anforderungen, Vermarktungswege etc. in der Region informieren.

OCHSENMASTVERFAHREN

Herkömmliche Ochsenmast

Wenn die Schlachtung der Ochsen mit 23 bis 28 (spätestens 30) Monaten erfolgen soll, dann sind zur Erreichung des optimalen Schlachtkörpergewichtes mittlere Tageszunahmen von 800–950 g erforderlich. Die herkömmliche Ochsenmast kann ab Kalb bzw. mit Jungochsen aus der Mutterkuhhaltung erfolgen. Dieses Mastverfahren wird üblicherweise auf Grünlandbetrieben bzw. biologisch wirtschaftenden Betrieben mit Weide- und Almhaltung umgesetzt.

- Bei der **Ochsenmast ab Kalb** muss im Vergleich zur Ochsenausmast aus der Mutterkuhhaltung dem Fütterungsmanagement höhere Beachtung geschenkt werden. Besonders wichtig ist das Erreichen einer zügigen Jugendentwicklung. Daneben müssen in der weiteren Aufmast Phasen mit geringen Zunahmen (zumeist Weide) durch intensivere Fütterung im Stall wieder kompensiert werden. In den letzten zwei bis drei Monaten vor dem Verkauf ist eine intensive Ausmast erforderlich.
- Im Vergleich zur Mast ab Kalb können **Ochsen, die aus der Mutterkuhhaltung kommen,** danach mit geringerer Intensität gefüttert werden. In der Mutterkuhphase (Geburt bis etwa 300 kg) erreichen Jungochsen Zunahmen von 0,9–1,2 kg. Mit Ausnahme der letzten drei Monate vor dem Verkauf, wo unbedingt eine gezielte intensive Ausmast erfolgen muss, reichen daher Zunahmen von etwa 750–800 g aus. Bei intensiveren Fütterungsbedingungen müssen die Tiere vor dem 23. Monat geschlachtet werden.

Intensive Ochsenausmast

Bei der **intensiven Ochsenausmast aus der Mutterkuhhaltung** werden die Ochsen nach dem Absetzen von der Mutterkuh auf hoher Fütterungsintensität über etwa vier bis sieben Monate intensiv ausgemästet. Hohe Gewichtszunahmen und eine kurze Mastdauer verlangen eine „schonende" Umstellung der Tiere auf die Ausmast. Bestes kostengünstiges Grund- und Kraftfutter sind erforderlich. Bei diesem Verfahren werden in der gesamten Mastphase Tageszunahmen von 1,1 kg angestrebt. Die intensive Ochsenausmast ist in Europa nicht üblich, denn in Gunstlagen wird auf die Jungstiermast gesetzt.

Bei der extensiven Ochsenmast wird zunehmend auf Extensivrassen zurückgegriffen.

Mittelintensive Ochsenmast

Bei der **mittelintensiven Ochsenmast** wird ein Schlachtalter zwischen dem 18. und 22. Lebensmonat angestrebt. Die durchschnittlichen Tageszunahmen sollten zwischen 900–1.050 g liegen. Zumeist wird nur eine kurze extensive Fütterungsphase im zweiten Lebensjahr (Bereich von 350–450 kg Lebendgewicht) über einen Zeitraum von drei bis fünf Monaten eingeplant. Dadurch kann eine frühzeitige Verfettung verhindert werden. Ansonsten werden die Ochsen auf relativ hohem Niveau versorgt. Die Schlachtung der Ochsen (Fleckviehtiere bzw. Kreuzungen mit mittel- bis großrahmigen Fleischrassen) kann zwischen 600 und 700 kg empfohlen werden. Dieses Verfahren wird unter den derzeitigen Rahmenbedingungen in der Praxis nur vereinzelt angewandt.

Extensive Ochsenmast

Bei diesem Verfahren werden die Ochsen unter extensiven Bedingungen gemästet. Dabei steht nicht nur die Produktion, sondern auch die Bewirtschaftung und Pflege des Grünlandes im Vordergrund. Es wird hier vor allem auf genügsame Extensivrassen zurückgegriffen. Die Vermarktung der Tiere bzw. des Fleisches muss zumeist vom Betriebsführer organisiert werden. Teilweise werden aber auch frühreife Rassen (Angus etc.), nach dem Absetzen von der Mutterkuh, extensiv ausgemästet.

FUTTERAUFNAHME UND NÄHRSTOFFBEDARF

Auch in der Ochsenmast stellt die Futteraufnahmekapazität (Pansenvolumen) den begrenzenden Faktor in der Nährstoffaufnahme des Tieres dar. Daher muss auf die Futterqualität sowie die rechtzeitige Ernte des Grundfutters großes Augenmerk gelegt werden. Mit fortschreitendem Vegetationsstadium gehen die Verdaulichkeit von Grünlandfutter und damit die Futteraufnahme deutlich zurück (siehe Tabelle). Die Futteraufnahme steigt von etwa 3–3,5 kg mit 150 kg Lebendgewicht auf 10–11 kg TM mit 600–650 kg Lebendgewicht an. Bei hohem Gewicht (über 700 kg) sind auch tägliche TM-Aufnahmen von 11–12 kg möglich. Die mittlere Futteraufnahme liegt bei der Mast ab Kalb (150 kg) bei 8,3–9,0 kg TM. Bei der Ochsenmast aus der Mutterkuhhaltung beträgt sie 8,9–9,3 kg TM.

Auch der Energie- und der Nährstoffbedarf nehmen im Mastverlauf zu. Die notwendige Nährstoffkonzentration variiert jedoch im Verlauf der Ochsenmast. Daher ist eine dem Lebendgewichtsbereich angepasste Fütterung notwendig. Zu Mastbeginn und in der Ausmast bestehen die höchsten Anforderungen an die Fütterung.

Richtwerte zur Futteraufnahme und zum Nährstoffbedarf von Mastochsen (Rasse Fleckvieh – herkömmliche Ochsenmast)

Alter	Zunahmen	Gewicht	TM-Aufnahme	Energiebedarf		Rohproteinbedarf
Monate	g/Tag	kg LG	kg TM/Tag	MJ ME/Tag	MJ ME/kg TM	g/kg TM
1– 4	600–850	bis 160	1,0–3,5	20–40	20,0–11,8	250–190
5–6	850	160–210	3,4–5,3	41–50	11,8–9,9	170
7–8	850	210–260	5,3–6,7	51–60	9,8–9,5	135
9–11	800	260–330	6,7–7,7	61–72	9,4	120
12–14	800	330–400	7,8–8,7	73–83	9,4	115
15–17	800	400–470	8,8–9,3	84–93	9,6	115
18–20	800	470–550	9,4–10,1	94–104	10,1	115
21–23	850	550–630	10,0–10,5	105–113	10,2–10,4	115
24–25	850	630–690	10,5–11,5	115–125	10,3–10,7	115

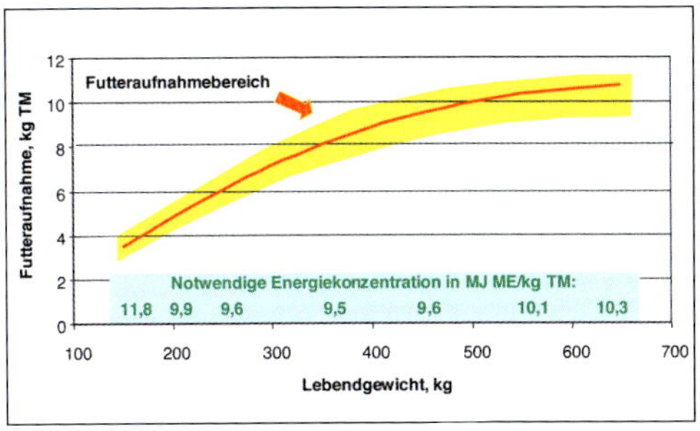

Futteraufnahme im Mastverlauf (Ø Tageszunahmen 850 g)

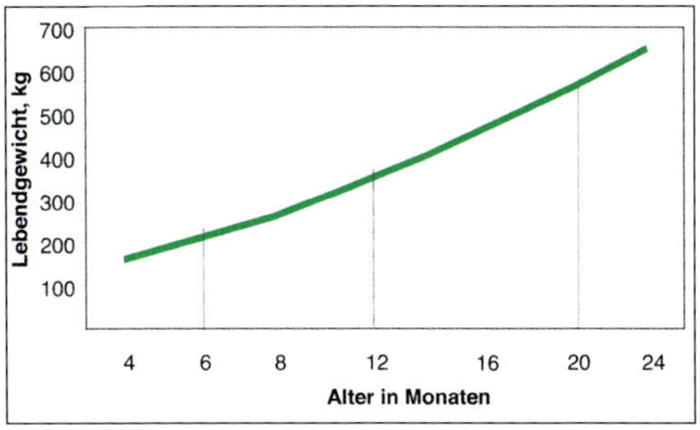

Entwicklung des Lebendgewichtes im Mastverlauf (Ø Tageszunahmen 850 g – herkömmliche Ochsenmast)

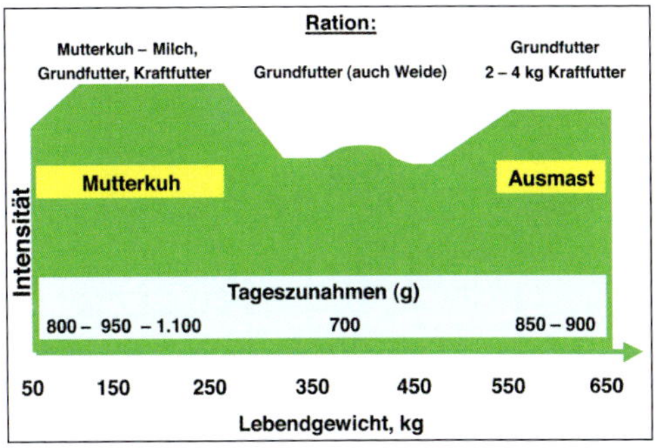

Anzustrebende Fütterungsintensität bei der Ochsenmast ab Kalb bei Schlachtung mit 23–25 Lebensmonaten

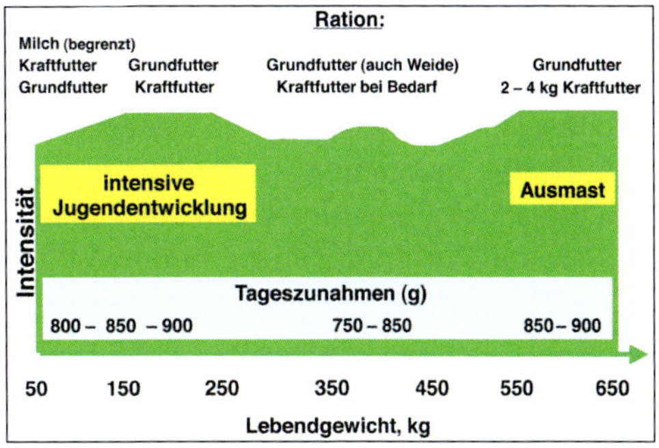

Anzustrebende Fütterungsintensität bei der Ochsenmast aus der Mutterkuhhaltung bei Schlachtung mit 23–25 Lebensmonaten

FÜTTERUNG IN DER HERKÖMMLICHEN OCHSENMAST

Im **ersten Lebensjahr** muss eine relativ hohe Energie- und Eiweißversorgung gegeben sein. Futterumstellungen sind sehr schonend durchzuführen. Die Jungochsen haben keine Möglichkeit zu kompensatorischem Wachstum – Leistungseinbrüche werden nicht wieder aufgeholt. Bei der Ochsenmast ab Kalb sind Tageszunahmen über 800 g erforderlich. Ochsen, die bis zum achten bis zehnten Monat bei den Mutterkühen gehalten werden, erreichen Zunahmen von etwa 1 kg. Mutterkuhochsen müssen „gezielt und schonend" von der Kuh abgesetzt werden.

Ab dem 10.-12. Lebensmonat ist eine geringere Fütterungsintensität möglich. Die Weide- und Almhaltung sind hier empfehlenswert. Die Tiere können im zweiten Lebensjahr Phasen mit geringerem Zuwachs (Weide, Alm etc.) in der Folgeperiode wieder kompensieren. In der Ochsenmast ab Kalb können schlechtere Entwicklungsphasen auf der Weide im Stall daher wieder aufgeholt werden. Ochsen aus der Mutterkuhhaltung benötigen nach dem gezielten Absetzen nur eine mäßige Fütterungsintensität.

Zu **Mastende** muss zumeist eine gezielte Ausmast über zwei bis drei Monate durchgeführt werden. In dieser Zeit dürfen keine Futterumstellungen mehr erfolgen. Kraftfutter ist hier oft erforderlich. Wenn gelbes Fett am

Schlachtkörper in der Vermarktung Probleme bereitet, dann müsste zu Mastende (über etwa zwei bis drei Monate) auf die Fütterung von karotinreichen Futtermitteln (Grünfütterung, Weide, Grassilage) weitestgehend verzichtet und mehr Getreide bzw. industrielle Nebenprodukte gefüttert werden.

Fütterung bei 150–250 kg Lebendgewicht

Die Grundlagen für gute Zunahmen werden bereits in der Kälberaufzucht und beim Absetzen der Kälber von der Milch gelegt. Kälber, die in den ersten Lebensmonaten sehr viel Milch erhalten, sind für die Mast problematisch (siehe Kapitel „Kälberaufzucht für die Mast").

Auch bei optimaler Kälberaufzucht stellt von 150–250 kg Lebendgewicht das **Pansenvolumen einen stark limitierenden Faktor** in der Nährstoffversorgung dar. Hier muss daher zur Sicherung der notwendigen Tageszunahmen stets **energiereiches Grundfutter, in Kombination mit Kraftfutter**, zur freien Aufnahme eingesetzt werden. Jungochsen haben keine Möglichkeit zu kompensatorischem Wachstum!

- Zusätzlich zu bestem Grundfutter benötigen die Mastochsen zu Mastbeginn daher zumeist auch etwas Kraftfutter. Mit 150 kg Lebendgewicht sollten etwa 1,5 kg (1–2) und mit 250 kg Lebendgewicht etwa 1 kg (0,5–1,5) Kraftfutter eingesetzt werden.
- Der Eiweißgehalt des Kraftfutters muss auf das Grundfutter und das Gewicht der Kälber abgestimmt werden. Bei jungen Tieren sind bei reinen Grünlandrationen 16–18 % Rohprotein und bei Rationen mit Maissilage 18–20 % Rohprotein je kg Kraftfutter Frischmasse erforderlich (siehe Tabelle). Im Durchschnitt sind von 150–250 kg Lebendgewicht etwa 150–250 kg Kraftfutter pro Tier anzusetzen.
- Die Mineralstoff- und die Vitaminergänzung kann entweder durch Einmischen von Mineralstoffträgern in das Kraftfutter oder durch getrennte Vorlage (Streuen über Grundfutter, Lecksteine etc.) erfolgen. Es kann eine Mineralstoffergänzung im Umfang von 60–70 g calciumreicher Mineralstoffmischung + 20 g Futterkalk (oder 80–90 g calciumreicher Mineralstoffmischung) empfohlen werden.
- Optimale Haltungsbedingungen und eine einwandfreie Trinkwasserversorgung sind Grundvoraussetzungen für gesunde, frohwüchsige Tiere!
- Bei Weidehaltung sollten den Tieren unter einem Lebensalter von neun Monaten jedenfalls zusätzlich konserviertes Futter

Unter 250 kg Lebendgewicht sollten die Jungochsen nicht vollständig mit Weidefutter gefüttert werden – ein Unterstand mit Beifütterungsmöglichkeit ist daher notwendig.

Aktuelle Arbeiten von STEINWIDDER u. Mit. (2019) zeigen, dass Fleckviehochsen von 250–700 kg auch ohne Kraftfutter mit guter Weide bzw. Grassilagefütterung im Winter gemästet werden können. Die Tageszunahmen lagen über die gesamte Mastperiode zwischen 850 und 950 g.

(Heu, Grassilage, Maissilage), Kraftfutter sowie ein trockener, zugluftfreier Unterstand angeboten werden. Zu Weidebeginn ist auch die langsame Angewöhnung (zumindest zwei Wochen) an das Grünfutter wichtig! Eine regelmäßige Beobachtung der Tiere (z. B. Parasitendruck) ist hier besonders wichtig.

Beispiele für Kraftfuttermischungen zu Mastbeginn (Grundfutter: Grassilage und Heu)

		KF1	KF2	KF3	KF4	KF5	KF6
Getreide[1]	%	36	56	57	50	56	56
Körnermais	%	25	-	21	21	-	10
Weizenkleie	%	-	10	-	-	10	-
Trockenschnitzel	%	10	10	-	-	-	-
Rapskuchen oder -extraktionsschrot[3]	%		20	-	-	15	-
Sonnenbl.-kuchen oder -extraktionsschrot[3]	%	25	-	-	25	-	-
Sojakuchen oder -extraktionsschrot[3]	%	-	-	18	-	-	-
Erbsen	%	-	-	-	-	15	10
Schlempe getrocknet	%	-	-	-	-	-	20
Mineralstoffergänzung[2]	%	4	4	4	4	4	4
Energie (ME)	MJ/kg FM	10–11					
Rohprotein	%/kg FM	15–16					

[1] Getreide: Eine Kombination mehrerer Getreidearten wird empfohlen. Der Anteil an Weizen, Roggen bzw. Hafer sollte 50, 30 bzw. 20 % in der Gesamtmischung nicht übersteigen.
[2] 3 % calcium- und spurenelementreiche Mineralstoffmischung + 1 % Futterkalk oder 4 % calciumreiche Mineralstoffmischung
[3] Extraktionsschrote sind in der Bio-Tierhaltung nicht erlaubt (Extraktion mittels Lösungsmitteln)

Fütterung bei 250–550 kg Lebendgewicht

Bei guter Grundfutterqualität und ausreichender Futtervorlage ist von 250–550 kg Lebendgewicht **keine Kraftfutterergänzung notwendig**. Die Weidehaltung kann hier empfohlen werden. Kraftfutter muss nur dann eingesetzt werden, wenn in der Ochsenmast ab Kalb Tageszunahmen von etwa 800 g nicht erreicht werden können. Vor allem bei Alm- und extensiver Weidehaltung dürfen die Qualität und das Angebot des Grundfutters nicht überschätzt werden. Hier können häufig nur Zunahmen zwischen 600 und 700 g ohne Beifütterung erreicht werden. In diesen Fällen kann nach der Alpungs- bzw. extensiven Weidesaison das kompensatorische Wachstum im Stall gezielt ausgenutzt werden. Dazu kann in der folgenden Stallfütterungsperiode eine Ergänzung des qualitativ guten Grundfutters mit 1–2 kg Kraftfutter über einen Zeitraum von etwa zwei Monaten empfohlen werden. Bei reinen Grünlandrationen reicht in diesem Lebendgewichtsbereich als Kraftfutter eine Getreidemischung aus. Der Einsatz von Eiweißfuttermitteln (10–20 % in der Mischung) ist nur bei höheren Maissilagemengen erforderlich.

Im Gewichtsbereich von 250–550 kg ist eine Ergänzung der Ration mit Viehsalz

(20 g) und einer calciumbetonten Mineralstoffmischung (30–50 g) empfehlenswert.

In der herkömmlichen Ochsenmast kann die Weide- und Almhaltung im Lebendgewichtsbereich von 300–550 kg empfohlen werden.

In der Ausmast muss bestes Grundfutter zur freien Aufnahme und zusätzlich 2–4 kg Kraftfutter gefüttert werden.

Die Ausmastintensität und der Verkaufstermin sind an die Körperkondition anzupassen.

Optimaler Mastbeginn von Einstellern

In die Ochsenmast kommen sowohl Kälber als auch Einsteller. Je nach Marktangebot, Produktionsmöglichkeit und Wirtschaftlichkeit werden sich diese Systeme von Betrieb zu Betrieb unterscheiden. Zunehmend werden Ochsen auch direkt auf den Mutterkuhbetrieben ausgemästet. Dabei treten die geringsten Umstellungsprobleme auf.

Je nach Höhe der Milch-, Grund- und Kraftfutteraufnahme kommen Einsteller mit einem mehr oder weniger gut entwickelten Verdauungstrakt (Pansen) in die Mast. Beim Einstellen muss ein Einbruch in der Leistung vermieden werden. Dazu ist eine gezielte Fütterung über ein bis zwei Monate notwendig:

- Die Tiere benötigen in dieser Umstellungszeit bestes Grundfutter sowie eine Ergänzung mit etwa 2 kg (1–2,5) Kraftfutter pro Tag. Je nach Grundfutterzusammensetzung sollte eine Getreidemischung (Grünlandration) bzw. bei Grünland- und Maissilagerationen eine Mischung aus Getreide und Eiweißträgern (13–16 % Rohprotein pro kg Kraftfutter FM) eingesetzt werden.
- Da die Einsteller aus der Mutterkuhhaltung bei den Mutterkühen etwa Tageszunahmen von 1 kg erreichen, kann nach der zweimonatigen Übergangsfütterungsphase eine extensivere Aufmast bis etwa 550 kg (= Beginn der Ausmast) erfolgen. Tageszunahmen von 700 g reichen in diesem Abschnitt in der herkömmlichen Ochsenmast aus.

Fütterung in der Ausmast

Für eine gute Schlachtkörper- und Fleischqualität ist in der herkömmlichen Ochsenmast eine gezielte Ausmast zu empfehlen. Dies gilt sowohl für die Ochsenmast ab Kalb als auch für die Ochsenmast aus der Mutterkuhhaltung! In der letzten Phase vor der Schlachtung werden vor allem die notwendige Fettabdeckung des Schlachtkörpers (Fettklasse 2–3) und die Marmorierung des Fleisches erreicht. Zusätzlich kann bei Bedarf der zu intensiven Gelbfärbung des Fettes gegengesteuert werden. Eine Schlachtung der Ochsen unmittelbar nach der Alm- bzw. einer extensiven Weidehaltung ist zumeist nicht erfolgversprechend, da die geforderten Qualitäten oft nicht erreicht werden.

Gezielte Fütterung wichtig

In der Ausmast muss die Energiekonzentration der Ration angehoben werden. Daher wird üblicherweise bestes Grundfutter mit Kraftfutter kombiniert. Ist am Betrieb Maissilage vorhanden, dann wird diese in der Ausmast am sinnvollsten eingesetzt. Um die Fütterung optimal steuern zu können, wird auf Vollweidehaltung in der Ausmast üblicherweise verzichtet. Die Höhe der Kraftfuttergabe richtet sich in der Ausmast nach der tatsächlichen Qualität des Grundfutters, der genetischen Veranlagung der Tiere (Rasse/Linie etc.) und den erzielten Zunahmen in der vorangegangenen Mast. Das Ergebnis der regelmäßigen Beurteilung der Körperkondition muss ebenfalls bei der Ausmastdauer und dem Kraftfutterangebot berücksichtigt werden.

Je nach notwendiger Dauer bzw. Intensität sind in der Ausmast pro Mastochse zumeist etwa 100–250 kg Kraftfutter zusätzlich zum Grundfutter erforderlich (siehe Tabelle).

Richtzahlen für den Kraftfutterbedarf in der Ausmast in Abhängigkeit von der Grundfutterqualität, Ausmastdauer und den Zunahmen in der vorangegangenen Mast

Grundfutterqualität und Ausmastdauer								
Grundfutterqualität	hoch				sehr hoch			
Ausmastdauer	2 Monate		3 Monate		2 Monate		3 Monate	
Zunahmen Vorperioden	gut	mäßig	gut	mäßig	gut	mäßig	gut	mäßig
Kraftfutter, kg FM/Tier u. Tag	2,0	3,0	1,5	2,5	1,5	2,5	1,0	2,0
Kraftfutterbedarf Ausmast, kg	120	180	135	225	75	150	90	180

In der Ausmast ist der Eiweißansatz – und damit der Eiweißbedarf – relativ gering. Daher kann das Kraftfutter bei reinen Grünlandrationen ausschließlich aus kostengünstigen eiweißarmen Komponenten (Getreide etc.) bestehen. Nur wenn Maissilage in größeren Mengen eingesetzt wird, müssen je nach Maissilageanteil und täglicher Kraftfuttermenge eiweißreiche Komponenten (5–25 %) in das Kraftfutter eingemischt werden (siehe Tabelle).

Die notwendige Ergänzung mit Viehsalz (20 g/Tag) und einer calciumbetonten Mineralstoffmischung (30–50 g/Tag) kann durch Einmischen in das Kraftfutter oder getrennte Fütterung erfolgen.

Beispiele für Kraftfuttereigenmischungen in der Ausmast (hier: Mineralstoffergänzung durch getrennte Vorlage)

Maissilage in % des Grundfutters		0 KF1	0 KF2	30 KF3	30 KF4	30 KF5	30 KF6	30 KF6
Getreide[1)]	%	75	100	90	60	75	75	60
Körnermais[2)]	%	25	-	-	25	15	15	15

Maissilage in % des Grundfutters		0 KF1	0 KF2	30 KF3	30 KF4	30 KF5	30 KF6	30 KF6
Rapskuchen oder -extraktionsschrot[3]	%	-	-	-	-	10	-	-
Sonnenblumenkuchen oder -extraktionsschrot[3]	%	-	-	-	15	-	-	-
Sojakuchen oder -extraktionsschrot[3]	%	-	-	10	-	-	-	-
Erbsen	%	-	-	-	-	-	-	25
Schlempe getrocknet	%	-	-	-	-	-	15	-
Umsetzbare Energie (ME)	MJ/kg FM	11,3–11,9	-	11,3–11,8	-	-	-	-
Rohprotein	%/kg FM	10–11	-	13–14	-	-	-	-

[1] Getreide: Eine Kombination mehrerer Getreidearten wird empfohlen
[2] Körnermais: Vor allem bei geringen Kraftfuttermengen weniger als 30 % im Kraftfutter einsetzen
[3] Extraktionsschrote sind in der Bio-Tierhaltung nicht erlaubt (Extraktion mittels Lösungsmitteln)

Intensive Ochsenausmast aus der Mutterkuhhaltung

Eine besondere Form der Ochsenmast ist die intensive Ausmast von Mutterkuhochsen, welche jedoch in Mitteleuropa nicht üblich ist. Bei diesem Mastverfahren erreichen die Ochsen Tageszunahmen (Geburt bis Schlachtung) von etwa 1.100 g und mehr. Aufgrund der hohen Fütterungsintensität sind die Ochsen mit einem Alter von 14 bis 17 Monaten und einem Gewicht von 550–600 kg bereits schlachtreif. Eine mastbetonte Genetik ist optimal (z. B. FV x großrahmige Fleischrassen). In der intensiven Ausmast werden bestes Grundfutter mit 2–4 kg Kraftfutter kombiniert. Der Einsatz von Maissilage ist günstig. Mit steigendem Maissilageanteil muss der Eiweißgehalt im Kraftfutter erhöht werden. In der Gesamtration darf ein Eiweißgehalt von 13–14 % zu Mastbeginn (350 kg LG) und 11–12 % zu Mastende nicht unterschritten werden. Die Ergänzung der Ration mit 60–70 g Mineralstoffmischung, 10 g Viehsalz und 10–20 g Futterkalk ist erforderlich. In der Ausmastphase (300–600 kg) sind etwa 600–1.000 kg FM Kraftfutter und 1.900–2.300 kg TM Grundfutter erforderlich.

Weidehaltung ist in der Ochsenmast üblich.

Eine gute Leistung der Ochsen ist mit der optimalen Umstellung auf die Ausmast verbunden. Hier spielen Haltung und Fütterung eine wichtige Rolle. Bei Zukaufochsen muss im ersten Monat eine Anfütterung an das Kraftfutter erfolgen. Die Tiere benötigen in der Umstellungszeit bestes Grundfutter sowie eine langsam steigende Ergänzung von 1,5 auf etwa 3 kg Kraftfutter pro Tag.

Das Grundfutter sollte in der Umstellungszeit in seiner Zusammensetzung weitestgehend dem der Mutterkuhphase entsprechen. Da Maissilagen auf Mutterkuhbetrieben

Fleischbetonte großrahmige Rassen oder Kreuzungen damit eignen sich sehr gut für die intensive bzw. mittelintensive Mast.

zumeist fehlen, muss beim Einsatz von Maissilage ebenfalls wie beim Kraftfutter eine langsame Angewöhnung erfolgen. In der Umstellungszeit sollte die Grund- und Kraftfuttervorlage dreimal täglich erfolgen! Die Wasserversorgung ist immer sicherzustellen.

Tiere aus der Mutterkuhhaltung stellen hohe Ansprüche an die Haltungsbedingungen. Ausreichend große Boxen und möglichst einheitliche Gruppen sind notwendig. Bei Haltung auf Spaltenböden oder bei Anbindehaltung muss mit Umstellungsschwierigkeiten gerechnet werden. Ein ruhiger Umgang ist unbedingt erforderlich. Bei der Einstallung im Spätherbst sollten die Tiere zumindest im Rückenbereich geschoren werden. Eine Kontrolle der Parasitenbelastung und eine Kontrolle der Klauen sind im Zuge der Einstallung ebenfalls erforderlich. Die geringsten Umstellungsschwierigkeiten ergeben sich, wenn die intensive Ochsenausmast direkt am Mutterkuhbetrieb erfolgt.

Rationsbeispiele[1] für die intensive Ochsenausmast aus der Mutterkuhhaltung bei unterschiedlichem Maissilageanteil

Lebendgewicht	kg	400								550							
Tageszunahmen	g	1.100–1.200								950–1.050							
Grassilage, Heu	% v. GF	100		60		40		0		100		60		40		0	
Maissilage	% v. GF	0		40		60		100		0		40		60		100	
Kraftfutter	kg FM	3,0	3,0	2,7	2,7	2,4	2,5	1,8	1,9	4,0	4,0	4,0	4,0	3,9	3,9	3,6	3,6
Kraftfutterzusammensetzung																	
Getreide[2]	%	65	70	60	65	60	55	33	30	65	70	65	57	60	60	61	52
Körnermais	%	35	30	30	25	20	20	20	0	35	30	25	25	20	24	20	15
Rapskuchen oder -extraktionsschrot[3]	%	0	0	0	12	0	15	0	25	0	0	0	8	0	8	0	16
Sonnenblumenkuchen oder -extr.schrot[3] / Schlempe, getrocknet	%	0	0	0	0	0	10	0	20	0	0	0	0	0	0	0	2
Sojakuchen- oder -extraktionsschrot[3]	%	0	0	10	0	20	0	47	0	0	0	5	0	10	0	19	0
Erbse/Ackerbohne	%	0	0	0	0	0	0	0	25	0	0	0	0	0	8	0	10

Lebendgewicht kg	400	550
Tageszunahmen g	1.100–1.200	950–1.050
Gesamtration		
Futteraufnahme kg TM	8,4–8,7	8,9–9,3
Energie MJ ME/kg TM	10,4–10,8	11,1–11,4
Eiweiß %/kg TM	13	11–12

1) Energiegehalt je kg TM: Grassilage: 9,8 MJ ME; Heu: 9,3 MJ ME; Maissilage: 10,6 MJ ME
Mineralstoffergänzung: 60–70 g calciumreiche Mineralstoffmischung + 10 g Viehsalz + 10–20 g Futterkalk pro Tag
2) Getreide: Eine Kombination mehrerer Getreidearten wird empfohlen. Der Anteil an Weizen, Roggen bzw. Hafer sollte 50, 30 bzw. 20 % in der Gesamtmischung nicht übersteigen.
3) Extraktionsschrote sind in der Bio-Tierhaltung nicht erlaubt (Extraktion mittels Lösungsmitteln)

Mittelintensive Ochsenmast

Bei der mittelintensiven Ochsenmast wird ein Schlachtalter zwischen dem 18. und 22. Lebensmonat angestrebt. Es sollen durchschnittliche Tageszunahmen zwischen 950 und 1.100 g erzielt werden. Im Gegensatz zur herkömmlichen Ausmast von Mutterkuhochsen muss nach der Übergangsfütterung, im Anschluss an das Absetzen, auf eine gute Versorgung der Tiere Wert gelegt werden. Trotzdem sollte auf eine extensive Phase (max. drei bis fünf Monate) im Gewichtsbereich von etwa 350–500 kg nicht verzichtet werden. In dieser Zeit benötigen die Ochsen kein Kraftfutter und können auch auf Weiden und Almen gehalten werden. Dadurch kann eine frühzeitige Verfettung verhindert werden. Danach ist eine durchgehende und relativ intensive Ausmast bis zur Schlachtung (bestes Grundfutter und 1,5–3 kg Kraftfutter) erforderlich. Die Schlachtung der Ochsen (Fleckviehtiere bzw. Kreuzungen mit mittel- bis großrahmigen Fleischrassen) sollte zwischen etwa 600 und 680 kg erfolgen.

Durch die Kastration sind Ochsen ruhiger und können problemlos auf Weiden gehalten werden.

KASTRATION – MIT VERANTWORTUNG

Die Kastration von männlichen Kälbern wird üblicherweise mit einem Alter von etwa drei (zwei bis sechs) Monaten durchgeführt. Aus Tierschutzgründen ist vor der Kastration eine Schmerzausschaltung durch den Tierarzt vorgeschrieben. Der Einsatz von Gummiringen zur unblutigen Kastration ist in Österreich verboten. Je nach gesetzlicher Regelung muss entweder die blutige Kastration oder kann eventuell auch die unblutige Kastration mit der „Burdizzo-Zange“ durchgeführt werden.

Bei milchbetonten Tieren wird üblicherweise die Kastration in der Zeit vom dritten bis sechsten Lebensmonat durchgeführt. Dadurch wird eine etwas stärkere Ausbildung des männlichen Charakters erreicht. Fleischrassen können mit gutem Erfolg früher kastriert werden. Ein früher Kastrationszeitpunkt erhöht die Einlagerung von intramuskulärem

Fett in das Muskelfleisch. Dadurch wird die Fleischqualität verbessert. Bei der Festlegung des Kastrationszeitpunktes und auch bei der Durchführung der Kastration muss sich der Landwirt der Verantwortung gegenüber dem Tier und den Erwartungen der Konsumenten bewusst sein. Das Image der Ochsenmast darf durch Kompromisse nicht gefährdet werden!

KÖRPERKONDITION IN DER AUSMAST REGELMÄSSIG BEURTEILEN!

Die Beurteilung der Körperkondition dient der Kontrolle des Ernährungszustandes (Fett- u. Fleischauflage) von Rindern. Mit etwas Erfahrung kann damit der Ausmästgrad der Tiere gut abgeschätzt werden. Empfindliche Preisabschläge aufgrund mangelnder Schlachtkörperqualität (z. B. Fettabdeckung) können dadurch vermieden werden.

Bei der Beurteilung wird der Ernährungszustand der Tiere mit Punkten von 1–5 in 0,25 Punkteschritten bewertet. Extrem dünne Tiere erhalten 1,0 Punkte – extrem verfettete Tiere 5,0 Punkte. Dabei werden der Schwanzansatz, der Sitzbeinhöcker und die Rippen optisch und nach Möglichkeit auch durch Betasten („Fleischergriffe“) beurteilt. Hier sollte eine Fettauflage sehr gut ertastbar sein. Je nach Ausmästgrad müssen dann die Kraftfuttermenge und eventuell auch die Ausmastdauer angepasst werden. Zur Kontrolle und „Eichung“ der subjektiven Beurteilung kann das tatsächliche Klassifizierungsergebnis der Schlachtung herangezogen werden

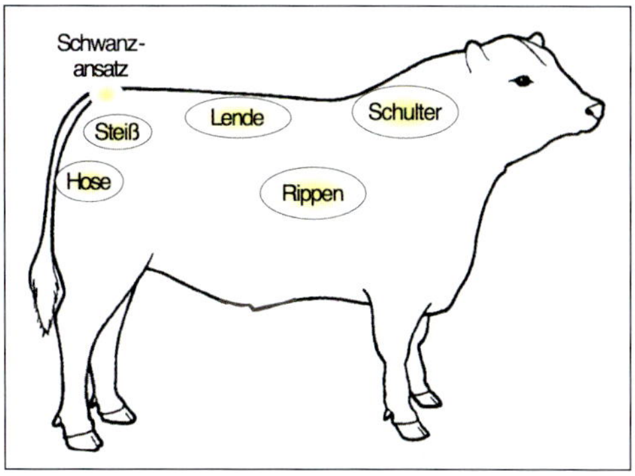

Körperstellen zur subjektiven Beurteilung der Schlachtreife von Mastrindern (nach ALLEN, 1990)

SCHLACHTKÖRPERQUALITÄT UND FÜTTERUNGSKONTROLLE

Die Schlachtkörperqualität findet in den Ergebnissen der EUROP-Klassifizierung ihren Niederschlag. Sie beeinflusst die Wirtschaftlichkeit der Ochsenmast ganz entscheidend. Die Klassifizierungsergebnisse ermöglichen aber auch wichtige Rückschlüsse auf die Haltungs- und Fütterungsbedingungen, das Management und die genetische Veranlagung der Tiere.

Fleischigkeit

Die Fleischigkeit wird nach dem EUROP-System (E = vorzüglich ... P = gering) unmittelbar nach der Schlachtung beurteilt. In der Ochsenmast entfallen im Durchschnitt die meisten Tiere in die Handelsklasse R. Ein gutes Ergebnis liegt jedoch erst dann vor, wenn über 45–50 % der Ochsen zumindest mit U beurteilt werden. Der Anteil an O-Tieren sollte 2–3 % nicht überschreiten. P-Klassifizierungen dürfen nur sehr vereinzelt (unter 0,5 %) auftreten.

Wenn wenige Ochsen in die Handelsklasse U und viele in die Handelsklassen O und P entfallen, dann sind folgende Faktoren zu überprüfen:

- Erlaubt die Genetik (milchbetont, „bunte Mischung“ etc.) keine besseren Ergebnisse?
- Sind die Fütterung und das Mastendgewicht nicht auf die Genetik abgestimmt (spätreife Ochsen – intensivere Fütterung und höhere Mastendgewichte sind erforderlich)?
- Erfolgt nach Phasen schlechter Zunahmen (Weide, Alm) keine Kompensationsfütterung mit bestem Grund- und Kraftfutter?
- Erhalten die Kälber zu Mastbeginn bestes Grundfutter und ausreichend Kraftfutter mit einem auf das Grundfutter abgestimmten Eiweißgehalt?
- Erhalten Einsteller (250–350 kg Lebendgewicht) beim Zukauf bzw. bei der Umstellung auf die Mast kein Kraftfutter?
- Werden die Tiere zu Mastende nicht gezielt ausgemästet?
- Gibt es häufig gesundheitliche Probleme im Bestand (Kälberphase, Parasiten, Stallklima)?
- Gibt es immer wieder Kümmerer im Bestand? Ursachen sind zumeist Krankheiten, unzureichende Fütterung, Parasiten und schlechte Haltungsbedingungen.

Fettgewebeklasse

Die Fettgewebeklasse beschreibt die Stärke der äußeren Fettabdeckung sowie der Fetteinlagerungen in der Brusthöhle mit Punkten von 1–5 (1 = sehr gering ... 5 = sehr stark). In der Ochsenmast ist eine Fettgewebebeurteilung mit 3 (mittel) erwünscht.

- Wenn mehr als 5 % der Ochsen in die Fettklasse 1 und mehr als 20 % in die Fettklasse 2 entfallen, dann deutet dies auf eine zu extensive Fütterung in der Mast hin. Eine Überprüfung der Fütterung in der gesamten Mast, aber insbesondere in der Ausmast ist erforderlich. Vielfach wird keine bzw. eine zu kurze und zu wenig intensive Ausmast betrieben! Auch wenn spätreife Tiere zu früh geschlachtet werden, liegt noch keine optimale Fettabdeckung vor. In diesem Fall muss die Fütterungsintensität ebenfalls erhöht werden.
- Wenn mehr als 15 % der Ochsen eine Fettklasse von 4 und 5 aufweisen, dann ist dies ein deutlicher Hinweis dafür, dass die Mastintensität und das Mastendgewicht nicht optimal auf die Genetik abgestimmt sind. Eine zu hohe Intensität und zu späte Schlachtung führen zu verfetteten Schlachtkörpern. Auch eine zu intensive und zu lange Ausmast kann zur Verfettung führen. Die ungenügende Eiweißversorgung kann praktisch nur in der Jugendphase (150–250 kg) eine Ursache für zu geringes Muskelwachstum und damit zu starke Verfettung sein. Eine Möglichkeit, einer starken Verfettung entgegenzuwirken, ist das bewusste Nutzen des kompensatorischen Wachstums. Dabei werden im zweiten Lebensjahr Phasen mit geringerem Zuwachs eingeplant. Im Anschluss daran wird den Tieren die Möglichkeit zur Kompensation gegeben. Dadurch wird der Fettansatz reduziert und der Eiweißansatz erhöht.

Fettfarbe

Die Färbung des Fettes kann durch die Fütterung beeinflusst werden. Hohe Karotingehalte im Futter können zu einer Gelbfärbung des Fettes führen. Vor allem Grünfutter weist einen hohen Karotingehalt auf. Maissilage, Heu und insbesondere Kraftfutter (Getreide) sind karotinarm.

Wenn sich im Absatz aufgrund des gelben Fettes Probleme ergeben, dann sollte in den letzten zwei bis drei Monaten vor der Schlachtung kein bzw. nur sehr wenig Grünfutter eingesetzt werden. Zusätzlich ist dann karotinarmes Kraftfutter (Getreide/industrielle Nebenprodukte) erforderlich. Stehen Maissilage und Heu bester Qualität zur Verfügung, dann kann auch mit diesen Futtermitteln ein helleres Fett erfüttert werden.

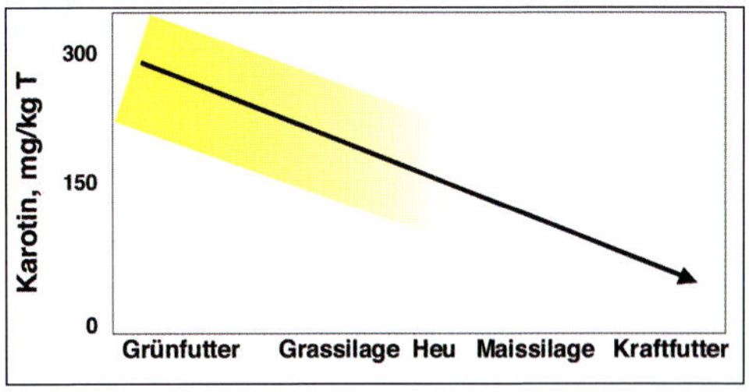

Futtermittel mit hohen Karotingehalten können in der Ausmast zu gelber Fettfärbung führen.

HINWEIS! Karotingehalt

Es soll an dieser Stelle aber darauf hingewiesen werden, dass speziell eine grünlandbasierte Fütterung zu ernährungsphysiologisch wertvollem Qualitätsfleisch – mit hohen Gehalten an günstigen Fettsäuren und Vitaminen – führt. Ein damit oft verbundener höherer Karotingehalt könnte daher auch als erkennbares „Qualitätskriterium" positioniert werden. In diesem Fall bräuchte es beim Verkauf jedoch eine entsprechende Kundeninformation – welche derzeit am ehesten in der Direktvermarktung möglich ist.

FUTTERMITTEL SOWIE WEIDE- UND ALMHALTUNG

Generell muss in der Rindermast Wert auf eine hohe Grundfutterqualität gelegt werden. Dies gilt auch für die Ochsenmast. Ein ausgewogener Pflanzenbestand, eine auf die Nutzung abgestimmte Düngung, die rechtzeitige Ernte und eine optimale Konservierung sowie gutes Weidemanagement sind Grundvoraussetzungen für gute Leistungen der Ochsen.

Maissilage kann in der Ochsenmast mit gutem Erfolg eingesetzt werden. Vor allem zu Mastbeginn und in der Ausmast stellt sie ein energiereiches Grundfutter dar. In Maisgrenzlagen bzw. in reinen Grünlandgebieten ist der Anbau von Maissilage nicht wirtschaftlich bzw. auch nicht möglich. Eine Alternative zum Maisanbau kann hier der Anbau von Kleegras und Wechselgrünland darstellen.

Weide- und Almhaltung durchführen!

Reine Stallhaltung ist aus wirtschaftlichen Gründen in der herkömmlichen Ochsenmast nicht zu empfehlen. Die Futterkosten sind in diesem Fall deutlich zu hoch. Weidefutter ist das preiswerteste Grundfutter in der Rinderfütterung. Aus diesem Grund muss in der Ochsenmast eine Weidehaltung (zumindest 20–40 % der Lebensdauer) angestrebt werden. In der Ausmast wird zumeist keine Grünfütterung bzw. Weidehaltung durchgeführt.

Von 250 bis ca. 600 kg Lebendgewicht steht der gezielten Weide- oder Almhaltung in der Ochsenmast nichts entgegen. Dabei müssen jedoch die Qualität und die Menge des Futters dem Bedarf der Ochsen entsprechen (siehe dazu auch Kapitel „Futtermittel in der Mutterkuhhaltung und Rindermast").

Wenn die Zuwachsleistungen auf der Weide nicht entsprechen, dann müssen die Ochsen in der anschließenden Stallperiode den Wachstumsrückstand wieder aufholen können. Der Einsatz von bestem Grundfutter in Kombination mit Kraftfutter ist notwendig.

Kraftfutter in der Ochsenmast

Eine Ochsenmast ohne Kraftfutter ist dann zu empfehlen bzw. möglich, wenn die Masttiere aus der Mutterkuhhaltung kommen und diese Tiere frühreif (Kreuzungen mit/oder frühreife Rassen) sind. Üblicherweise wird zu Mastbeginn und zu Mastende etwas Kraftfutter eingesetzt.

HINWEIS! Kraftfutterzusammensetzung

Die Zusammensetzung des Kraftfutters muss sich in der Ochsenmast vorwiegend am Eiweiß- und Energiebedarf der Tiere und an der Preiswürdigkeit der Komponenten orientieren.

In der Kälberaufzucht und zu Mastbeginn muss das Kraftfutter neben Getreidekomponenten auch eiweißreiche Futtermittel beinhalten. Im Mastabschnitt von 150–250 kg muss das Kraftfutter bei Grünlandrationen 16–18 % und bei Grünland-Maissilage-Rationen 18–20 % Rohprotein je kg Kraftfutter enthalten. Ab 250 kg Lebendgewicht ist bei reinen Grünlandrationen keine Eiweißergänzung über das Kraftfutter erforderlich. Wenn Maissilage eingesetzt wird, reicht ein Eiweißgehalt von etwa 14 % im Kraftfutter aus.

Teures Kraftfutter rechnet sich in der herkömmlichen Ochsenmast nicht. Neben der Eiweißversorgung dient Kraftfutter vorwiegend zur Erhöhung der Energieversorgung. Im Kraftfutter sollte der Körnermaisanteil 30 % nicht wesentlich überschreiten. Dadurch wird eine gute Energieversorgung der Pansenmikroben erreicht. Teilweise setzen Mastbetriebe auch auf kostengünstige industrielle Nebenprodukte (Molke etc.). Sind Eiweißkomponenten erforderlich, dann sollte auf **heimische Eiweißfuttermittel** zurückgegriffen werden (z. B. Rapskuchen, Erbsen, Ackerbohnen, Trockenschlempe etc.). Biologisch wirtschaftende Betriebe dürfen nur Bio-Futtermittel einsetzen, der Einsatz von Extraktionsschroten ist generell verboten. Das Kraftfutter sollte grob geschrotet bzw. gequetscht oder in pelletierter Form angeboten werden.

Mineralstoff- und Vitaminergänzung

Der Mineralstoffergänzungsbedarf richtet sich nach der Zusammensetzung der Ration, dem Mineralstoffgehalt der Komponenten und dem Gewicht bzw. der Leistung der Ochsen:

- Zu Mastbeginn besteht der höchste **Calcium**-Ergänzungsbedarf.
- Eine Ergänzung der Ration mit **Phosphor** ist in der gesamten Mastperiode zumeist nicht erforderlich.
- **Natrium** muss in jedem Fall angeboten werden.
- Die Versorgung mit **Spurenelementen** kann durch eine Grundergänzung über eine handelsübliche Mineralstoffmischung bzw. über Mineralstofflecksteine gedeckt werden.

Mineralstoffergänzung zu Mastbeginn

Bei Grünlandrationen besteht zu Mastbeginn (150 kg LG) ein Ergänzungsbedarf von 60–70 g calciumreicher Mineralstoffmischung und 20 g Futterkalk (oder 80–90 g calciumreiche Mineralstoffmischung). Bei Rationen mit Maissilage sind etwa 80 g calciumreiche Mineralstoffmischung und 20 g Futterkalk erforderlich. Damit ist der Mengen-, Spurenelement- und Vitaminbedarf der Ochsen gedeckt.

Mineralstoffergänzung ab 250 kg bis Mastende

Im Anschluss an die Jugendphase geht der Ergänzungsbedarf mit Mineralstoffen zurück. Bei Grünlandrationen reichen in der herkömmlichen Ochsenmast üblicherweise 10–20 g Viehsalz und 30–50 g einer calciumreichen Mineralstoffmischung zur Deckung des Mengen-, Spurenelement- und Vitaminbedarfs aus. Der zusätzliche Einsatz von Futterkalk ist nicht notwendig. Bei Rationen, die auch Maissilage enthalten, bzw. bei intensiver Ochsenmast müssen höhere Mineralstoffgaben erfolgen.

OCHSENMAST – DAS WICHTIGSTE IN KÜRZE

In der Ochsenmast muss eine **zügige Jugendentwicklung** erreicht werden. Dazu müssen bestes Grundfutter und zumeist etwas Kraftfutter (1–2 kg/Tag) gefüttert werden. In der herkömmlichen Ochsenmast (Schlachtalter 23 bis 28, spätestens 30 Monate) können die Ochsen von 300 kg bis zu Beginn der Ausmast extensiver gefüttert werden. Hier sollte auch die **Weide- bzw. Almhaltung** durchgeführt werden. In dieser extensiven Periode ist üblicherweise kein Kraftfutter notwendig. Vor dem Verkauf müssen Ochsen zumeist **über zwei bis drei Monate gezielt ausgemästet** werden. Die Ausmast erfolgt üblicherweise bei Stallhaltung und es wird bestes Grundfutter mit etwas Kraftfutter (2–3 kg) ergänzt. Zusätzlich sind eine bedarfsangepasste Mineralstoff- und Vitaminergänzung notwendig.

Neben der genetischen Veranlagung und der Fütterung ist auch eine tiergerechte Weide- und Stallhaltung von entscheidender Bedeutung. Luftige helle Stallungen mit ausreichend Fressplätzen und guten Liegeverhältnissen sind erforderlich. Die Tiere müssen immer Zutritt zu sauberem Trinkwasser haben. Die Ochsengruppen sollten möglichst einheitlich sein. Häufiges Umgruppieren führt zu größerer Unruhe im Stall. Neben der Haltung ist auch ein ruhiger Umgang mit den Tieren ein Erfolgsgeheimnis für gute Leistungen.

FAUSTZAHLEN FÜR DIE OCHSENMAST

Leistung		herkömmliche Ochsenmast ab Kalb (150–650 kg)	herkömmliche Ochsenmast aus Mutterkuhhaltung (300–650 kg)	intensive Ochsenausmast aus der Mutterkuhhaltung (300–600 kg)
Mastleistung				
anzustrebende Tageszunahmen	g	800–950	800–950	über 1.050
Mittlere Gesamtfutteraufnahme	kg TM/Tag	8,3–9,0	8,9–9,3	8,8–9,2
Grundfutterbedarf	kg TM/Ochse	4.000–5.000	3.200–3.700	1.900–2.200
kg TM/Mastplatz u. Jahr		2.400–2.900	2.500–3.200	2.300–2.700
Kraftfutterbedarf	kg TM/Ochse	300–600	150–300	500–1.000
kg TM/Mastplatz u. Jahr		150–350	120–240	600–1.100
Mineralstoffmischung (Ca-reich)	kg/Ochse	25–30	15–20	15–20
Futterkalk (zu Mastbeginn)	kg/Ochse	0–3	0–2	0–2
Viehsalz	kg/Ochse	5–15	5–10	5–10
Schlachtleistung				
Fleischigkeit – EUROP		mehr als 40–50 % U und E, weniger als 5 % O, keine P		
Fettklasse – EUROP		mehr als 80 % 3, weniger als 10 % 4, weniger als 10 % 2		
Arbeitszeitbedarf pro Mastplatz				
Tierbetreuung, Fütterung, Stallarbeit, Weidemanagement (ohne Futterkonservierung)	Stunden	15–35		

FÜTTERUNG VON MASTKALBINNEN

Gezielt gemästete Kalbinnen liefern eine **sehr hohe Fleischqualität**. Da weibliche Tiere frühzeitiger und stärker Fett einlagern als Stiere und Ochsen, kann mit Kalbinnen **auch unter extensiveren Fütterungsbedingungen eine gute Marmorierung des Fleisches** erreicht werden. Kalbinnen (und Ochsen) weisen unter diesen Bedingungen im Vergleich zu Stieren auch einen geringeren Kollagengehalt auf und haben kleinere und damit „zartere" Muskelfasern. Ergebnisse aus der Schweiz zeigen, dass bei gutem Ausmastgrad von Kalbinnen (und Ochsen) der negative Effekt eines zunehmenden Schlachtalters auf die Zartheit weniger ausgeprägt ist als bei Stieren. Der frühzeitigere und höhere Fettansatz weiblicher Tiere führt aber auch dazu, dass der Energiebedarf je kg Zuwachs erhöht ist und dass bei steigender Fütterungsintensität das Mastendgewicht deutlich verringert werden muss bzw. verringert werden kann.

In die intensive Kalbinnenmast kommen vorwiegend Tiere aus der Mutterkuh-haltung.

Für Markenfleischprogramme kann die Kalbinnenmast eine interessante Produktionsalternative sein.

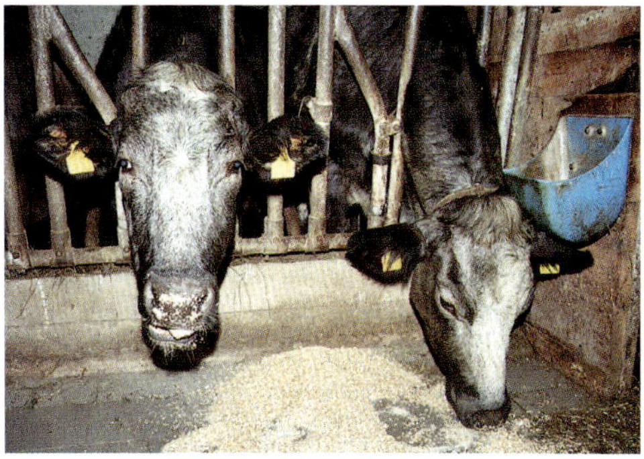

Die mittelintensive Mast erfordert eine Ausmast mit bestem Grundfutter und Kraftfutter.

Der höhere Futteraufwand je kg Zuwachs führt ökonomisch betrachtet dazu, dass sich die Kalbinnenmast zumeist nur bei geringen Produktionskosten (Kälber, Futter, Stall, Arbeitszeit etc.) bzw. guten Erlösen (Qualitätszuschläge) rechnet. Die Kalbinnenmast wird daher zumeist **für Markenfleischprogramme bzw. bei Direktvermarktung** durchgeführt.

Kalbinnenmastverfahren

	Intensive Mast	Mittelintensive Mast	Extensive Mast
Schlachtalter, Monate	unter 17	17–20	19–24 (unter 19 Monate frühreife Rassen)
Herkunft der Tiere	Mutterkuhhaltung	Mutterkuhhaltung bzw. Mast ab Kalb	Mutterkuhhaltung bzw. Mast ab Kalb
Mastendgewicht, kg	450 (470)–500	500–550	550–600 (unter 550 kg frühreife Rassen)
Fütterung	bestes Grundfutter + 2–4 kg Kraftfutter	bestes Grundfutter + 1,5–3 kg Kraftfutter	gutes Grundfutter + teilweise 1–3 kg Kraftfutter
Fütterungsintensität	durchgehend hoch	nur zu Beginn des 2. Jahres etwas reduziert	2. Jahr reduziert
Weide in Mast	nein bzw. begrenzt	begrenzt	ja
Ausmast vor Verkauf notwendig	nein, da durchgehend hohe Intensität	ja	ja

MASTINTENSITÄT UND MASTDAUER

Eine sehr extensive Mast mit hohem Schlachtalter (Kalbinnen über 24 Monate) rentiert sich aufgrund der Zunahme an Erhaltungsfutter und der damit verschlechterten Futterverwertung nur dann, wenn sehr preiswertes Futter zur Verfügung steht bzw. wenn über die Bewirtschaftung zusätzliche Prämien (Alpung, Weideprämien, Prämien für gefährdete Haustierrassen etc.) erzielt werden können. Der Futterbedarf einer Mastkalbin erhöht sich um etwa 10 % (5–15 %), wenn die mittleren Tageszunahmen um 100 g zurückgehen.

- Die überwiegende Zahl der über konventionelle Markenfleischprogramme abgesetzten Mastkalbinnen kommt aus der Mutterkuhhaltung. Die weiblichen Absetzer werden mit ca. 250–300 kg von der Mutterkuhhaltung in die durchgehende mittelintensive Ausmast umgestellt. Die Ausmastdauer beträgt je nach Futterqualität, Genetik und Zunahmeniveau in der Jungrindphase drei bis maximal fünf Monate. Das Schlachtalter der Tiere liegt bei 13 bis 17 Monaten.
- Bei der konventionellen Kalbinnenmast ab Kalb werden im Vergleich zur Ausmast aus der Mutterkuhhaltung üblicherweise etwas geringere Zunahmen erzielt. Die Tiere erreichen die Schlachtreife zumeist mit 16 bis 20 Monaten.

- In der üblichen Vermarktung von Bio-Mastkalbinnen spielen neben der gesicherten biologischen Herkunft und Mast auch die Schlachtkörperqualität sowie das Schlachtalter eine Rolle. Derzeit sollten Bio-Mastkalbinnen ein Schlachtalter unter 24 (max. 30) Monate aufweisen.
- Unter sehr extensiven Bedingungen kann nur mit frühreifen Rassen (Angus etc.) eine hohe Schlachtkörper- und Fleischqualität erreicht werden. Diese Tiere werden nach dem Absetzen von der Mutterkuh extensiv auf Basis Grundfutter und geringen Mengen an Kraftfutter ausgemästet. Eine gezielte Ausmast (zwei bis drei Monate) vor dem Verkauf ist je nach Körperkondition der Tiere notwendig.
- Die „herkömmliche Aufzuchtfütterung", wie sie bei Zuchtkalbinnen (600–800 g Tageszunahmen) üblich ist, aber auch die „extensive Kalbinnenhaltung" liefern keine optimal für Markenfleischprogramme geeignete Schlachtkörper- und Fleischqualität. Auch die genetische Basis (milchbetonte Tiere) ist häufig nicht für die gezielte Kalbinnenmast geeignet. Der Erlös ist gering, wodurch diese Verfahren in der Wirtschaftlichkeit schlechter abschneiden.

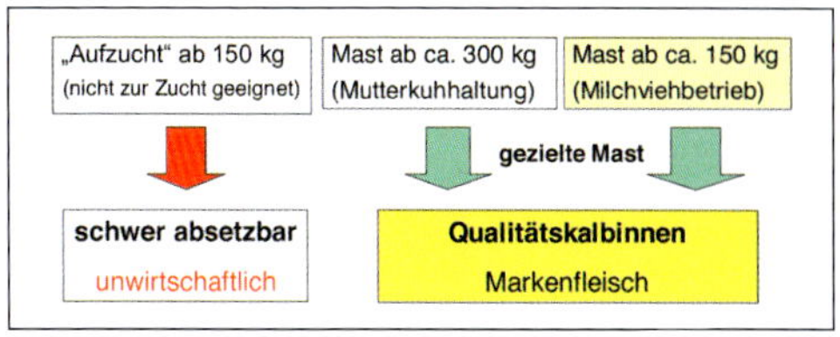

Nur ein gezieltes Mastverfahren und die geeignete Genetik sichern den Erfolg.

Wichtige Voraussetzungen für eine wirtschaftliche, konventionelle Kalbinnenmast

Ziel	Anforderung
Vermarktung über Markenfleischprogramme	■ Zusammenarbeit mit Vermarktungsorganisationen ■ Produktionsbedingungen an Vorgaben angepasst ■ gute Qualität
schlachtreife Kalbinnen entsprechend dem Vermarktungsweg	■ gezielte Fütterung ■ gute Futterqualität ■ richtige Rassenauswahl ■ tierartgemäße Haltungsbedingungen ■ gewissenhafte Tierbetreuung ■ Gesundheitsvorsorge
kostengünstiges Futter	■ eventuell Maissilage ■ kostengünstige Grundfutterkonservierung ■ preiswertes Kraftfutter
mastbetonte Genetik	■ FV-Kreuzungen mit großrahmigen Fleischrassen ■ mastbetontes Fleckvieh
geringe Stallplatzkosten	■ preiswerte Um- und Neubauten ■ Nutzung von Altgebäuden
arbeitszeitsparende Produktionstechnik	■ im Stall und bei der Futtergewinnung

Vermarktungsrichtlinien beachten!

In Markenfleischprogrammen bestehen Mindestanforderungen hinsichtlich Produktionsbedingungen und Qualität. Im Wesentlichen können dazu Mindestanforderungen in der EUROP-Klassifizierung (Fleischigkeit, Fettklasse), der Fettfarbe, dem Schlachtalter, dem Schlachtgewicht, der Genetik (Rasse und Kreuzungen) und den Produktionsbedingungen (Gütesiegel, Weideanteil etc.) gezählt werden.

Beispiel zu den Qualitätsanforderungen für Mastkalbinnen in Vermarktungsprogrammen in Österreich (Stand 2019, Quellen: Arge Rind, Rinderbörse bzw. AMA-Info)

	AMA-Gütesiegel Kalbin	Regionalprojekte: Cult Beef, beef a la carte, Alpenvorland-Kalbin	Bio-Kalbin	Bio-Qualitätskalbin
Alter	Jünger als 24 Monate	Jünger 22 Monate	Jünger 36 Monate	Jünger 24 Monate
Handelsklasse	E, U, R	E, U, R	E, U, R, O	E, U, R
Fettklasse	2, 3, 4	2, 3, 4	2, 3, 4 (1–5)	2, 3 (4)
SK-Gewicht kalt	250–352,8 kg	250–362,8 kg	-	250–352,8 kg
pH – 36 Stunden	Max. 5,80	-	-	-
Verträge	AMA-Gütesiegel Erzeugervertrag	AMA-Gütesiegel Erzeugervertrag	Anerkannter Bio-Betrieb	Projektlistung bei Österr. Rinderbörse
	-	Vermarktung über EZG	-	Bio Austria Mitgliedschaft

Genetische Herkunft auch entscheidend

Kalbinnen weisen im Vergleich zu Stieren und Ochsen einen zeitigeren und höheren Fettansatz auf. Sie liegen in der Mast- und Schlachtleistung hinter den Stieren und geringfügiger auch hinter den Ochsen. Diese geschlechtsbedingten Unterschiede sind bei der Mast von milchbetonten Kalbinnen noch deutlicher ausgeprägt. Da der Fettansatz im Vergleich zu Ochsen und insbesondere Stieren bereits deutlich früher (bei geringerem Gewicht) beginnt, können bzw. müssen Kalbinnen bei geringerem Gewicht geschlachtet werden. Da der Erhaltungsbedarf mit steigendem Gewicht im Mastverlauf ansteigt, sind die „letzten Zuwachskilogramm“ die teuersten. Da Kalbinnen auf nicht so hohe Mastendgewichte gemästet werden müssen, können diese teilweise den höheren Futteraufwand pro kg Zuwachs wieder etwas kompensieren.

Durch gezielte Rassen-, Typ- oder Kreuzungsauswahl kann Einfluss auf die Mast- und Schlachtleistung sowie die Fleischqualität genommen werden. Mastbetonte, großrahmige Fleischrassen bzw. Kreuzungen mit großrahmigen Rassen werden üblicherweise in herkömmlichen Qualitätsprogrammen verwendet. Zu den wichtigsten in Österreich im Einsatz befindlichen großrahmigen Fleischrinderrassen können Charolais, Blonde d’Aquitaine und Weiß-Blaue Belgier gezählt werden. Weiters können aber auch großrahmige Limousin- und Piemontesertypen und auf Fleischleistung gezüchtete Tiere der Rassen Fleckvieh und Gelbvieh eingesetzt werden. Dabei ist zu beachten, dass teilweise innerhalb einer Rasse deutliche Linienunterschiede hinsichtlich Rahmen und Reife bestehen können. Wenn eine Kalbinnenmast unter extensiven Bedingungen (wenig bzw. kein Kraftfutter) angestrebt wird, dann muss auf frühreife Rassen, Linien bzw. Kreuzungen mit diesen zurückgegriffen werden. In diesem Fall ist die Vermarktung der Tiere derzeit nicht über herkömmliche Vermarktungswege anzuraten, sondern selbst zu organisieren.

Ergebnisse österreichischer Kalbinnenmast-Arbeitskreisbetriebe (Quelle: BMNT, 2019)

Ergebnisse Betriebszweigauswertung Kalbinnenmast				
Kennzahlen	**Einheit**	**+ 25 %**	**Durchschnitt**	**– 25 %**
Ausgewertete Betriebe		7	24	6
Ausgewertete Tiere		149	647	190
Biologische Daten				
Einkaufsgewicht	kg	211	189	223
Lebendgewicht ab Hof	kg	606	601	593
Schlachtgewicht kalt	kg	320	319	315
Ausbeute	%	55,0	54,9	54,6
Tageszunahmen	g	1.008	976	880
Futtertage		392	430	425
Vorzeitige Abgänge	%	1,34	0,93	1,05
Verendungen	%	0,67	2,16	2,11
Handelsklassen				
E	%	16	5	0
U	%	59	62	61
R	%	25	32	38
O	%	0	1	1
Fettklassen				
2	%	8	9	13
3	%	65	71	73
4	%	27	20	14

Quelle: BMNT – Bundesauswertung Arbeitskreise Rindermast 2018

Durch gezielte Rassen-, Typ- oder Kreuzungsauswahl kann Einfluss auf die Mast- und Schlachtleistung sowie die Fleischqualität genommen werden. Mastbetonte, großrahmige Fleischrassen bzw. Kreuzungen mit großrahmigen Rassen werden üblicherweise in herkömmlichen Qualitätsprogrammen verwendet.

MITTELINTENSIVE UND INTENSIVE KALBINNENMAST

In der konventionellen Kalbinnenmast für Qualitätsprogramme wird zumindest eine mittelintensive Mastintensität (über 900 g Tageszunahmen) angestrebt:

- Die Kalbinnen müssen mit einem Schlachtalter unter 20 Monaten schlachtreif sein.
- Der zu starken Verfettung der Tiere muss jedoch durch eine gezielte Fütterung, die richtige Auswahl der Genetik und eine zeitgerechten Schlachtung gegengesteuert werden.

Je nach genetischer Veranlagung und tatsächlicher Mastintensität liegt das optimale Mastendgewicht dieser Mastkalbinnen zwischen 500 und 600 kg. Eine hohe Mastintensität und/oder der Einsatz von frühreifer Genetik erfordern jedenfalls eine Schlachtung bei geringem Lebendgewicht. Bei mittlerer Mastintensität und/oder Einsatz von spätreifer Genetik kann ein höheres Mastendgewicht ohne zu starke Verfettung erreicht werden. Auch bei bewusster Nutzung des kompensatorischen Wachstums (Wechsel von geringer und hoher Fütterungsintensität zu Beginn des zweiten Lebensjahrs) kann eine frühzeitige Verfettung verhindert werden.

In der **Mutterkuhhaltung** werden von der Geburt bis zum Absetzen der Jungkalbinnen Tageszunahmen von etwa 1 kg erreicht. Auch in der Ausmast kann dieses Niveau erreicht werden. Eine große Bedeutung hat dabei die Umstellungsphase von der Mutterkuhhaltung auf die Ausmast. Nur bei optimalen Bedingungen (Fütterung, Haltung etc.) kommt es im Zuge der Umstellung zu keinem Leistungsrückgang! Bei sehr guten Haltungsbedingungen und intensiver Fütterung können mit 13 bis 15 Lebensmonaten bereits schlachtreife Kalbinnen (500–550 kg) erreicht werden. Häufig werden die dafür notwendigen Zunahmen nur bei der Mast von Mutterkuhkalbinnen direkt am Mutterkuhbetrieb erreicht.

HINWEIS! Kalbinnenmast ab Kalb

Bei der Kalbinnenmast ab Kalb (ca. 150 kg) müssen eine sehr gute Jugendentwicklung und zumindest eine intensive Ausmast angestrebt werden.

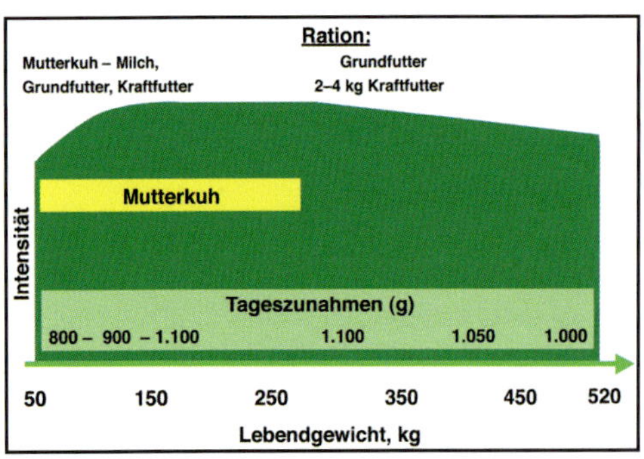

Fütterungsintensität bei intensiver Kalbinnenmast aus der Mutterkuhhaltung

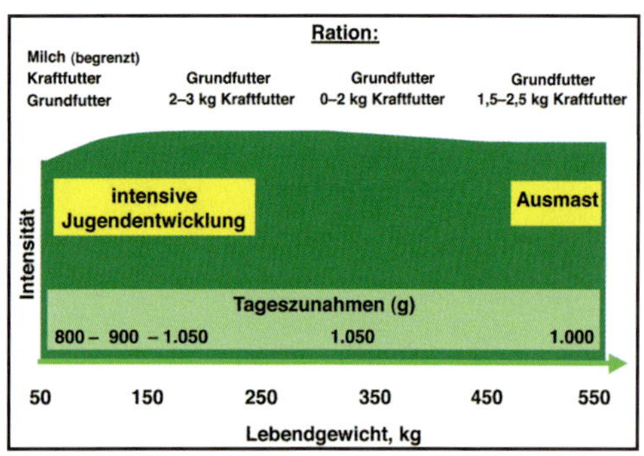

Fütterungsintensität bei der mittelintensiven Kalbinnenmast ab Kalb

KALBINNENAUSMAST AUS DER MUTTERKUHHALTUNG

Kalbinnen, die aus der Mutterkuhhaltung in die Ausmast kommen, sollten vor dem Absetzen bei der Kuh bereits etwas Kraftfutter (1–2 kg) und nach Möglichkeit auch die Grundfutterkomponenten der späteren Mast erhalten. Mutterkuhbetriebe, welche die eigenen Kalbinnen ausmästen, können dadurch eine wichtige Voraussetzung für einen optimalen Start erzielen.

- Auf die Milchleistung und Eutergesundheit der Mutterkuh ist zu achten.
- Die Jungkalbinnen sollten am Ende der Mutterkuhphase bereits an das folgende Ausmastfutter gewöhnt werden.
- Auf Weiden und im Stall ist ein Kälberschlupf mit Kraftfutter notwendig. Ab 250 kg sollte jedenfalls etwas Kraftfutter beigefüttert werden.
- Die Jungkalbinnen müssen zeitgerecht von der Herde getrennt werden. Es muss bei Deckstiereinsatz die Trächtigkeit (ab 250 kg) verhindert werden!
- Eine Parasitenkontrolle bzw. -behandlung ist nach dem Absetzen zu empfehlen.

Umstellungsphase sehr wichtig!

Eine gute Leistung kann in der Mast nur bei optimaler Umstellung erreicht werden. Bei Zukaufkalbinnen ist im ersten Monat eine Anfütterung mit Kraftfutter zu empfehlen. Die Tiere benötigen in der Umstellungszeit daher bestes Grundfutter. Je nach Grundfutterqualität ist eine steigende Ergänzung von 1,5 auf etwa 2,5 kg Kraftfutter pro Tag notwendig.

Das Grundfutter sollte beim Umstellen in seiner Zusammensetzung weitestgehend dem der Mutterkuhphase entsprechen. Da Maissilagen auf Mutterkuhbetrieben zumeist fehlen, muss am Ausmastbetrieb auch darauf eine langsame Gewöhnung erfolgen. Dreimal tägliche Grund- und Kraftfuttervorlagen sind in der Umstellungszeit anzustreben! Die Versorgung mit Wasser muss ständig gegeben sein.

Tiere aus der Mutterkuhhaltung stellen hohe Ansprüche an die Haltungsbedingungen. Ausreichend große Boxen und möglichst einheitliche Gruppen sind notwendig. Bei Haltung auf Spaltenböden oder bei Anbinde-

In der Mutterkuhphase liegen die Tageszunahmen von Einstellerkalbinnen zwischen etwa 800 und 1100 g.

Bei Zukaufkalbinnen aus der Mutterkuhhaltung ist im ersten Monat eine Anfütterung mit Kraftfutter zu empfehlen.

haltung muss mit Umstellungsschwierigkeiten gerechnet werden. Ein ruhiger Umgang mit den Tieren ist erforderlich. Bei Einstallung von Kalbinnen im Spätherbst sollten die Tiere zumindest im Rückenbereich geschoren werden. Eine Parasitenbehandlung und eine Kontrolle der Klauen sind ebenfalls im Zuge der Einstallung anzuraten.

Richtwerte zur Futteraufnahme und zum Nährstoffbedarf von Mastkalbinnen aus der Mutterkuhhaltung bei hoher Mastintensität

Alter Monate	Zunahmen g	Gewicht kg LG	TM-Aufnahme kg TM/Tag	Energiebedarf		Eiweißbedarf g/kg TM
				MJ ME/Tag	MJ ME/ kg TM	
8–11	1.100	260–360	5,5–7,4	60–80	11,0–10,8	150–130
12–15	1.100	360–460	7,5–8,4	81–89	10,8–10,6	130–140
16	1.000	460–500	8,4–9,0	89–95	10,8–10,6	120–130

Praxisrationen für die intensive Ausmast

In der intensiven Kalbinnenmast muss Wert auf eine hohe Qualität des Grundfutters gelegt werden. Zusätzlich ist eine entsprechende Kraftfutterergänzung erforderlich.

Nur Grundfutter bester Qualität

Die Gestaltung der Grundfutterration wird wesentlich von den Betriebsgegebenheiten abhängen. Der **Energiegehalt** der Grassilagen und des Heus muss jedenfalls **über 5,6 MJ NEL bzw. 9,3 MJ ME** liegen. Wenn am Betrieb zusätzlich Maissilage zur Verfügung steht, dann verringert sich dadurch der Kraftfutteraufwand. Das Grundfutter und das Kraftfutter sollen zweimal täglich vorgelegt werden. Zusätzlich müssen die Tiere ständig Futter aufnehmen können – Grundfutterreste im Barren sind daher notwendig (ca. 5 %). Die Weidehaltung kann in der Kalbinnenmast nur dann empfohlen werden, wenn ausreichend Weidefutter bester Qualität zur Verfügung steht und bei Bedarf zusätzlich Kraftfutter eingesetzt werden kann. In der Endmastphase sollte jedoch kein Grünfutter verfüttert werden, da es ansonsten zu einer unerwünschten Gelbfärbung des Fettes kommen kann. Zu Mastbeginn kann vor allem durch Heu die Strukturwirksamkeit der Ration verbessert werden. Bei hohem Kraftfuttereinsatz und in der Anfütterungsphase sollte auf Heu nicht verzichtet werden (zumindest 0,5 kg).

Kraftfuttereinsatz bei intensiver Mast

Der Kraftfutterbedarf liegt in der intensiven Kalbinnenmast aus der Mutterkuhhaltung je nach Grundfutterration und angestrebtem Zunahmeniveau zwischen 2 und 4 kg pro Tier und Tag (siehe Tabelle).

- Bei reinen Grünlandrationen müssen, bei gleichen angestrebten Zunahmen, höhere Kraftfuttermengen als bei Maissilagerationen eingesetzt werden. Pro Tag sind hier etwa 3 kg Kraftfutter erforderlich.
- Mit steigendem Maissilageanteil wird etwas weniger Kraftfutter benötigt, der Anteil an eiweißreichen Komponenten muss jedoch im Kraftfutter erhöht werden. Im Durchschnitt sind bei Maissilagerationen ca. 2,5 kg Kraftfutter erforderlich.

Rationsbeispiele[1] für die intensive Kalbinnenausmast aus der Mutterkuhhaltung in Abhängigkeit vom Maissilageanteil

Lebendgewicht kg	300								450							
Tageszunahmen g	900–1.100								900–1.050							
Grassilage, Heu % v. GF	100		60		40		0		100		60		40		0	
Maissilage % v. GF	0		40		60		100		0		40		60		100	
Kraftfutter kg FM	2,6	2,7	2,3	2,4	2,2	2,4	1,9	2,2	3,3	3,4	3,1	3,0	2,7	2,7	2,4	2,8
Kraftfutterzusammensetzung																
Getreide[2] %	55	54	47	45	46	44	35	30	65	70	70	70	57	50	46	46
Körnermais %	30	30	25	25	19	19	10	14	30	25	25	26	30	28	25	17
Trockenschnitzel %	5	5	5	5	5	5	5	5	5	5	0	0	0	0	0	0
Rapskuchen oder -extraktionsschrot[3] %	0	7	0	0	0	10	0	5	0	0	0	0	0	12	0	18
Sonnenblumenkuchen oder -extraktionsschrot[3] oder getrocknete Schlempe %	0	0	0	10	0	10	0	5	0	0	5	0	0	0	0	9
Sojakuchen oder -extraktionsschrot[3] %	10	4	23	15	30	12	50	31	0	0	0	4	13	0	29	0
Erbse/Ackerbohne %	0	0	0	0	0	0	0	10	0	0	0	0	0	10	0	10
Gesamtration																
Futteraufnahme kg TM	6,6–7,2								8,0–8,5							
Energie MJ ME/kg TM	11,1–10,8								11,0–10,7							
Eiweiß %/kg TM	13–14								12–13							

[1] Energiegehalt je kg TM: Grassilage: 9,8 MJ ME; Heu: 9,3 MJ ME; Maissilage: 10,6 MJ ME; Mineralstoffergänzung: 50–70 g calciumreiche Mineralstoffmischung + 10 g Viehsalz + 10–20 g Futterkalk pro Tag, Vermarktungsrichtlinien bei der Ration beachten
[2] Getreide: Eine Kombination mehrerer Getreidearten wird empfohlen. Der Anteil an Weizen, Roggen bzw. Hafer sollte 50, 30 bzw. 20 % in der Gesamtmischung nicht übersteigen.
[3] Extraktionsschrote sind in der Bio-Tierhaltung nicht erlaubt (Extraktion mittels Lösungsmitteln).

Kraftfutterzusammensetzung

Die Zusammensetzung des Kraftfutters wird von der Grundfutterration und vom Mastabschnitt bestimmt:

- Mit steigendem Maissilageanteil müssen vermehrt eiweißreiche Komponenten im Kraftfutter sein. Bei 300 kg Lebendgewicht reicht bei Grünlandrationen ein Eiweißgehalt im Kraftfutter von 13–14 % aus. Bei einem Maissilageanteil von 60 % ist bereits ein Eiweißgehalt im Kraftfutter von 21 % notwendig.
- Mit fortschreitender Mastdauer geht der Eiweißergänzungsbedarf über das Kraftfutter deutlich zurück. Bei einer Grundfutterration mit 60 % Maissilage muss das Kraftfutter bei 450 kg Lebendgewicht nur mehr etwa 15 % Eiweiß beinhalten.
- Daneben muss auch die Preiswürdigkeit der Komponenten beachtet werden. Teure Kraftfuttermittel mit relativ geringem Energie- oder Eiweißgehalt sind zu begrenzen. Wenn Eiweißkomponenten erforderlich sind, dann sollten heimische Eiweißfuttermittel wie Erbsen, Ackerbohnen, getrocknete Schlempen, Rapskuchen, Sonnenblumenkuchen etc. gefüttert werden. Bei sehr kraftfutterbetonter Mast müssen pansenschonende Komponenten (Körnermais, Kleien, Trockenschnitzel, ge-

trocknete Schlempe etc.) in das Kraftfutter eingemischt werden. Das Kraftfutter sollte nicht zu fein geschrotet sein. Es kann aber auch in gequetschter oder pelletierter Form eingesetzt werden. Die Vorlage sollte zumindest zweimal täglich erfolgen.

Bedarfsangepasste Mineralstoffergänzung
Zur Deckung des Mineralstoff- und Vitaminbedarfs müssen je nach Grundfuttersituation zumindest 50–70 g einer calciumreichen Mineralstoffmischung gefüttert werden. Zusätzlich sind 10 g Viehsalz und 10–20 g Futterkalk erforderlich. Die jeweils höheren Werte gelten für maissilage- bzw. kraftfutterbetonte Rationen.

KALBINNENMAST AB KALB

Für einen guten Zuwachs muss bereits in der Kälberaufzucht die Basis geschaffen werden. Eine rasche Entwicklung zum Wiederkäuer ist notwendig. Dabei spielen die restriktive Milchgabe und die ausreichende Ergänzung mit Raufutter und etwas Kälberkraftfutter eine wichtige Rolle. Am Ende des dritten Lebensmonats sollten die etwa 120 kg schweren Kälber knapp 1–1,5 kg Kälberkraftfutter und etwa 1,5 kg TM Grundfutter aufnehmen. Auf die Vorlage von Heu darf in dieser Phase nicht verzichtet werden, da die Grundfutteraufnahme der Tiere begrenzt ist. Eine zu geringe Grundfutteraufnahme kann zu Verdauungsstörungen führen.

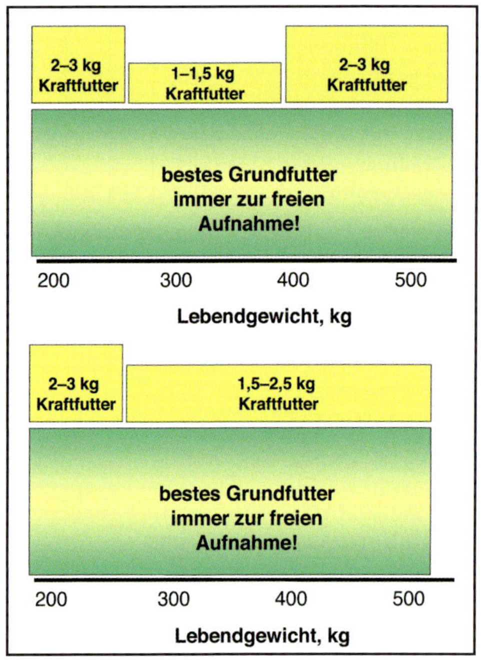

Kraftfuttereinsatz bei der konventionellen Kalbinnenmast ab Kalb mit (oben) und ohne (unten) extensiverer Phase im Lebendgewichtsbereich von 250–400 kg

Richtwerte zur Futteraufnahme und zum Nährstoffbedarf von Mastkalbinnen in der konventionellen Mast ab Kalb

Alter Monate	Zunahmen g	Gewicht kg	TM-Aufnahme kg TM/Tag	Energiebedarf in MJ ME pro Tag	Energiebedarf in MJ ME pro kg TM	Eiweißbedarf g/kg TM
1–4	850	bis 150	1,0–3,5	20–40	20,0–11,9	250–180
5–7	1.050	150–240	3,5–5,7	40–60	11,8–11,0	160–140
8–10	1.050	240–340	5,7–7,6	60–75	11,0–10,2	140–130
11–13	1.050	340–440	7,7–8,4	75–85	10,5–10,1	140–130
14–17	1.000	440–530	8,4–9,0	85–95	10,5–10,6	120–130

Rationsbeispiele[1] für die mittelintensive Kalbinnenmast bei 200 kg Lebendgewicht

Lebendgewicht	kg	200					
Tageszunahmen	g	1.000–1.050					
Grassilage, Heu	% v. GF	100		60		20	
Maissilage	% v. GF	0		40		80	
Kraftfutter	kg FM	2,6	2,6	2,5	2,5	2,3	2,3
Kraftfutterzusammensetzung							
Getreide[2]	%	46	40	47	40	36	35
Körnermais	%	25	23	19	18	19	16
Trockenschnitzel	%	5	5	5	5	5	5
Rapskuchen oder -extraktionsschrot[3]	%	0	10	0	10	0	10
Sojakuchen oder -extraktionsschrot[3]	%	24	12	29	17	36	24
Erbse/Ackerbohne/Schlempe, getrocknet	%	0	10	0	10	0	10
Gesamtration							
Futteraufnahme	kg TM	4,8–5,1					
Energie	MJ ME/kg TM	11,2–11,5					
Eiweiß	%/kg TM	16–18					

[1] Energiegehalt je kg TM: Grassilage: 9,8 MJ ME; Heu: 9,3 MJ ME; Maissilage: 10,6 MJ ME; Vermarktungsrichtlinien bei der Ration beachten, Mineralstoffergänzung: 60–70 g calciumreiche Mineralstoffmischung + 10 g Viehsalz + 20–30 g Futterkalk pro Tag
[2] Getreide: Eine Kombination mehrerer Getreidearten wird empfohlen. Der Anteil an Weizen, Roggen bzw. Hafer sollte 50, 30 bzw. 20 % in der Gesamtmischung nicht übersteigen.
[3] Extraktionsschrote sind in der Bio-Tierhaltung nicht erlaubt (Extraktion mittels Lösungsmitteln).

Zügige Jugendentwicklung anstreben

Tägliche Zunahmen von etwa 1 kg können in der Jugendphase nur dann erreicht werden, wenn eine hohe Nährstoffdichte des Futters vorhanden ist. Das Fassungsvermögen des Verdauungstraktes ist insbesondere zu Mastbeginn begrenzt. In der Anfangsmast ist daher eine Energiekonzentration über 11 MJ

ME/kg TM (über 6,6 MJ NEL) anzustreben. Die Qualität des Grundfutters muss hoch sein. Zusätzlich benötigen mittelintensiv gemästete Kalbinnen bei 200 kg Lebendgewicht, je nach Grundfutterqualität und Rationszusammensetzung, etwa 2–2,5 kg Kraftfutter (siehe Tabelle). Der Eiweißgehalt des Kraftfutters muss bei reinen Grünlandrationen bei 17–18 % liegen, bei hohem Maissilageanteil sind 22–23 % Rohprotein je kg Kraftfutter erforderlich. Eine Ergänzung der Ration mit 60–70 g calciumreicher Mineralstoffmischung und 10 g Viehsalz sowie 20–30 g Futterkalk pro Tag ist notwendig.

Extensivere Fütterung von 250–400 kg Lebendgewicht möglich

Von etwa 250–400 kg Lebendgewicht kann der Kraftfutteraufwand bei der mittelintensiven Mast ab Kalb auf etwa 1–1,5 kg pro Tag reduziert werden. Das Grundfutteraufnahmevermögen ist bei optimalen Vormastbedingungen sehr gut, eine Weidehaltung ist möglich. Der Maissilageanteil in der Ration kann reduziert werden. Die Zusammensetzung des Kraftfutters muss sich nach der Grundfutterration und dem Kraftfuttereinsatz richten. Die Gesamtration muss einen Eiweißgehalt von 13–14 % aufweisen, die Energiekonzentration der Ration muss über 10 MJ ME liegen. Eine gezielte Ausmast ist notwendig.

Wenn im Lebendgewichtsabschnitt von 250–400 kg eine hohe Fütterungsintensität beibehalten wird (Tageszunahmen von 1.100 g), dann müssen die Tiere früher geschlachtet werden (500–550 kg, siehe intensive Kalbinnenmast aus der Mutterkuhhaltung). Zusätzlich kann dann die Intensität in der Ausmast geringer sein. Dadurch ist es auch möglich der unerwünscht starken Verfettung vorzubeugen.

Weidehaltung

Von etwa 250 kg bis zu Beginn der Ausmast (ab 400–450 kg) können Mastkalbinnen auch bei angestrebten hohen Zunahmen auf guten Weiden gehalten werden. Dabei müssen aber eine hohe Weidefutterqualität und immer ausreichendes Angebot erreicht werden. Dazu eignen sich die intensive Koppelwirtschaft (zumindest vier bis sechs Koppeln mit Besatzzeiten pro Koppel unter zehn Tagen), die intensive Standweide (= Kurzrasenweide) und eventuell auch die arbeitsaufwändige Portionsweidehaltung (tägliche Weideflächenvorgabe). Zusätzlich zum Weidefutter benötigen die Mastkalbinnen aber zumeist auch etwas Kraftfutter (ca.

VELIK u. Mit. (2013) verglichen im Berggebiet Österreichs Fleckvieh x Charolais-Mastkalbinnen bei Kurzrasenweidehaltung mit einer Stallmastgruppe (Grassilage, Maissilage und Kraftfutter). Die Tiere wurden von 300 auf 550 kg gemästet. In beiden Fütterungsgruppen wurden mittlere Tageszunahmen von etwa 1.050 g und vergleichbare Schlachtleistungen erreicht.

1 kg pro Tag). Dies kann bei Weidehaltung über Weidekraftfutterautomaten (freie Aufnahme des Kraftfutters) oder über händische Zuteilung des Kraftfutters erfolgen. Als Kraftfutter kann eine Mischung aus Getreide (max. 50 %), Körnermais (20–40 %), Trockenschnitzel (10–20 %), Kleie (5–10 %) und 2–4 % Mineralfutter empfohlen werden. Wenn möglich sollte zusätzlich konserviertes Futter (Heu oder Grassilage) sowie ein trockener zugluftfreier Unterstand angeboten werden. Sehr wichtig ist auch die ausreichende Wasserversorgung sowie die langsame (zumindest zwei Wochen) Angewöhnung der Tiere an das Grünfutter zu Weidebeginn!

Vor- und Nachteile der Weidehaltung von Mastkalbinnen

Vorteile	Nachteile
Futterkosten geringer	Futterumstellungen; geeignete Flächen und entsprechendes Management sind nötig
Geringerer Stallplatzbedarf	Schwankende Ration
Artgerechte Haltung	Beifütterung schwierig
Tiergesundheit	Parasitenrisiko
Erhöhter Gehalt an wertvollen Fettsäuren und Vitaminen im Fleisch	Gelbe Fettfarbe und eventuell etwas dunkleres Fleisch und weniger Fettauflage bei extensiver Weide

Gezielte Fütterung in der Ausmast!

Wenn in der Mast eine extensive Fütterungsphase vorlag, dann muss auch bei Kalbinnen zumeist eine gezielte Ausmast erfolgen. In der Ausmast (ab etwa 450–500 kg LG) ist eine Energiekonzentration in der Gesamtration über 10,5 MJ ME/kg TM erforderlich. Pro Tier und Tag werden dann ca. 1–3 kg Kraftfutter eingesetzt. Wenn eine gelbe Fettfarbe Absatzprobleme bereitet, dann sollte zu Mastende kein Grünfutter (Weide) zum Einsatz gelangen. Die Zusammensetzung des Kraftfutters muss an die Grundfutterration angepasst werden. Der Eiweißgehalt der Gesamtration muss über 11 % liegen.

Zur Mineralstoff- und Vitaminergänzung müssen 50–70 g einer calciumreichen Mineralstoffmischung, 10–20 g Futterkalk und 10 g Viehsalz zugefüttert werden.

In der Ausmast dürfen die Kalbinnen nicht zu stark verfetten – der Schlachttermin ist auf die Körperkondition abzustimmen! Das Schlachtkörpergewicht sollte zumindest bei 250 kg liegen.

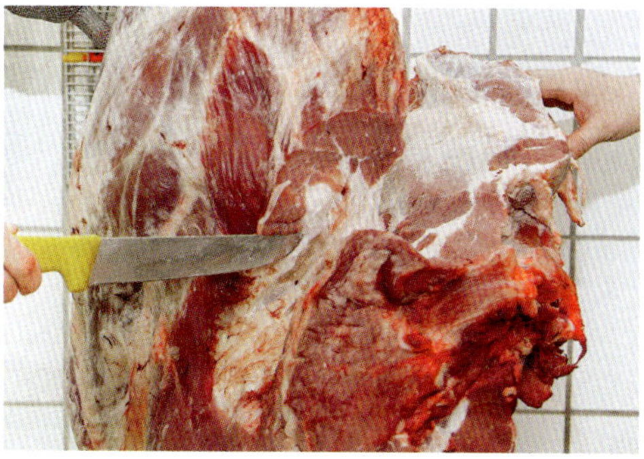

Kalbinnenfleisch von jungen und gut ausgemästeten Tieren zeichnet sich durch eine hervorragende Qualität aus.

Rationsbeispiele[1] für die mittelintensive Kalbinnenausmast ab dem Kalb in Abhängigkeit vom Maissilageanteil (extensive Phase bei 300 kg)

Lebendgewicht kg	300								500							
Tageszunahmen g	900–1.000								900–1.000							
Grassilage, Heu, Weide[2] % v. GF	100		60		40		0		100		60		40		0	
Maissilage % v. GF	0		40		60		100		0		40		60		100	
Kraftfutter kg FM	1,4	1,4	1,2	1,3	1,0	1,2	0,8	0,9	2,5	2,5	2,2	2,2	2,1	2,1	1,8	2,0
Kraftfutterzusammensetzung																
Getreide[3] %	60	75	46	30	31	21	0	0	60	75	63	64	58	50	42	38
Körnermais %	35	15	20	19	15	7	0	0	40	20	35	30	30	30	20	11
Trockenschnitzel %	5	10	5	5	0	0	0	0	0	5	0	0	0	0	0	0
Rapskuchen oder -extraktionsschrot[4] %	0	0	0	16	0	24	0	20	0	0	0	0	0	10	0	17
Sonnenblumenkuchen / -extraktionsschrot[4]/ getrocknete Schlempe %	0	0	0	15	0	24	0	20	0	0	3	0	13	0	38	17
Sojakuchen oder -extraktionsschrot[4] %	0	0	29	0	54	0	100	60	0	0	0	0	0	0	0	0
Erbse/Ackerbohne %	0	0	0	15	0	24	0	0	0	0	0	6	0	10	0	17
Gesamtration																
Futteraufnahme kg TM	6,8–7,1								8,6–9,0							
Energie MJ ME/kg TM	10,1–10,5								10,5–10,6							
Eiweiß %/kg TM	13–14								11–12							

[1] Energiegehalt je kg TM: Grassilage: 9,8 MJ ME; Heu: 9,3 MJ ME; Weidegrünfutter: 10,2 MJ ME; Maissilage: 10,6 MJ ME; Mineralstoffergänzung: 50–70 g calciumreiche Mineralstoffmischung + 10 g Viehsalz + 10–20 g Futterkalk pro Tag

[2] Weidehaltung und Grünfütterung nicht in den letzten 2–4 Mastmonaten und Vermarktungsrichtlinien beachten!

[3] Getreide: Eine Kombination mehrerer Getreidearten wird empfohlen. Der Anteil an Weizen, Roggen bzw. Hafer sollte 50, 30 bzw. 20 % in der Gesamtmischung nicht übersteigen.

[4] Extraktionsschrote sind in der Bio-Tierhaltung nicht erlaubt (Extraktion mittels Lösungsmitteln).

GRUNDFUTTERBETONTE BZW. BIOLOGISCHE KALBINNENMAST

Bio-Betriebe streben eine grundfutterbasierte Kalbinnenmast an. Aber auch unter Bio-Bedingungen sollten die Kalbinnen vor dem 24. Lebensmonat schlachtreif sein.

Im ersten Lebensjahr muss den Kalbinnen immer bestes Grundfutter (Grassilage, Heu, Weide) zur freien Aufnahme angeboten werden. In diesem Fall muss zusätzlich nur wenig Kraftfutter (ca. 1 kg pro Tag) gefüttert werden. Vor dem neunten Lebensmonat kann eine Weidehaltung ohne Beifütterung und geschützten Unterstand nicht empfohlen werden. Am Ende des ersten Lebensjahres kann bei guter Grundfutterqualität bzw. gutem Weidemanagement auf Kraftfutter vollständig verzichtet werden. Um eine ausreichende Spurenelement- und Vitaminversorgung zu erreichen, ist eine tägliche Gabe von 30–50 g einer calcium- und spurenelementbetonten Mineral- und Wirkstoffmischung zu empfehlen. Der Natriumbedarf muss immer über Lecksteine oder zusätzliche Viehsalzgaben per Hand (20 g/Tag) gedeckt werden.

Beispielsrationen (1 bzw. 2) ab dem 4. Lebensmonat (nach Milchabsetzen)

	Ab 4. Monat	Ab 8. Monat		Ab 12. Monat	
Rationsbeispiel	1	1	2	1	2
Heu/Grassilage (Maissilage)	Freie Aufnahme	Freie Aufnahme	Freie Aufnahme	Freie Aufnahme	-
Weide	-	-	Teilweise	-	Freie Aufnahme
Kraftfutter, kg/Tag	1,5 (Kälber–KF)	1 (Getreide)	1 (Getreide)	-	-
Mineralstoffmischung, g/Tag [1]	30–50	30–50	30–50	30–50	30–50
Viehsalz, g/Tag [2]	20	20	20	20	20

[1] Wenn ausreichend mineralisiertes Kälberkraftfutter eingesetzt wird, ist keine zusätzliche Ergänzung mit einer Mineralstoffmischung erforderlich
[2] Viehsalzgaben gezielt händisch oder Lecksteine (gemahlen, nicht frei anbieten!)

Einstellermast aus Mutterkuhhaltung

In der biologischen Kalbinnenmast wird auch die Ausmast von Tieren aus der Mutterkuhhaltung betrieben. Die Bio-Einsteller werden dabei mit sechs bis zehn Monaten Lebensalter von den Mutterkühen abgesetzt und in die Ausmast überstellt. Da weibliche Tiere bereits ab einem Lebendgewicht von ca. 300 kg trächtig werden können, müssen die weiblichen Einsteller aus Herden ohne deckfähige Stiere kommen. Einsteller stellen hohe Ansprüche an die Haltungsbedingungen, da sie auch in der Jugend große „Bewegungsfreiheit" hatten. Eine Beprobung des Kotes hinsichtlich Parasitenbelastung kann empfohlen werden.

Je nach Milch-, Grund- und Kraftfutteraufnahme am Mutterkuhbetrieb kommen die Einsteller mit einem mehr oder weniger gut entwickelten Pansen in die Mast. Um bei der Umstellung Leistungseinbrüche zu vermeiden, kann im ersten Monat nach dem Zukauf (= Absetzen) eine Ergänzung des Grundfutters mit 1–2 kg Kraftfutter empfohlen werden. Nach der Übergangsfütterung kann bei gut entwickelten Einstellern eine extensivere Fütterung ohne Kraftfutter bis etwa drei Monate vor dem Verkaufstermin (= Beginn der Endausmast) erfolgen.

Beginn zweites Lebensjahr und anschließende Ausmast

Wie in der Ochsenmast kann nach dem ersten Lebensjahr auch auf den Einsatz von Kraftfutter verzichtet werden. Weide- und Almhaltung sind hier durchaus möglich. Eine zwei- bis dreimonatige Ausmast mit bestem Grundfutter und 1–3 kg Kraftfutter sind dann erforderlich, wenn die Körperkondition der Tiere vor dem Schlachttermin noch nicht entspricht. Sowohl eine zu geringe als auch eine zu starke Fettabdeckung sind zu vermeiden.

Weidehaltung anstreben

Die Weide liefert bei passenden Betriebsgegebenheiten das preiswerteste Futtermittel. Sie ist insgesamt für das System „Bio-Rindfleisch" von großer Bedeutung. Im ersten

KALBINNENMAST – DAS WICHTIGSTE IN KÜRZE

Der im Vergleich zur Stiermast höhere Futteraufwand je kg Zuwachs führt ökonomisch betrachtet dazu, dass sich die Kalbinnenmast zumeist nur bei geringen Produktionskosten bzw. guten Erlösen (Qualitätszuschläge) rechnet. Die Kalbinnenmast wird daher zumeist in Markenfleischprogrammen bzw. bei Direktvermarktung durchgeführt. Vor allem unter extensiven Bedingungen kann mit Kalbinnen die Basis für eine sehr gute Fleischqualität gelegt werden. In der konventionellen Kalbinnenmast wird derzeit überwiegend eine mittelintensive Mastintensität umgesetzt. Die gezielt gemästeten Kalbinnen kommen dabei mit einem Lebensalter von 16 bis 19 Monaten zur Schlachtung, wobei sehr häufig Mutterkuhabsetzer ausgemästet werden. Bei der Kalbinnenmast ab Kalb (ab ca. 150 kg) sind eine sehr gute Jugendentwicklung und eine intensive Ausmast notwendig. Je nach Futtergrundlage, Mastverfahren und Mastabschnitt ist ein Kraftfuttereinsatz von 1–3,5 kg pro Tag erforderlich.

Bio- bzw. Grünlandbetriebe streben eine grundfutterbasierte Kalbinnenmast an, wobei das Schlachtalter auch hier unter dem 24. Lebensmonat liegen sollte. Mit Weidehaltung oder Grünfütterung im Stall können hier Futterkosten gesenkt werden.

Das optimale Mastendgewicht von Mastkalbinnen liegt zwischen 500 kg (frühreif bzw. hohe Mastintensität) und 600 kg (spätreif bzw. geringere Mastintensität).

FAUSTZAHLEN FÜR DIE KALBINNENMAST

		Mittelintensive Mast – Einsteller (280–520 kg)	Mittelintensive Mast – ab Kalb (150–550 kg)	Extensive Kalbinnenmast (150–550 kg)
Mastleistung				
Tageszunahmen	g	900–1.000	880–950	800–850
Schlachtalter	Monate	15–17	18–20	20–22
mittlere Gesamtfutteraufnahme (Mastperiode)	kg TM/Tag	7,5–7,9	7,2–7,6	7,5–7,9
Grundfutterbedarf	kg TM/Tier	1.400–1.600	2.300–2.700	2.900–3.300
kg TM/Mastplatz u. Jahr		1.950–2.250	2.000–2.200	2.250–3.400
Kraftfutterbedarf		400–500	650–750	550–650
kg TM/Mastplatz u. Jahr		550–750	550–600	400–500
Mineralstoffmischung (Ca-reich)	kg/Tier	11–15	20–26	22–28
Futterkalk (zu Mastbeginn)	kg/Tier	2–4	2–5	3–6
Viehsalz	kg/Tier	1–3	2–4	3–5
Schlachtleistung				
Fleischigkeit – EUROP		mehr als 40 % U und E, weniger als 5 % O, keine P		
Fettklasse – EUROP		mehr als 90 % in 2 und 3, weniger als 10 % 4, keine 1 und 5		
Arbeitszeitbedarf / Mastplatz u. Jahr				
Tierbetreuung etc. (ohne Futterkonservierung)	Stunden	15–30		

FÜTTERUNG VON MASTSTIEREN

In der Stiermast sind zur Erzielung einer hohen Fleischqualität ein gutes Zunahmenniveau und damit junges Schlachtalter erforderlich. Für eine gute Beurteilung der Rindfleischqualität ist vor allem die intramuskuläre Fetteinlagerung ausschlaggebend (zumindest 2,5–3 %). Nur bei intensiven Mastbedingungen kann mit Stieren eine ausreichende Fettabdeckung und gleichmäßige Fetteinlagerung erreicht werden.

In der Stiermast sind Tageszunahmen über 1,1 kg notwendig.

Fettgehalt im Muskelfleisch von Fleckviehstieren bei intensiver und extensiver Mast in Abhängigkeit vom Lebendgewicht (nach SCHWARZ u. MA., 1994)

	Jungstiere		
Lebendgewicht, kg	200	500	650
	Fett im Muskelfleisch, %		
intensive Mast	1,62	2,61	3,25
extensive Mast	1,62	1,73	2,08

NOTWENDIGE MASTINTENSITÄT

In der Stiermast sind durchschnittliche Tageszunahmen von mindestens 1.150 g anzustreben. Bei optimalen Mastbedingungen können Zunahmen über 1.300 g erreicht werden.

Das Lebensalter bei der Schlachtung muss unter 18 Monaten liegen. Zumeist erfolgt die Schlachtung zwischen 350 und 440 kg Schlachtkörpergewicht bzw. bei einem Mastendgewicht zwischen 600 und 720 kg. Bei der Bewertung der Schlachtkörper nach dem EUROP-System ist eine Fleischklasse von E und U anzustreben. Die Fettklasse muss bei 2–3 liegen.

Beispiel zu den Qualitätsanforderungen für Jungstiere in Vermarktungsprogrammen in Österreich (Stand 2019, Quellen Arge Rind, Rinderbörse bzw. AMA-Info)

	AMA-Gütesiegel Jungstier/Premium Rind	Bio-Jungstier
Alter	Jünger als 20 Monate	Bis 24 Monate
Handelsklasse	E, U, R	-
Fettklasse	2, 3	-
SK-Gewicht kalt	328,3-441 kg	-
pH – 36 Stunden	Max. 5,80	-
Verträge	AMA-Gütesiegel Erzeugervertrag	Keine gezielte Vermarktung gegeben

Futterbasis in der Stiermast

In Mitteleuropa wird die Stiermast im Ackerbaugebiet vorwiegend mit Maissilage und Kraftfutter durchgeführt. Das Kraftfutter dient vor allem der Deckung des Eiweißergänzungsbedarfs. Mit zunehmendem Grassilageanteil muss die Kraftfuttermenge zur Energiebedarfsdeckung erhöht werden. Auch bei der „Grünlandmast" sollte das Lebensalter bei der Schlachtung unter 18 Monaten liegen. Im reinen Grünlandgebiet ist die Stiermast mengenmäßig von untergeordneter Bedeutung.

FUTTERAUFNAHME

Eine leistungsorientierte Stiermast setzt das Erreichen einer hohen Futteraufnahme voraus. Zu Mastbeginn (150–180 kg LG) wird bei sehr gutem Fütterungsmanagement eine Futteraufnahme von 3,5–4 kg TM erreicht. Der Anstieg der Futteraufnahme flacht mit zunehmendem Lebendgewicht ab. Je schwerer die Tiere werden, desto größer wird auch die Variabilität der Futteraufnahme. Sie wird zusätzlich mit steigendem Lebendgewicht wesentlich von der Genetik sowie der Fütterung und den Zunahmen in der Jugendphase bestimmt. Zu Mastende wird mit FV-Stieren eine Futteraufnahme von 9,5–10,5 kg TM erreicht.

- Frühreife Rassen oder Kreuzungen mit frühreifen Rassen verfetten früher und auch stärker. Dadurch steigt auch die Futteraufnahme nicht so deutlich an bzw. bleibt zu Mastende auf niedrigerem Niveau.
- Maststiere, die ihr Zunahmenpotential in der Jugendphase nicht vollständig ausgenutzt haben, können den Rückstand zu Mastende teilweise kompensieren. Neben einer verbesserten Futterverwertung weisen diese Tiere in der Kompensationsphase zumeist auch eine höhere Futteraufnahme auf.

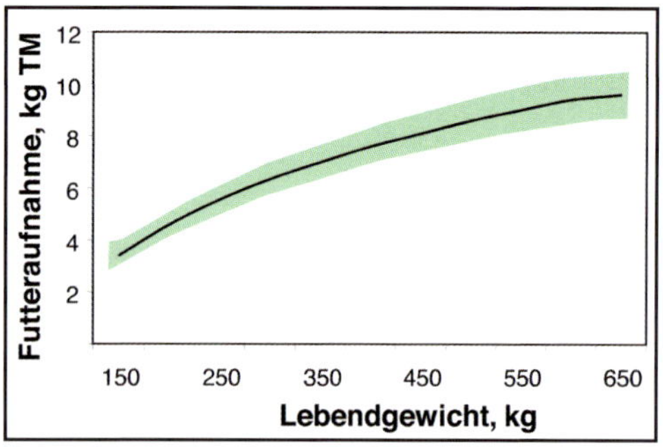

Entwicklung der Futteraufnahme von Maststierenin Abhängigkeit vom Lebendgewicht

Bei herkömmlicher Mast auf Basis Maissilage erreichen Fleckviehstiere bei 650 kg Lebendgewicht im Durchschnitt eine Futteraufnahme von 9,4–9,8 kg TM.

Voraussetzungen für eine hohe Futteraufnahme:

- Ausreichend Futterangebot (Futterreste sind erforderlich!)
- Futterzutritt rund um die Uhr
- Ausgewogene Rationen (Strukturkohlenhydrate, Energie, Eiweiß etc.)
- Hohe Grundfutterqualität
- Vielfältige, aber gleichbleibende Rationszusammensetzung – keine häufigen Futterwechsel
- Zweimal tägliche Futtervorlage

Die Rationsgestaltung muss an den Mastabschnitt angepasst werden – zu Mastbeginn ist eine höhere Eiweißergänzung notwendig.

- Begrenzung der Kraftfuttermengen pro Teilgaben (nicht mehr als ca. 1,5 kg/Gabe)
- Hygienisch einwandfreies Futter
- Tiergemäße Haltungsbedingungen
- Gesundheit des Bestandes

NÄHRSTOFFBEDARF

Zu Mastbeginn sind die höchsten Nährstoffkonzentrationen erforderlich (siehe Tabelle). Hier ist die Futteraufnahme relativ gering. Im weiteren Mastverlauf können die Energie- und die Eiweißkonzentration je kg Futtertrockenmasse zurückgehen.

Nährstoffbedarf von Maststieren der Rasse Fleckvieh bei durchschnittlichen Tageszunahmen von 1.250 g (nach GFE, 1995)

		Lebendgewicht, kg		
		200	400	600
Tageszunahmen	g	1.100–1.150	1.350	1.100
Futteraufnahme	kg TM	4,5–4,7	7,5–7,8	9,3–9,7
Energie	MJ ME	55–58	83	100
Energiekonzentration	MJ/kg TM	11,8–12,5	10,9	10,6
Rohprotein	g/Tag	800–850	1.006	1.043
Rohproteinkonzentration	%/kg TM	18–19	13,5	11-10
Mengenelemente				
Calcium	g/Tag	39	47	46
Ca-Konzentration	g/kg TM	8,5	6,2	4,9
Phosphor	g/Tag	18,1	23,5	23,7
P-Konzentration	g/kg TM	4,0	3,1	2,5

		Lebendgewicht, kg		
		200	400	600
Magnesium	g/Tag	6,8	9,8	11,0
Mg-Konzentration	g/kg TM	1,5	1,3	1,2
Natrium	g/Tag	4,9	7,1	7,7
Na-Konzentration	g/kg TM	1,1	0,9	0,8
Spurenelemente				
Mangan	mg/kg TM		40	
Zink	mg/kg TM		40	
Kupfer	mg/kg TM		8–10	
Jod	mg/kg TM		0,25	
Selen	mg/kg TM		0,1–0,15	

Energieversorgung

Zu Mastbeginn muss in der intensiven Stiermast eine Energiekonzentration von etwa 12 MJ ME je kg TM angestrebt werden (siehe Abbildung). Der Energiegehalt von Maissilagen liegt je nach Qualität zwischen 10 und 11 MJ ME. Grassilagen und Heu erreichen je nach Qualität etwa 9–10 MJ ME je kg TM.

Die erforderliche hohe Energieaufnahme kann nur bei Einsatz von energiereichem Grundfutter und entsprechender Ergänzung des Grundfutters mit Kraftfutter erzielt werden. Beim Kraftfuttereinsatz müssen jedoch die Anforderungen des Wiederkäuers bzw. Pansens an die Ration hinsichtlich Struktur und Anteil an schnell pansenabbaubaren Kohlenhydraten (Stärke, Zucker) beachtet werden. Der Grundfutteranteil darf vor allem zu Mastbeginn etwa 50 % nicht unterschreiten. Der Rohfasergehalt der Gesamtration muss über 14–15 % liegen. Der Stärke- und der Zuckergehalt sollten in Summe 35 % nicht wesentlich überschreiten. Zusätzlich muss der Anteil an Getreide im Kraftfutter (Weizen, Gerste etc.) zu Mastbeginn limitiert werden. In das Kraftfutter sollten hier auch pansenschonende Komponenten (Körnermais, Sojaextraktionsschrot, eventuelle Trockenschnitzel und Kleien etc.) eingemischt werden. Das Kraftfutter muss in kleinen Teilgaben oder mit dem Grundfutter vermischt gefüttert werden. Eine hohe Grundfutteraufnahme kann nur mit gesunden Stieren und mit optimalen Fütterungs- und Haltungsbedingungen erreicht werden.

Mit fortschreitender Mastdauer steigt der tägliche Energiebedarf an. Da jedoch die Futteraufnahme stärker als der Energiebedarf zunimmt, kann die Energiekonzentration mit zunehmender Mastdauer verringert werden. Bei täglichen Zunahmen von 1.350–1.450 g ist zu Mastmitte eine Energiekonzentration von 10,8–11,3 MJ ME je kg TM erforderlich. Diese kann zu Mastende, je nach tatsächlicher Futteraufnahme, auf 10,6–10,8 MJ ME verringert werden.

Rohproteinversorgung

Junge Maststiere haben einen hohen Eiweißansatz und daher auch einen entsprechend hohen Rohproteinbedarf. Mit 200 kg Lebendgewicht ist daher je kg TM eine Rohproteinkonzentration von 18–19 % in der Trockenmasse der Gesamtration erforderlich. Bei Jungstieren können die Pansenmikroben den Eiweißbedarf des Tieres nicht vollständig decken. Daher ist zu Mastbeginn der Einsatz von Eiweißkomponenten mit relativ geringer Pansenabbaubarkeit (Rapsextraktionsschrot, getrocknete Schlempe, Sojaextraktionsschrot, Kürbiskernkuchen, Biertreber) zu empfehlen. Mit zunehmender Mastdauer kann die Eiweißkonzentration der Ration deutlich verringert werden. Zu Mastmitte ergibt sich eine notwendige Eiweißkonzentration von 13,5–14,5 % und zu Mastende von 11,5–12,5 % je kg TM. Mit zunehmender Mastdauer können als Eiweißkomponenten vermehrt auch leichter pansenabbaubare Eiweißquellen, wie Sonnenblumenextraktionsschrot, Erbsen und Ackerbohnen, eingesetzt werden. In diesem Lebendgewichtsbereich müssen praktisch nur mehr die Pansenmikroben ausreichend mit Eiweißbausteinen (Stickstoff) versorgt werden. Da die Mikrobenproteinbildung wesentlich von der Energieversorgung abhängt, muss bei schlechter Energieversorgung mit einem höheren Eiweißbedarf gerechnet werden. Umgekehrt kann das Eiweißangebot bei guter Energieversorgung etwas reduziert werden – dabei muss jedoch ausreichend Stickstoff für die Pansenmikroben vorhanden sein (zumindest 11 % Rohprotein je kg TM). Dieser Zusammenhang wird auch von Versuchsergebnissen mit Maststieren bestätigt (siehe Tabelle).

Tageszunahmen von Fleckviehstieren in der Mast von 150 bis 650 kg bei unterschiedlicher Protein- und Energieversorgung (STEINWIDDER u. Mit., 2006)

Proteinversorgung	Protein niedrig P1	Protein mittel P2	Protein hoch P3	Protein sehr hoch P4	Energieversorgung
Versuchsgruppe	**P1E1**	**P2E1**	**P3E1**	**P4E1**	**Energie niedrig – E1**
Tiere	10	10	10	9	Maissilage, 8 % Heu v. GF und 1,3 kg TM Kraftfutter
Ø XP/ME-Verhältnis	8,9	10,6	12,4	14,0	
Tageszunahmen, g	1.046	1.208	1.163	1.215	
Versuchsgruppe	**P1E2**	**P2E2**	**P3E2**	**P4E2**	**Energie mittel – E2**
Tiere	9	9	9	10	Maissilage, 8 % Heu v. GF und 2,6 kg TM Kraftfutter
Ø XP/ME-Verhältnis	9,0	10,5	12,7	14,4	
Tageszunahmen, g	1.130	1.340	1.431	1.478	
Versuchsgruppe	**P1E3**	**P2E3**	**P3E3**	**P4E3**	**Energie hoch – E3**
Tiere	10	11	10	9	Maissilage, 8 % Heu und 2,6 auf 3,9 kg TM KF steigend
Ø XP/ME-Verhältnis	9,1	10,5	12,4	14,5	
Tageszunahmen, g	1.270	1.390	1.418	1.462	

Mineralstoffversorgung

In der Mineralstoffversorgung zeigt sich zu Mastbeginn ein relativ hoher Calciumbedarf. Eine Ergänzung der Ration mit Phosphor ist je nach Rationszusammensetzung nicht bzw. nur in geringem Ausmaß erforderlich. Die Versorgung mit Natrium, Magnesium und Spurenelementen kann über Viehsalz (oder Natriumbikarbonat) und calciumbetonte handelsübliche Mineralstoffmischungen erfolgen. Dadurch kann auch der Bedarf an Vitaminen gedeckt werden.

EINFLUSS DER GENETISCHEN HERKUNFT AUF DEN ENERGIE- UND EIWEISSBEDARF

Die oben angeführten Empfehlungen zur Nährstoffversorgung basieren auf Versuchsergebnissen mit mastbetonten Tieren der Rasse Fleckvieh. Die zunehmende Anzahl von großrahmigen Rassen bzw. von Kreuzungstieren mit großrahmigen Rassen erfordert jedoch auch eine Anpassung der Ration.

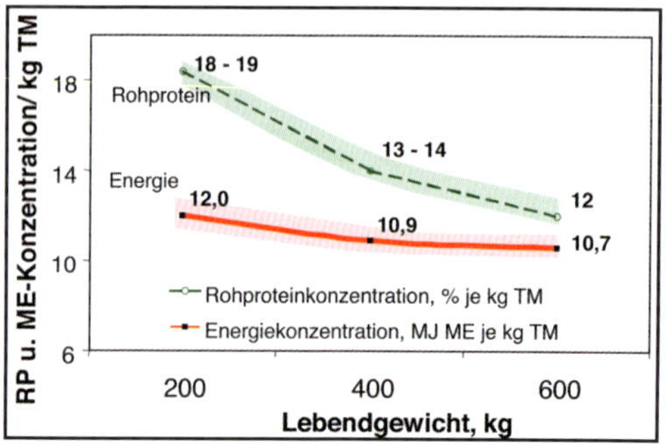

Erforderliche Energie- und Eiweißkonzentration in der Stiermast bei durchschnittlichen Tageszunahmen von 1.250 g in der Mastperiode (Fleckvieh, nach GFE, 1995)

Großrahmige Rassen bzw. Kreuzungen von Fleckvieh mit großrahmigen Rassen

- Im Vergleich zu mastbetontem Fleckvieh haben großrahmige Mastrassen ein etwas höheres Zunahmenpotential (2–5 %).
- Der Eiweißansatz ist bei gleichen Tageszunahmen ebenfalls auf höherem Niveau.
- Im Gegensatz dazu ist der Fettansatz verringert. Großrahmige Rassen sind spätreifer – die Fetteinlagerung setzt daher erst bei höherem Lebendgewicht verstärkt ein.
- Bei hohen Tageszunahmen sind somit, im Vergleich zu Fleckviehtieren, etwas höhere Eiweißkonzentrationen in der Ration (+ 0,5 % bis + 1 % je kg TM) erforderlich. Dies gilt vor allem von Mastmitte (14–15 %) bis Mastende (12–13 %). Zu Mastbeginn liegen die Eiweißnormen für Fleckvieh bereits auf sehr hohem Niveau.
- Bis etwa 550 kg Lebendgewicht ist eine Anpassung der für Fleckvieh empfohlenen Energiekonzentrationen in der Mast großrahmiger Rassen bzw. von Kreuzungen aufgrund des geringeren Fettansatzes auch bei hohen täglichen Zunahmen nicht zwingend erforderlich. Um eine gute Fettabdeckung der Schlachtkörper zu erreichen, muss jedoch zu Mastende eine Energiedichte von 10,7–11,0 MJ ME je kg TM angestrebt werden.
- Großrahmige Tiere erfordern jedenfalls höhere Mastendgewichte.

Im Grünlandgebiet sind zu Mastbeginn bestes Grundfutter und 2–2,5 kg Kraftfutter notwendig. Zu Mastende muss das Grünlandfutter mit 3–4 kg Kraftfutter ergänzt werden.

RATIONSGESTALTUNG IN DER PRAXIS

Der Nährstoffbedarf wird wesentlich vom Gewicht und den Zunahmen der Tiere beeinflusst. Daher muss die Ration im Mastverlauf angepasst werden. Einheitsrationen über die gesamte Mastperiode sind nicht leistungsgerecht und daher auch unwirtschaftlich.

Kraftfutterbedarf und Grundfutterverdrängung

Der erforderliche Kraftfutterbedarf hängt wesentlich von der Grundfutterqualität und -art ab. In der intensiven Stiermast sind Kraftfuttermengen von 2,0–3,5 kg pro Tag üblich. Zu beachten ist die relativ hohe Grundfutterverdrängung bei maissilagebetonten Rationen. In Versuchen wurde eine Grundfutterverdrängung durch Kraftfutter von 0,7–1,0 kg TM festgestellt. Je höher die Energiekonzentration des Grundfutters ist und je schwerer die Tiere werden, desto höher wird die Verdrängung des Grundfutters durch Kraftfutter. Daher führen bei Maissilagerationen Kraftfuttermengen von über 3 kg zu keiner nennenswerten Erhöhung der Gesamtenergieaufnahme!

Zu Mastbeginn ist die Grundfutteraufnahme gering. Aufgrund des hohen Nährstoffbedarfs sind daher relativ hohe Kraftfuttermengen (etwa 2 kg) erforderlich. Bei Maissilagerationen sollte daher zu Mastbeginn zur Sicherung der Wiederkäuergerechtheit (Strukturversorgung) auch etwas Heu (0,2–0,4 kg pro Tag) eingesetzt werden. Wenn die Jungtiere in täglich gut eingestreuten Buchten gehalten werden, dann trägt auch die Strohaufnahme zur Strukturversorgung bei. Auf Mischrationsbetrieben im Ackerbaugebiet bzw. bei Einsatz von industriellen Nebenprodukten wird oft auch etwas Stroh eingemischt.

Eiweißergänzung beachten

Zu Mastbeginn haben die Jungstiere einen hohen Eiweißbedarf. Das Kraftfutter muss daher einen deutlich höheren Rohproteingehalt als zu Mastende aufweisen. Ab Mastmitte ist auch der vermehrte Einsatz von heimischen Eiweißalternativen wie Erbsen und Ackerbohnen möglich. Da Energieträger (Getreide, Körnermais etc.) billiger als Eiweißkomponenten sind, ist eine Reduktion des Eiweißgehalts im Mastverlauf auch aus wirtschaftlicher Sicht notwendig (siehe Tabelle).

Maissilageration

Zur Sicherung der Strukturversorgung sollten die Jungstiere zu **Mastbeginn** neben Maissilage auch etwas Heu erhalten. Zusätzlich ist der Einsatz von 2 kg (bis 2,5 kg) Kraftfutter erforderlich. Das Kraftfutter muss sehr „pansenschonend" angeboten werden. Pro Teilgabe dürfen an Jungstiere nicht mehr als 1 kg vorgelegt werden. Das Einmischen in die Maissilage, bei 2 x täglicher Futtervorlage, ist anzuraten. Bei hohen Stärkemengen (über 30–35 % der Gesamtration) kann es zu Pansenübersäuerungen kommen.

Das Kraftfutter muss zu Mastbeginn einen Rohproteingehalt von 25–27 % je kg Frischmasse aufweisen. Der Energiegehalt sollte über 11 MJ ME je kg liegen. Das Einmischen von Körnermais und hochwertigen Eiweißquellen kann empfohlen werden.

Bis **Mastmitte** kann der Rohproteingehalt in der Ration verringert werden. Bei Einsatz von 2,5 kg Kraftfutter, zusätzlich zu bester Maissilage, muss der Rohproteingehalt des Kraftfutters zu Mastmitte etwa 23 % je kg Frischmasse betragen. Heimische Eiweißalternativen können vermehrt in das Kraftfutter eingemischt werden.

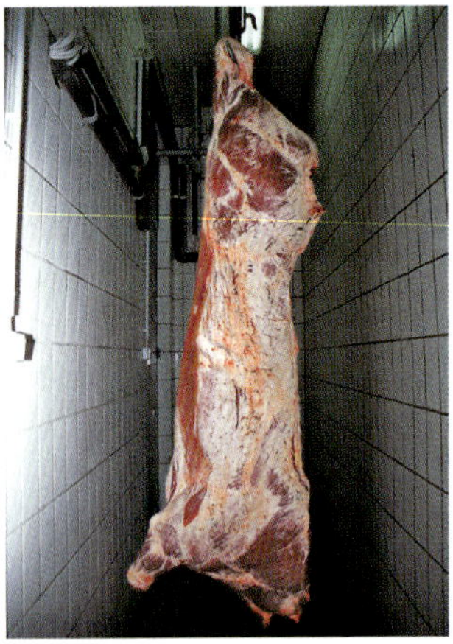

Wenn Maststiere auf Mutterkuhbetrieben ausgemästet werden, dann müssen die männlichen Jungrinder vor der Geschlechtsreife von der Kuh abgesetzt werden.

links: Für eine gute Fettabdeckung ist eine durchgehend hohe Fütterungsintensität notwendig.

Auch zu **Mastende** reichen zusätzlich zu energiereicher Maissilage 2,5 kg Kraftfutter pro Tier und Tag aus. Im Kraftfutter ist ein Rohproteingehalt von etwa 21 % je kg Frischmasse erforderlich.

Zur Ergänzung der Ration mit Mineralstoffen und Vitaminen ist das Einmischen von 3 % einer calciumreichen Mineralstoffmischung und 0,5 % Viehsalz sowie 1,5–2 % kohlensaurem Futterkalk in das Kraftfutter zu empfehlen. Die Mineralstoffe und Vitamine können aber auch getrennt, durch Streuen über das Grundfutter, vorgelegt werden (70–80 g Mineralstoffmischung, 10 g Viehsalz, 30–40 g kohlensaurer Futterkalk pro Tier und Tag).

Gras-Maissilage-Ration

Grünlandfutter ist im Vergleich zu Maissilage rohproteinreicher, energieärmer und mineralstoffreicher. Bei der Kraftfutterzusammensetzung und täglich notwendigen Kraftfuttermenge muss dies berücksichtigt werden. Je nach Maissilageanteil und Kraftfuttermenge ist zu **Mastbeginn** ein Eiweißgehalt von 22–24 % im Kraftfutter je kg Frischmasse erforderlich. Bis **Mastmitte** kann dieser bei einem Maissilageanteil von 50 % am Grundfutter und einer Kraftfutterergänzung von 3 kg auf etwa 17 % und bis **Mastende** auf 13 % je kg Frischmasse reduziert werden. Bei Gras-Maissilage-Rationen sollte die Kraftfuttermenge von 2 (2,5) kg zu Mastbeginn auf etwa 3 kg zu Mastende gesteigert werden. Die Ergänzung mit Mineralstoffen und Vitaminen kann durch Einmischen von 3 % einer calciumreichen Mineralstoffmischung und 0,5 % Viehsalz sowie 1–1,5 % kohlensaurem Futterkalk in das Kraftfutter erfolgen. Diese können aber auch getrennt vorgelegt werden (70–80 g Mineralstoffmischung, 10 g Viehsalz, 30 g kohlensaurer Futterkalk pro Tier und Tag).

Grünlandration (Grassilage, Heu und eventuell auch Grünfutter)

Wenn reine Grünlandrationen in der Stiermast eingesetzt werden, muss bestes Grundfutter mit relativ hohen Kraftfuttermengen kombiniert werden. Eine hohe Grundfutteraufnahme muss durch optimale Fütterungstechnik erreicht werden. Bei guter Grundfutteraufnahme sollten mit 200 kg Lebendgewicht 2–2,5 kg Kraftfutter, mit einem Rohproteingehalt von etwa 19 % je kg Frischmasse, eingesetzt werden. Jungstiere benötigen zu Mastbeginn zusätzlich zu bestem Grünlandfutter und zum Energiekraftfutter auch eine Eiweißergänzung! Erst ab etwa 400–450 kg Lebendgewicht kann auf die Eiweißergänzung verzichtet werden. Die Eiweißquellen müssen eine hohe Pansenbeständigkeit aufweisen. Dazu zählen beispielsweise Raps- und Sojaextraktionsschrot sowie Kürbiskernkuchen und getrocknete Schlempe.

Von **Mastmitte bis Mastende** reichen bei reinen Grünlandrationen zumeist Getreidemischungen bzw. Kraftfuttermischungen mit geringen Anteilen an Eiweißträgern zur Rohproteinbedarfsdeckung aus. Der Anteil an Körnermais sollte im Kraftfutter 40 % nicht wesentlich überschreiten. Je nach Grundfutterqualität sind 2–4 kg Kraftfutter je Tier und Tag erforderlich. Durch Einmischen von 2,5–3 % einer calciumreichen Mineralstoffmischung und 0,5 % Viehsalz sowie 1 % kohlensaurem Futterkalk in das Kraftfutter können der Mineralstoff- und Vitaminbedarf gedeckt werden. Bei getrennter Vorlage sind 70 g Mineralstoffmischung, 10 g Viehsalz und 20 g kohlensaurer Futterkalk pro Tier und Tag erforderlich.

Rationen mit industriellen Nebenprodukten

Wenn in der Stiermast industrielle Nebenprodukte (frische Schlempe, Molke, Treber, Pülpe etc.) eingesetzt werden, dann muss zusätzlich zur Preiswürdigkeit der Komponenten auch die Wiederkäuergerechtheit der Rationen beachtet werden. Regelmäßige Nährstoffanalysen und Rationsanpassungen sind notwendig. Zusätzlich muss sowohl die Konservierung als auch die Lagerung der zumeist leicht verderblichen Futtermittel optimal gestaltet werden. Häufig werden industrielle Nebenprodukte auf Betrieben mit Mischrationen eingesetzt. Hier kann zur Absicherung der Strukturversorgung das Einmischen von etwas Heu oder Stroh sinnvoll sein.

Nur eine Kraftfuttermischung möglich

Wenn aus arbeits- und fütterungstechnischen Gründen nur eine Kraftfuttermischung am Betrieb gefüttert werden kann, dann muss der höhere Rohproteinbedarf der Stiere zu Mastbeginn durch händische Zulage einer Eiweißkomponente gedeckt werden. Bei reinen Maissilagerationen kann zu Mastbeginn durch Vorlage von 1,7 kg einer „Kraftfuttergrundmischung" (Rohproteingehalt von 21–22 %) und Zulage von z. B. 0,4 kg Eiweißkonzentrat (z. B. Raps- + Sojaschrot) eine bedarfsgerechte Eiweißversorgung erreicht werden. Bis Mastmitte kann die Eiweißkraftfuttermenge reduziert und die Menge der Vormischung auf 2–2,5 kg gesteigert werden. Wenn die Mineralstoffversorgung über das Kraftfutter erfolgt, dann muss zu Mastbeginn ebenfalls händisch eine calciumreiche Mineralstoffmischung (30–40 g) zugelegt werden.

TMR in der Stiermast

Unter Totalmischrationen versteht man die **gemeinsame und abgemischte Verfütterung von Grund- und Kraftfutterkomponenten sowie der Mineralstoffmischungen**.

Die Vorteile von Totalmischrationen (TMR) liegen in der möglichen Erleichterung der Arbeit, der Arbeitseinsparung, dem leichteren Einsatz industrieller Nebenprodukte in der Fütterung, der besseren Kontrolle der Futteraufnahme und der für den Pansen schonenderen Kraftfutterzuteilung. Dem gegenüber stehen jedoch die höheren Maschinenkosten, die teilweise geringere Möglichkeit der bedarfsbezogenen Fütterung über die gesamte Wachstumsperiode sowie die höheren baulichen Anforderungen.

In der Stiermast sollten bei Einsatz von Totalmischrationen zumindest zwei Mischungen im Mastverlauf verfüttert werden (siehe Tabelle). Entsprechend dem Nährstoffbedarf

Rationsbeispiele[1] für die Stiermast bei unterschiedlichem Maissilageanteil

Lebendgewicht	kg	200									600							
Tageszunahmen	g	1.100–1.200									1.100–1.200							
Grundfutterrationstyp																		
Heu, Grassilage	% v. GF	5			50			100			0			50			100	
Maissilage	% v. GF	95			50			0			100			50			0	
Kraftfutter	kg FM	2–2,5			2,5			2,5			2,5			2,5–3			3–3,5	
Kraftfutterzusammensetzung																		
Getreide	%	19,5	19,5	14,5	25	29	20	25	29	28	37	35	23	50	41,5	47	55	62
Körnermais	%	31	15	30	35	10	35	43	25	36	25	10	20	36,5	40	31,5	42	35
Rapskuchen oder -extraktionsschrot[2]	%	-	25	20	-	20	20	-	20	11	-	15	22	-	-	-	-	-
Sonnenblumenkuchen oder -extraktionsschrot[2]	%	-	-	-	-	-	-	-	-	-	-	-	15	-	-	9	-	-
Trockenschlempe	%	-	35	-	-	35	-	-	20	-	-	35	-	-	15	-	-	-
Sojakuchen oder -extraktionsschrot[2]	%	44	-	30	35	-	20	27	-	20	33	-	-	10	-	-	-	-
Erbsen/Ackerbohnen	%	-	-	-	-	-	-	-	-	-	-	-	15	-	-	9	-	-
Mineralstoffmischung	%	3	3	3	3	3	3	3	3	3	3	3	3	2,5	2,5	2,5	2,5	2,5
Viehsalz	%	0,5	0,5	0,5	0,5	1	0,5	0,5	1	0,5	0,5	0,5	0,5	0,5	0,5	0,5	0,5	0,5
Futterkalk	%	2	2	2	1,5	2	1,5	1,5	2	1,5	1,5	1,5	1,5	0,5	0,5	0,5	-	-
Kraftfutter-Nährstoffgehalt																		
Energie	MJ ME/kg FM	11,1–11,3			10,9–11,2			10,8–11,2			10,4–11,2			10,9–11,3			11,2–11,3	
Eiweiß	% je kg FM	24–25			22–23			18–19			20–21			13			10	
Gesamtration																		
Futteraufnahme	kg TM	4,4–4,7									9,4–9,8							
Energie	MJ ME/kg TM	11,5–12,0									10,5–10,9							
Eiweiß	%/kg TM	18									12							

[1] Energiegehalt je kg TM: Maissilage 10,8 MJ ME; Grassilage 9,9 MJ ME; Heu 9,3 MJ ME, Mineralstoffergänzung: calciumreiche Mineralstoffmischung

[2] Extraktionsschrote sind in der Bio-Tierhaltung nicht erlaubt (Extraktion mit Lösungsmitteln)

muss die Mastmischung 1 (Jungstiere) energie-, rohprotein- und mineralstoffreicher als die Mastmischung 2 sein. Die Umstellung von der TMR des ersten Abschnitts auf den zweiten Abschnitt sollte möglichst gleitend erfolgen.

Wenn zwei Mischungen nicht möglich sind, dann müssen zu Mastbeginn Eiweißkomponenten per Hand zur Einheits-TMR (in den Mischer vor Zuteilung bei den Jungstieren oder direkt in den Futtertrog) zugelegt werden. Eine zusätzliche Gabe einer calciumreichen Mineralstoffmischung (30–40 g) ist dann ebenfalls zu Mastbeginn erforderlich. Diese Variante entspricht dem einer aufgewerteten Grundfutterration (AGR). Die Nährstoffgehalte der aufgewerteten Grundfutterration müssen in diesem Fall denen des zweiten Mastabschnittes entsprechen (siehe Tabelle).

TMR: Anforderungen an die TMR je kg TM

		Mastabschnitt 1 200–400 kg LG	Mastabschnitt 2 400 kg bis Mastende [1]
Energie	MJ ME/kg TM	11,6	10,8
Rohprotein	%/kg TM	16,5	13
Calcium	g/kg TM	8,4	6,2
Phosphor	g/kg TM	4,0	3,1
Magnesium	g/kg TM	1,5	1,3
Natrium	g/kg TM	1,1	0,9

[1] Über 600 kg LG können die Rohprotein- und Mineralstoffkonzentrationen weiter gesenkt werden. Generell ist eine Mehrphasenfütterung die Basis für hohe Nährstoffeffizienz!

Einsteller gezielt füttern!

Wenn Einsteller zugekauft werden, muss eine gezielte Umstellungsfütterung durchgeführt werden. In den ersten Wochen nach dem Zukauf erfolgt eine langsame Anfütterung mit Kraftfutter, die Grundfutteraufnahme ist zumeist gering.

Die Tiere benötigen in der Umstellungszeit bestes Grundfutter. Da Maissilage auf den Herkunftsbetrieben häufig fehlt, muss in der Umstellungszeit auch eine langsame Angewöhnung an die Maissilage erfolgen. Dreimal tägliche Grund- und Kraftfuttervorlagen sind in der Umstellungszeit anzustreben! Auch der Wasserversorgung kommt eine besondere Rolle zu. Einsteller haben hohe Ansprüche an die Haltungsbedingungen: Ausreichend große Boxen und möglichst einheitliche Gruppen sind notwendig. Bei Haltung auf Spaltenböden oder bei Anbindehaltung muss zu Mastbeginn mit Umstellungsschwierigkeiten gerechnet werden. Bei Einstallung im Spätherbst sollten die Tiere geschoren werden. Eine Parasitenbehandlung und eine Kontrolle der Klauen sind im Zuge der Einstallung ebenfalls anzuraten.

Stierausmast am Mutterkuhbetrieb

Wenn abgesetzte Jungstiere direkt auf dem Mutterkuhbetrieb ausgemästet werden, ist das Risiko eines Leistungseinbruchs im Zuge der Umstellung auf die Ausmast verringert. Bei guter Futtergrundlage (Maissilage als Grundfutter oder relativ hohe Kraftfuttergabe bei Grünlandrationen) können schlachtreife Jungstiere mit einem Alter von 13 bis 15 Monaten erreicht werden. Dieses Verfahren kann eine wirtschaftlich interessante Alternative zur Einstellerproduktion darstellen. Zu berücksichtigen ist dabei, dass Jungstiere ab einem Alter von etwa 5–6 Monaten Unruhe in die Mutterkuhherde bringen. Eine Herdentrennung ist daher notwendig.

STIERMAST – DAS WICHTIGSTE IN KÜRZE

Mit Jungstieren kann nur auf hohem Fütterungsniveau eine gute Schlachtkörper- und Fleischqualität erreicht werden. Auf biologisch wirtschaftenden Betrieben bzw. in Grünlandrationen ist daher die Jungstiermast nicht weit verbreitet. Zu Mastbeginn ist die höchste Nährstoffdichte (12 MJ ME je kg TM und 18–19 % Rohprotein) in der Ration erforderlich. Im Mastverlauf kann der Grundfutteranteil in der Ration erhöht werden. Bei Tieren der Rasse Fleckvieh sind zu Mastende eine Eiweißkonzentration von 12 % und ein Energiegehalt von etwa 10,7 MJ ME je kg TM erforderlich. Bei großrahmigen, mastbetonten Rassen oder Kreuzungen mit diesen kann zu Mastende eine etwas höhere Nährstoffdichte in der Gesamtration empfohlen werden (13 % Rohprotein und 11 MJ ME). Wenn in der Stiermast bzw. in der Stierausmast (aus der Mutterkuhhaltung) als Grundfutter nur Grünlandfutter eingesetzt wird, dann müssen zu Mastbeginn etwa 2,5 kg Kraftfutter und zu Mastende etwa 3,5 kg Kraftfutter beigefüttert werden. Auch bei Grünlandrationen benötigen Jungstiere bis etwa 450 kg Lebendgewicht eine Eiweißergänzung! Eine ausgewogene Struktur- und Mineralstoffversorgung ist notwendig.

FAUSTZAHLEN FÜR DIE STIERMAST

Leistung		Einsteller aus Mutterkuhhaltung (280–650 kg)	Stiermast ab Kalb (150–650 kg)
Mastleistung			
Tageszunahmen Mastperiode[1)]	g	1.100–1.400	1.100–1.400
Schlachtalter	Monate	13–16	15–18
mittlere Gesamtfutteraufnahme	kg TM/Tag	8,0–8,4	7,3–7,8
Grundfutterbedarf	kg TM/Tier	1.800–2.100	1.900–2.400
kg TM/Mastplatz u. Jahr		2.050–2.300	1.700–1.900
Kraftfutterbedarf	kg TM/Tier	700–900	900–1.300
kg TM/Mastplatz u. Jahr		800–1.000	800–1.050
Mineralstoffmischung (Ca-reich)	kg/Tier	18–22	25–30
Futterkalk (zu Mastbeginn)	kg/Tier	8–12	10–15
Viehsalz	kg/Tier	1–4	2–5

Leistung		Einsteller aus Mutterkuhhaltung (280–650 kg)	Stiermast ab Kalb (150–650 kg)
Schlachtleistung			
Fleischigkeit – EUROP		mehr als 5 % E und mehr als 65 % U	
Fettklasse – EUROP		mehr als 98 % in 2 und 3	
Arbeitszeitbedarf pro Mastplatz und Jahr			
Tierbetreuung, Fütterung, Stall (ohne Futterkonservierung)	Stunden	15–30	

[1] Je höher das Zunahmeniveau, desto kürzer wird die Mastdauer und desto geringer ist der Futterbedarf.

DER AUTOR

Priv.-Doz. Dr. Andreas Steinwidder, geboren 1966 in Knittelfeld, aufgewachsen am elterlichen landwirtschaftlichen Betrieb in Mühlen, studierte an der Universität für Bodenkultur in Wien. Er war dort neben dem Studium auch als Vertragsassistent am Institut für Nutztierwissenschaften beschäftigt und legte die Befähigungsprüfung für die Lehr- und Beratungstätigkeit ab. Anschließend war Dr. Steinwidder ein Jahr in der Futtermittelbranche beschäftigt und wechselte danach an die damalige Bundesanstalt für alpenländische Landwirtschaft (BAL Gumpenstein) in Irdning. Dort war er zwischen 1995 und 2005 am Institut für Viehwirtschaft und Ernährungsphysiologie landwirtschaftlicher Nutztiere wissenschaftlich und beratend im Rinderbereich tätig. Im Jahr 2005 übernahm er an der neustrukturierten Höheren Bundeslehr- und Forschungsanstalt Raumberg-Gumpenstein (HBLFA Raumberg-Gumpenstein) die Leitung des Instituts für Biologische Landwirtschaft und Biodiversität der Nutztiere. In seiner wissenschaftlichen Funktion betreut er Versuche mit Rindern. Dabei werden vorhandene bzw. neue Verfahren in der Rinderhaltung bearbeitet bzw. evaluiert. Besonderes Augenmerk wird den ökologischen, tiergesundheitlichen und ökonomischen Auswirkungen geschenkt. Der Autor arbeitet dabei sowie bei der Umsetzung der Ergebnisse eng mit Kollegen der Universitäten, Kammern, Ministerien, Schulen, der Verbände und mit Vermarktungsorganisationen zusammen.